専門基礎ライブラリー

機械設計

豊橋技術科学大学・高等専門学校教育連携プロジェクト

実教出版

まえがき

　本書は，豊橋技術科学大学（技科大）と高等専門学校（高専）との間で実施された技科大・高専連携教育研究プロジェクトの結実により編修されたものである。

　高専と技科大は，実践的かつ創造的な技術者の養成機関として，特にものづくりに興味，才能のある学生が学んでいる特色ある教育機関である。本プロジェクトでは，両教育機関の特色を生かし，機械工学分野における**機械設計**と**機械設計製図**の教育をより充実したものになるよう検討を行った。まず，高専と技科大で実施されている機械設計と製図の講義内容を出し合い，効果的な教育が行え，高専と技科大の発展的な教育が行えるかについて討議し，理想的なカリキュラムを検討した。そして，そのカリキュラムに基づき本書を執筆した。

　機械設計とその製図には，**幅広い知識と知恵，そして多くの経験が必要**である。本書は，高専と技科大の教育に留まらず，基礎物理学，工業力学を履修した**幅広い機械工学分野の初学者（学生）**が，機械要素設計，製図の基本を平易に学べるように，「機械設計」と「実例で学ぶ機械設計製図」との二分冊で構成している。

　「機械設計」では，機械設計に必要な理論と規格について編修している。まず，1章では，機械設計の基本的な考え方，2章では機械に用いられる材料と加工方法について説明し，3章と4章において，機械に働く力と運動，材料強度について自学できるように記述している。そして，5章以降では，機械を構成する機械要素について学べるようにしてある。5章では，機械で多く用いられるねじについて説明し，6章では締結用機械要素，7章では軸・軸継手，8章では軸受，密封装置について紹介する。次に，9章では歯車伝動装置，10章では巻掛伝動装置，11章では制動装置について説明する。そして，12章ではカム・リンク，13章ではばねについて説明し，14章では機械を駆動するアクチュエータについて説明する。最後に15章においてコンピュータを用いたディジタルエンジニアリングツールについて紹介する。

　「実例で学ぶ機械設計製図」では，「機械設計」で記述した理論または規格を基に，「機械設計」の式または規格を引用しながら基本的な機械要素の設計例題を通して，機械要素設計の基本を学べるようにしてある。1章ではねじジャッキとして豆ジャッキとパンタグラフ形ねじ式ジャッキの簡単な設計例を紹介し，2章では歯車を用いた減速装置の設計例を紹介している。また，3章では歯車減速装置の応用例である手巻きウィンチの設計例を，4章では汎用的な流体機械である渦巻きポンプの設計例を紹介する。

　ただし，「機械設計製図」では，「機械設計」で解説した式等の引用を注釈で再掲し，

両書とも独立して学習できるよう工夫している。

　本書は，機械設計の理論や規格，そして機械製図の基本を例題や設計例を通して効果的に自学自習でき，必要な知識と知恵が身につくように編修した。設計例題は，機械工学系の学科等で広く用いられているものであり，機械設計の初学者の学習に最適な本となることを切望する。しかし，紙面の都合から，全ての技術や規格情報を本書で網羅できていないところがある。本書を中心に幅広く勉強をして頂ければ幸いである。

　最後に，本書の執筆，編修にあたり豊橋技術科学大学ならびに所属機関の多くの方にご支援，ご協力を頂いた。また，実教出版の方々にもご支援を頂いた。本書の執筆，編修に関わった多くの方に深く感謝する。

著者一同

プロジェクトメンバー

柳田秀記（PL），兼重明宏（SL），西村太志，池田光優，田中淑晴，安部洋平，大津健史，大原雄児，片峯英次，川島貴弘，川原秀夫，川村淳浩，鬼頭俊介，劒地利昭，高橋憲吾，竹市嘉紀，中村尚彦，浜　克己，張間貴史，本村真治，松塚直樹，安井利明，山田　実，山田　誠，山田基宏，山村基久

目次 CONTENTS

第1章 機械設計の基礎

- 1-1 機械と設計 — 8
- 1-2 機械とその関連技術の基準・規格 — 10
- 1-3 機械設計に関わる規則 — 13
- 1-4 サイズ公差 — 14
- 1-5 幾何公差 — 19
- 1-6 表面性状 — 25
- 演習問題………27

第2章 材料と加工法

- 2-1 材料の選択 — 28
- 2-2 材料の加工法 — 35
- 演習問題………45

第3章 機械の運動と仕事

- 3-1 機械に作用する力 — 46
- 3-2 機械の運動 — 53
- 3-3 仕事と動力 — 63
- 3-4 摩擦と機械効率 — 70
- 演習問題………74

第4章 材料の強さと剛性

- 4-1 材料に作用する力 — 76
- 4-2 引張強さと圧縮強さ — 77
- 4-3 せん断強さ — 81
- 4-4 曲げ強さ — 83
- 4-5 ねじり強さ — 96
- 4-6 材料の破壊 — 100
- 演習問題………106

第5章 ねじ

- 5-1 種類と基本 — 107
- 5-2 ねじに働く力，強度，効率 — 112
- 5-3 送りねじ — 116
  - 演習問題……… 116

第6章 締結用機械要素

- 6-1 ボルト・ナット・座金 — 117
- 6-2 ボルトの強度 — 121
- 6-3 リベット継手 — 125
- 6-4 溶接継手 — 129
- 6-5 管継手 — 134
- 6-6 その他の締結要素 — 135
  - 演習問題……… 135

第7章 軸と軸継手

- 7-1 軸の種類 — 136
- 7-2 軸の材料 — 137
- 7-3 軸の強度 — 137
- 7-4 軸こわさ — 141
- 7-5 危険速度 — 144
- 7-6 キー・スプライン・ピン・コッタ — 146
- 7-7 軸継手 — 154
  - 演習問題……… 162

第8章 軸受・密封装置

- 8-1 軸受 — 163
- 8-2 すべり軸受 — 164
- 8-3 転がり軸受 — 172
- 8-4 密封装置 — 180
  - 演習問題……… 182

第9章 歯車伝動装置

- 9-1 歯車 ——— 183
- 9-2 歯車のかみあい ——— 190
- 9-3 歯車列による伝動 ——— 197
- 9-4 平歯車およびはすば歯車の設計 ——— 202
  - 演習問題 ……… 211

第10章 巻掛け伝動装置

- 10-1 巻掛け伝動装置の種類と適用範囲 ——— 212
- 10-2 ベルト伝動 ——— 213
- 10-3 チェーン伝動 ——— 223
- 10-4 ベルト式変速機構 ——— 227
  - 演習問題 ……… 231

第11章 制動装置

- 11-1 ブレーキ ——— 232
- 11-2 つめとつめ車 ——— 240
  - 演習問題 ……… 243

第12章 カム・リンク

- 12-1 機械の運動 ——— 244
- 12-2 カム機構 ——— 247
- 12-3 リンク装置 ——— 250
  - 演習問題 ……… 260

第13章 ばね

- 13-1 ばねの用途とばね材料 ……………… 261
- 13-2 ばねの種類と設計 …………………… 262
  - 演習問題 ………… 270

第14章 アクチュエータ

- 14-1 電動機 ………………………………… 271
- 14-2 油圧アクチュエータ ………………… 274
- 14-3 空気圧アクチュエータ ……………… 276
- 14-4 アクチュエータ比較 ………………… 276
- 14-5 力とトルク …………………………… 278
  - 演習問題 ………… 282

第15章 デジタルエンジニアリングツール

- 15-1 設計の進め方 ………………………… 283
- 15-2 空間形状表現法 ……………………… 286
- 15-3 3次元モデリング …………………… 293
- 15-4 CAEの基礎 ………………………… 297
  - 演習問題 ………… 302

- 付録 ……………………………………… 304
- 計算問題の解答 ………………………… 336
- 索引 ……………………………………… 338
- 引用・参考文献 ………………………… 342

※本書の各問題の「解答例」は，下記URLよりダウンロードすることができます。キーワード検索で「機械設計」を検索してください。
http://www.jikkyo.co.jp/download/

第1章 機械設計の基礎

この章のポイント ▶

本書で取り扱う機械の定義と機械設計の位置付け，機械を設計する上での共通の約束事である基準・規格，規則，そして公差などを理解する。

①機械の定義
②機械設計における基準・規格
③機械設計に関わる規則
④サイズ公差
⑤幾何公差
⑥表面性状

1-1 機械と設計

　私たちが暮らす現代社会は，科学技術を基盤とした知的資産の形成と継承によって急速な発展を遂げ，豊かさや利便性などがもたらされてきた。この飛躍的な進展の一翼を担ってきたのが，**機械**とその関連技術である。機械は，一般に数多くの要素で構成されており，その**構成要素**の一つ一つについて，機能，材質，形状，寸法，特性，寿命，環境負荷，コストなど様々な項目から成る**仕様**が定められている。**機械設計**は，それを利用する人々や社会にとって有益な価値を，高い倫理観，入念な配慮，そして適切な経済性のもとに生み出すことである。

1-1-1 機械の定義

　機械として取り扱われる範囲は，社会や科学技術の進展に伴って拡大してきた。現在では，家電，自動車，航空機，ロボット，工作機械，通信機器，医療機器，冷凍・空調設備，発電施設など，幅広い領域を含む概念として，機械は様々なかたちで私たちの日常生活に深く根ざしている。一般社団法人日本機械学会による**機械の定義**は，以下の3要件を備えるものとされている。

(1) 人間がつくったもの（人工物）であり，**機械要素**[1]，**熱・流体要素**[2]，**電気・電子要素**[3] など，それぞれが特定の機能をもつ構成要素からなる集合体である。

(2) 各構成要素は，人間生活に有用となる特定の目的にかなった機能を発揮できるように組み合わされている。

(3) この目的を実現するためには，エネルギーの発生や変換を含む機械的な力と機構的運動の両方，またはどちらか一方が重要な役割をはたす。

[1] 機械要素
　機械要素の例として，ねじ，軸，キー，ピン，軸継手，クラッチ，ブレーキ，軸受，歯車，ベルト，チェーン，ばね，溶接継手などがある。

[2] 熱・流体要素
　熱・流体要素の例として，管，管継手，弁などがある。

[3] 電気・電子要素
　電気・電子要素の例として，抵抗，コイル，コンデンサ，半導体などがある。

> **例題 1-1 機械の定義に関する問題**
>
> 機械の定義を考えるとき,以下のものは機械かどうか答えよ.
> (1)懐中電灯,(2)3Dプリンタ,(3)換気扇,(4)エスカレーター,
> (5)圧力鍋,(6)シャープペンシル,(7)鉄橋,(8)車いす
> ●解答例
> (1)器具,(2)機械,(3)機械,(4)機械,(5)器具,(6)文房具,
> (7)構造物,(8)器具

1-1-2 機械の構成要素

機械は,所定の機能や役割を担う構成要素を計画的に組み合わせることで形作られている.例えば,自転車は図1-1に示すように,ペダルに加えられた力学的なエネルギーがクランク軸を介してチェーンに伝えられ,最終的には駆動された車輪と接地面の摩擦力によって路上を走行することができる.また,その車輪には制動装置(ブレーキ)が装備されており,さらに前輪には操舵機能(ハンドル)が設けられている.これらは,フレームによってお互いの位置が保持されており,ねじやボルトなどで締結されている.このうち,フレームなど自転車固有の構成要素では,自転車全体の設計の際に形状や意匠などを考えることができる.

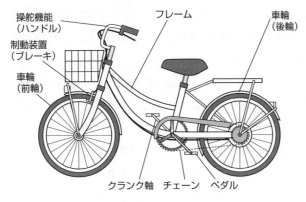

図1-1 自転車を構成する要素

1-1-3 機械の設計

図1-2に,機械を生産するときの設計に関わるプロセスの例を示す.機械は,見込み生産するものと受注生産するものに大別されるが,いずれの場合でも,概ねこの図のような流れで進められることが多い.

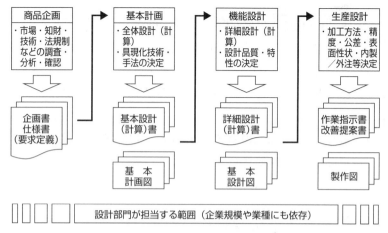

図1-2　企業等における設計業務・関連業務の大まかな流れ

　何を生産するか，どのようなものを生産するかは，これを生業とする企業にとって最も重要なポイントである。比較的大きな規模の企業や業種によっては商品企画を専門とする部門を置いている場合があり，顧客の要望や嗜好など市場の動向と自社の技術力・生産能力などを総合し，企画書や仕様書として要求定義がなされる。

　設計部門にとっては，この仕様書に示された要求定義の事柄一つ一つを具現化することが約束事になる。設計部門では，そのために必要な技術や手法の検討と決定がなされ，基本設計（計算）書や基本計画図としてまとめ上げられる。引き続き，基本設計（計算）書で示された全ての事項を実現するための**機能設計**がおこなわれ，全ての構成要素についての**設計品質**と特性が決定されて詳細設計（計算）書や基本設計図が作成される。その後，多くの企業では生産を担当する部門に引き継がれ，自社や協力会社などの生産品質を考慮した**生産設計**のもとに**製作図**が作られ，生産に移行する。

　基本的な流れは以上であるが，生産現場や顧客だけでなく現在では国際的あるいは地域的な社会や環境との関わりを広く深く考慮する必要があるため，あらゆる局面で日常的な改善活動がおこなわれている。

1-2　機械とその関連技術の基準・規格

　様々な機械を生産したり，保守したりする場合，原材料や構成要素などの調達や取り扱いが課題となる。例えば，ねじ，軸，軸受，歯車のような構成要素は様々な機械に用いられるが，個々の機械にそれぞれ別々の仕様で提供することは，天文学的な数を取り扱うことを意味し，現実的ではない。そこで，様々な機械に共通する汎用的な構成要素は，設計，

生産,保守,そして廃棄の様々な工程で調達や取り扱いを容易にするため,種類,形状,寸法などの基本仕様が体系的に整理されている。これを**標準化**という。このような取り組みは,合理的で経済的にも大きなメリットがあるため,世界的に共通的な取り決めが制定され利用されている。**標準**は,標準化によって制定される取り決めと定義でき,任意のものと法的な強制力を伴うものがある。一般的には前者を**基準・規格**,後者を**規制**と呼んでいる。ねじ,軸,軸受,歯車のように様々な機械で汎用的に用いられる構成要素は,**標準部品**と呼んでいる。

1-2-1 標準数

様々な機械に関わる多くの設計者が,無秩序に数値を決めることを許せば,標準化は成り立たない。一定の約束に従う数列を用いて無限に存在する数値に段階的な規格値を設定する方法が実用的な価値が高く,経験的にも実証されている。**標準数**は,機械設計の標準化などにおいて,段階的あるいは単一的に数値を定める場合の選定の基準として用いられる。これは,表1-1のように JIS Z 8601:1954 で制定されている数列群で,公比がそれぞれ 10 の 5 乗根,10 の 10 乗根,10 の 20 乗根,10 の 40 乗根,そして 10 の 80 乗根である**等比数列**[4]の各項の値を実用上便利な数値に整理した(端数を丸めた)ものである。これらの数列をそれぞれ R5,R10,R20,R40,そして R80 の記号で表す。R5 から R40 までを基本数列と呼び,選ぶべき標準数は,この中で増加率の大きい数列から用いる約束としている。すなわち,R5,R10,R20,R40 の順で用いる。なお,何らかの事情により基本数列に従うことができない場合にだけ,特別数列と呼ばれる R80 を用いる。

標準数の原形は,鋼線の線径の規格として長い間世界各地の多くの工業分野で使用された **SWG** が近い。鋼線は,最小径から最大径まで広い範囲にわたって使用されるが,実際に存在する線径は飛び飛びに定められている。すなわち,隣り合う線径のサイズは,実際に使用する場合の経験則を満足するように,細い線径においては狭く,太くなるにつれて等比級数的に広くなっている。

企業にとって,費用対効果を最大化することが,国際的な企業間競争で生き残る基本要件の一つになっている。多様な顧客の要望に応えるために,形状が同様で,大きさや性能などの設計パラメータが段階的に異なる製品をシリーズ化する場合,標準数にならうことで,合理的な設計が可能となる。すなわち,設計パラメータが小さい場合には,隣り合う製品間の設計パラメータの変化も小さく,設計パラメータの大きさに伴って,隣り合う製品間の設計パラメータの変化が大きくなるようにすることで,少ない製品種類で多くの顧客の要望に応えることが可能となる。

【4】等比数列
等比数列は,隣り合う2項の比が一定である数列で,初項 a と公比 r を用いると,n 番目の項 a_n(一般項)は,下式で表される。
$$a_n = ar^{n-1}$$
数値が小さいときは,隣り合う数値の間隔が狭いが,大きな数値になるほど隣り合う数値の間隔が等比で広がる。

> **例題 1-2 標準数の使い方に関する問題**
>
> ある機械要素の寸法を定める手順において，設計式による計算値が 4.16 と得られた。そのままの値を用いてもよいか。
>
> ● **略解**────解答例
>
> ねじや軸など規格値が定められているものであれば，それぞれの規格表から 4.16 に近い値を選ぶ。規格値が定められていない場合は，基本数列 R5, R10, R20, R40 の順に，近い値を選ぶことが推奨される。

【5】サプライチェーン

サプライチェーンとは，原材料や構成要素の調達から，製造，在庫管理，販売，配送までを一つの連続したシステムとして捉えたときの製品の全体的な流れのことをいう。一つの企業内部に限定せず，複数の企業間による統合的な連携を意味する場合もある。

【6】国際標準化機構（ISO）

ISO は，International Organization for Standardization の略称である。

【7】日本産業規格（JIS）

JIS は，Japanese Industrial Standards の略称である。

【8】MIL 規格

MIL 規格は，Military Standard（アメリカ国防総省規格）の略称である。

【9】SAE 規格

SAE 規格は，Society of Automotive Engineers Standards（アメリカモビリティ標準化機構規格）の略称である。ここで，モビリティとは，人を乗せて移動する乗り物や交通機関のことをいう。自動車，鉄道，船舶，航空機，宇宙機などの自力推進機だけでなく，広義に馬車，籠，人力車，遊園地のジェットコースターなどを含める場合もある。

表 1-1 標準数（JIS Z 8601：1954 抜粋）

基本数列				特別数列
R5	R10	R20	R40	R80
1.00	1.00	1.00	1.00	1.03
			1.06	1.06	1.09
		1.12	1.12	1.15
			1.18	1.18	1.22
	1.25	1.25	1.25	1.28
			1.32	1.32	1.36
		1.40	1.40	1.45
			1.50	1.50	1.55
1.60	1.60	1.60	1.60	1.65
			1.70	1.70	1.75
		1.80	1.80	1.85
			1.90	1.90	1.95
	2.00	2.00	2.00	2.06
			2.12	2.12	2.18
		2.24	2.24	2.30
			2.36	2.36	2.43
2.50	2.50	2.50	2.50	2.58
			2.65	2.65	2.72
		2.80	2.80	2.90
			3.00	3.00	3.07
	3.15	3.15	3.15	3.25
			3.35	3.35	3.45
		3.55	3.55	3.65
			3.75	3.75	3.87
4.00	4.00	4.00	4.00	4.12
			4.25	4.25	4.37
		4.50	4.50	4.62
			4.75	4.75	4.87
	5.00	5.00	5.00	5.15
			5.30	5.30	5.45
		5.60	5.60	5.80
			6.00	6.00	6.15
6.30	6.30	6.30	6.30	6.50
			6.70	6.70	6.90
		7.10	7.10	7.30
			7.50	7.50	7.75
	8.00	8.00	8.00	8.25
			8.50	8.50	8.75
		9.00	9.00	9.25
			9.50	9.50	9.75

1-2-2 国際標準と基準・規格

多くの国々や地域では，歴史的な経緯から様々な基準・規格が以前から用いられてきた。例えば，長さの規格には，メートルの他にインチや尺などが用いられてきた。グローバル化が進んだ現代社会では，販売先の国や地域に生産拠点を置いてサプライチェーン[5]を構築するなどして，原材料や構成要素などの国際的な調達，生産，販売などがおこなわれている。この下支えとして，**国際標準化機構 (ISO)** [6]による標準化の国際的な統一規格が制定されている。

各国の規格 多くの国々では，歴史的な経緯からその国内だけで通用する独自の国家規格をもっている。我が国では，**日本産業規格 (JIS)** [7]が産業標準化法に基づき制定されており，今日では多くの内容がISOへの整合化を確保している。各国の規格や標準化組織の例として，アメリカにはANSI，ドイツにはDIN，欧州統一ではEN，中国にはGBがある。

その他の規格 原材料，構成要素，製品の諸特性にはばらつきが存在するし，国際標準や日本産業規格などは諸特性の全てを規定しているわけではない。これらの理由などから，各企業や業界団体などでは，国際標準や日本産業規格などよりも厳しい独自の基準・規格を設けて品質を確保していることが多い。企業独自のものを社内基準・規格，業界団体などによるものを業界基準・規格などと呼んでいる。業界団体などによる基準・規格の例として，MIL規格[8]，SAE規格[9]，ASTM[10]規格などがある。

1-3 機械設計に関わる規則

機械設計に限らず，科学技術には諸刃の剣の側面があるため，設計者には高い倫理観と思慮深さが不可欠であるが，公衆の安全や国際間の秩序を維持する目的から，基準・規格よりも厳格に，場合によっては違反した場合の罰則を伴う法的な強制力を持った様々な規制が設けられている。

機械に関わる規則は，設計や製造に直接関係するもの（労働安全衛生法[11]など），製品の欠陥により消費者に損害を与えた製造業者の責任を定め消費者の保護を目的とするもの（製造物責任法[12]など），エネルギー資源の節約・有効利用・環境保全に関するもの（エネルギーの使用の合理化等に関する法律[13]など），国際間取引（外国為替及び外国貿易法[14]など）に関するものなど，広範囲に及ぶ。

【10】 ASTM
ASTMは，American Society for Testing and Materials（アメリカ材料試験協会）の略称である。

【11】労働安全衛生法
労働安全衛生法は，労働者の安全と衛生についての基準が定められた我が国の法律である。労働者の安全衛生や健康管理に関する事業者の責任や，ボイラーやクレーンなど製造，設置，使用に関して行政機関の認可が必要な機械等および有害物に関する規制などが規定されている。

【12】製造物責任法
製造物責任法は，製品など製造物の欠陥により人の生命，身体または財産に被害や損害が生じた場合の製造業者等の損害賠償責任について定められた我が国の法律である。製造物責任を意味する英語（product liability）から，PL法とも呼ばれる。

【13】エネルギーの使用の合理化等に関する法律
エネルギーの使用の合理化等に関する法律は，エネルギー資源の有効利用を図るため，工場，輸送，建築物及び機械器具等についてのエネルギーの使用の合理化に関する規制などが定められた我が国の法律である。省エネ法とも呼ばれる。

【14】外国為替及び外国貿易法

外国為替及び外国貿易法は，我が国と国際社会の健全な経済発展と平和・安全の維持を目的とした法律である。この法律の中で，高性能な工作機械など，軍事的に転用される恐れのあるものが大量破壊兵器の開発者やテロリスト集団などに渡ることを防ぐことが規定されている。

> **例題 1-3** 機械とその関連技術の基準・規格，規制に関する問題
>
> 機械とその関連技術に，標準化や規制が必要な理由を答えなさい。
>
> ●**略解**────解答例
>
> 個々の機械全てに専用の仕様で構成要素を準備することは，天文学的な数を揃えて取り扱うことを意味し，現実にそぐわない。そこで，共通的な基本仕様を予め定めて規格化しておくことで，様々な機械で合理的に調達したり取り扱ったりすることができる。また，公衆の安全や国際間の秩序を維持する目的で，場合によっては違反した場合の罰則を伴う法的な強制力をもった様々な規制が設けられている。

1-4 サイズ公差

1-4-1 図示サイズとサイズ公差

部品を製作するとき，図面の寸法にぴったり一致した大きさに仕上げることは難しく，いくらかのずれが生じる。また，必要以上に精度を高めると時間とコストがかかることになる。しかし，部品の機能上問題のない寸法の範囲を設定して，その範囲内で仕上げることにより，部品の機能を保つことが可能である。そこで，仕上がりの寸法（実寸法）が許容された寸法の限界の範囲内（許容限界）にあるようにする公差方式がとられている。図1-3に示す穴と軸を用いて，以下にパラメータの説明をする（JIS B 0401-1：2016）。

(1) **許容限界サイズ**：サイズ形体の極限まで許容できるサイズ

(2) **上の許容サイズ**：サイズ形体において，許容できる最大のサイズ

(3) **下の許容サイズ**：サイズ形体において，許容できる最小のサイズ

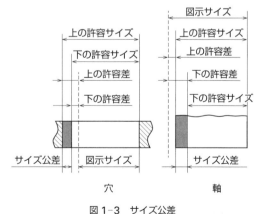

図1-3 サイズ公差

(4) **図示サイズ**：図示によって定義された完全形状の形体のサイズ
(5) **上の許容差**：上の許容サイズから図示サイズを引いたもの
(6) **下の許容差**：下の許容サイズから図示サイズを引いたもの
(7) **サイズ公差**：上の許容サイズと下の許容サイズとの差（上の許容差と下の許容差との差でもある）

> **例題 1-4**
>
> 図 1-3 において，上の許容サイズ 30.018 mm，下の許容サイズ 30.005 mm，図示サイズ 30.000 mm とするとき，上の許容差，下の許容差，サイズ公差を求めよ。
>
> ●**解答例**
>
> 上の許容差 ＝（上の許容サイズ）−（図示サイズ）
> 　　　　　＝ 30.018 − 30.000 ＝ ＋0.018 mm
>
> 下の許容差 ＝（下の許容サイズ）−（図示サイズ）
> 　　　　　＝ 30.005 − 30.000 ＝ ＋0.005 mm
>
> サイズ公差 ＝（上の許容サイズ）−（下の許容サイズ）
> 　　　　　＝ 30.018 − 30.005 ＝ 0.013 mm
>
> あるいは，
>
> サイズ公差 ＝（上の許容差）−（下の許容差）
> 　　　　　＝ 0.018 − 0.005 ＝ 0.013 mm

1-4-2 はめあい

穴と軸が互いにはまりあう関係を**はめあい**といい，ある方式によって公差付けられた穴と軸とで構成されるはめあいを**はめあい方式**という。付表 1-1 〜 1-3（JIS B 0401-1：2016）で示すように，3150 mm 以下の機械部品の許容限界サイズおよび互いにはめあわされる穴と軸の組み合わせについて決めている。

図 1-4 に示すように，穴の直径が軸の直径より大きい場合は，**すきま**ができ，軸の直径が穴の直径より大きい場合は，両者の重な

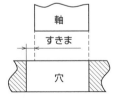
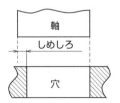

図 1-4　すきま，およびしめしろ

り部分である**しめしろ**ができる。これらのすきまとしめしろの関係から，はめあいには，以下に示す三つの種類がある。

すきまばめ　　図 1-5（a）は，穴の直径が軸の直径より大きい場合（両者が等しい場合も含む）で，穴と軸の間

【15】ブシュ
軸と軸受が直接接しないように間に入れる円筒状の部品

に常にすきまがある。

軸とすべり軸受，軸とブシュ[15]など，部品を相対的に動かすものに用いる。

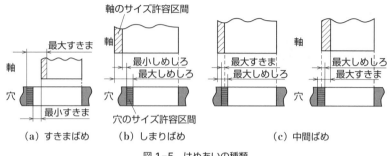

(a) すきまばめ　　(b) しまりばめ　　(c) 中間ばめ

図1-5　はめあいの種類

しまりばめ　　図1-5(b)は，穴の直径が軸の直径より小さい場合（両者が等しい場合も含む）で，穴と軸の間に常にしめしろがある。

組み立て・分解には大きな力を要し，部品を相対的に動かさないものに用いる。

中間ばめ　　図1-5(c)は，すきまばめとしまりばめの中間のもので，穴と軸との実寸法によって，しめしろができたり，すきまができたりする。

部品を相対的に動かせるか動かせないかどちらかの微妙な関係にあり，組み立てには，大きな力を要せず，部品を損傷しないで分解・組み立てができる。

1-4-3　基本サイズ公差

JIS B 0401-1 : 2016では穴・軸の図示サイズに対応して，それぞれ**基本サイズ公差**が定められており，IT01～IT18までの**基本サイズ公差等級**に分けられている。表1-2にその一部を示す[16]。

【16】公差等級
機械設計では，IT6～IT9がよく用いられる。

表 1-2　図示サイズに対する基本サイズ公差等級の数値

図示サイズ [mm]		基本サイズ公差等級					
		IT5	IT6	IT7	IT8	IT9	IT10
超	以下	基本サイズ公差値 [μm]					
—	3	4	6	10	14	25	40
3	6	5	8	12	18	30	48
6	10	6	9	15	22	36	58
10	18	8	11	18	27	43	70
18	30	9	13	21	33	52	84
30	50	11	16	25	39	62	100
50	80	13	19	30	46	74	120
80	120	15	22	35	54	87	140
120	180	18	25	40	63	100	160
180	250	20	29	46	72	115	185
250	315	23	32	52	81	130	210

（JIS B 0401-1：2016 より抜粋）

1-4-4　公差クラスの記号

図 1-6 に示すように，サイズ公差を示す領域を**サイズ許容区間**という。また，基礎となる許容差とは，図示サイズから最も近い許容限界サイズを定義するサイズ差である。

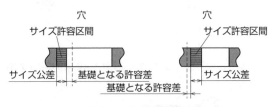

図 1-6　サイズ許容区間

図 1-7 に示すように，サイズ許容区間の位置は基礎となる許容差によって決められる。穴のサイズ許容区間の位置は，A～ZC までの大文字記号で，軸のサイズ許容区間の位置は，a～zc までの小文字記号で表す。

はめあい方式による穴・軸の公差クラスの表示には，サイズ許容区間の位置の記号（アルファベット）と基本サイズ公差等級（数字）との組み合わせが用いられる。

基礎となる許容差および基本サイズ公差等級が決まると，サイズ許容区間が定まる。

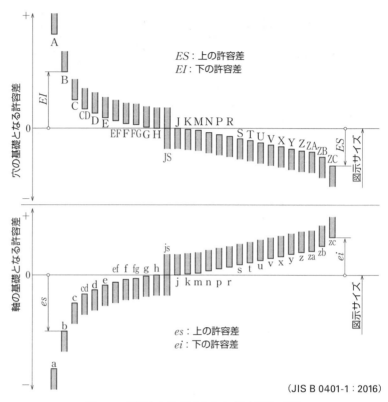

(JIS B 0401-1：2016)

図 1-7　図示サイズに関するサイズ許容区間の配置

例題 1-5

図面で $\phi 40G7$ と示された穴の，上と下の許容差を求めよ。

● 略解

付表 1-1（JIS B 0401-1：2016）より，40 mm に対応する基本サイズ公差等級 7，サイズ許容区間の位置 G の数値を読み取ると，基礎となる許容差の数値は $+9\,\mu m$ である。表 1-2 より，IT7 の欄から数値を読み取ると，基本サイズ公差は $25\,\mu m$ である。したがって，下の許容差は $+9$，上の許容差は $9+25=+34\,\mu m$ となる。この場合，図 1-8 の (b)，(c) のように示すこともある。

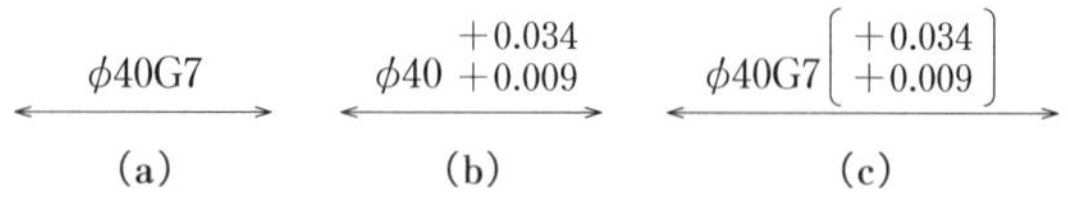

$$\phi 40G7 \qquad \phi 40\begin{array}{l}+0.034\\+0.009\end{array} \qquad \phi 40G7\begin{bmatrix}+0.034\\+0.009\end{bmatrix}$$
(a)　　　　　(b)　　　　　(c)

図 1-8　はめあい方式の表示方法

【17】はめあい方式
・穴基準はめあい方式
　穴を基準にして，種々の公差クラスの軸を組み合わせる方式
　穴の方が軸に比べて精度よく仕上げることが難しいので，穴を基準にして軸を加工する方法がよく用いられる。基準穴には下の許容差が 0 である H の穴を用いる。
・軸基準はめあい方式
　軸を基準にして，種々の公差クラスの穴を組み合わせる方式
　同一軸上に，すきまばめやしまりばめなどが混在している場合などに用いる。基準軸には上の許容差が 0 である h の軸を用いる。

1-4-5　はめあい方式の種類

はめあい方式では，穴を基準にする**穴基準はめあい方式**と，軸を基準にする**軸基準はめあい方式**がある[17]。

表 1-3 および表 1-4 は推奨する穴基準はめあい方式および軸基準は

表 1-3　推奨する穴基準はめあい方式でのはめあい状態

基準穴	すきまばめ	中間ばめ	しまりばめ
H6	g5　h5	js5　k5　m5	n5　p5
H7	f6　g6　h6	js6　k6　m6　n6	p6　r6　s6　t6　u6　x6
H8	e7　f7　h7 d8　e8　f8　h8	js7　k7　m7	s7　u7
H9	d8　e8　f8　h8		
H10	b9　c9　d9　e9　h9		
H11	b11　c11　d10　h10		

(JIS B 0401-1：2016)

表 1-4　推奨する軸基準はめあい方式でのはめあい状態

基準軸	すきまばめ	中間ばめ	しまりばめ
h5	G6　H6	JS6　K6　M6	N6　P6
h6	F7　G7　H7	JS7　K7　M7　N7	P7　R7　S7　T7　U7　X7
h7	E8　F8　H8		
h8	D9　E9　F9　H9		
h9	E8　F8　H8 D9　E9　F9　H9 B11　C10　D10　H10		

(JIS B 0401-1：2016)

めあい方式の組み合わせの例であり，できるだけ枠で囲まれた公差クラスの中から選ぶとよい。

1-5　幾何公差

近年，工業製品には，高い品質，精度や互換性等が要求されるようになってきた。そこでサイズ公差では品質管理できない製品の形状，姿勢，位置，振れの偏差（これらを総称して**幾何偏差**という）を規制することが求められるようになってきた。

実際，機械部品のサイズ公差と同様に幾何学的にも完全な形体[18]に仕上げることは不可能である。しかし，ある範囲内での狂いならば，製品の機能上，支障ない場合もあり，幾何学的に正確な形状や位置などから狂ってもよい領域（公差域）を数値で表したものが**幾何公差**である。

【18】形体
　形体とは対象物の形状を構成する点，線，面，軸線，中心面などのことである。

1-5-1　幾何公差の必要性

軸部品のサイズ（寸法）はノギスやマイクロメータ等による二点測定によって得られるが，二点測定では図 1-9 のような軸の曲がりも，軸の断面形状が等径ひずみ円でも許容寸法内であれば合格と判断される。しかし，軸の曲がりや断面形状が等径ひずみ円のような幾何学的な狂いがあると軸受等に組み付けできない。このように，サイズ公差だけでなく，「真っ直ぐさ：真直度」や「まん丸さ：真円度」等の幾何学的狂い

も規制する必要性が発生してきた。

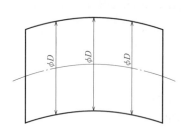
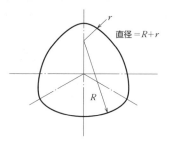

（a）軸の曲がり
※どの位置でも軸の直径は等しいが曲がっている場合

（b）軸断面形状の狂い
※どの方向でも軸の直径は $R+r$ の（等径ひずみ円）真円でない場合

図1-9　幾何公差が必要な形状狂いの例

　さらに，グローバルな視点から，サイズ公差だけで幾何公差の指示がなければ，サイズ公差の範囲内で表面のうねり，穴位置のずれ，傾きがあっても許されてしまう。サイズ公差と幾何公差を合わせて指示することにより，どこの国でどんな経験を持った人が設計，製作しても同じ品質の製品が入手できるようになる。これにより図面における公差指示の曖昧さを排除することができる。

　図1-10のようにサイズ公差と表面性状のみで図面を指示した場合，ゆがんだ製品が出来上がる可能性もある，図1-11に示す例のように必要な幾何公差を考慮して指示する必要がある。

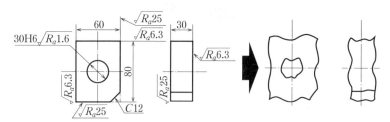

図1-10　サイズと表面性状のみで表現した図面と製品（大げさに表現）

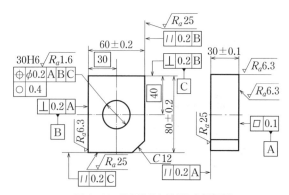

図1-11　幾何公差を追加した図面例

1-5-2 幾何公差の分類

幾何公差は**単独形体**と**関連形体**の大きく2つに分類される。

・単独形体は真円度，平面度のようにその**形体自体に指定できるもの**である（真直度，平面度，真円度，円筒度等）。

・関連形体は平行度，直角度のように**相手（データム[19]：基準）との関係を指定するもの**である（平行度，直角度，傾斜度，円周振れ等）。

次に幾何公差の公差域と図示例を表1-5に示す。

[19] データム
データムとは関連形体の幾何公差を指示するときの基準となる直線，平面，軸線，中心平面などの理論的に正確な幾何学的基準のことである。

表1-5 幾何公差の公差域と図示例

	公差域の定義	指示方法及び説明		公差域の定義	指示方法及び説明
真直度公差	公差域に，t だけ離れた平行二平面によって規制される。	円筒表面上の任意の実際の（再現した）母線は，0.1 だけ離れた平行二平面の隣になければならない。	直角度公差	公差値の前に記号 ϕ が付記されると，公差域はデータムに直角な直径 t の円筒によって規制される。	円筒の実際の（再現した）軸線は，データム平面Aに直角な直径0.1の円筒公差域の中になければならない。
	公差域の前に記号 ϕ を付記すると，公差域は直径 t の円筒によって規制される。	公差を適用する円筒の実際の（再現した）軸線は，直径0.06の円筒公差域の中になければならない。	位置度公差	公差域に記号 ϕ が付けられた場合には，公差域は直径 t の円筒によって規制される。この中心線は，データムC，A及びBに関して理論的に正確な寸法によって位置付けられる。	実際の（再現した）軸線は，その穴の軸線がデータム平面C，A及びBに関して理論的に正確な位置にある直径0.08の円筒公差域の中になければならない。
平面度公差	公差域は，距離 t だけ離れた平行二平面によって規制される。	実際の（再現した）表面は，0.08 だけ離れた平行二平面の間になければならない。			
平行度公差	公差域は，距離 t だけ離れ，データム軸直線に平行な平行二平面によって規制される。	実際の（再現した）表面は，0.1 だけ離れ，データム軸直線Cに平行な平行二平面の間になければならない。	円周振れ公差	公差域は，t だけ離れ，その軸線がデータムに一致する任意の円すいの断面の二つの円の中に規制される。特に指示した場合を除いて，測定方向は表面の形状に垂直である。	円筒の実際の（再現した）振れは，データム軸直線Cのまわりに1回転する間に，任意の円すいの断面内で0.1以下でなければならない。

＊備考　公差域の定義欄で用いている線は，次の意味を表している。太い実線：形体，太い一点鎖線：データム，細い実線または破線：公差域，細い一点鎖線：中心線

(JIS B 0021:1998)

1-5-3 幾何公差の種類と定義

さらに幾何公差の種類は**形状，姿勢，位置，振れ**に分類される。

表1-6は幾何公差の種類と記号・公差域の定義を一覧表にしたものである。

表1-6 幾何公差の種類と記号・公差域の定義

公差の種類	特性	記号	データム指示	公差域の定義
形状公差	真直度	—	否	直線形体の幾何学的に正しい直線からの狂いの大きさ
	平面度	▱	否	平面形体の幾何学的に正しい平面からの狂いの大きさ
	真円度	○	否	円形形体の幾何学的に正しい円からの狂いの大きさ
	円筒度	⌭	否	円筒形体の幾何学的に正しい円筒からの狂いの大きさ
	線の輪郭度	⌒	否	理論的に正確な寸法によって定められた幾何学的に正しい輪郭からの線の輪郭の狂いの大きさ
	面の輪郭度	⌓	否	理論的に正確な寸法によって定められた幾何学的に正しい輪郭からの面の輪郭の狂いの大きさ
姿勢公差	平行度	∥	要	データム直線又はデータム平面に対して平行な幾何学的に正しい直線又は幾何学的に正しい平面からの平行であるべき直線形体又は平面形体の狂いの大きさ
	直角度	⊥	要	データム直線又はデータム平面に対して直角な幾何学的に正しい直線又は幾何学的に正しい平面からの直角であるべき直線形体又は平面形体の狂いの大きさ
	傾斜度	∠	要	データム直線又はデータム平面に対して理論的に正確な角度をもつ幾何学的に正しい直線又は幾何学的に正しい平面からの理論的に正確な角度をもつべき直線形体または平面形体の狂いの大きさ
	線の輪郭度	⌒	要	理論的に正確な寸法によって定められた幾何学的に正しい輪郭からの線の輪郭の狂いの大きさ
	面の輪郭度	⌓	要	理論的に正確な寸法によって定められた幾何学的に正しい輪郭からの面の輪郭の狂いの大きさ
位置公差	位置度	⊕	要・否	データム又は他の形体に関連して定められた理論的に正確な位置からの点、直線形体又は平面形体の狂いの大きさ
	同心度(中心点に対して)	◎	要	平面図形の場合には、データム円の中心に対する他の円形形体の中心の位置の狂いの大きさ
	同軸度(軸線に対して)	◎	要	データム軸直線と同一直線上にあるべき軸線のデータム軸直線からの狂いの大きさ
	対称度	═	要	データム軸直線又はデータム中心平面に関して互いに対称であるべき形体の対称位置からの狂いの大きさ
	線の輪郭度	⌒	要	理論的に正確な寸法によって定められた幾何学的に正しい輪郭からの線の輪郭の狂いの大きさ
	面の輪郭度	⌓	要	理論的に正確な寸法によって定められた幾何学的に正しい輪郭からの面の輪郭の狂いの大きさ
振れ公差	円周振れ	↗	要	データム軸直線を軸とする回転面をもつべき対象物又はデータム軸直線に対して垂直な円形平面であるべき対象物をデータム軸直線の周りに回転したとき、その表面が指定した位置又は任意の位置で指定した方向に変位する大きさ
	全振れ	↗↗	要	データム軸直線を軸とする円筒面をもつべき対象物又はデータム軸直線に対して垂直な円形平面であるべき対象物をデータム軸直線の周りに回転したとき、その表面が指定した方向に変位する大きさ

＊備考(JIS B 0021：1998, JIS B 0621：1984 による)

1-5-4 幾何公差の表示方法

幾何公差の表示には図 1-12，1-13 に示すように長方形の枠：公差記入枠を用いて記入する。この中に公差の種類を示す記号と公差値および関連形体においてはデータム（測定等の基準面，線等）を指示する文字記号をそれぞれ仕切った区分に左から順に記入する。

なお，公差記入枠は必ず水平に配置する。

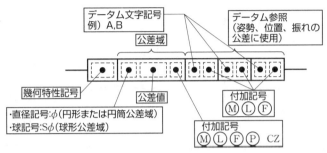

図 1-12　公差記入枠の書き方

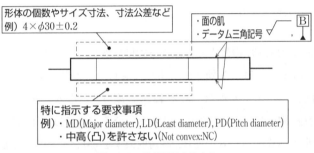

図 1-13　付加記号の書き方

1-5-5 最大実体公差方式

部品の組み立ては，互いにはめあわされる形体の実寸法と幾何偏差との間の関係に依存する。**最大実体公差方式**は通常公差に対し，実寸法により「相手部品にはめあう」という機能を満足させる方式のことである。

最大実体状態とは，許容限界寸法内で体積が最大となる状態であり，その寸法値を**最大実体寸法**という。また，許容限界寸法内で体積が最小になる状態を**最小実体状態**といい，その寸法値を**最小実体寸法**という。

最大実体状態から外側形体は小さく，内側形体は大きくなるほど相手部品との組み立てでは余裕（隙間）ができる。この最大実体状態にない場合，指示した幾何公差を増加させても組み立てに問題は発生しない。つまり「幾何公差偏差量を増加できる」という（経済的）利点がある。これを最大実体公差方式といい，記号Ⓜによって公差記入枠に指示する。

| 実効状態 | 実効状態とは，その形体に許容される完全形状の限界状態であり，最大実体寸法と幾何公差との総合効果による。その寸法値を**実効寸法**という。

【軸部品（外側形体）の実効寸法例】

図1-14から軸部品の最大実体寸法 $\phi39.9$ に対し，直角度 $\phi0.1$ が許されているので図1-14(b)より実効寸法は $\phi40.0$ となる。

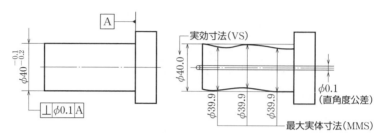

(a) 寸法公差と幾何公差を指示した軸部品　　(b) 軸部品の実効寸法と最大実体寸法

図1-14　軸部品（外側形体）の実効寸法例

| 最大実体公差方式の考え方 |

【軸部品（外側形体）の最大実体公差方式使用例】

図1-15から，軸の実効寸法 $\phi40.0$ に対し，軸の最小実体寸法 $\phi39.8$ で直角度公差 $\phi0.1$ の場合，許容軸径は $\phi39.9$ となり，直角度公差は $\phi0.1$ 余裕（隙間）がある。よって最大実体公差方式では図1-15(c)より軸が最小実体寸法 $\phi39.8$ の場合，直角度公差を $\phi0.2$ まで増加可能となる。

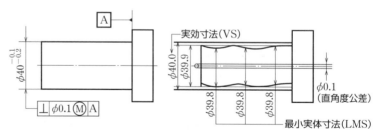

(a) 最大実体公差方式を指示した軸部品　　(b) 軸部品の実効寸法と最小実体寸法

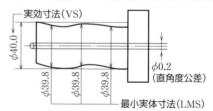

(c) 最大実体公差方式を用いた軸部品と幾何公差

図1-15　軸部品（外側形体）の最大実体公差方式使用例

1-6 表面性状

表面性状とは部品の加工により,部品の表面に生じる凹凸や筋目などのことであり,部品や機械の性能,例えば摺動部の動作,精度などに大きな影響を与えるので,図面では,これらの情報を指示する必要がある。

表面粗さの測定には,以前は接触式の触針式表面粗さ測定機が用いられてきたが,最近では非接触式で,光を利用して面で測定するレーザー顕微鏡等が用いられることも多い。

一例として,触針式表面粗さ測定機を用いた方法について示す。これは,加工表面を触針でなぞり,波形処理をして得られた**粗さ曲線**をもとにして表面粗さを定義するものである。

JIS B 0601:2001 では,算術平均粗さ(Ra),最大高さ粗さ(Rz)などの粗さパラメータが規定されている。これらの中で,算術平均粗さが一般的に多く用いられている。

算術平均粗さ(Ra) 図1-16のように,粗さ曲線からある長さ lr(基準長さ)を抜き取り,平均線の下側にある部分を平均線で折り返し,斜線部分の面積と同じ面積になるような長さ lr の長方形を考えたとき,その長方形の高さが Ra [μm] である。

最大高さ粗さ(Rz) 図1-17のように,粗さ曲線の基準長さにおける,山の高さの最大値 Z_1 と谷の深さの最大値 Z_2 との和が Rz [μm] である。

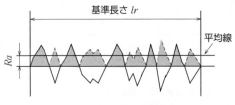

図1-16 算術平均粗さ

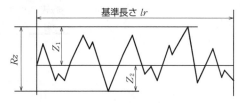

図1-17 最大高さ粗さ

表面性状の図示記号は図1-18のようにする。表面性状パラメータとその値のほか,必要に応じて加工方法や筋目方向などを図に示すことになっているが,加工方法や筋目などを指示しない場合も多く,その場合は図1-18(d)に示すように,パラメータの種類と数値のみの簡略表示となる。

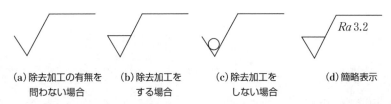

(a) 除去加工の有無を問わない場合　(b) 除去加工をする場合　(c) 除去加工をしない場合　(d) 簡略表示

図1-18 表面性状の図示記号(JIS B 0031:2003)

表 1-7　現 JIS 規格（JIS B0031：2003）と旧 JIS 規格との対応

算術平均粗さ Ra [μm]	最大高さ粗さ Rz [μm]	従来の記号	加工方法
0.012	0.05		
0.025	0.1		バフ仕上
0.05	0.2	▽▽▽▽	研削（精密・上・中・荒）
0.1	0.4		旋削（精密・上・中・荒）
0.2	0.8		フライス削り（精密・上・中・荒）
0.4	1.6		
0.8	3.2	▽▽▽	
1.6	6.3		
3.2	12.5	▽▽	鋳造（精密・中・荒）
6.3	25		
12.5	50	▽	
25	100		
50	200	～	
100	400		

　旧 JIS 規格では表 1-7 に示すように，数値ではなく三角形の記号（▽）を用いて表していた．また，加工方法により仕上げ面の表面性状（精度）が大体決まってくるので，参考として表面性状に対応する加工方法も表に示す．

　表面性状のサンプルとして，「面粗さ標準片」が市販されており，測定機での測定をおこなわずに，実際の加工面とサンプルを比較しながら，簡易的に表面性状を測定することができる．ここで，感覚的にイメージしやすいように，一例として旋盤加工による表面の見た目および手で触った感覚を表 1-8 に示す．

表 1-8　表面の見た目，手触り（旋盤加工の例）

算術平均粗さ Ra [μm]	見た目，手触り
0.8	見た目は，ほとんど筋は見られない 指の腹で触ってもほとんど凹凸を感じない つるつるな感じ
1.6	注意深く見ると細かい筋が見られる 指の腹で触るとややざらざらした感覚がある
3.2	明らかな筋が見られる 指の腹で触ると明らかな凹凸を感じる 爪を立ててこすると凹凸に引っかかる
6.3	明らかな大きな筋が見られる 爪を立ててこすると凹凸に引っかかる

第1章　演習問題

1. 機械の定義を簡単に説明せよ。
2. 機械設計における標準化の目的を簡単に説明せよ。
3. ANSIは，どこの国や地域の規格または標準化組織か。
4. DINは，どこの国や地域の規格または標準化組織か。
5. ENは，どこの国や地域の規格または標準化組織か。
6. GBは，どこの国や地域の規格か。
7. 機械設計に関わる規則の目的を簡単に説明せよ。
8. 図1-19の段付き軸において，$\phi 20$の部位の軸線が，$\phi 40$の部位の軸直線に対し，同軸度公差を$\phi 0.1$の円筒内にするための指示をせよ。

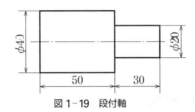

図1-19　段付軸

第2章 材料と加工法

この章のポイント ▶

機械には様々な材料が用いられている。大きく金属材料と非金属材料に分けられ，そして金属材料は鉄鋼材料と非鉄材料に分けられる。それらの材料は機械設計の際に決定され，製図を描く際に組立図や部品図に記入されるのが普通である。また，機械設計においては，機械の構造や機械要素についての知識だけでなく，機械加工の知識も必要である。機械加工の方法を知らなければ，機械の形状や構造を決めることはできない。本章では，代表的な機械材料について紹介し，機械加工の概要について述べる。

①材料の選択
②機械材料の種類
③加工法と一次製品
④機械材料の加工法
⑤設計における加工法

2-1 材料の選択

機械設計における材料の選択は，その製品の機能や性能に大きく関わることから，十分な検討が必要である。材料の選定によっては，材料代や加工代が余計にかかったり，必要に応じて熱処理などの各種処理が必要になったり，コストに大きく影響を及ぼす。

2-1-1 機械材料の種類

機械製品に用いられる**機械材料**は，図2-1に示すように金属材料と非金属材料に大きく分けることができる。機械材料には，一長一短があり，材料の強度や重量，成形性または加工性，コスト，防食性や塗料との相性など，多くの要素から選定される。最近では，航空機やスポーツ用品などに軽量で強度に優れた**炭素繊維強化樹脂**や**ガラス繊維強化樹脂**などの**複合材料**が新素材として注目を集めている。

図2-2は自動車を製作する場合に使われる材料の例を示す。自動車部品に使われている材料は，多くの種類にわたっており，それぞれ適材適所に利用される。ほとんどが，炭素鋼・合金鋼・鋳鉄・銅合金・アルミニウム合金・焼結合金などの金属材料であるが，その他に，プラスチック・ガラス・セラミックス・合成繊維・ゴム・皮革・塗料などの非金属材料もあり，多くの種類の材料がそれぞれ適所に使用されている。また，機能性を高めると共に軽量化を図るため複合材料などの開発はめざましく，一部の自動車部品に使用されている。

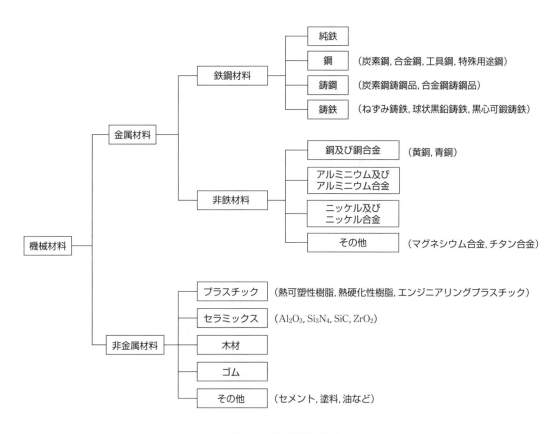

図 2-1　機械材料の種類

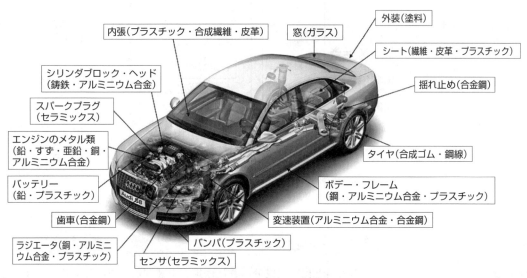

図 2-2　自動車に用いられている材料の例

(出典：http://autoprove.net/2010/09/2356.html)

2-1　材料の選択

2-1-2 一次製品と加工工程

金属材料は，原料としての鉱石から金属材料を製錬によって取り出し，一次加工によって必要な形状や特性の調整がおこなわれ，表2-1に示すように基本形状の素材である板材や線材，管などの一次製品が作られる。

一次製品が二次加工を経て機械部品となり，機械部品が組み合わされて，最終的に製品に加工される。このプロセスを図2-3に示す。金属材料は，製法により結晶構造が変態することで，機械的性質に違いが現れる。設計時には，用途を考えて最適な材料が選択される。

表2-1 加工法と一次製品

加工法		一次製品
圧延	平滑ロール 孔形ロール	板材 形材，棒，線材
押出し	前方・後方押出し	継目無し管，異形形材・管
せん孔	熱間加工	継目無し管
引抜き	冷間加工	線，管
造管・溶接	帯板を丸めて管に成形し，継目を溶接	溶接管，鍛接管
鍛造	自由鍛 造形鍛造	少数・大型鍛造品 量産品・中，小型鍛造品

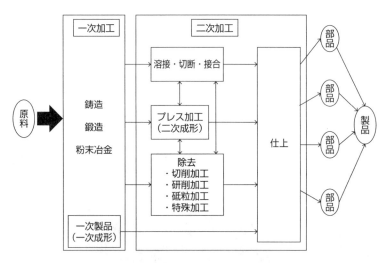

図2-3 機械製品製造における加工工程

2-1-3 鉄鋼材料

[1] じん性
じん性とは，材料の粘り強さ。材料の中で亀裂が発生しにくく，かつ伝播しにくい性質のことである。

鉄鋼材料とは，主成分の鉄に鉄鉱石や製鋼過程で混入する5元素（炭素，けい素，マンガン，りん，硫黄）が含まれたものである。

5元素の中でも，炭素は，鉄鋼の硬さやじん**性**[1]に大きな影響を与えることから，炭素の含有量が，鉄鋼材料を分類する場合の基本となっ

ている。例えば，一般的に炭素が 0.0218 % 以下のものは鈍鉄（α-Fe），0.0218 % を超えるものは鋼と呼ばれている。鉄鋼材料のほとんどは鋼であり，鋼の炭素量は，最大でも 2 % 程度となる。炭素量 2 % を超えるものは鋳鉄という。日本産業規格（JIS）で規格化されている主な鉄鋼材料の分類と用途を表 2-2 に示す。付表 2-1 ～ 2-7 に鉄鋼材料の性質を示す。

表 2-2 JIS で規格化されている主な鉄鋼材料の分類と用途

分類		JIS 鋼種記号	主な用途
圧延材料	一般構造用圧延鋼材	SS	橋，船舶，車両，その他構造物
	溶接構造用圧延鋼材	SM	SS と同様で溶接性重視のもの
	建築構造用圧延鋼材	SN	建築構造物
圧延鋼板・鋼帯	冷間圧延鋼板・鋼帯	SPC	各種機械部品，自動車車体
	熱間圧延軟鋼板・鋼帯	SPH	建築物，各種構造物
線材	ピアノ線材	SWRS	より線，ワイヤロープ
	軟鋼線材	SWRM	鉄線，亜鉛めっきより線
	硬鋼線材	SWRH	亜鉛めっきより線，ワイヤロープ
	冷間圧造用炭素鋼線材	SWRCH	ボルトや機械部品など冷間圧造品
	冷間圧造用ボロン鋼線材	SWRCHB	ボルトや機械部品など冷間圧造品
機械構造用鋼	機械構造用炭素鋼	S--C	一般的な機械構造用部品
	クロムモリブデン鋼	SCM	高強度を重視した機械構造用部品
	ニッケルクロム鋼	SNC	高靭性を重視した機械構造用部品
	ニッケルクロムモリブデン鋼	SNCM	高強度・高靭性を重視した機械構造用部品
工具鋼	炭素工具鋼	SK	プレス型，刃物，刻印
	高速度工具鋼	SKH	切削工具，刃物，冷間鍛造型
	合金工具鋼	SKS	切削工具，たがね，プレス型
		SKD	冷間鍛造型，プレス型，ダイカスト型
		SKT	熱間鍛造型，プレス型
特殊用途鋼	ステンレス鋼	SUS	耐食性を重視した各種部品，刃物
	耐熱鋼	SUH	耐食・耐熱性を重視した各種部品
	ばね鋼	SUP	各種コイルばね，重ね板ばね
	軸受鋼	SUJ	転がり軸受
	快削鋼	SUM	加工精度を重視した各種部品

5 元素のほかに，耐摩耗性，じん性，耐食性，耐熱性を向上させるために，その目的に応じてクロム（Cr），モリブデン（Mo），タングステン（W），バナジウム（V），ニッケル（Ni），コバルト（Co），ボロン（B），チタン（Ti）などの合金元素を添加した鋼種もある。

2-1-4 アルミニウムおよびアルミニウム合金

アルミニウムを基本とする材料には，アルミニウムおよびアルミニウム合金（展伸材），アルミニウム合金鋳物，アルミニウム合金ダイカストなどがある。

展伸材とは，圧延加工した板や条，展伸加工した棒や線材を言う。アルミニウムおよびアルミニウム合金（展伸材）には，表2-3に示すような種類があり，工業製品の他に，装飾用品やスポーツ用品などにも利用されている。また，アルミニウム合金鋳物やダイカスト（**2-2-1**項参照）は，表2-4に示すような種類があり，工業製品に広く活用されている。

表2-3 アルミニウムおよびアルミニウム合金（展伸材）

1000系　純Al系	装飾品，ネームプレート，印刷板，各種容器，照明器具
2000系　Al-Cu-Mg系	航空機用材，各種構造材，航空宇宙機器，機械部品
3000系　Al-Mn-(Mg)系	一般用器物，建築用材，飲食缶，電球口金，各種容器
5000系　Al-Mg系	建築外装，車両用材，船舶用材，自動車用ホイール
6000系　Al-Mg-Si系	船舶用材，車両用材，建築用材，クレーン，陸上構造物
7000系　Al-Zn-Mg-(Cu)系	航空機用材，車両用材，陸上構造物，スポーツ用品
8000系　Al-Fe系	アルミニウムはく地，装飾用，電気通信用，包帯など

表2-4 アルミニウム合金（鋳物，ダイカスト）

アルミニウム合金鋳物	
Al-Cu-Si系（AC2A）	マニフォールド，ポンプボデー，シリンダヘッド，自動車用足回り部品など
Al-Si系（AC3A）	ケース類，カバー類，ハウジング類などの薄肉のもの
Al-Si-Mg系（AC4A）	ブレーキドラム，クランクケース，ギアボックス，船舶用・車載用エンジン部品など，自動車ホイール
Al-Mg系（AC7A）	航空機・船舶用部品，架線金具など
Al-Si-Cu-Ni-Mg系（AC8A）	自動車用ピストン，プーリ，軸受など
アルミニウム合金ダイカスト	
Al-Si-Cu系（ADC12）	生産性が高く，機械的性質も優れている。自動車用ミッションケース，産業機械用部品，光学部品，家庭用器具など広範囲で使用されている。

2-1-5　銅および銅合金

　銅は，電気伝導性，熱伝導性が良好であり，工業的には電気部品や熱交換機器などに広く利用されている。銅合金は，軸受の材料や一般機械部品に利用されている。また，建材などの装飾品にも利用されている。銅および銅合金（展伸材）の主な用途，銅および銅合金鋳物の主な用途を表2-5，表2-6に示す。設計時には，合金記号を要目欄などに記載して指定する。

2-1-6　非金属材料

　動力機械や工作機械，少量生産の機械などでは，一般に金属材料が使用される。一方，大量生産される機械や特殊な機能性を持つ部品では，金属材料以外の材料（非金属材料）を使うことがある。非金属材料には多くの種類があるが，以下では機械の要素部品として使用されることが

ある代表的な材料を紹介する。

表2-5 銅および銅合金（展伸材）

合金記号	合金名称		合金系	主な用途
C1020	鈍銅	無酸素銅	鈍Cu系	電気用，化学工業用
C1100		タフピッチ銅		電気用，建築用，化学工業用，ガスケット，器物
C2..		りん脱酸銅		風呂釜，湯沸器，ガスケット，建築用，化学工業用
C2100～C2400	黄銅	丹銅	Cu-Zn系	建築用，装身具，化粧品ケース
C26..～C28..		黄銅		端子コネクター，配線器具，深絞り用，計器板
C35..～C37..		快削黄銅	Cu-Zn-Pb系	時計部品，歯車
C4250		すず入り黄銅	Cu-Zn-Sn-P系	スイッチ，リレー，コネクター，各種ばね部品
C4430		アドミラティル黄銅	Cu-Zn-Sn系	熱交換器，ガス配管用溶接管
C46..		ネーバル黄銅		熱交換器用管板，船舶用海水取入口用
C61..～C63	アルミニウム青銅		Cu-Al-Fe-Ni-Mn系	機械部品，化学工業用，船舶用
C70..～C71..	白銅		Cu-Ni-Fe-Mn系	熱交換器用管板，溶接

表2-6 銅および銅合金（鋳物）

合金記号	合金の種類	合金系	主な用途
CAC100系（旧：CuC○）	銅鋳物	純Cu系	羽口，電気用ターミナル，一般電気部品，一般機械部品
CAC200系（旧：YBsC○）	黄銅鋳物	Cu-Zn系	電気部品，一般機械部品，給排水金具，計器部品
CAC300系（旧：HBsC○）	高力黄銅鋳物	Cu-Zn-Mn-Fe-Al系	船舶用プロペラ，軸受，軸受保持器，スリッパー，弁座
CAC400系（旧：BC○）	青銅鋳物	Cu-Sn-Zn-(Pb)系	軸受，ポンプ部品，バルブ，羽根車，電動機械部品
CAC500系（旧：PBC○○）	りん青銅鋳物	Cu-Sn-P系	歯車，スリーブ，油圧シリンダ，一般機械部品
CAC600系（旧：LBC○）	鉛青銅鋳物	Cu-Sn-Pb系	シリンダ，バルブ，車両用軸受，中高速・高荷重用軸受
CAC700系（旧：AlBC○）	アルミニウム青銅鋳物	Cu-Al-Fe-Ni-Mn系	船舶用プロペラ，軸受，バルブシート，化学用機械部品
CAC800系（旧：SzBC○）	シルジン青銅鋳物	Cu-Si-Zn系	船舶用艤装品，軸受，歯車，水力機械部品

ゴム材料　ゴム材料は，金属材料と対照的に柔らかいのが特徴である。機械部品としては，シール部品として使用される。

樹脂材料（プラスチック）　樹脂材料には，ナイロン，**ポリテトラフルオロエチレン**（商品名：テフロン），塩化ビニール，エポキシ，ウレタンなど，様々な性質のものが開発されている。一般に，大量生産に適した材料であり，図2-4に示すように様々な工業製品に使

用されている。また，PTFE（テフロン）は，摩擦係数が小さいため，運動部分のシール材料として使用されることがある。

図 2-4 樹脂製品の例（歯車）

FRP 材料　　FRP は，ガラス繊維または炭素繊維を樹脂で固めたものであり，小型船舶の船体や，自動車・鉄道車両の内外装，ユニットバスや浄化槽などの住宅設備機器で多用されている。一般の樹脂材料と比べて強度が高く，しかも金属材料よりも軽いという特徴がある。また，適切な型を作れば，曲面の加工も比較的容易である。FRP を使いこなすことができれば，様々な形状の部品を作ることができる。

2-1-7 材料の特徴を活かした設計

実際の設計において，材料を選択する場合，強度，重量，周囲の状態（温度，水分など），部品の形状と加工性，生産量と生産方法，値段などを考慮して決定する。図 2-5 は材料選定のイメージを示す。

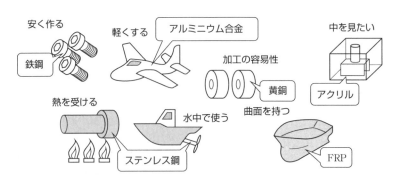

図 2-5 材料選定のイメージ

2-2 材料の加工法

機械設計を進める上で,加工に関する基礎知識は必要不可欠である。新しい機械を作ろうとするとき,アイデアを絵にするだけでは,イラストレーターの仕事になる。実際に物を作り,アイデアを具現化するときには,どのように加工するのかを考えておく必要がある。これを行うのがエンジニアであり,エンジニアリングデザインになる。

3Dプリンタ[2] は,鋳型の製造や治具の作成を必要としないという特徴から,設計段階での試作のように頻繁に形状を変更して迅速に実体が欲しい場面や,医療機器のように個々の患者に合わせて形状を変更するような製品の製造,航空宇宙分野のようにそもそも従来手法のコストが低くないチタン部品の製造などに向いている。

ここでは,主に金属材料に使われる加工方法について紹介する。

2-2-1 機械材料の加工方法

金属材料の加工方法には,**鋳造・塑性加工・溶接・機械加工**やその他の方法がある。

鋳造 自動車には,図2-6に示すエンジンのシリンダブロックや変速装置のケースなどに,鋳鉄やアルミニウム合金を材料とした多くの鋳造部品が使われている。

【2】3Dプリンタ
　3Dプリンタとは,紙に平面的に印刷する通常のプリンタに対して,コンピュータ上で作った3DCAD,3Dデータを設計図として,その断面形状を積層していくことで立体物を作製するものである。液状の樹脂に紫外線などを照射し少しずつ硬化させていく光造形方式,熱で融解した樹脂を少しずつ積み重ねていくFDM方式(Fused Deposition Modeling, 熱溶解積層法),粉末の樹脂に接着剤を吹き付けていく粉末固着方式などの方法がある。

図2-6 鋳造製品の例(アルミニウム合金のシリンダブロック)
(出典:http://www.honda.co.jp)

鋳造は,金属の**可融性**を利用して,作ろうとする製品と同じ形状に作られた空洞部に,**湯**(溶かした金属)を流し込んで固めて作る方法である。この場合,空洞部を形づくる型を**鋳型**,鋳型の空洞部を作るための型を**模型**といい,鋳造で作られたものを**鋳物**という。

鋳物は一般的に,寸法精度や表面粗さが良くないなどの欠点がある。また,鋳物の形状によっては鋳物各部の機械的性質に差が生じ,内部に

巣などの欠陥が生じやすい。しかし，これらの欠点を改善し，その特徴を生かした各種の鋳造法が考えられ，その用途は自動車や工作機械の部品，建築金具など極めて範囲が広い。

図 2-7 は一般的な鋳造法である**砂型鋳造法**を示す。木材などで作った模型（図(a)）を使って，鋳型（図(b)）を耐火性に富む鋳物砂で作り，そこに湯を流し込んで固まらせ，湯口などを切り落として製品（図(c)）にするという方法である。図 2-8 は，一般的な鋳物の製作過程を表したものである。模型には，木材で作った**木型**と，金属で作った**金型**が多く用いられる。

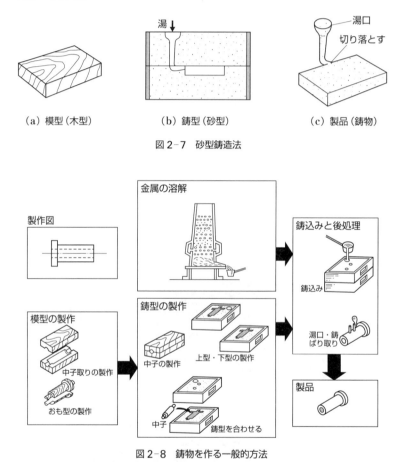

(a) 模型（木型）　　　(b) 鋳型（砂型）　　　(c) 製品（鋳物）

図 2-7　砂型鋳造法

図 2-8　鋳物を作る一般的方法

図 2-9 は，けい砂に熱硬化性の樹脂を混ぜた鋳物砂を，加熱した金型にふりかけて硬化させた鋳型を用いる方法で，鋳型が薄くて殻状になるので**シェルモールド法**と呼ばれ，自動車部品などの大量生産品の鋳型や中子を製作する場合に利用される代表的な精密鋳造法である。

図 2-9 シェルモールド法の工程

これ以外の鋳造法として，**ダイカスト**がある。ダイカストは，金型を用いて，湯に圧力を加えて注入して鋳物を作る方法で，アルミニウム合金やマグネシウム (Mg) 合金・亜鉛 (Zn) 合金・すず (Sn) 合金などに適する。その特徴を表 2-7 に示す。また，図 2-10 は，ダイカストで作られた自動車部品の例を示す。

表 2-7 ダイカストの特徴

利　点	欠　点
① 形状が正確で，寸法精度の良い鋳物が得られるので，鋳造後の仕上工程が少ない。	① 金型を使うので，融点の高い金属には適さない。
② ち密で材質の均一な鋳物が得られ，強さが大きい。	② 厚肉や大型の鋳物には適さない。
③ 薄肉の鋳物が作れるので，軽量にすることができる。	
④ 同一の鋳型を繰り返して用いるので，鋳造速度が速く，大量生産ができる。	

図 2-10　ダイカストで作られた自動車のスタータ部品
(出典：http://www.higashinihon-hd.co.jp/html/products/products_03.html)

塑性加工

金属に弾性限度以上の大きな力を加えると変形し，元に戻らない。これを**塑性変形**（4-2-2項参照）といい，塑性変形を起こしやすい性質を**展延性**という。ここではこの性質を利用した**塑性加工**について紹介する。塑性加工は，材料の無駄が少なく，加工に要する時間も短いので経済的な加工法である。また，鋳造品に比べて機械的性質が良く，丈夫で軽い製品を作ることができる。塑性加工には，図2-11のような加工法がある。図2-12は塑性加工によって作られた素材を示す。

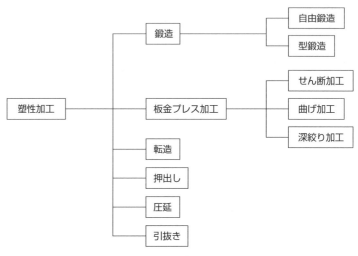

図2-11 塑性加工

図2-12 塑性加工で作られる素材

鍛造は，一般に**再結晶温度**[3]以上に加熱した金属に大きい力を加えて，所要の形状・寸法に仕上げる加工法である。鍛造には，炭素鋼・合金鋼・展伸用アルミニウム合金のように，引張強さが大きく，展延性のある材料が使用される。しかも，鍛錬によって組織が均一になるので，粘り強さが増し，機械的性質も向上させることができる。最近では，**熱間加工**[4]だけでなく，常温で加工する**冷間加工**[5]も行われている。**自由鍛造**は，空気ハンマや液圧プレスなどの鍛造機械または簡単な工具と手ハンマで素材をつち打ちして成形する方法である。一方，**型鍛造**は，鍛造用型を用いる方法で，現在，最も多く行われている。

【3】再結晶温度

金属を常温で曲げ加工すると，金属組織に歪みが生じる。この歪みが金属を硬化させる。これを加工硬化と呼ぶ。この加工硬化が進み，歪みの限界になると割れなどを生じ，加工を続けることが不可能になってしまう。この加工硬化を解消するには金属組織にたまった歪み（ストレス）を解消することにより，金属本来の柔軟性を回復させることができる。歪み解消によって金属組織が規則正しい組織に戻ることを再結晶といい，この再結晶に必要な熱処理の温度を再結晶温度と呼ぶ。

【4】熱間加工

900℃～1200℃で加工する方法で，金属の再結晶温度以上の高温で行うため，加工がしやすい手法である。また，加工硬化を意図的に起こしたくない場合にも有効である。変形に要する力も少なくてすみ，残留応力も少なくなる。加工性がよく，量産にも向いたコストパフォーマンスのよい加工手法である反面，表面平滑度を上げたり，精度の高い加工が難しいという難点がある。また薄い加工も難しくなる。

【5】冷間加工

主に720℃以下で加工する方法で，鋼のもつ金属組織が緻密になる特徴を持つ。金属に過度の温度をかけないため，精度の良い加工が可能となる。また金属に力を加えると硬化していくという加工硬化が促進されるため，材料が硬くなる。ただし，加工をするほどに内部に歪みが生じるため，残留応力が蓄積されたり，粘り強さが減少したりといった弊害もある。さらに，金属がやわらかくなっていない状態での加工のため，大きな力をかける必要がある。

板金プレス加工は，素材に板材を用い，機械プレスや液圧プレスで力を加えて，所要の形状・寸法に仕上げる加工法である。板金プレス加工は，素材を二つの部分に切り離す**せん断加工**，いろいろな形に曲げる**曲げ加工**，継目のない容器状に成形する**深絞り加工**に大別できる。板金プレス加工には，一般に製品の形状に応じた金型が必要であり，金型の製作には多くの費用と時間がかかるが，大量生産することにより，製品1個あたりの費用と時間は少なくなる。図2-13は，自動車のボデーに用いるドアの板金プレス加工品である。

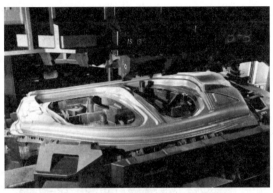

図2-13　板金プレス加工品（自動車のドア）

| 溶接 | 　金属部品の接合方法には，表2-8に示すような種類がある。自動車のボデーをはじめ機械部品の多くは，各部材を溶接することによって組み立てられている。

表2-8　金属部品の接合法

ねじ（ボルト・ナット）		熟練を必要とせず，簡単に接合できる。分解が容易である。気密を要する部分には，パッキンなどを用いる。
リベット		厚さが制限される。継手部分の強度が低くなる。接合の時に騒音を発生する。
溶接		気密が良好で，材質の制限も少ない。内部応力が発生する。一度溶接したものは，取り外すことが困難である。
接着剤		材質の変化や形状の変形が生じない。力や熱を加えない方法もあるが，加熱・加圧によって接着する方法では，冷却すると硬化して強さも大きい。

2-2　材料の加工法

溶接は，結合しようとする二つの材料（これを母材という）の接合部分を溶融するなどして結合する方法である。炭素鋼は，炭素量が少ないほど溶接が容易で，炭素量が多くなるほど**溶接性**が低下する。高炭素鋼は，溶接した後冷却するときに割れが発生しやすいので十分な注意が必要である。耐食鋼などの合金鋼は，その成分によって，欠陥が出やすい場合がある。鋳鉄を溶接すると，接合部分の加熱・冷却が組織に影響を与え，引張強さが低下する。このため，鋳鉄の溶接は，鋳物製品の欠陥を補修するような場合に限って実施する。

　溶接法には，**融接・圧接・ろう接**の方法がある。溶接法の中で最も一般的に行われる融接は，金属を溶かし，凝固させて接合する方法であり，ガス溶接・アーク溶接などがある。溶接法を原理・熱源から分類すると図2-14のようになる。

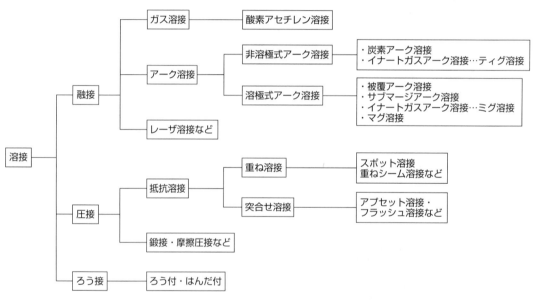

図2-14　溶接法の分類

　機械加工は，切削や研削などによって，材料を所要の形状・寸法に仕上げる加工法であり，自動車や機械類に用いられている多くの部品の加工がその対象になると考えてよい。金属材料を削る場合，材料の種類によって削りやすさが異なる。このような性質を**被削性**という。

　切削加工は，金属の被削性を利用して，工作物の不要な部分を刃物で削り取って，所要の形状・寸法に仕上げる工作法であり，鋳造や鍛造などの加工法によって作られた金属材料の加工だけでなく，木材や合成樹脂などの非金属材料の加工にも広く利用されている。切削加工には，図2-15に示す手仕上げによる加工と機械による加工がある。

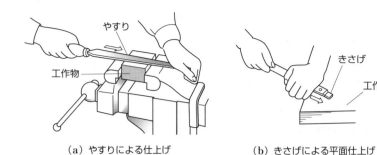

(a) やすりによる仕上げ　　　　(b) きさげによる平面仕上げ

図 2-15　手仕上げの加工例

機械による切削加工で用いる**工作機械**は，工作物や切削工具の運動の仕方によって，多くの種類があるが，主なものには，**ボール盤・旋盤・フライス盤・歯切り盤**などがある。

ボール盤は，主軸に取り付けたドリルなどの切削工具に回転運動と軸方向の送りを与えて，工作物に穴をあける工作機械である。ボール盤では，図 2-16 に示すように，穴あけのほか，あけられる穴の形状や工具に応じていろいろな加工がある。

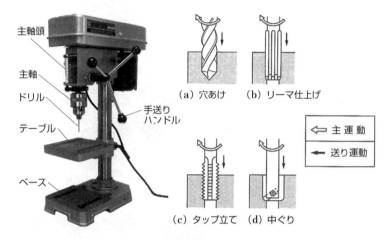

図 2-16　卓上ボール盤とその加工例

旋盤は工作物に回転運動を与え，バイトに送りと切込みを与えて，主に円筒面を切削する工作機械である。旋盤には，普通旋盤のほかに，タレット旋盤・自動旋盤などの種類がある。図 2-17 に，普通旋盤とその加工例を示す。

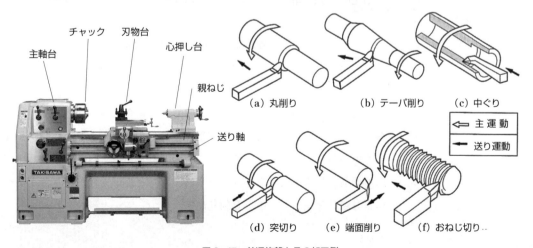

図 2-17　普通旋盤とその加工例

2-2　材料の加工法　41

フライス盤は，フライスと呼ばれる切削工具に回転運動を与え，テーブルに取り付けた工作物に送りと切込みを与えて，平面や溝などを切削する工作機械で，ひざ形フライス盤，生産フライス盤，数値制御フライス盤などがある。最も一般的に用いられるフライス盤は，ひざ形フライス盤であり，横フライス盤・立てフライス盤・万能フライス盤の3種類がある。図2-18は，ひざ形フライス盤とその加工例を示す。

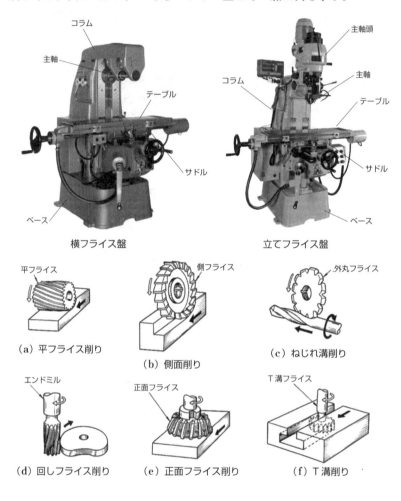

図2-18　フライス盤とその加工例

　歯切り盤は，歯車を切削加工によって作る場合に用いられる。歯切り盤には，切削工具によって，**ホブ盤・歯車形削り盤**がある。図2-19は，多く用いられているホブ盤を示したものである。ホブ盤は，ホブと呼ばれる切削工具に主運動を与え，さらに，ホブと歯車素材が噛み合うように相対運動を与えて，歯形を削り出す。

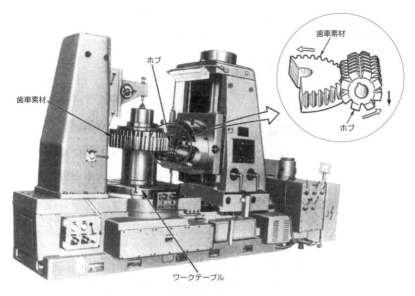

図2-19 ホブ盤とホブによる歯切り

　一方，**研削加工**は，**砥石車**に回転運動を与え，砥石車と工作物に送りと切り込みを与えて行う加工法である。この加工法は，精密加工として重要な地位を占めている。研削加工の主なものには，円筒研削・平面研削・内面研削・工具研削・ねじ研削・歯車研削などがある。研削加工を行う工作機械を研削盤という。円筒研削には，図2-20に示すように，トラバース研削とプランジ研削・アンギュラ研削がある。

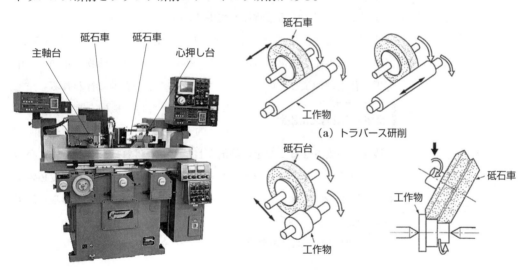

図2-20 円筒研削盤とその加工例

2-2-2 設計における加工方法

　機械設計を行う上で，これらの加工方法の違いが，設計においてどのように関係してくるのかを知っておく必要がある。

2-2 材料の加工法　43

生産設計という考え方　例えば，L形の部品を作る場合を考える。通常の設計では，機能さえ損なわなければ，角柱の材料から削り出しても，板を曲げてもよい。どちらが安く，容易に作れるかを考えて，決めればよい。しかし，生産設計では，製作個数によって，あるいは選択すべき材料や求められる機能によって，加工方法が特定されてくる。そのためには，設計に必要な基礎知識はもとより，加工技術や機械材料の知識，耐久性や信頼性などの知識を有する必要がある。さらに，工数の見積りや品質管理などを理解できなければ生産設計は実施できない。

効果的な設計作業　生産設計の中でも大量に生産する量産設計は，その製品分野によって製造個数が異なり，許容されるコスト，性能，納期，信頼性も異なる。

　また，製品化における法令による各種の制限や，製品廃棄時の資源リサイクルや環境保護の観点からの材料，工法など，多くの制約がある。したがって，一概に量産設計の正解を述べることはできない。しかし，設計するものの特性をよく理解し，加工方法を適切に使い分けることで，品質や納期，コストを満足するための設計作業を進めることが可能となる。量産では，個数が多いことから，鋳物によっておおよその形状を作成し，その後，粗加工，中加工，仕上げ加工と段階を経て仕上げる場合がある。また，段階の途中で面粗さや幾何公差などを検査し，最終部品の歩留まりを減少するようにしている。

　鋳物，粗加工，中加工，仕上げ加工は，全て内製する場合もあるが，協力企業に外注する場合もある。その際には，図面を鋳物，粗加工，中加工，仕上げ加工ごとに分散して作成することが普通に行われる。

機械加工を考えた設計　機械設計においては，機械を設計することだけを目的とするのではなく，正しく機能する機械を完成させることを最終的な目標としなければならない。すなわち，設計者は，常に作りやすさを考え，適切な寸法精度を考える必要がある。図2-21に示すように，機械加工を考えた設計をまとめると以下のようになる。

(1) 切削加工で部品を製作する場合，できる限り削る量が少なくなる形状とする。
(2) 旋盤加工やフライス加工で機械を製作する場合，丸棒(円)と板材(長方形)を基本とする。3次元的な曲面形状は使用される工作機械が限られるので適切ではない。
(3) 寸法公差やはめあい，表面粗さの指定は必要最小限にする。
(4) 大量生産品を作る場合，それぞれの機械加工法や規模に適した設計を行う。

(5) 機械製品を製作する場合，加工時間の短縮や使用する材料の節約について考える。

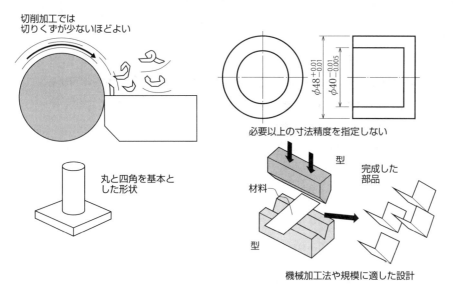

図 2-21　機械加工を考えた設計

第2章　演習問題

1. 材料の性質には，可融性・展延性・被削性があげられるが，それぞれの性質を利用した加工法についてまとめてみよ。
2. 加工時間の短縮と高精度の加工が可能な加工法についてまとめよ。
3. 工業製品を低コストで生産するための方法を3項目あげ，それらににについて簡単に説明せよ。

第3章 機械の運動と仕事

この章のポイント

機械は，外部から与えられたエネルギーにより，様々な運動を伴って仕事を行うものである[1]。この章では，まず，運動のもととなる機械に作用する力を定義して，機械にどのような力が働くかを学習する[2]。そして，機械のさまざまな運動について学び，また，その運動による仕事について学習する。

① 力の定義と力の表し方，力のつりあい，力の合成と分解
② 回転運動における力のモーメントと偶力
③ 物体の重心
④ 直線運動，回転運動，運動の法則
⑤ 仕事と動力
⑥ 摩擦と機械効率

3-1 機械に作用する力

3-1-1 力

[1] 機械

第1章において機械の定義をしているが，広辞苑では，機械は外力に抵抗し得る物体の結合からなり，一定の相対運動をなし，外部から与えられたエネルギーを有用な仕事に変換するものとして定義されている。

[2] 静力学と動力学

機械はエネルギーを与えることによって動作（運動）するが，機械要素の相対的な位置が時間によって変化しない状態，すなわち静止状態での力のつりあい（平衡状態）を扱うのが静力学である。一方，力の働きにより機械要素の位置が時間とともに変化し運動を伴うものが動力学である。

[3] 剛体

力を加えてもその形が変わらないと仮定したものを剛体という。

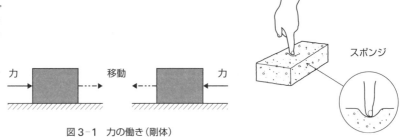

図3-1 力の働き（剛体）

図3-2 力の働き（弾性体）

図3-1のように質量のある物体（**剛体**）[3]を滑らかな摩擦の少ない平面に置くことで，物体は平面から支えられている。そして，左から右または右から左に**力**を加えると，平面上を右または左に移動（運動）する。力の向きによって，その移動（運動）する方向は変わる。また，図3-2のように柔らかいスポンジ（**弾性体**）に力を加えると形が変わる。このように力には，次の3つの働きがある。

1. 物体を支えることができる
2. 物体を移動（運動）させることができる
3. 物体の形を変化させることができる

図3-3のように，力は，**大きさ**，**作用する点**（**作用点**または**着力点**），**向き**で表し，**力の大きさ1N**は，質量1kgの物体を$1\,\mathrm{m/s^2}$の加速度で移動させる力と定義している[4][5]。力は大きさと向きをもったベク

トル[6]で表す。また，力が作用する直線を力の**作用線**という。

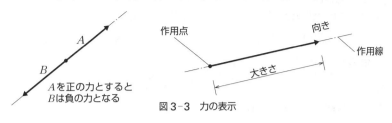

図 3-3 力の表示

3-1-2 力のつりあい

力には向きがあり，その力によって物体が移動することを説明した。力の向きの違いによる**力のつりあい**について説明する。

質量のある物体を図 3-4 に示すように天井からロープで吊るした場合，物体には鉛直方向下向きに重力 $W_g[\mathrm{N}]$ が働き，その逆方向にロープに張力 $F_T[\mathrm{N}]$ が働くことで物体は静止している。すなわち，重力 $W_g[\mathrm{N}]$ と張力 $F_T[\mathrm{N}]$ がつりあっている状態である。1つの物体に作用する 2 つの力がつりあう条件は，次のようになる。

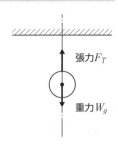

図 3-4 吊り荷のつりあい（重力）

1. 2つの力の作用線が一致していること
2. 2つの力の大きさが等しく，向きが反対であること

3-1-3 力の合成と分解

物体を図 3-5 に示すように 2 本のロープで吊るした場合，図 3-4 と同様に物体は鉛直方向下向きに $W_g[\mathrm{N}]$ の重力が働き，その力 $W_g[\mathrm{N}]$ と天井からの 2 つのロープの張力 $F_{T_1}[\mathrm{N}]$ と $F_{T_2}[\mathrm{N}]$ とがつりあっている。すなわち，$F_{T_1}[\mathrm{N}]$ と $F_{T_2}[\mathrm{N}]$ とを**合成した力**（力の合成）$F_T[\mathrm{N}]$ が $W_g[\mathrm{N}]$ とつりあっているということを意味する。また，$W_g[\mathrm{N}]$ とつりあっている $F_T[\mathrm{N}]$ に対して物体を支えているロープ方向に**分解した力**（力の分解）が $F_{T_1}[\mathrm{N}]$ と $F_{T_2}[\mathrm{N}]$ である。このように，力は**合成**と**分解**をすることができる。

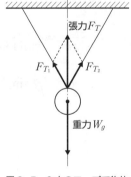

図 3-5 2 本のロープで物体を吊るした場合

【4】万有引力と重力，重力加速度

それぞれ $m_1[\mathrm{kg}]$，$m_2[\mathrm{kg}]$ の質量の物体間の距離が $r[\mathrm{m}]$ であるとき，この物体の間には，$F = G\dfrac{m_1 m_2}{r^2}[\mathrm{N}]$ の万有引力が働く。G は万有引力定数（6.67408×10^{-11} m³/kg·s²）である。また，地上にある物体にも地球との間に万有引力が働き，地上にある物体質量は地球に比べ小さいために地球に引き寄せられる力が働く。これを重力という。重力の大きさを $W = mg[\mathrm{N}]$ で表し，$g[\mathrm{m/s^2}]$ を重力加速度という。

【5】質量と重量

物体に力を加えて移動させようとしたとき，質量は動き難さを示す量で不変なものである（3-2-4 項参照，【16】）。この質量はどこでも変わらないものであるが，地球と月では，異なった重力が働く（月は地球の 1/6 程度）。このため，地上では重力の影響を考慮し，質量と重力加速度の積を重量 $W[\mathrm{N} = \mathrm{kg \cdot m/s^2}]$ としている。

【6】スカラ (scalar) とベクトル (vector)

スカラは大きさのみをもつ量であり，ベクトルは大きさとその大きさの方向を含む量である。

2つの力が直角である場合の力の合成と分解

図3-6に示すように，点Oにx方向の力F_x[N]とy方向の力F_y[N]が直角に作用するとき，点Oに作用する合成した力（合力）F[N]は次式となる。

■ 力の合成（合力）
$$F = \sqrt{F_x^2 + F_y^2} \quad [\text{N}] \tag{3-1}$$

また，F_x[N]に対して合力F[N]の角度をα[°]とすれば次式となる。

$$\tan\alpha = \frac{F_y}{F_x} \rightarrow \alpha = \tan^{-1}\frac{F_y}{F_x} \quad [°] \tag{3-2}$$

一方，合力F[N]をx方向の力F_x[N]とy方向の力F_y[N]に分解すると，それぞれ次式となる。

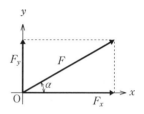

図3-6 力の合成と分解（2つの力が直角である場合）

■ 力の分解
$$F_x = F\cos\alpha, \quad F_y = F\sin\alpha \quad [\text{N}] \tag{3-3}$$

2つの力が直交しない場合の力の合成

図3-7に示すような，2つの力F_1[N]とF_2[N]，およびそれらの力がなす角β[°]が与えられたとき，この2つの力の合力F[N]は，三角関数の余弦定理を用いると次式となる。

■ 力の合成
$$F = \sqrt{F_1^2 + F_2^2 + 2F_1F_2\cos\beta} \quad [\text{N}] \tag{3-4}$$

また，作用する角度α[°]は，三角関数の正弦定理より次式で求めることができる。

$$\frac{F_2}{\sin\alpha} = \frac{F}{\sin(180° - \beta)} = \frac{F}{\sin\beta}$$

$$\sin\alpha = \frac{F_2}{F}\sin\beta, \quad \alpha = \sin^{-1}\left(\frac{F_2}{F}\sin\beta\right) \quad [°] \tag{3-5}$$

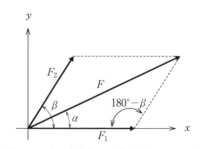

図3-7 力の合成（2つの力が直交しない場合）

> **例題 3-1**
>
> 図3-7において,力 $F_1 = 100$ N,$F_2 = 200$ N,その間のなす角度が40°の場合の合力と方向を求めよ。
>
> ●略解
>
> 式3-4と式3-5より
> $$F = \sqrt{100^2 + 200^2 + 2 \times 100 \times 200 \times \cos 40°} = 283.97 \cong 284 \text{ N}$$
> $$\alpha = \sin^{-1}\left(\frac{200}{284}\sin 40°\right) = 26.91 \cong 27°$$
>
> x軸に対して27°の角度に284 Nの合力となる。

一点に働く3つの力のつりあい

図3-8(a)において,3つの力 F_1[N],F_2[N],F_3[N] がつりあうためには,その合力はゼロ,すなわち図(b)の力の三角形OABが閉じることである(ラミの定理)。三角関数の正弦定理より,3つの力となす角の関係は次式となる。

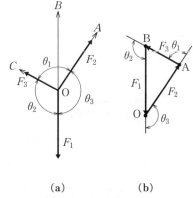

(a) (b)

図3-8 3つの力のつりあい

■3つの力のつりあい
$$\frac{F_1}{\sin(180°-\theta_1)} = \frac{F_2}{\sin(180°-\theta_2)} = \frac{F_3}{\sin(180°-\theta_3)}$$
よって $$\frac{F_1}{\sin\theta_1} = \frac{F_2}{\sin\theta_2} = \frac{F_3}{\sin\theta_3} \tag{3-6}$$

3-1-4 力のモーメントと偶力

3-1-1項において,物体は力を加えた方向に移動することについて

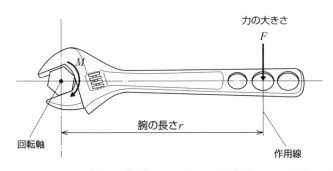

図3-9 スパナによるボルトの締め付け

説明した。ここでは，物体をある軸まわりに回転させようとする力の働きである**力のモーメント**について説明する。図 3-9 に示すように，スパナによるボルトの締め付けを考えた場合，ボルトの回転軸から力 F [N] の作用線までの距離を r [m] とすると，力のモーメント M [N·m] は次式となる。

■ 力のモーメント

$$M = Fr \quad [\text{N·m}] \tag{3-7}$$

ここで，r [m] をモーメントの**腕**の長さという。一般的に，反時計方向に回転させるモーメントを正，反対の時計方向に回転させるモーメントを負とする。

同じ力のモーメントが必要なとき，スパナの長さ，つまり，作用線までの距離を長くすると，小さな力で同じ大きさのモーメントを発生することは式からも理解できる。また，車輪や軸を回転させるモーメントを**トルク**ともいう。

例題 3-2

図 3-10 において，点 O まわりの力のモーメントを求めよ。

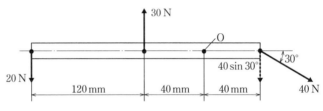

図 3-10 力のモーメントの和

●略解 ——— 解答例

点 O まわりの力のモーメントは，

$20\,\text{N} \times 0.16\,\text{m} - 30\,\text{N} \times 0.04\,\text{m} - 40\sin 30°\,\text{N} \times 0.04\,\text{m}$
$= 1.2\,\text{N·m}$

力のモーメントは 1.2 N·m (1200 N·mm) である。

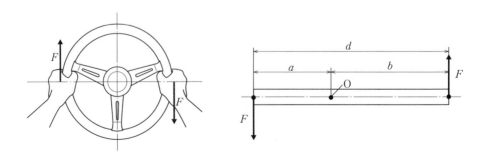

(a) ハンドルの回転　　　　　　　　(b) 偶力のモーメント

図 3-11 偶力

偶力

図3-11(a)に示すハンドルのように,加える力の大きさが等しく,平行で向きが反対の一対の力を**偶力**という。偶力は物体を回転させる働きをもつだけで,合力は0であり,物体を移動させることはできない。偶力によって生じるモーメントを偶力のモーメントという。図3-11(b)に示すO点まわりの偶力のモーメントは次式となる。

■ 偶力のモーメント
$$M = Fa + Fb = F(a+b) = Fd \quad [\text{N·m}] \quad (3\text{-}8)$$

作用点の異なる力のつりあい

図3-12に示すように,点Oで自由に回転できるように取り付けられた棒に,作用点AとBにそれぞれ力 F_A [N] と F_B [N] を加えたときに,棒が回転せず静止するためには,点Oまわりの力のモーメントを0にしなければならない。

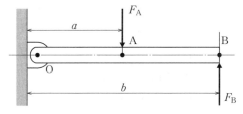

図3-12 力のモーメントのつりあい

例題 3-3 力のモーメントのつりあい

図3-12において,$F_A = 500$ N, $a = 400$ mm, $b = 1000$ mm のとき,棒が静止するための力 F_B を求めよ。

●略解──解答例

$$-500\,\text{N} \times 0.4\,\text{m} + F_B \times 1\,\text{m} = 0$$

よって $F_B = 200$ N となる。

3-1-5 重心

ある大きさをもった物体が図3-13のようにいくつかの小さな部分の集合体で成り立っていると考えると,その各部分には質量に比例する重力 w_1 [N], w_2 [N], … w_n [N] が鉛直方向に働く。その合力の作用線は,物体をどのような姿勢にしても変わることはなく,物体固有の1点Gを通る。この点を物体の重心という。なお,重心に全質量が集中しているとみなすことができる[7]。重心は,物体のつりあいや運動に影響する。

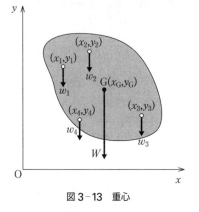

図3-13 重心

【7】質点
物体を質量だけあって大きさのない点状の物体として考え,物体の全質量が1点に集中しているとした点を質点(mass point)という。

[8] 図心

図3-14で求めた重心において，密度が一様で厚さ一定の2次元の場合は，図心 (centroid) という。

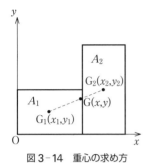

図3-14 重心の求め方

重心の求め方

図3-14に示す密度 ρ [kg/m³] が一様で厚さ t [m] が一定のL型板の重心（図心）を求める[8]。まず，形から重心を求めるために2つの長方形 A_1 と A_2 に分割し，それぞれの重心の座標を $G_1(y_1, y_1)$ と $G_2(y_2, y_2)$ とする。

そして，任意の点を原点とする直交座標軸 x と y を引き，全体の面積を $A (= A_1 + A_2)$ [m²]，重心Gの座標を $G(x, y)$ とする。

ここで，x 軸に垂直に働く力による点Oまわりのモーメントを考える。長方形 A_1 によるモーメントは $\rho g t A_1 x_1$ [N·m]，長方形 A_2 によるモーメントは $\rho g t A_2 x_2$ [N·m] である。また，全体の重量 $\rho g t A$ [N] による点Oまわりのモーメント $\rho g t A x$ [N·m] は，$\rho g t A_1 x_1$ [N·m] と $\rho g t A_2 x_2$ [N·m] の和になり，次式となる。

$$\rho g t A x = \rho g t A_1 x_1 + \rho g t A_2 x_2$$
$$A x = A_1 x_1 + A_2 x_2 \qquad (3\text{-}9)$$

y 軸も同様に求めることができる。

$$A y = A_1 y_1 + A_2 y_2 \qquad (3\text{-}10)$$

よって，重心Gの座標 $G(x, y)$ は次式で求めることができる。

$$x = \frac{A_1 x_1 + A_2 x_2}{A} \text{ [m]}, \quad y = \frac{A_1 y_1 + A_2 y_2}{A} \text{ [m]} \qquad (3\text{-}11)$$

簡単な図形の物体の重心位置を表3-1に示す。

表 3-1 簡単な図形の物体の重心

名称	図形	重心の位置	名称	図形	重心の位置
円弧		$\overline{OG} = \dfrac{2R}{\alpha} \sin \dfrac{\alpha}{2}$	曲がりの小さい弧	弦の中点 M	$\overline{GM} = \dfrac{2}{3} h$
三角形		中線の交点	台形		$\overline{MG} = \dfrac{h}{3} \cdot \dfrac{a + 2b}{a + b}$ $\overline{NG} = \dfrac{h}{3} \cdot \dfrac{2a + b}{a + b}$
扇形		$\overline{OG} = \dfrac{4R}{3\alpha} \sin \dfrac{\alpha}{2}$	環状扇形		$\overline{OG} = \dfrac{4}{3\alpha} \cdot \dfrac{R^2 + Rr + r^2}{R + r}$ $\times \sin \dfrac{\alpha}{2}$
円すい面		$\overline{OG} = \dfrac{h}{3}$	半球面		$\overline{OG} = \dfrac{R}{2}$
円すい 角すい		$\overline{OG} = \dfrac{h}{4}$	半球		$\overline{OG} = \dfrac{3R}{8}$

測定して重心を求める方法

図 3-15 に示した対称軸で製作された連接棒において，図の 2 点 A と B で重さ $W_1[\text{N}]$ と $W_2[\text{N}]$（$W = W_1 + W_2[\text{N}]$）を測定すれば次式から重心の位置が導出できる。重心位置を図のように仮定し，力のモーメントのつりあいから，

$$W_1 l_1 = W_2 l_2 [\text{N·m}] (l_1 + l_2 = l [\text{m}])$$

となり，重心位置を求めることができる。

$$l_1 = \frac{W_2}{W} l \ [\text{m}], \ l_2 = \frac{W_1}{W} l \ [\text{m}] \quad (3\text{-}12)$$

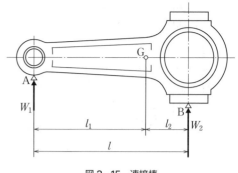

図 3-15　連接棒

例題 3-4

図 3-16 に示した x 軸に対称な平面図形の重心（図心）を求めよ。

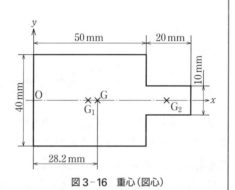

図 3-16　重心（図心）

● **略解**──解答例

式 3-11 より

$$x = \frac{0.05 \times 0.04 \times 0.025 + 0.02 \times 0.01 \times 0.06}{(0.05 \times 0.04) + (0.02 \times 0.01)} = 0.0282 \text{ m}$$

O 点から 28.2 mm の位置にある。

3-2　機械の運動

3-1 節で機械に作用する力について学んできた。本節では，機械に作用する力によって生じる運動について学習する。

3-2-1　直線運動

図 3-17(a) のように電車が A 駅を出発し B 駅へと運行したとき，時間毎の速度を (b) に示す。

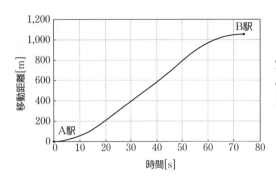
(a) 時間と位置の関係

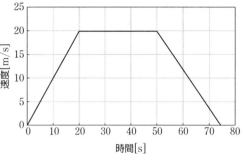
(b) 時間と速度の関係

図 3-17　電車の運行（速度の変化）

速度，移動量と加速度

図 3-17 において，A 駅（位置 s_0[m]）から B 駅（位置 s[m]）までの電車（物体）の平均速度 $\widetilde{v}$[m/s] は，移動時間 t[s]（時間変化 Δt[s]）における移動距離 $s - s_0$[m]（変位 Δs[m]）から次式で求めることができる。

■ 平均速度
$$\widetilde{v} = \frac{s - s_0}{t} = \frac{\Delta s}{\Delta t} \Rightarrow \frac{ds}{dt} \quad [\text{m/s}] \tag{3-13}[9]$$

[9] 微分

Δt を限りなく 0 に近づけ，$\displaystyle\lim_{\Delta t \to 0} \frac{\Delta s}{\Delta t} = \frac{ds}{dt}$ はそのときにおける速度 v[m/s] となる。

なお，図 3-17(b) において，20 s から 50 s までの速度が一定である。このとき，電車（物体）の軌道が直線であり，速度ベクトルが一定の運動を**等速直線運動**という。なお，速度の単位は，毎時間の速度[km/h]や毎分の速度[m/min]なども用いられる。

また，平均速度 $\widetilde{v}$ [m/s] で走る電車の移動時間 t[s] における移動量（移動距離）s[m] は次式で求めることができる。

■ 移動量（距離）
$$s = \widetilde{v}\, t \quad [\text{m}] \tag{3-14}$$

図 3-17(b) の 0 s から 20 s の間で加速し，50 s から 75 s の間で減速し速度が変化している。このように物体を加速（減速）することで物体の速度が変化する。物体の加速度 a[m/s^2] は，加速した時間 t[s]（時間変化 Δt[s]）における速度変化 $v - v_0$[m/s]（$= \Delta v$[m/s]）から次式で求めることができる[10]。

[10] 速度変化

物体の速度の変化は，物体に与える外力（エネルギー）の変化によって生じる。すなわち外力の変化により加速度が生じる（ニュートンの第二法則（運動の法則），式 3-31）。

■ 加速度
$$a = \frac{v - v_0}{t} = \frac{\Delta v}{\Delta t} \Rightarrow \frac{dv}{dt} \quad [\text{m/s}^2] \tag{3-15}[10]$$

0 s から 20 s と 50 s から 75 s の間で一定の加速度（50 s から 75 s の間は負の加速度）で移動している。この運動を**等加速度運動**という。

式 3-15 より，初速 v_0[m/s] で，加速度 a[m/s^2] を t[s] 間与えた（等加速度運動した）ときの物体の速度 v[m/s] は，次式で求めることができる。

■ 加速後の速度
$$v = v_0 + at \quad [\text{m/s}] \tag{3-16}$$

このときの平均速度は，$\widetilde{v} = \dfrac{v_0 + v}{2}$ [m/s] であり，移動距離は式 3-14 から，$s = \left(\dfrac{v_0 + v}{2}\right)t$ [m] となり，式 3-16 を代入すると $s = \left(\dfrac{v_0 + v_0 + at}{2}\right)t$ [m] となる。加速された物体の移動距離 s [m] は次式で導くことができる。

■ 加速後の移動距離
$$s = v_0 t + \frac{1}{2}at^2 \quad [\text{m}] \tag{3-17}$$

例題 3-5

速度 $v_0 = 6$ m/s で走っている電車が，加速度 $a = 2$ m/s^2 で 6 s 間加速したときの速度を求めよ。

● 略解────解答例

式 3-16 より，$v = v_0 + at = 6 + 2 \times 6 = 18$ m/s

鉛直方向の運動　ある物体を初速度 v_0 [m/s] で鉛直下向きに投げ降ろす場合，t [s] 後の物体の速度 v [m/s] は，式 3-16 より，

$$v = v_0 + gt \quad [\text{m/s}] \tag{3-18}$$

となる[11]。また，物体の移動量は，式 3-17 と同様に次式で表され，最初の高さから h [m] 低くなる。

$$h = v_0 t + \frac{1}{2}gt^2 \quad [\text{m}] \tag{3-19}$$

一方，物体を初速度 v_0 [m/s] で鉛直上向きに投げ上げる場合，t [s] 後の物体の速度 v [m/s] は，重力加速度が逆向きに働くために式 3-16 より，v [m/s] は上向きを正として，

$$v = v_0 - gt \quad [\text{m/s}] \tag{3-20}$$

となる。また，物体の高さは上向きを正として次式の h [m] 変化する。

$$h = v_0 t - \frac{1}{2}gt^2 \quad [\text{m}] \tag{3-21}$$

【11】自由落下
地上には重力が働いているため，物体の鉛直（重力）方向における自由落下運動の加速度は重力加速度である。

3-2-2 放物運動

図3-18に示すように,物体を斜めに投げる場合,空気抵抗を無視すると,物体は放物線を描いて運動する。これを**放物運動**という。この運動は,水平方向では等速運動をし,垂直方向には重力による等加速度運動をする。

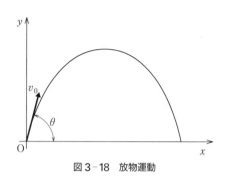

図3-18 放物運動

まず,物体が初速度v_0[m/s]で水平方向からθ[°]の角度で上方に運動を始めたとすると,t[s]後の水平方向と垂直方向の速度成分v_x[m/s],v_y[m/s]は次式で求められる。

$$v_x = v_0 \cos\theta, \quad v_y = v_0 \sin\theta - gt \quad [\text{m/s}] \quad (3\text{-}22)$$

これらの速度成分から,t[s]後の水平方向と垂直方向の移動距離x[m],y[m]は,式3-14と3-17から,次式で求めることができる。

$$x = v_0 t \cos\theta, \quad y = v_0 t \sin\theta - \frac{1}{2}gt^2 \quad [\text{m}] \quad (3\text{-}23)$$

3-2-3 回転(円)運動

図3-19に示すように旋盤が一定の回転数で回転している。このとき,時間Δt[s]の間にバイトの刃先が工作物の円周をΔl[m]移動したとすると,工作物の円周上の

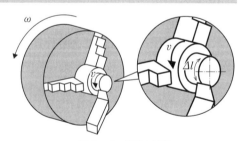

図3-19 旋盤の回転

バイト刃先の(切削)速度v[m/s](**周速度**)は次式となる。

■ 周速度

$$v = \frac{\Delta l}{\Delta t} \Rightarrow \frac{dl}{dt} \quad [\text{m/s}] \quad (3\text{-}24)^{[9]}$$

また,**回転運動**の速度(**角速度**)[rad/s]は,運動した時間Δt[s]とそのときの回転角度$\Delta\theta$[rad]で表し,次式となる。

■ 角速度

$$\omega = \frac{\Delta\theta}{\Delta t} \Rightarrow \frac{d\theta}{dt} \quad [\text{rad/s}] \quad (3\text{-}25)^{[9]}$$

周速度v[m/s]と角速度ω[rad/s]との関係は次式となる。

$$v = \frac{dl}{dt} = r\frac{d\theta}{dt} = r\omega \quad [\text{m/s}] \tag{3-26}$$

ここで，回転運動をする円の半径を $r\,[\text{m}]$ としたとき，円弧の長さ l は，$l = r\theta\,[\text{m}]$ である[12] [13]。

なお，角速度一定の運動を**等速円運動**という。また，**角加速度** α $[\text{rad/s}^2]$ は式3-25を時間微分することで求めることができる。

■ 角加速度
$$\alpha = \frac{d\omega}{dt} = \frac{d}{dt}\left(\frac{d\theta}{dt}\right) = \frac{d^2\theta}{dt^2} \quad [\text{rad/s}^2] \tag{3-27}$$

例題 3-6

旋盤において，直径 $D = 30\,\text{mm}$ の丸棒を切削速度（周速度）$2\,\text{m/s}$ にするための回転数を求めよ。

●略解──解答例

$r = \dfrac{D}{2}$ であり，式3-26と回転数[13]から，次のようになる。

$$v = r\omega = \frac{D}{2} \cdot \frac{2\pi}{60}N \quad [\text{mm/s}] = \frac{\pi DN}{60 \times 1000} \quad [\text{m/s}]$$

回転数 N は次式で求められる。

$$N = \frac{1000 \times 60 v}{\pi D} = \frac{1000 \times 60 \times 2}{\pi \times 30} = 1273.2$$

約 $1273\,\text{min}^{-1}$

向心力と遠心力

図3-20に示すように，ハンマー投げのように物体が回転中心Oまわりを一定の周速度 $v\,[\text{m/s}]$ で回転運動する場合，物体は円の接線方向に飛び出そうとする。この物体が円運動を続けるためには，中心Oに向かって引張る力が必要である。この力を**向心力**という。

向心力を生じさせる加速度を**向心加速度**といい，向心加速度 $a\,[\text{m/s}^2]$ は，周速度 $v\,[\text{m/s}]$ と角速度 $\omega\,[\text{rad/s}]$ で表すことができる。

■ 向心加速度
$$a = \frac{\Delta v}{\Delta t} = \frac{v\Delta\theta}{\Delta t} \Rightarrow v\frac{d\theta}{dt} = v\omega \quad [\text{m/s}^2] \tag{3-28}$$ [14]

また，式3-26から $\omega = \dfrac{v}{r}$ となり，向心加速度は次式で求められる。

$$a = r\omega^2 = \frac{v^2}{r} \quad [\text{m/s}^2] \tag{3-29}$$

このことから向心力は，式3-29から次式で求めることができる。

---

[12] 円弧の長さ

半径 $r\,[\text{m}]$ の円周長さ $2\pi r\,[\text{m}]$ と円周角 $2\pi\,[\text{rad}]$ から，半径 $r\,[\text{m}]$ と円弧の長さ $l\,[\text{m}]$ との関係は，$\theta = \dfrac{l}{r}\,[\text{rad}]$，$l = r\theta\,[\text{m}]$ の関係となる。

[13] 角速度と回転数

回転数は1分間の回転数であり，回転数 $N\,[\text{min}^{-1}]$ で表わす。1回転は $2\pi\,[\text{rad}]$ であるため回転数 $N\,[\text{min}^{-1}]$ と角速度 $\omega\,[\text{rad/s}]$ との関係は $\omega = \dfrac{2\pi}{60}N\,[\text{rad/s}]$ である。回転数は **rpm**（revolution per minute）と呼ばれることもある。

[14] 法線方向の速度

図3-20の接線方向の速度は図のように考えることができる。このときの法線方向の速度 Δv は，$\Delta v = v\Delta\theta$ で表すことができる。

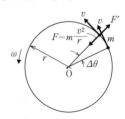

図3-20 向心力と遠心力

図3-21 上図の拡大

■ 向心力
$$F = ma = m\frac{v^2}{r} = mr\omega^2 = mr\left(\frac{2\pi}{60}N\right)^2 \quad [\text{N}] \qquad (3\text{-}30)$$

この**向心力**とつりあう逆向きの力を**遠心力**($F' = -F$)という(式3-31参照)。

3-2-4 力と運動法則

前節まで機械に与えた力により様々な運動をすることを学んだ。ここでは，ニュートンの運動法則について学習する。

| **ニュートンの第一法則（慣性の法則）** | 想像してみよう。机に置いてあるお手玉は力を加えない限り動かない。また，一定の速

度で走っている電車の中でお手玉をしたとき，お手玉が空中に浮いている間に電車は一定距離を移動するが，お手玉は手元に落ちてくる。これは，お手玉が電車と同じ速度で同じ方向に移動しているということである。このように物体は，力の作用がなければ，静止しているものは静止し続け，また，動いているものは一定速度で動き続けるという性質がある。この法則を**慣性の法則**(ニュートンの第一法則)という[15]。

| **ニュートンの第二法則（運動の法則）** | 図3-22のように台車に物体を載せ，力を加えて移動させようとしたとき，(a)のよう

に質量が大きいほど物体は動き難い[16]。

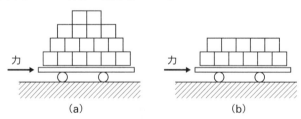

図3-22 物体の運動

一般的に，物体に力 $F[\text{N}]$ を加えると速度 $v[\text{m/s}]$ が変化し，力の方向に加速度 $a[\text{m/s}^2]$ を生じる。同じ質量の物体を移動させるとき，物体の2倍の力を加えると2倍の加速度になることがわかっている。これを式で表すと次式になる。これを**運動の法則**(ニュートンの第二法則)という。

■ 運動の法則
$$F = ma \quad [\text{N}] \qquad (3\text{-}31)^{[17]}$$

この式により，加える力が同じ場合，質量が小さいと加速度は大きくなり，質量が大きいと加速度は小さくなることがわかる。

【15】自動車のシートベルトの役目

自動車が急ブレーキを効かせたとき，自動車はブレーキにより停止しようとするが，慣性の法則により人間はそれまで走っていた自動車の速度で動き続けるために停止できず，車外に飛び出てしまう。これを防ぐためにシートベルトがある。

【16】質量

質量は万有引力による重さの度合いで扱われる重力質量と動き難さで扱われる慣性質量がある。

【17】ダランベールの原理 (d' Alembert's principle)

式3-31は $F - ma = 0$ [N] と表すと，質点に作用する外力 $F[\text{N}]$ と $-ma[\text{N}]$ がつりあっていると考えることができる。$-ma[\text{N}]$ を慣性力(inertia force)といい，慣性力は質量 $m[\text{kg}]$ の物体に加速度 $a[\text{m/s}^2]$ を加えたとき生じる反力として考えることができる。この原理は，動力学の問題を静力学の問題として取り扱うことを可能にしたものである。

| ニュートンの第三法則 (作用反作用の法則) |

図 3-23 にロケットの打ち上げを示す。ロケットは燃料を燃やし噴出して，反作用の力で地上から飛び立つ。このように，力が作用するとき，作用線が一致し，向きが反対で大きさが等しい力が働く。この法則を**作用反作用の法則**（ニュートンの第三法則）という。

図 3-23 作用と反作用

3-2-5 慣性モーメント

3-2-3 項において物体の回転運動について学習した。図 3-24 に示すように，ある回転軸 OO′ まわりに回転する剛体の回転運動を考える。ここで，剛体は微小な質量 Δm [kg] の集まりであると考える。剛体が角加速度 α [rad/s^2] で回転するとき，半径（回転半径）r_i [m] にある微小質量 Δm_i [kg] も同様に円周方向の角加速度 α [rad/s^2] をもち，これにより働く円周力 Δf_i は，$\Delta f_i = \Delta m_i r_i \alpha$ [N] となる。この力による OO′ 軸まわりの力のモーメント ΔM は次式となり，

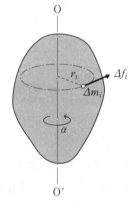

図 3-24 慣性モーメント

$$\Delta M_i = \Delta f_i r_i = \Delta m_i r_i^2 \alpha \quad [\text{N·m}] \tag{3-32}$$

剛体全体では次式となる。

$$M = \sum \Delta f_i r_i = \left(\sum \Delta m_i r_i^2 \right) \alpha \quad [\text{N·m}] \tag{3-33}$$

ここで，$\sum \Delta f_i r_i$ は小さい微小質量に働く OO′ 軸まわりの力のモーメントの総和である。Δm_i を微小な質量と考えて積分の形で表すと，右辺の $\sum \Delta m_i r_i^2$ は，次式で表される。

$$I = \sum \Delta m_i r_i^2 = \int r^2 dm \quad [\text{kg·m}^2] \tag{3-34}$$

また，式 3-33 よりモーメント M は次式で求めることができる。

$$M = I\alpha \quad [\text{N·m}] \tag{3-35}$$

ここで，I を**慣性モーメント** [kg·m^2] といい，式 3-31 で示した直線運動の質量に相当し，回転のし難さを表すものである。剛体に働くモーメントが等しいとき，剛体に生じる加速度は慣性モーメントに反比例し，慣性モーメントが大きい物体は，加速・減速がし難くなる[18]。

[18] フライホイール（はずみ車）の働き

　ガソリンエンジンではピストンの往復運動をクランクシャフトによって回転運動に変換する。回転運動は，上死点（ピストンが一番上の点），下死点（ピストンが一番下の点）付近では，往復する速度は 0 となり，ピストンからの力がなくなる。そこで，そのときの回転力を補うために，ある程度大きな慣性モーメントをもつフライホイールを付けることで，その慣性を利用し回転運動の速度変動に関係なく滑らかに回転させることができる。

例題 3-7

図 3-25 に示す同じ材料,同じ断面積である物体を x-x 軸まわりに回転させるとき,慣性モーメントの大きいのはどちらか。また,その理由を説明せよ。

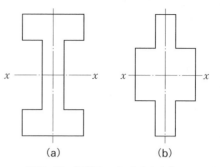

図 3-25　慣性モーメントの大きさ

●解答例

(a)の方が大きい。(a)の方が,質量の大きい部分が回転軸より遠くにあり,式 3-34 より慣性モーメントは大きくなる。

例題 3-8

図 3-26 に示す半径 r [m],慣性モーメント I [kg·m²] の巻き取りドラムで質量 m [kg] の物体をワイヤで吊るしているとき,このドラムに働く角加速度 α [rad/s²] と物体の加速度 a [m/s²] の関係を示し,物体の加速度 a [m/s²] を求めよ。

●解答例

吊られている物体の加速度を a [m/s²],ワイヤに働く張力を T [N] とすると,物体の運動方程式は,次のようになる[17]。

$$ma = mg - T \quad [\text{N}] \qquad ①$$

一方,ドラムの回転運動は,ドラムの半径 r,ドラムの角加速度を α とすると,力のモーメント M [N·m] は

$$M = T'r = I\alpha \quad [\text{N·m}] \qquad ②$$

であり,物体の加速度 a [m/s²] とドラムの角加速度 α [rad/s²] との関係は,式 3-26 より,次のようになる。

$$a = r\alpha \qquad ③$$

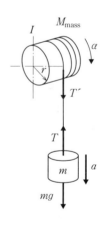

図 3-26

$T = T'$ でつりあっていると,式②と③から $T = T' = \dfrac{I}{r^2}a$ となり,式①に代入すると,次の式が求まる。

$$ma = mg - \dfrac{I}{r^2}a \quad [\text{N}] \qquad ④$$

この式④から物体の加速度 a [m/s^2] は，表3-2の慣性モーメントの値を代入すると次式で表すことができる。

$$a = \frac{g}{1 + \dfrac{I}{mr^2}} = \frac{g}{1 + \dfrac{M_{\text{mass}}}{2m}} \quad [\text{m/s}^2]$$

この結果から，ドラムの慣性モーメント I（質量 M_{mass}）が大きくなると加速し難くなることがわかる。

例題 3-9

図3-27に示す長さ l [m]，質量 M [kg] の密度が一様な細い棒に垂直な y–y 軸まわりの慣性モーメントを求めよ。

●解答例

密度が一様な棒であるため x 方向における棒の中心が重心 G であり，G からの長さ x において，微小な長さ dx [m] の質量 dm [kg] は，$dm = \left(\dfrac{M}{l}\right) dx$ [kg]

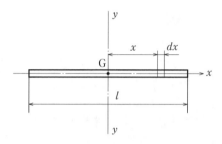

図3-27 慣性モーメント

であり，重心を通り棒に垂直な y–y 軸まわりの慣性モーメントは次式で求めることができる。

$$I_y = \int_{-\frac{l}{2}}^{\frac{l}{2}} x^2 \frac{M}{l} dx = \frac{2M}{l} \int_0^{\frac{l}{2}} x^2 dx = \frac{1}{12} M l^2 \quad [\text{kg} \cdot \text{m}^2]$$

表3-2に簡単な形の物体の慣性モーメントを示す。

3-2-6 振動物体の運動

図3-28に示すように，物体をばねによって吊るしたとき，物体に力を加えて離すと物体は上下に運動を行う。このように繰り返し運動することを**振動**という。機械には，このような振動があり，上手く操る必要がある。

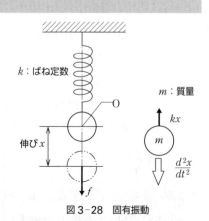

図3-28 固有振動

表 3-2 簡単な形の慣性モーメント

名称	図形	慣性モーメントの計算式	名称	図形	慣性モーメントの計算式
細い真直棒		$I_x = M\dfrac{l^2}{12}$ $I_{x'} = M\dfrac{l^2}{3}$	直方体		$I_x = M\dfrac{b^2+c^2}{12}$ $I_{x'} = M\left(\dfrac{b^2}{12}+\dfrac{c^2}{3}\right)$
細い円輪		$I_x = I_y = M\dfrac{R^2}{2}$ $I_z = MR^2$	直円柱		$I_x = M\left(\dfrac{R^2}{4}+\dfrac{h^2}{12}\right)$ $I_z = M\dfrac{R^2}{2}$
長方形板		$I_x = M\dfrac{b^2}{12}$ $I_y = M\dfrac{a^2}{12}$ $I_z = M\dfrac{a^2+b^2}{12}$ $I_{x'} = M\dfrac{b^2}{3}$	中空円柱		$I_x = M\left(\dfrac{R^2+r^2}{4}+\dfrac{h^2}{12}\right)$ $I_z = M\dfrac{R^2+r^2}{2}$
三角形板		$I_x = M\dfrac{h^2}{18}$ $I_z = M\dfrac{a^2+b^2+c^2}{3b}$ $I_{x'} = M\dfrac{h^2}{6}$ $I_{x''} = M\dfrac{h^2}{2}$	直円すい		$I_x = M\dfrac{12R^2+3h^2}{80}$ $I_z = M\dfrac{3R^2}{10}$
円板		$I_x = I_y = M\dfrac{R^2}{4}$ $I_z = M\dfrac{R^2}{2}$	球		$I_x = I_z = M\dfrac{2R^2}{5}$
環形板		$I_x = I_y = M\dfrac{R^2+r^2}{4}$ $I_z = M\dfrac{R^2+r^2}{2}$			

＊表中の M は質量である。

【19】フックの法則

外力によって変形した物体が，その外力が無くなったとき，元の形に戻ろうとする性質を弾性という。弾性限界以下では，弾性体（ばね）の変形は外力に比例する（4-2-2項参照）。

ばねの伸び x [m] と力 F [N] の関係はフックの法則[19]によって次式で示すことができる。

$$F = kx \quad [\text{N}] \tag{3-36}$$

ここで k [N/m] をばね定数という。

式 3-36 は式 3-31 の運動の法則を用いると，次式の関係式となり，

$$m\dfrac{d^2x}{dt^2} = -kx \quad \text{式変形すると,} \quad \dfrac{d^2x}{dt^2} = -\dfrac{k}{m}x \tag{3-37}$$

となる。ここで，次式が式 3-37 の解であると仮定する。

$$x = A\sin\omega_n t + B\cos\omega_n t \tag{3-38}$$

式 3-38 を t で 2 回微分すると，次のようになる。

$$\frac{d^2 x}{dt^2} = -A\omega_n^2 \sin\omega_n t - B\omega_n^2 \cos\omega_n t = -\omega_n^2(A\sin\omega_n t + B\cos\omega_n t)$$

$$= -\omega_n^2 x = -\frac{k}{m}x \tag{3-39}$$

このことから式 3-38 は式 3-37 の解となることがわかる。よって，式 3-39 から次のようになる。

$$\omega_n = \sqrt{\frac{k}{m}} \quad [\text{rad/s}] \tag{3-40}$$

この式から振動数 $\omega_n[\text{rad/s}]$ は質量 $m[\text{kg}]$ とばね定数 $k[\text{N/m}]$ の固有の値で決まり，物体は振動数 $\omega_n[\text{rad/s}]$ で運動を行うことがわかる。この振動数 ω_n を**固有角振動数**という。

3-3 仕事と動力

機械は，外部から与えられたエネルギーにより，様々な運動をすることを前節までに学んだ。ここでは，運動に伴って行う仕事とその仕事を行うための動力について学習する。

3-3-1 仕事

図 3-29(a) のように，物体に力 $F[\text{N}]$ を加え続けて，その力が働く方向に物体を距離 $s[\text{m}]$ 移動させたときに働く仕事 $W[\text{J}]$ を次式で表す。

$$W = Fs \quad [\text{J}] \tag{3-41}$$

J（ジュール）は仕事の単位であり，1 J は，1 N の力で物体を 1 m 移動させるときの仕事である（$[\text{N·m}] = [\text{J}]$）。

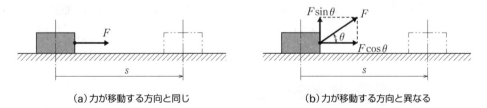

(a) 力が移動する方向と同じ　　　(b) 力が移動する方向と異なる

図 3-29　力による仕事

式 3-41 から仕事 $W[\text{J}]$ は力 $F[\text{N}]$ と距離 $s[\text{m}]$ の積であることから，図 3-30 に示されるように面積が仕事 W に相当する。作用する力が一定の場合は (a) であり，力が一定でない場合は，(b) のようになる [20]。

【20】重い荷物を手で抱えて動かさない場合は仕事になるか？
この場合，式 3-41 における物体の移動が伴わない（$s = 0$ である）ため仕事はない。ただし，手で抱えているためにエネルギーは必要である。

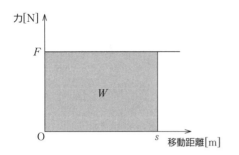
(a) 力が一定の場合

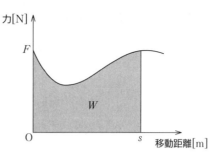
(b) 力が変化する場合

図 3-30　力による仕事

一方，図 3-29 (b) のように，力 F [N] の方向が移動の方向と異なるときは，移動した方向のみの力の成分が仕事をなす力となる。

$$W = F\cos\theta \cdot s$$
$$= F \cdot s \cos\theta \quad [\text{J}] \tag{3-42}$$

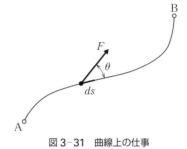

図 3-31　曲線上の仕事

また，図 3-31 のように曲線上を点 A から点 B に移動した場合の仕事は次式となる。

$$W = \int_A^B F\cos\theta \cdot ds \quad [\text{J}] \tag{3-43}$$

例題 3-10

図 3-29 (b) において，摩擦のないなめらかな床面において，床から 45° の方向に 0.5 kN の力を加え，10 m 移動させたときの仕事を求めよ。

● **略解**──解答例

$$W = F \cdot s \cos\theta = 0.5 \times 1000 \times 10 \times \cos 45° = 3535.5$$

3.54 kJ

3-3-2 機械の仕事

重い物体を移動させる仕事をするためにはさまざまな道具や機械を用いる。ここでは，一般的に用いられている，**てこ**，**輪軸**，**滑車**について説明する。

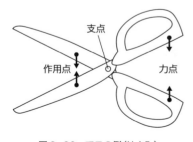

図 3-32　てこの例 (はさみ)

| **てこ**　てこは，図 3-32 に示すように，はさみや爪切りのように日常の生活の中でも多く使われている。てこは，**支点**，**力点**，**作用点**からなり，はさみや爪切りの場合は，支点は，力点と作用点の間にあり，

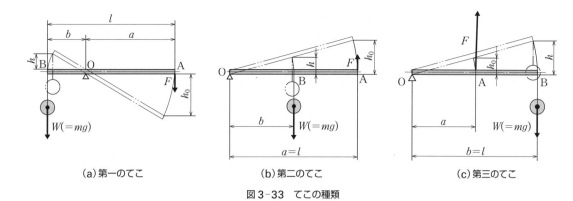

(a) 第一のてこ　　　　(b) 第二のてこ　　　　(c) 第三のてこ

図3-33　てこの種類

力の拡大を利用している。

図3-33に，てこの種類を示す。(a)は，作用点Bと力点Aの間に支点を置くもので，てこによって大きな力を得る場合に用いられ，用途として，はさみや爪切りがある。また，(b)は，作用点Bを中心に置き，支点と力点Aが外側になる場合である。この場合も大きな力を得る栓抜きなどに用いられている。(c)は，支点，力点A，作用点Bと置くもので，力点に加えた小さな運動は，作用点において大きな運動となり，加えた力よりも小さい力が伝えられ，ピンセットやトングなどに用いられている。

図3-33において，てこの支点O，作用点B，力点Aとするとき，力のモーメントのつりあいにより次式となる。

$$Wb = Fa \quad [\text{N·m}] \tag{3-44}$$

三角形の相似条件から，

$$\frac{a}{b} = \frac{h_0}{h} \tag{3-45}$$

また，式3-44と式3-45から，

$$\frac{W}{F} = \frac{h_0}{h} \tag{3-46}$$

となり，このことから，次式が得られる。

$$Fh_0 = Wh \quad [\text{J}] \tag{3-47}$$

式3-47より，てこが行った仕事と，てこによってなされた仕事が等しいことがわかる。式3-46は，**てこの比**といい，この比が大きいほど小さい力で大きな仕事をすることができる。

例題 3-11

図3-33(a)において，長さ8mの棒を使い，質量100kgの物体を157Nの力で動かすための支点の位置を求めよ。また，物体を10mm持ち上げるための力点における移動量を求めよ。

●**略解**────解答例

式3-44　$Wb = Fa$ から，

$100 \times 9.81b = 157(8 - b)$　となり，$b = 1.103$ m

支点は加える力点から約 6.9 m の位置とする。

式3-47　$Fh_0 = Wh$ から，

$157h_0 = (100 \times 9.81) \times 0.01$ となり，

$h_0 = 62.48$ mm　　力点で下向きに約 62.5 mm 動かす。

輪軸

ロープの巻き取りなどでは，図3-34に示す輪軸が使用される。輪軸は(b)に示すようにてこの原理を用いて重い物体を小さな力で持ち上げる（巻き上げる）装

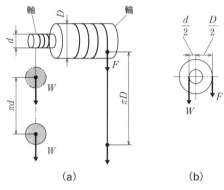

図3-34　輪軸

置である。輪軸は，一体となっている大小の円筒にロープを巻き付け，小径（軸）側に巻き上げる物体を取り付け，大径（輪）側に巻き上げる力を加えるものである。

輪の直径 D [m]，軸の直径 d [m] とし，力 F [N] により πD [m] の長さを引き下げると，物体は πd [m] の長さを巻き上げることができる。それぞれ，ロープに加わる力を W [N] と F [N] とすれば，式3-44と同様に次式の関係となる。

$$W\pi d = F\pi D \text{ よって } Wd = FD \quad [\text{N·m}] \quad (3\text{-}48)$$

例題 3-12

質量 120 kg の物体を輪軸で 200 mm 巻き上げたい。巻き上げる力は最大で 157 N であり，機構の制約から軸の直径は 80 mm とする。このときの輪の直径を求めよ。また，輪の巻き上げ量を求めよ。

●**略解**────解答例

式3-48より，

$W \cdot d = F \cdot D$，$120 \times 9.81 \times 0.08 = 157 \times D$，よって $D = 0.5998$ m

同じく，$120 \times 9.81 \times 0.20 = 157 \times \pi D$，よって $\pi D = 1.4996$ m

輪軸直径 600 mm，約 1500 mm 巻き上げる。

滑車

滑車は，回転可能な円盤（索輪）と，その円盤を支持して他の物体に接続するための構造部とで構成され，力の向きの変化や力の拡大を得る装置である。滑車は，図 3-35 (a) に示すような滑車が固定された**定滑車**と図 3-35 (b) に示す滑車の軸が移動する**動滑車**がある。定滑車は，力の向きを変えるために利用され，物体に働く重力 W [N] と引く力 F [N] が等しく，引く長さ h [m] と物体が移動する距離 h [m] は等しい。

一方，動滑車は，滑車に働く重力や摩擦を無視すれば[21]，物体に働く重力の半分の力で引き上げることができる。しかし，物体を高さ（距離）h [m] 移動させるためには，$2h$ [m] の長さを引く必要がある。半分の力で引くことができるが，引く長さは 2 倍となり，滑車にした仕事と滑車がした仕事は同じである。

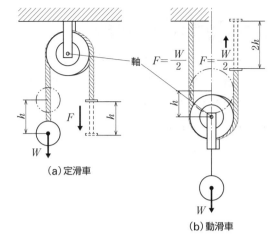

図 3-35 滑車

【21】摩擦
滑車には摩擦が働くため，実際に滑車で物体を移動させる力は大きくなる（摩擦と機械効率 3-4 節）。

例題 3-13

質量 81.6 kg の物体を図 3-36 に示す滑車で 1 m 引き上げるとき，ロープを引く力と引き取る量を求めよ。

● **略解**――解答例

$W = 81.6 \times 9.81 = 800.4$

約 800 N

3 段の動滑車により，

$\dfrac{1}{2} \times \dfrac{1}{2} \times \dfrac{1}{2} = \dfrac{1}{8}$ の力となり，

8 倍の長さを引く必要がある。

100 N で 8 m 引く必要がある。

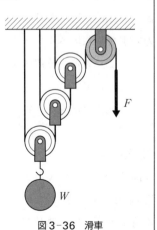

図 3-36 滑車

3-3-3 エネルギーと動力

エネルギーとは，機械などの物を動かす源になるもので，力学的エネルギー，熱エネルギー，電気エネルギーや化学エネルギーなどがある。空気や水の流れを利用して回転運動を取り出す風車や水車では，流体の力学的エネルギーが風車の羽根や水車の羽根車の回転運動エネルギーに変換され，それが発電機で電気エネルギーに変換される。また，石油などの燃料は，それが燃えた際に発生する熱エネルギーが，運動エネルギーに変換され自動車が動き，発電プラントでは電気エネルギーに変換される。そして電気エネルギーは，モータなどを用いることで家電製品を動かすことができる。このようにエネルギーは仕事をする能力を持っているといえる。

エネルギーの大きさは，いくらの大きさの仕事ができるかで表し，単位は仕事と同じ J を用いる[22]。

位置エネルギーと運動エネルギー　水力発電では水の落差（高さの差）を利用し，ぜんまいやばねでは伸縮させたときに基に戻ろうとする性質を利用する。相対的に高いところにある水や伸縮させたぜんまいなどが持つエネルギーを**位置エネルギー**という。ピッチングマシンのようにばねの戻ろうとするエネルギーがボールを速く遠くへ飛ばすという運動に変換され，ボールは運動を行う。このように運動している物体の持つエネルギーを**運動エネルギー**という。位置エネルギーや運動エネルギーをまとめて，**力学的エネルギー**または**機械エネルギー**という。

[22] エネルギー保存の法則
エネルギーは，熱エネルギーから運動エネルギーなどへと変換される（形を変える）が，変換する前と後ではエネルギーの総和は等しくなる。これを**エネルギー保存の法則**（law of the conservation of energy）という。ただし，エネルギー変換する場合は，変換効率が存在する（ロスが生じる）(3-4-3項参照)。

(1) 位置エネルギー

図 3-37 において，滑車で質量 m の物体を上げるためには mgh [J] のエネルギーが必要である。このことは，物体は高さ h [m] で mgh [J] の仕事をする能力，すなわちエネルギーを持っているということである。位置エネルギー E_p [J] は次式で表す。

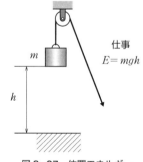

図 3-37 位置エネルギー

■ 位置エネルギー
$$E_p = mgh \quad [\text{J}] \tag{3-49}$$

(2) 運動エネルギー

図 3-38 において，速度 v_0 [m/s] で動いている質量 m [kg] の物体に，運動方向とは逆の力 F [N] を加えたとき，ある距離 s 移動して静止し

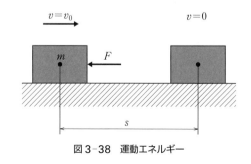

図 3-38 運動エネルギー

た。ここで，物体に加えた加速度を a [m/s^2] とすれば，静止させる力は，

$$F = ma \text{ [N]},$$

となり，このときの移動距離 s [m] は，次のようになる[23]。

$$s = \frac{v_0^2}{2a} \quad \text{[m]}$$

物体のもつ運動エネルギーは，速度 v_0 [m/s] で運動していた質量 m [kg] の物体を静止させるために必要なエネルギーと考えることができる。物体の速度 v_0 [m/s] のときの運動エネルギー E_k [J] は次式となる。

■ 運動エネルギー

$$E_k = Fs = ma\frac{v_0^2}{2a} = \frac{1}{2}mv_0^2 \quad \text{[J]} \qquad (3\text{-}50)$$

【23】式の導出

式 3-16 において，加速度は負，$v = 0$ とすれば $v = v_0 - at = 0$ であり，$t = \dfrac{v_0}{a}$ となる。式 3-17 の $s = v_0 t - \dfrac{1}{2}at^2$ へ代入すると，

$$s = \frac{v_0^2}{a} - \frac{v_0^2}{2a} = \frac{v_0^2}{2a}$$

となる。

例題 3-14

質量 6 kg の物体が速度 20 m/s で運動している。この物体の運動エネルギーを求めよ。

●略解———解答例

式 3-50 より，

$$E_k = \frac{1}{2}mv_0^2 = \frac{1}{2} \times 6 \times 20^2 = 1200 \quad 1.20 \text{ kJ}^{[24]}$$

【24】衝突エネルギー

自動車が何かに衝突する場合は，式 3-50 より，速度の二乗のエネルギーで衝突することになる。

例題 3-15 斜面の運動

図 3-39 に示すように斜面角度 β の摩擦の無い斜面上の物体に重力が作用している。このときに必要な引き上げ力 F_0 を求めよ。

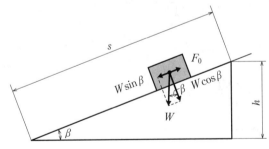

図 3-39 斜面の運動

●略解———解答例

力のつりあいから次式となる。

$$F_0 = W\sin\beta = W\frac{h}{s} \quad \text{[N]}$$

このことから距離 s [m] の間に力 F_0 [N] がした仕事は，

$F_0 s = W\dfrac{h}{s} \cdot s = Wh$ [J] となり，重力 W [kg] の物体を高さ h [m] だけ引き上げた仕事に等しいことがわかる。

動力

機械が運動するためには，人間やモータのように外部から与える**動力**が必要である。単位時間あたりの仕事の量を仕事率または動力 [J/s] という。また，1s 間に 1J の仕事をする動力 1J/s は 1W（ワット）の単位で表す。

物体が力 F [N] を受けて距離 Δs [m] を時間 Δt [s] で移動した場合の動力は次式で表される。

■動力
$$P = F\frac{\Delta s}{\Delta t} \Rightarrow F\frac{ds}{dt} = Fv \quad [\text{J/s}=\text{W}] \qquad (3\text{-}51)^{[9]}$$

例題 3-16

図 3-40 に示す巻き上げ機構において，巻き胴を介してモータによって物体を巻き上げる。巻き胴直径 D [mm]，回転数 N [min^{-1}] とし，張力 F [N] が働いたときのモータ動力 P [W] を求めよ。また，そのときに巻き胴をまわすトルク T [N·m] から動力を求めよ。

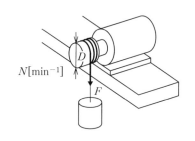

図 3-40　モータによる巻き上げ

●**略解**────解答例

式 3-51 と例題 3-6 より，モータ動力は次式となる。

$$P = Fv = F\frac{\pi DN}{60 \times 1000} \quad [\text{W}]$$

また，トルク T は，$T = F\dfrac{D}{2 \times 1000}$ [N·m] から次式となる。

$$P = \frac{2\pi NT}{60} \quad [\text{W}]$$

3-4　摩擦と機械効率

機械装置によって様々な運動を行うとき，運動エネルギーに変換される際に失われるエネルギーを少なくする必要がある。とくに，機械装置の場合，摺動面の**摩擦**を小さくする必要がある。ここでは，機械に働く滑り摩擦とそれによる損失仕事や機械効率について説明する。

3-4-1 滑り摩擦

2つの固体が接して，相対的な滑り運動をしているとき，その運動をし難くする抵抗力 $f[\mathrm{N}]$ が接触面に働く。この抵抗力が発生する現象を**滑り摩擦**といい，この抵抗を摩擦力という。滑り摩擦には，**静摩擦**と**動摩擦**がある。

静摩擦 図3-41において，物体を力 $F = 0[\mathrm{N}]$ から引っ張り始めると，$F[\mathrm{N}]$ が小さいときは，物体は動かない。これは，引っ張る方向と逆向きに摩擦力 $f[\mathrm{N}]$ が接触面に沿った方向に作用しているためである。

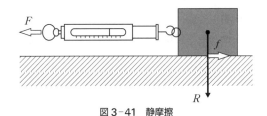

図 3-41 静摩擦

引っ張る力をある程度大きくして，ある値 $f_0[\mathrm{N}]$ を超えたとき，物体はゆっくり動き出す。このように，物体が滑り始めるまでの摩擦力を**静(止)摩擦力**といい，物体が滑り始める瞬間の摩擦力 $f_0[\mathrm{N}]$ を**最大静摩擦力**という。

最大静摩擦力 $f_0[\mathrm{N}]$ は次式で表され，接触面に垂直方向に働く力（垂直力）$R[\mathrm{N}]$ に比例する。

■ 最大静摩擦力
$$f_0 = \mu_0 R \quad [\mathrm{N}] \tag{3-52}$$

比例定数 μ_0 を**静摩擦係数**という。静摩擦係数は，接触面の材質や状態によって変わる。

図3-42に示すような物体を載せた板を少しずつ傾けていくと，ある角度で物体が滑り始める。そのときの板の角度 $\rho[°]$ を**摩擦角**という。

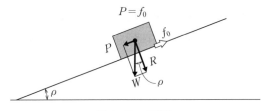

図 3-42 摩擦角

図において，斜面に沿って 物体に働く力 $P[\mathrm{N}]$ と静摩擦力 $f_0[\mathrm{N}]$ はつりあっている。すなわち，式3-52から $P = f_0 = \mu_0 R[\mathrm{N}]$ である。ここで，物体に働く重力を $W[\mathrm{N}]$ とすると，斜面に平行な分力

$P = W\sin\rho$ [N]，斜面に垂直な分力 $R = W\cos\rho$ [N] である。これにより，静摩擦係数と摩擦角の関係は次式となる。

■ 摩擦角

$$W\sin\rho = \mu_0 W\cos\rho \quad [\text{N}] \quad \text{よって,}$$
$$\mu_0 = \tan\rho, \quad \rho = \tan^{-1}\mu_0 \quad [°] \tag{3-53}$$

例題 3-17

水平面上で静止している質量 $m = 10$ kg の物体に水平な力を加え，動き始めたときの力 f_0 が 20 N であった。このときの静摩擦係数 μ_0 と摩擦角 ρ [°] を求めよ。

●略解──解答例

$R(=W) = mg = 10 \times 9.81 = 98.1$ N，式 3-52 より，

$f_0 = \mu_0 R, \quad \mu_0 = \dfrac{f_0}{R} = \dfrac{20}{98.1} = 0.203$

式 3-53 より，

$\rho = \tan^{-1}\mu_0 = \tan^{-1}0.203 = 11.47°$

静止摩擦係数 0.2，摩擦角 11.5°

動摩擦 物体が動き始めた後にも運動を妨げる抵抗力が作用する。この抵抗力を**動摩擦力**という。動摩擦力 f [N] は，静摩擦力と同様に接触面に垂直に加わる力 R [N] に比例し，次式で表す。

■ 動摩擦力

$$f = \mu R \quad [\text{N}] \tag{3-54}$$

比例定数 μ を**動摩擦係数**という。動摩擦係数も材質や接触面の状態によって異なる。また，動摩擦係数は静摩擦係数より小さい。

3-4-2 転がり摩擦

球や円筒（車輪）が水平面上を転がるとき，その運動にも逆らう抵抗力が生じる。この現象を**転がり摩擦**という。式 3-54 の動摩擦と同様に**転がり摩擦係数**が存在するが，極めて小さい。

3-4-3 機械の効率

機械を動かすために，外部から機械にエネルギーを与えても，先に説明した摩擦力などにより，すべてのエネルギーが有効に使われることは少ない。機械の仕事において，図3-43に示すように，外部から供給されたエネルギーから損失エネルギー（損失仕事）を差し引いたものが，有効に使われる有効仕事となる。機械装置の場合，損失仕事の大部分は摩擦によるものであり，有効仕事と供給されたエネルギーの比を**機械効率**という。

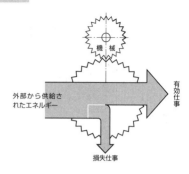

図3-43　機械の効率

機械効率 η は次式で表す。

$$\eta = \frac{\text{有効仕事}}{\text{供給エネルギー}} \times 100\,[\%] \tag{3-55}$$

供給エネルギーは有効仕事と損失仕事の和であるため次式となる。

$$\eta = \frac{\text{有効仕事}}{\text{有効仕事} + \text{損失仕事}} \times 100\,[\%] \tag{3-56}$$

また，動力の定義より動力を用いると次式で効率を表すことができる。

$$\eta = \frac{\text{有効動力}}{\text{有効動力} + \text{損失動力}} \times 100\,[\%] \tag{3-57}$$

例題 3-18

図3-44に示す電動ウィンチによって，質量150 kgの物体を時間10 s間で高さ20 mまで引き上げた。電動ウィンチに供給された動力が $P = 3.5$ kW であるときの効率 η を求めよ。

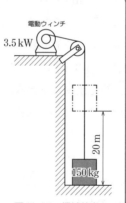

図3-44　機械効率

● **略解**──解答例

有効動力は式3-51から，次のようになる。

$$\frac{mgh}{t} = \frac{150 \times 9.81 \times 20}{10} = 2943\,\text{W}$$

ウィンチに供給された動力は，$P = 3500$ W であるのでウィンチの効率は次のように求められる。

$$\eta = \frac{2943}{3500} \times 100 = 84.0\,\%$$

3章　演習問題

1. 図3-45に示すタグボート2隻で大型の船を曳航している。それぞれのタグボートには200 kNの力が働いているとき、この船を進行方向に曳くための力を求めよ。

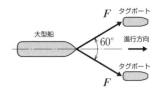

図3-45

2. 質量50 kgの物体を図3-46のように天井から35°、25°の角度でロープによって吊り下げるとき、各々ロープに加わる力を求めよ。

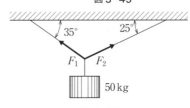

図3-46

3. 図3-47に示す平面において、点Oに、$F_1 = 20$ N、$F_2 = 30$ N、$F_3 = 40$ Nの3つの力が働いている。点Oから30 cm離れた点Aまわりに働くモーメントの和を求めよ。

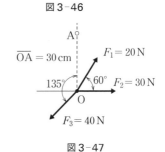

図3-47

4. 図3-48に示すように長さ4 mの竿を点Oまわりで自由に回転できるように置き、その竿の先端点Aから点O′においた滑車によって竿を水平に支えている。このとき、点Oから3 mのところに質量40 kgの物体を吊るし、竿を水平に支えるために必要な力Fを求めよ。なお、竿の重さは考慮しないものとする。

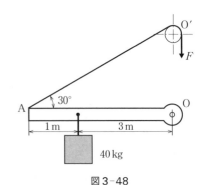

図3-48

5. 密度が一様の丸棒を図3-49に示す形状に加工するとき、左端から200 mmのところに重心を置きたい。直径300 mmの部分の長さを求めよ。

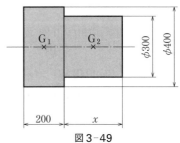

図3-49

6. 時速30 kmで走行している自動車に急ブレーキを効かせたとき、効かせたところから12 mで自動車は止まった。時速60 kmで走行している場合、同様に急ブレーキをかけ停止するまでの距離と時間を求めよ。なお、ブレーキの性能は速度に関係なく同一とする。

7. 30 m の低空を時速 50 km の速度で水平飛行している飛行体から物体を投下するときの落下点を求めよ。

8. 表 3-2 の環形板の z-z 軸まわりの慣性モーメントを求めよ。

9. 図 3-50 に示す 4 本掛けのクレーンで，ロープの一端を引張ることで 15 t の荷物を吊り上げるための最小の力 [kN] を求めよ。ただし，滑車の質量や摩擦などは考えないものとする。

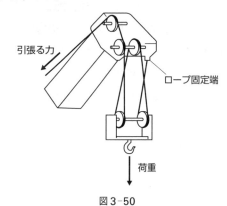

図 3-50

10. 質量 950 kg の自動車が時速 50 km で走っているときの運動エネルギーを求めよ。また，この運動エネルギーに等しい位置エネルギーの高さを求めよ。

11. 質量 200 t の列車が，勾配 30/1000 の上り坂を時速 100 km で走行するために必要な動力を求めよ。なお，レールの摩擦や動力の損失を含めて効率 75 % とする。

第4章 材料の強さと剛性

この章のポイント ▶

第3章では，物体に働く力や運動について基礎的なことを学んできた。そこでは，物体は力を受けても変形しないものと考えてきたが，実際の機械や構造物が力を受けたとき，機械や構造物を構成する要素である部材は変形する。それらの部材は第2章で学習したようにいろいろな材料で作られており，部材の変形は力の加わり方によって異なる。

本章では，材料に加わる力の種類および材料の強さと剛性について学習する。
① 材料に作用する力
② 引張強さと圧縮強さ
③ せん断強さ
④ 曲げ強さ
⑤ ねじり強さ
⑥ 材料の破壊

4-1 材料に作用する力

機械や構造物は多くの部材の組合せで構成されており，それぞれの部材は外部から力が作用しても変形したり壊れたりしないように作られている。安全で信頼性の高いものを作るためには，部材に作用する力の加わり方，力の作用により部材がどの程度変形するのか等を理解する必要がある。さらに，機械や構造物が設計通り動作するように強度設計に対する知識も要求される。

4-1-1 荷重の加わり方

材料に外から作用する力を**外力**といい，材料側からみたとき，この外力を**荷重**という。また，外力により材料内部に生じる力を**内力**という。加わる荷重の種類によって，材料に発生する内力や材料の変形は異なる。荷重の加わり方には次のようなものがある。

| 軸荷重 | 図4-1のように力の作用する方向が軸線と一致する荷重 $W\,[\mathrm{N}]$ を軸荷重といい，引張荷重と圧縮荷重がある。

軸荷重を受ける機械要素には「ねじ」，「軸」などがある。

引張荷重　　　　　　　　圧縮荷重

図4-1　軸荷重

せん断荷重　図4-2のように部材のある面に平行で，互いに反対向きに作用する平行荷重 $S[\mathrm{N}]$ をせん断荷重という。

せん断荷重を受ける機械要素には「ねじ」，「キー」などがある。

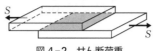

図4-2　せん断荷重

曲げ荷重　図4-3のように部材を曲げるように作用する力を曲げ荷重という。一般に，固定断面には曲げモーメント $M[\mathrm{N}\cdot\mathrm{m}]$ が発生する。

曲げ荷重を受ける機械要素には「軸」，「歯車」などがある。

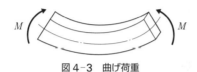

図4-3　曲げ荷重

ねじり荷重　図4-4のように部材にねじりを生じさせる力をねじり荷重という。一般に，固定端にはねじりモーメント $T[\mathrm{N}\cdot\mathrm{m}]$ が発生する。

ねじり荷重を受ける機械要素には「軸」，「ばね」などがある。

図4-4　ねじり荷重

4-2　引張強さと圧縮強さ

4-2-1　応力とひずみ

図4-5に示すように，棒の両端を荷重 $W[\mathrm{N}]$ で軸方向に引張れば任意の仮想断面Xは分離されようとする。X面に生じる内力の大きさを知るためには，棒を仮想断面Xで分離して，X面に荷重 $W[\mathrm{N}]$ とつりあうような力を考えればよい。図4-5の場合には，内力は $W[\mathrm{N}]$ である。

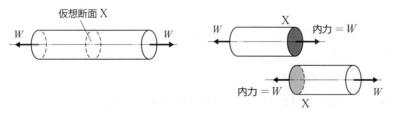

図4-5　内力

応力

単位面積当たりの内力を**応力** σ[Pa] といい，荷重に対する材料の負担の度合いを示す。図4-5の棒の断面積を A[m²] とすれば，応力は次のようになる。

■ 応力

$$\sigma = \frac{W}{A} \quad [\text{Pa}] \tag{4-1}$$

式4-1の単位［Pa］（＝N/m²，パスカル）は応力や圧力の単位である[1]。

図4-6に示すように，引張荷重によって生じる応力を**引張応力**，圧縮荷重によって生じる応力を**圧縮応力**という。これらの応力は作用面に垂直に生じるから，両者を総称して**垂直応力**という。

【1】応力

機械工学では一般的にミリメートル単位で寸法を表すため，応力は桁数が大きくなり不便である。そのためPaの接頭辞にメガ（10^6倍）のMや，ギガ（10^9倍）のGをつけて，［MPa］（メガパスカル）や，［GPa］（ギガパスカル）で表すことが多い。

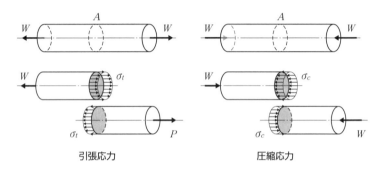

引張応力　　　　　　圧縮応力

図4-6　垂直応力

例題 4-1

断面積が 50 mm² の丸棒を 10 kN の荷重で引張ったとき，丸棒の断面に生じる引張応力を求めよ。

● **略解**───解答例

式4-1より

$$\sigma = \frac{W}{A} = \frac{10 \times 10^3}{50 \times 10^{-6}} = 200 \times 10^6 \text{ Pa} = 200 \text{ MPa}$$

ひずみ

荷重 W[N] によって棒の長さ l[m] が $l + \Delta l$[m] に変化したとする。Δl[m] を伸びといい，図4-7のように，同じ断面積の棒に

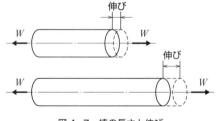

図4-7　棒の長さと伸び

同じ引張荷重を加えれば，長さが長いほど伸びは大きくなる。そこで，材料が伸びやすいか伸びにくいか比較するためには，単位長さ当たりの

伸びを考える必要がある。この単位長さ当たりの伸びを**ひずみ** ε という。ひずみは次のように表される。

■ひずみ
$$\varepsilon = \frac{\Delta l}{l} \quad (4-2)$$

ひずみについても引張荷重によって生じるひずみを**引張ひずみ**，圧縮荷重によって生じるひずみを**圧縮ひずみ**といい，両者を総称して**垂直ひずみ**という。

例題 4-2

長さが 1 m の丸棒に引張荷重が加わったとき，伸びが 2 mm であった。このときの引張ひずみを求めよ。

●略解————解答例

式 4-2 より

$$\varepsilon = \frac{\Delta l}{l} = \frac{2 \times 10^{-3}}{1} = 2 \times 10^{-3}$$

4-2-2 応力-ひずみ線図

機械や構造物を設計する上で知っておかなければならないことは，使用する材料がどの程度の応力でどの程度変形するか，または破壊するかということである。それを知るために**引張試験**が行われる。試験片を破断するまで引張ると図 4-8 のような応力とひずみの関係が得られる。これを**応力-ひずみ線図**（または，応力-ひずみ曲線）という。

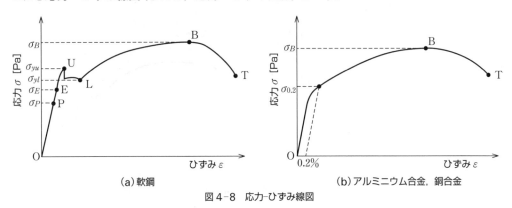

(a) 軟鋼　　　(b) アルミニウム合金，銅合金

図 4-8　応力-ひずみ線図

図 4-8(a) は軟鋼の場合の応力-ひずみ線図である。引張開始点 O から点 P までは応力とひずみの間に比例関係が成り立つ。この点 P の応力 σ_P [Pa] を**比例限度**という。また，この比例関係を**フックの法則**といい，垂直応力 σ [Pa] と垂直ひずみ ε の関係は次のように表される。

■ フックの法則

$$\sigma = E\varepsilon \quad [\text{Pa}] \tag{4-3}$$

比例定数 $E\,[\text{Pa}]$ を，**縦弾性係数**または**ヤング率**という[2]。

点 P を超えると，応力とひずみの間の比例関係は成り立たなくなるが，点 E までは荷重を取り除くと変形はもとに戻る。このような変形を**弾性変形**といい，その限界点の応力 $\sigma_E\,[\text{Pa}]$ を**弾性限度**という。

点 E を超えると荷重を取り除いても変形はもとに戻らなくなる。この変形を**塑性変形**というが，軟鋼の場合，点 U を過ぎると応力は急激に減少し，その後，ほぼ一定の応力（点 L）でひずみだけが増加する。点 U の応力 $\sigma_{yu}\,[\text{Pa}]$ を**上降伏点**といい，点 L の応力 $\sigma_{yl}\,[\text{Pa}]$ を**下降伏点**という。JIS では上降伏点の応力を**降伏応力** $\sigma_y\,[\text{Pa}]$ といい，設計の基準となる応力の一つとしている。

降伏点を超えて負荷を加えると，応力とひずみはともに増加していき，点 B で応力は最大となる。この点 B における応力 $\sigma_B\,[\text{Pa}]$ は材料が破断しないで耐えられる最大の応力を示しており，**極限強さ**（引張りの場合は**引張強さ**）という。その後，応力は減少していき，点 T で破断する。なお，点 B までは材料は一様に伸びるが，点 B 以降は局部的に**くびれ**始め，最終的にくびれ部において破断が生じる。

図 4-8(b) はアルミニウム合金や銅合金など非鉄金属の応力-ひずみ線図で，軟鋼のように弾性限度を超えても明瞭な降伏点は示さない。このような場合，0.2％の永久ひずみが生じる応力を**耐力** $\sigma_{0.2}\,[\text{Pa}]$ とし，降伏応力に相当する値として用いる。

なお，図 4-9 に示すように**延性材料**はある程度塑性変形して破断するが，鋳鉄やコンクリートなどの**ぜい性材料**は塑性変形することなく破断する。

【2】縦弾性係数

縦弾性係数の単位は [Pa] であるが，応力と同様に，[MPa] や [GPa] が用いられる。縦弾性係数の目安は，鋼が 210 GPa であり，銅は鋼の約 1/2，アルミニウムは鋼の約 1/3 である。

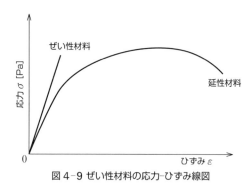

図 4-9 ぜい性材料の応力-ひずみ線図

> **例題 4-3**
>
> 長さが 500 mm，直径が 20 mm の鋼の丸棒に 100 kN の引張荷重が作用したとき，丸棒に生じる伸びを求めよ。ただし，縦弾性係数は 206 GPa とする。
>
> ● **略解**――解答例
>
> $$A = \frac{\pi d^2}{4} = \frac{\pi \times (20 \times 10^{-3})^2}{4} = 314 \times 10^{-6} \text{ m}^2$$
>
> 式 4-1 より
>
> $$\sigma = \frac{W}{A} = \frac{100 \times 10^3}{314 \times 10^{-6}} = 319 \times 10^6 \text{ Pa} = 319 \text{ MPa}$$
>
> 式 4-2，式 4-3 より
>
> $$\Delta l = \varepsilon l = \frac{\sigma}{E} l = \frac{319 \times 10^6}{206 \times 10^9} \times 500 \times 10^{-3}$$
> $$= 0.796 \times 10^{-3} \text{ m} = 0.796 \text{ mm}$$

> **例題 4-4**
>
> 試験前の断面積が 20 mm² の丸棒を用いて引張試験を行った結果，降伏荷重が 3.5 kN，最大荷重が 8.2 kN であった。降伏応力と引張強さはいくらか。
>
> ● **略解**――解答例
>
> $$\sigma_y = \frac{W_{yu}}{A} = \frac{3.5 \times 10^3}{20 \times 10^{-6}} = 175 \times 10^6 \text{ Pa} = 175 \text{ MPa}$$
>
> $$\sigma_y = \frac{W_B}{A} = \frac{8.2 \times 10^3}{20 \times 10^{-6}} = 410 \times 10^6 \text{ Pa} = 410 \text{ MPa}$$

4-3 せん断強さ

4-3-1 せん断応力とせん断ひずみ

図 4-10 に示すように，接着された 2 枚の鋼板が S [N] という力で引張られている。このとき，接着面には横方向にずらす力が作用している。このようなずれを**せん断**といい，ずらす力を**せん断荷重**，それによって生じる変形を**せん断変形**という。

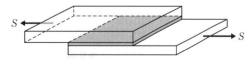

図 4-10 せん断荷重とせん断変形

せん断応力

図 4-11 (a) のように，材料にせん断荷重 S [N] が作用すると，せん断荷重を受ける長さ l [m]

間の任意断面 X にはせん断荷重 S [N] と大きさが等しく逆向きの内力が生じ，単位面積あたりの内力である**せん断応力** τ [Pa] が分布している．せん断荷重を受ける断面積を A [m^2] とすれば，せん断応力は次のようになる[3]．

【3】せん断応力

引張応力と同様にせん断応力の単位は [Pa] であるが，大きな値になることが多いので [MPa] がよく用いられる．

■ せん断応力

$$\tau = \frac{S}{A} \quad [\text{Pa}] \tag{4-4}$$

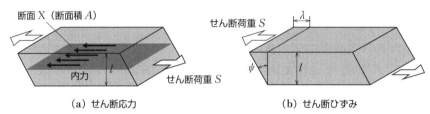

(a) せん断応力　　　　(b) せん断ひずみ

図 4-11　せん断応力とせん断ひずみ

せん断ひずみ　せん断荷重が加わると，図 4-11 (b) のように間隔が l [m] の平行な 2 平面が λ [m] だけずれてせん断変形する．この平行 2 平面間の単位長さあたりのせん断変形量を**せん断ひずみ** γ といい，変形によるずれの角度を ψ [rad] とすれば，次のようになる．

■ せん断ひずみ

$$\gamma = \frac{\lambda}{l} = \tan \psi \cong \psi \tag{4-5}$$

材料の比例限度内では，せん断変形の場合もフックの法則が成り立ち，せん断応力 τ [Pa] とせん断ひずみ γ の関係は次のようになる．

■ フックの法則（せん断変形）

$$\tau = G\gamma \quad [\text{Pa}] \tag{4-6}$$

ここで，比例定数 G [Pa] を**横弾性係数**という[4]．

【4】横弾性係数

横弾性係数の単位は [Pa] であるが，縦弾性係数と同様，大きな値になることが多いので [MPa] や [GPa] が用いられる．

例題 4-5

図 4-12 に示すように，断面積が 10 mm^2 のリベット（6-3 節参照）に 100 N のせん断荷重が作用したとき，リベットに生じるせん断応力を求めよ．

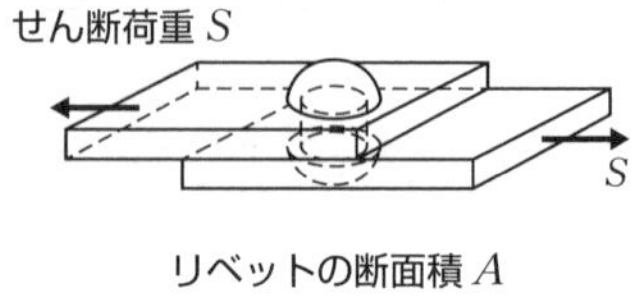

図 4-12　リベットのせん断

● 略解　　　解答例

式 4-4 より

$$\tau = \frac{S}{A} = \frac{100}{10 \times 10^{-6}} = 10 \times 10^6 \text{ Pa} = 10 \text{ MPa}$$

4-4 曲げ強さ

4-4-1 はりの種類

はりとは，荷重により曲げを受ける細くて長い棒（部材）のことをいい，はりを支える点を**支点**，支点間の長さを**スパン**という。はりの支持方法には次の3種類がある。

(1) 固定支持：支点では，回転も移動もできない。
(2) 単純（回転）支持：支点では回転のみ可能で移動はできない。
(3) 移動支持：支持面上を移動でき，支点での回転が可能。

支持方法によるはりの種類は次のとおり。

(1) **片持ちはり**

図4-13(a)のように一端が固定されているはり。固定されている端を固定端，他端を自由端という。

(2) **両端支持はり**

図4-13(b)のように一端が単純（回転）支持され，他端が移動支持されているはり。**単純支持はり**ともいう。

(3) **突出しはり**

図4-13(c)のように両端支持はりの片側または両側が突出したはり。

(4) **連続はり**

図4-13(d)のように3点以上の支点で支持されたはり。

(5) **固定はり**

図4-13(e)のように両端を固定支持されたはり。

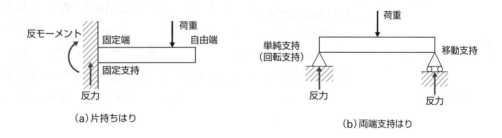

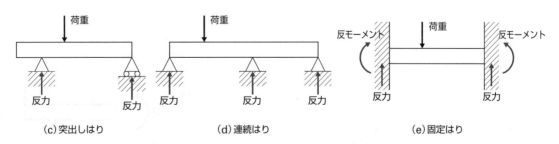

図4-13　はりの種類

4-4-2 せん断力と曲げモーメント

はりに作用する代表的な荷重には，図4-14に示す，1点に作用する**集中荷重** W [N] と分布する**分布荷重**がある。特に，単位長さ当りの荷重によって表される一様分布荷重を**等分布荷重** w [N/m] という。

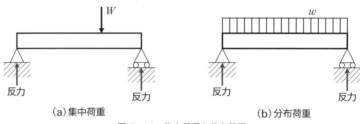

(a) 集中荷重　　　　　(b) 分布荷重

図4-14　集中荷重と分布荷重

はりに荷重が作用すると，支点にははりを支えようとする**反力**が生じる。支点に生じる反力は支持方法によって次のように異なる。

(1) 固定支持：反力と反モーメントが生じる。
(2) 単純(回転)支持：垂直および水平方向の反力が生じる。
(3) 移動支持：垂直方向の反力のみが生じる。

また，はりは水平方向につりあった状態となっている。そこで，

- 並進運動をしないという考えより，鉛直方向の力のつりあい式(3-1-2項参照)
- 回転運動しないという考えより，力のモーメントのつりあい式(3-1-4項参照)

を立てて問題を解いていく。

【5】座標系

本章では下図に示すようにはりの長手方向右向きに x 軸，下向きに z 軸をとり，主に片持ちはりと両端支持はりの問題を扱う。

本章で扱う座標系

集中荷重を受ける片持ちはり

図4-15(a)のように自由端(点B)に集中荷重 W [N] を受ける長さ l [m] の片持ちはりを考える。固定端(点A)を原点として，Aから x [m] の位置の仮想断面Xを考え，この断面で左右に切断すれば，BX部分の力のつりあいから断面Xには図4-15(b)のような断面に沿う力 F [N] とモーメント M [N·m] が作用する。

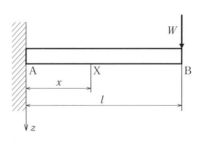
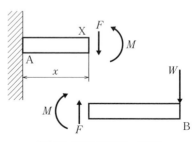

(a) 片持ちはり　　　　(b) せん断力と曲げモーメント

図4-15　集中荷重を受ける片持ちはり

はりがつりあっているとき，仮想断面Xの両側に作用する力$F[\mathrm{N}]$は大きさが等しく向きが逆になる。この力は，はりをせん断するように作用するため**せん断力**と呼ばれる。また，仮想断面Xの両側に作用するモーメント$M[\mathrm{N}\cdot\mathrm{m}]$も，大きさが等しく向きが逆になる。このモーメントは，はりを曲げるように作用するため**曲げモーメント**と呼ばれる[6]。

図4-15の例では，仮想断面Xにおけるせん断力$F[\mathrm{N}]$と曲げモーメント$M[\mathrm{N}\cdot\mathrm{m}]$は次のようになる。

$$F = W[\mathrm{N}] \tag{4-7}$$
$$M = -W(l-x)[\mathrm{N}\cdot\mathrm{m}] \tag{4-8}$$

一般に，はりの任意断面におけるせん断力と曲げモーメントは仮想断面を考える位置によって異なる。そのため，せん断力と曲げモーメントの変化を表すために横軸にはりに沿う長さ，縦軸にせん断力や曲げモーメントの値をとって図に示す。これらの線図を**せん断力図（SFD）**および**曲げモーメント図（BMD）**という。

図4-15に示した集中荷重を受ける片持ちはりのせん断力図と曲げモーメント図は図4-16のようになる。そして，最大曲げモーメント$M_{\max}[\mathrm{N}\cdot\mathrm{m}]$は固定端（$x=0$）で生じ，次のようになる。

$$M_{\max} = -Wl[\mathrm{N}\cdot\mathrm{m}] \tag{4-9}$$

【6】せん断力と曲げモーメントの符号

せん断力や曲げモーメントは荷重の作用する方向によって向きが異なるので，正負の符号を付けて区別しなければならない。本書では，下図のように，ある断面を境にしてxの正側をzの正側に動かそうとする場合に，その断面に作用するせん断力を正と定め，またzの正側に引張応力が生じるように変形させようとする曲げモーメントを正と定める。せん断力と曲げモーメントの符号の付け方は本により異なるので注意してほしい。

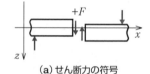

（a）せん断力の符号

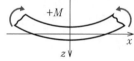

（b）曲げモーメントの符号

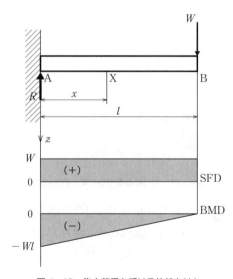

図4-16　集中荷重を受ける片持ちはり

等分布荷重を受ける片持ちはり

図4-17に等分布荷重$w[\mathrm{N/m}]$を受ける長さ$l[\mathrm{m}]$の片持ちはりを示す。固定端から任意の断面Xまでの距離を$x[\mathrm{m}]$とすれば，XB間の荷重の合計は$w(l-x)[\mathrm{N}]$になるから，任意断面Xに作用するせん断力$F[\mathrm{N}]$は次のようになる。

$$F = w(l-x) \,[\mathrm{N}] \tag{4-10}$$

次に，X に作用する曲げモーメント $M[\mathrm{N \cdot m}]$ のつりあいを考える。このとき，XB 間の全荷重 $w(l-x)[\mathrm{N}]$ が XB 間の荷重図形の図心に作用すると考えると，次のようになる。

$$M = -w(l-x)\frac{l-x}{2} \,[\mathrm{N \cdot m}] \tag{4-11}$$

したがって，任意断面における曲げモーメント $M[\mathrm{N \cdot m}]$ は次のようになる。

$$M = -\frac{w(l-x)^2}{2} \,[\mathrm{N \cdot m}] \tag{4-12}$$

等分布荷重を受ける片持ちはりのせん断力図と曲げモーメント図は図 4-17 のようになる。そして，最大せん断力 $F_{\max}[\mathrm{N}]$，最大曲げモーメント $M_{\max}[\mathrm{N \cdot m}]$ は固定端 $(x=0)$ で生じ，次のようになる。

$$F_{\max} = wl \,[\mathrm{N}] \tag{4-13}$$

$$M_{\max} = -\frac{wl^2}{2} \,[\mathrm{N \cdot m}] \tag{4-14}$$

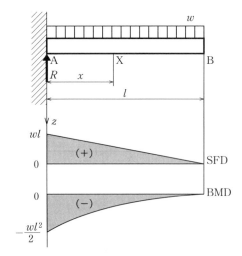

図 4-17　等分布荷重を受ける片持ちはり

集中荷重を受ける両端支持はり　片持ちはりでは自由端があるので，荷重条件のみで任意断面のせん断力と曲げモーメントを求めることができた。しかしながら，両端支持はりの支点では曲げモーメントは常に 0 であるが，反力は生じる。そのため，両端支持はりのせん断力と曲げモーメントを求めるためには，まず，支点の反力を求めなければならない。

図 4-18 にスパン $l[\mathrm{m}]$ の両端支持はりを示す。点 A から距離 $a[\mathrm{m}]$ の点 C に集中荷重 $W[\mathrm{N}]$ が作用すれば，両支点には反力 $R_{\mathrm{A}}[\mathrm{N}]$，$R_{\mathrm{B}}[\mathrm{N}]$ を生じる。垂直方向の力のつりあいより，

$$-R_{\mathrm{A}} + W - R_{\mathrm{B}} = 0 \tag{4-15}$$

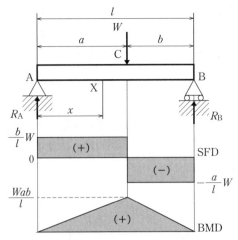

図 4-18　集中荷重を受ける両端支持はり

点 A まわりのモーメントのつりあいより

$$-Wa + R_B l = 0 \tag{4-16}$$

式 4-15，4-16 より，反力 R_A [N]，R_B [N] は次のようになる。

$$R_A = \frac{b}{l} W \text{ [N]}, \quad R_B = \frac{a}{l} W \text{ [N]} \tag{4-17}$$

次に任意断面に作用するせん断力と曲げモーメントを求める。両端支持はりでは AC 間と CB 間で別々に求める必要がある。

① AC 間 ($0 \leq x \leq a$)

任意断面 X における力のつりあい式および A 点まわりのモーメントのつりあい式は次のようになる。

$$-R_A + F = 0, \quad -Fx + M = 0 \tag{4-18}$$

したがって，せん断力 F [N] と曲げモーメント M [N·m] は次のようになる。

$$F = R_A = \frac{b}{l} W \text{ [N]}, \quad M = Fx = \frac{Wbx}{l} \text{ [N·m]} \tag{4-19}$$

② CB 間 ($a \leq x \leq l$)

①と同様に力のつりあい式，A 点まわりのモーメントのつりあい式を求めると，

$$-R_A + W + F = 0, \quad -Wa - Fx + M = 0 \tag{4-20}$$

となる。したがって，せん断力 F [N] と曲げモーメント M [N·m] は次のようになる。

$$F = R_A - W = -R_B = -\frac{a}{l} W \text{ [N]},$$

$$M = Wa + Fx = \frac{Wa(l-x)}{l} \text{ [N·m]}, \tag{4-21}$$

集中荷重を受ける両端支持はりのせん断力図と曲げモーメント図は図4-18のようになる。せん断力 F [N] は荷重点で不連続に，そして，最大曲げモーメント $M_{\max}$ [N·m] は荷重点に生じ，次のようになる。

$$M_{\max} = \frac{Wab}{l} \quad [\text{N·m}] \tag{4-22}$$

等分布荷重を受ける両端支持はり

図4-19に等分布荷重 w [N/m] を受けるスパン l [m] の両端支持はりを示す。両支点の反力は等しいから，

$$R_A = R_B = \frac{wl}{2} \quad [\text{N}] \tag{4-23}$$

となる。そして，任意断面Xでの力のつりあい式，A点まわりのモーメントのつりあい式は次のようになる。

$$-R_A + wx + F = 0, \quad -\frac{wx^2}{2} - Fx + M = 0 \tag{4-24}$$

したがって，せん断力 F [N] と曲げモーメント M [N·m] は

$$F = R_A - wx = w\left(\frac{l}{2} - x\right) \quad [\text{N}],$$

$$M = \frac{wx^2}{2} + Fx = \frac{w}{2}(l-x)x \quad [\text{N·m}] \tag{4-25}$$

となる。図4-19に示すようにせん断力図は直線的に変化し，曲げモーメント図は放物線になる。最大曲げモーメント $M_{\max}$ [N·m] はスパン中央 $\left(x = \frac{l}{2}\right)$ に生じ，次のようになる。

$$M_{\max} = \frac{wl^2}{8} \quad [\text{N·m}] \tag{4-26}$$

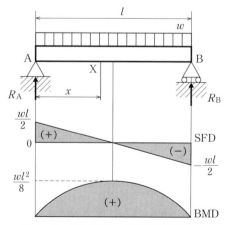

図4-19　等分布荷重を受ける両端支持はり

代表的なはりのせん断力，曲げモーメントなどの式を表4-1に示す。

表4-1 代表的なはりの反力，せん断力，曲げモーメント，たわみ

	はりの種類	反力（R[N]），せん断力（F[N]），曲げモーメント（M[N·m]）	たわみ（δ[m]）
1		$R = W$ $F = W$ $M = -W(l-x)$	$\delta = \dfrac{Wl^3}{6EI}\left(3 - \dfrac{x}{l}\right)\dfrac{x^2}{l^2}$ $\delta_{\max} = \delta_{x=l} = \dfrac{Wl^3}{3EI}$
2		$R = wl$ $F = w(l-x)$ $M = -\dfrac{w}{2}(l-x)^2$	$\delta = \dfrac{wl^2}{24EI}x^2\left(6 - 4\dfrac{x}{l} + \dfrac{x^2}{l^2}\right)$ $\delta_{\max} = \delta_{x=l} = \dfrac{wl^4}{8EI}$
3		$R = 0$ $F = 0$ $M = M_0, (x < a)$ $\quad = 0, (a < x \leq l)$	$\delta = \dfrac{-M_0}{2EI}x^2, \ (x \leq a)$ $\quad = \dfrac{-M_0 a^2}{2EI}\left(2\dfrac{x}{a} - 1\right), \ (a \leq x \leq l)$
4		$R_A = \dfrac{b}{l}W, \ R_B = \dfrac{a}{l}W$ $F = R_A = \dfrac{b}{l}W, \ (0 < x < a)$ $\quad = -R_B = -\dfrac{a}{l}W, \ (a < x < l)$ $M = \dfrac{Wbx}{l}, \ (0 < x < a)$ $\quad = \dfrac{Wa(l-x)}{l}, \ (a < x < l)$ $M_{\max} = M_{x=a} = \dfrac{Wab}{l}$	$\delta = -\dfrac{Wl^3}{6EI}\dfrac{x}{l}\left(1 - \dfrac{a}{l}\right)\left(\dfrac{x^2}{l^2} - 2\dfrac{a}{l} + \dfrac{a^2}{l^2}\right)$ $\hspace{6em}(0 < x < a)$ $\quad = -\dfrac{Wl^3}{6EI}\dfrac{a}{l}\left(1 - \dfrac{x}{l}\right)\left(\dfrac{x^2}{l^2} - 2\dfrac{x}{l} + \dfrac{a^2}{l^2}\right)$ $\hspace{6em}(a < x < l)$
		$a = b$ ならば $M_{\max} = \dfrac{Wl}{4}$	$\delta_{\max} = \dfrac{Wl^3}{48EI}$
5		$R_A = R_B = \dfrac{wl}{2}$ $F = w\left(\dfrac{l}{2} - x\right)$ $M = \dfrac{w}{2}(l-x)x$	$\delta = \dfrac{wl^4}{24EI}\dfrac{x}{l}\left(1 + 2\dfrac{x^2}{l^2} + \dfrac{x^3}{l^3}\right)$ $\delta_{\max} = \dfrac{5wl^4}{384EI}$

例題 4-6

図4-20に示すように断面が一様で長さが1mの片持ちはりがある。自由端に500Nの集中荷重が加わっている。

① せん断力図と曲げモーメント図を作成しなさい。
② 最大曲げモーメントが生じる位置およびその大きさを求めなさい。

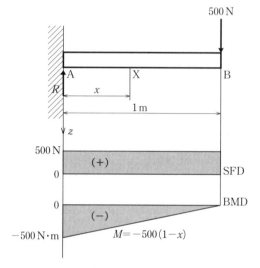

図4-20 集中荷重を受ける片持ちはり

●**略解**────解答例

① $F = W = 500$ N

$M = -W(l - x) = -500(1 - x)$ N·m

せん断力図，曲げモーメント図は図4-20参照。

② 曲げモーメント図より，曲げモーメントは $x = 0$ で最大になる。したがって，

$M_{max} = -500$ N·m

4-4-3 はりの応力

はりに曲げが作用した場合，位置により生じる曲げモーメントは異なる。さらに，同じ位置においても断面内で引張応力と圧縮応力が分布した状態になる。このような曲げモーメントにより生じる引張応力と圧縮応力を総称して**曲げ応力**という。また，曲げにおいては断面積の大きさだけでなく，断面形状と曲げモーメントを受ける向きが曲げ応力の大きさに関係する。そのため，はりの設計では最大曲げモーメントが作用する位置とその断面に生じる最大応力を把握する必要がある。

はりに生じる曲げ応力を求めるとき，はりの横断面は変形後も平面であると仮定する。はりに曲げモーメント M [N·m] が作用し，図4-21のように曲がると，微小距離 dx [m] 離れたACは圧縮されて A'C' に縮み，BDは引張られて B'D' に伸びる。このとき，AC, BD はOを中心とした円弧状に変形しており，その中間に伸びも縮みも生じない面MNが存在する。この面を**中立面**といい，中立面と横断面の交線を**中立軸**という。

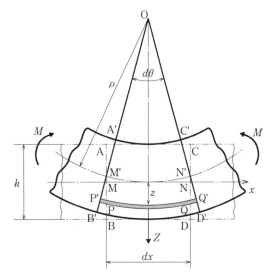

ここで，変形後の中立面の曲率半径を ρ [m] とし，∠B'OD' を $d\theta$ [rad] とすれば，中立面上のMNは次のように示される。

図4-21　曲げによる変形

MN の長さ：変形前 $\overline{\mathrm{MN}} = dx$ [m]，変形後 $\widehat{\mathrm{M'N'}} = \rho d\theta$ [m]
(4-27)

中立軸から距離 z [m] 離れたPQの長さの変化は次のようになる。

PQ の長さ：変形前 $\overline{\mathrm{PQ}} = dx$ [m]，変形後 $\widehat{\mathrm{P'Q'}} = (\rho + z)d\theta$ [m]
(4-28)

中立面の長さは変形前後で伸び縮みしないので，
$$dx = \rho d\theta \tag{4-29}$$

したがって，PQ のひずみ ε は次のようになる。

$$\varepsilon = \frac{\widehat{\mathrm{P'Q'}} - \overline{\mathrm{PQ}}}{\overline{\mathrm{PQ}}} = \frac{(\rho + z)d\theta - \rho d\theta}{\rho d\theta} = \frac{z}{\rho} \tag{4-30}$$

縦弾性係数を E [Pa] とすれば，フックの法則より応力 σ [Pa] は次のようになる。

$$\sigma = E\varepsilon = \frac{E}{\rho}z \tag{4-31}$$

これより，曲げにより，はりの横断面に生じる曲げ応力は中立軸からの距離 z [m] に比例することがわかる。

はりの横断面が曲げモーメントとせん断力のみを受ける場合，軸荷重は作用しないから，図4-22に示す横断面に生じる応力の合計は0でなければならない。よって，

$$\int_A \sigma dA = \frac{E}{\rho}\int_A z dA = 0 \text{ よって } \int_A z dA = 0 \tag{4-32}$$

ここで，$\int_A z dA$ を**断面一次モーメント**と呼ぶ。
式4-32より，中立軸に関する断面一次モーメントが0にな

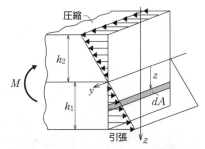

図4-22　曲げ応力と曲げモーメント

4-4　曲げ強さ

ることから，中立軸は横断面の図心(3-1-5項参照)を通ることになる。

また，横断面に生じた応力によるモーメントの合計は，その断面に作用している曲げモーメントに等しくならなければならないから，

$$M = \int_A \sigma z dA = \frac{E}{\rho} \int_A z^2 dA \quad [\text{N·m}] \tag{4-33}$$

ここで，

$$\int_A z^2 dA = I \quad [\text{m}^4] \tag{4-34}$$

とおけば，次のようになる。

$$M = \frac{EI}{\rho} \quad [\text{N·m}] \tag{4-35}$$

[7] 断面二次モーメント

断面二次モーメントは (座標)^2×(座標位置の面積) で与えられ，断面形状で決まる値であるが，物理的な意味はもたない。しかし，部材の強度や剛性を計算するときに用いられる重要な値である。

$I[\text{m}^4]$ を y 軸に関する**断面二次モーメント**という[7]。式4-31，4-35より次式を得る。

■ 曲げ応力

$$\sigma = \frac{M}{I} z \quad [\text{Pa}] \tag{4-36}$$

式4-36より，横断面に生じる曲げ応力は中立軸からの距離 $z[\text{m}]$ に比例し，中立軸から最も離れた位置で最大となる。図4-22に示すように，最大応力は下面($z = h_1[\text{m}]$)，または上面($z = -h_2[\text{m}]$)で生じる。

$$\sigma_1 = \frac{M}{I} h_1 = \frac{M}{\left(\dfrac{I}{h_1}\right)} = \frac{M}{Z_1} \quad [\text{Pa}],$$

$$\sigma_2 = \frac{M}{I}(-h_2) = -\frac{M}{\left(\dfrac{I}{h_2}\right)} = -\frac{M}{Z_2} \quad [\text{Pa}] \tag{4-37}$$

ここで，$Z_1[\text{m}^3]$，$Z_2[\text{m}^3]$ を**断面係数**といい，断面係数が大きいほどはりに生じる応力は小さくなる。断面係数は次式で定義される。

$$Z_1 = \frac{I}{h_1} \quad [\text{m}^3], \quad Z_2 = \frac{I}{h_2} \quad [\text{m}^3] \tag{4-38}$$

一般に，$h_1[\text{m}]$，$h_2[\text{m}]$ のうち，大きい方を $h[\text{m}]$ として，断面係数 $Z = \dfrac{I}{h} \quad [\text{m}^3]$ とする。はりに生じる最大曲げ応力を $\sigma_{\max}[\text{Pa}]$ とすれば，次のようになる。

■ 最大曲げ応力

$$\sigma_{\max} = \frac{M}{Z} \quad [\text{Pa}] \tag{4-39}$$

断面積 $A[\text{m}^2]$ の棒に引張荷重 $W[\text{N}]$ が作用する場合に生じる応力は $\sigma = W/A[\text{Pa}]$ で求められるのに対して，曲げモーメントが作用する場合には $W[\text{N}]$，$A[\text{m}^2]$ の代わりに $M[\text{N·m}]$，$Z[\text{m}^3]$ を用いれば

よい。表 4-2 に代表的な形状の断面積，断面二次モーメント，断面係数を示す。

表 4-2 断面積 A，断面二次モーメント I，断面係数 Z

断面形状	A [m²]	I [m⁴]	Z [m³]
円 (d)	$\dfrac{\pi}{4}d^2$	$\dfrac{\pi}{64}d^4$	$\dfrac{\pi}{32}d^3$
中空円 (d_1, d_2)	$\dfrac{\pi}{4}(d_2{}^2 - d_1{}^2)$	$\dfrac{\pi}{64}(d_2{}^4 - d_1{}^4)$	$\dfrac{\pi}{32}\left(\dfrac{d_2{}^4 - d_1{}^4}{d_2}\right)$
矩形 (b, h)	bh	$\dfrac{1}{12}bh^3$	$\dfrac{1}{6}bh^2$
I 形	$b_2 h_2 - b_1 h_1$	$\dfrac{1}{12}(b_2 h_2{}^3 - b_1 h_1{}^3)$	$\dfrac{1}{6}\left(\dfrac{b_2 h_2{}^3 - b_1 h_1{}^3}{h_2}\right)$
十字形／T 形	$b_2 h_2 + b_1 h_1$	$\dfrac{1}{12}(b_2 h_2{}^3 + b_1 h_1{}^3)$	$\dfrac{1}{6}\left(\dfrac{b_2 h_2{}^3 + b_1 h_1{}^3}{h_2}\right)$

例題 4-7

図 4-23 のような長方形断面の棒を (a) のように縦に使用した場合, (b) に比べて断面係数は何倍になるか求めよ。

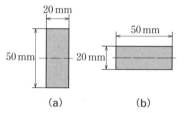

図 4-23 長方形断面の断面係数

●略解───解答例

幅 $b\,[\mathrm{m}]$ と高さ $h\,[\mathrm{m}]$ の長方形断面の断面係数は

$$Z = \frac{bh^2}{6}\ [\mathrm{m}^3]$$

で求められる。

(a) の場合,

$$Z = \frac{20\times 10^{-3}\times (50\times 10^{-3})^2}{6} = 8.33\times 10^{-6}\,\mathrm{m}^3$$

(b) の場合,

$$Z = \frac{50\times 10^{-3}\times (20\times 10^{-3})^2}{6} = 3.33\times 10^{-6}\,\mathrm{m}^3$$

断面係数は 2.5 倍になる。

例題 4-8

図 4-24 に示す, はりの高さ $h\,[\mathrm{m}]$ は一定で, 幅が図のように一次的に変化する片持ちはりがある。固定端 A の表面に生じる曲げ応力 $\sigma_0\,[\mathrm{Pa}]$ および固定端 A から $x\,[\mathrm{m}]$ の位置の仮想断面 X の表面に生じる曲げ応力 $\sigma_x\,[\mathrm{Pa}]$ を求めよ。

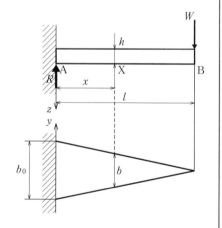

図 4-24 高さ一定の平等強さのはり

●略解───解答例

固定端の表面に生じる曲げ応力 $\sigma_0\,[\mathrm{Pa}]$ は

$$\sigma_0 = \frac{M_0}{Z_0} = \frac{Wl}{\dfrac{b_0 h^2}{6}} = \frac{6Wl}{b_0 h^2}\ [\mathrm{Pa}]$$

固定端 A から x[m] の位置の幅 b[m] は

$$b = b_0 \frac{l-x}{l} \quad [\text{m}]$$

となるから，仮想断面 X の表面に生じる曲げ応力 σ_x[Pa] は

$$\sigma_x = \frac{M}{Z} = \frac{W(l-x)}{\frac{bh^2}{6}} = \frac{6W(l-x)}{bh^2} = \frac{6Wl}{b_0 h^2} \quad [\text{Pa}]$$

となり，固定端に生じる応力と等しい[8]。

【8】平等強さのはり

はりの任意断面の曲げ応力がすべて一定になるように断面形状を変化させたはりを平等強さのはりという。平等強さのはりは，同じ強度を保ちながら軽量化することができるため，経済的なはりを得ることができる。

4-4-4 はりのたわみ

はりに外力が作用すると**たわみ**が生じる。たわみの大きさによっては，はりが破壊しなくても使用できなくなる場合もある。そこで，はりに曲げ荷重が作用した場合のたわみについて考える。

図 4-25 のように，まっすぐなはりに集中荷重 W[N] が作用すると，はりはたわむ。たわみが生じたはりの形状を表す線を**たわみ曲線**といい，変形前の軸線とたわみ曲線の z 方向の変位量 δ[m] をたわみ，たわみ曲線と変形前の軸線のなす角 i[rad] を**たわみ角**という。

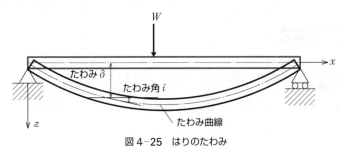

図 4-25 はりのたわみ

たわみ曲線を表す基礎式として，次式が知られている。

■ たわみの基礎式

$$\frac{d^2\delta}{dx^2} = -\frac{M}{EI} \tag{4-40}$$

これが，たわみ曲線の微分方程式であり，式 4-40 を 1 回積分するとたわみ角，もう 1 回積分するとたわみを求めることができる。

$$i = \frac{d\delta}{dx} = -\int \frac{M}{EI} dx + C_1 \quad [\text{rad}] \tag{4-41}$$

$$\delta = -\iint \frac{M}{EI} dx\, dx + C_1 x + C_2 \quad [\text{m}] \tag{4-42}$$

ここで，C_1, C_2 は積分定数である。代表的なはりのたわみは表 4-1 に示されている[9]。たわみ曲線の式をみると，いずれも EI の値が大きい

【9】平等強さのはりのたわみ

例題 4-8 で曲げ応力を求めた平等強さのはりの最大たわみは

$$\delta_{\max} = \frac{Wl^3}{2EI_0} \quad [\text{m}]$$

となり，横断面が一様なはりと比べて，最大応力が等しければたわみが 3/2 になる。

ほど，たわみの値は小さくなり，たわみにくくなることがわかる。この EI を**曲げ剛性**または**曲げこわさ**という。

> **例題 4-9**
>
> 断面が一様で長さが 500 mm の片持ちはりの自由端に 500 N の集中荷重が加わっている。このとき，はりに生じる最大たわみを求めよ。ただし，縦弾性係数は 206 GPa，はりの断面は幅 40 mm，高さ 50 mm の長方形とする。
>
> ●略解――解答例
>
> 幅 40 mm，高さ 50 mm の長方形断面の断面二次モーメントは
>
> $$I = \frac{bh^3}{12} = \frac{40 \times 10^{-3} \times (50 \times 10^{-3})^3}{12} = 4.17 \times 10^{-7} \text{ m}^4$$
>
> 表 4-1 より最大たわみは
>
> $$\delta = \frac{Wl^3}{3EI} = \frac{500 \times (500 \times 10^{-3})^3}{3 \times 206 \times 10^9 \times 4.17 \times 10^{-7}} = 0.243 \times 10^{-3} \text{ m}$$
>
> $$= 0.243 \text{ mm}$$

4-5 ねじり強さ

4-5-1 丸棒のねじりモーメントとせん断応力

クレーンやウインチなどの物を持ち上げる機械や，自動車や新幹線などには，回転する軸が組み込まれており，軸により動力が伝えられている。その結果，軸には**ねじりモーメント**（トルク）が作用し，横断面にはせん断応力が生じる。この，せん断応力を**ねじり応力**という。

図 4-26 のように，長さ l [m]，直径 d [m] の軸にねじりモーメントが作用して，**ねじれ角** θ_l [rad] が生じた場合を考える。軸の左端から x [m] 離れた位置の外周上に微小間隔 Δx [m] を含む長方形 ABCD をとる。ねじりモーメント T [N·m] を加えると，点 A，B は A′，B′ に，点 C，D は C′，D′ にずれ，ずれ角 ψ [rad] のせん断変形が生じる。今，Δx [m] 間のねじれ角を $\Delta\theta = \theta(x+\Delta x) - \theta(x)$ [rad] とすれば，外周部のせん断ひずみ γ_0 は，次のようになる。

$$\gamma_0 = \psi = \frac{\widehat{DD'} - \widehat{AA'}}{\overline{AD}} = \frac{\frac{d}{2}\Delta\theta}{\Delta x} = \frac{d}{2}\frac{\Delta\theta}{\Delta x} \tag{4-43}$$

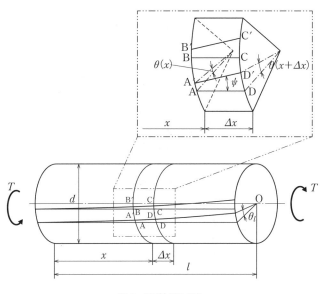

図 4-26 軸のねじり

また，$\frac{\Delta\theta}{\Delta x}=\frac{\theta_l}{l}$ なので，次式が成り立つ。

$$\gamma_0 = \frac{d}{2}\frac{\theta_l}{l} \tag{4-44}$$

外周部のせん断応力を $\tau_{\max}$ [Pa]，横弾性係数を G [Pa] とすれば，

$$\tau_{\max} = G\gamma_0 = G\frac{d}{2}\frac{\theta_l}{l} \ [\text{Pa}] \tag{4-45}$$

となる。ここでは，横断面はねじられた後も平面を保ち，各点は中心軸からの距離に比例して回転すると仮定している。

中心から r [m] だけ離れた点のせん断ひずみ γ，せん断応力 τ [Pa] は次のようになり，せん断応力は中心からの距離に比例して直線的に分布する。

■ せん断ひずみ

$$\gamma = r\frac{\theta_l}{l} \tag{4-46}$$

■ せん断応力

$$\tau = G\gamma = Gr\frac{\theta_l}{l} = \frac{r}{\frac{d}{2}}\tau_{\max} \ [\text{Pa}] \tag{4-47}$$

4-5-2 断面二次極モーメントと極断面係数

図 4-27 に示すように，軸断面の任意半径 r [m] における微小環状断面積 dA [m^2] にせん断応力 τ [Pa] が作用しているとすると，環状部分に生じる軸中心まわりのねじりモーメント dT [N·m] は

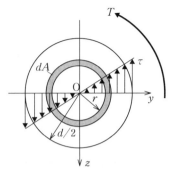

図4-27 軸断面に生じるねじり応力分布

$$dT = \tau \cdot dAr = \frac{r}{\frac{d}{2}} \tau_{max} \cdot dAr = \frac{\tau_{max}}{\frac{d}{2}} r^2 dA \quad [\text{N·m}] \quad (4\text{-}48)$$

全断面 $A\,[\text{m}^2]$ についてねじりモーメント $T\,[\text{N·m}]$ を求めると，

$$T = \int_A dT = \frac{\tau_{max}}{\frac{d}{2}} \int_A r^2 dA \quad [\text{N·m}] \quad (4\text{-}49)$$

ここで，

$$\int_A r^2 dA = I_p \quad [\text{m}^4] \quad (4\text{-}50)$$

とおけば，

$$T = \frac{\tau_{max}}{\frac{d}{2}} I_p \quad [\text{N·m}] \quad (4\text{-}51)$$

となる。$I_p\,[\text{m}^4]$ を**断面二次極モーメント**といい，断面二次モーメント $I\,[\text{m}^4]$ と同様に，断面の形状により決まる値である。

式4-51において，$\dfrac{I_p}{\frac{d}{2}} = Z_p\,[\text{m}^3]$ とおけば，ねじりモーメント $T\,[\text{N·m}]$ と最大せん断応力 $\tau_{max}\,[\text{Pa}]$ の関係は，以下のようになる。

■ 最大せん断応力

$$T = \tau_{max} Z_p \quad [\text{N·m}], \quad \tau_{max} = \frac{T}{Z_p} \quad [\text{Pa}] \quad (4\text{-}52)$$

$Z_p\,[\text{m}^3]$ を**極断面係数**という。代表的な断面形状の断面二次極モーメントと極断面係数を表4-3に示す。

4-5-3 ねじりの変形

軸は十分な強さを有していても，軸のねじれ角（変形）が大きくなると使用上支障をきたす場合がある。そのようなケースでは，ねじれ角を制限する設計を行う。

式4-45，4-51より，ねじれ角 $\theta_l\,[\text{rad}]$ は，次のようになる。

表4-3 断面二次極モーメント，極断面係数

断面形状	I_p [m⁴]	Z_p [m³]
（中実円）	$\dfrac{\pi}{32}d^4$	$\dfrac{\pi}{16}d^3$
（中空円）	$\dfrac{\pi}{32}(d_2^{\,4}-d_1^{\,4})$	$\dfrac{\pi}{16}\left(\dfrac{d_2^{\,4}-d_1^{\,4}}{d_2}\right)$

■ ねじれ角

$$\theta_l = \frac{Tl}{GI_p}\ [\text{rad}] \qquad (4\text{-}53)$$

式4-53から，GI_p が大きいほど，ねじれ角 θ_l は小さくなり，軸はねじれにくくなることがわかる。この GI_p を**ねじり剛性**またはねじりこわさという。また，単位長さ当たりのねじれ角を**比ねじれ角** ϕ [rad/m] といい，次式で与えられる。

■ 比ねじれ角

$$\phi = \frac{T}{GI_p}\ [\text{rad/m}] \qquad (4\text{-}54)$$

例題 4-10

直径 50 mm の中実丸軸に 500 N·m のねじりモーメントが作用している。この軸に生じる最大せん断応力を求めよ。

● 略解────解答例

極断面係数は

$$Z_p = \frac{\pi}{16}d^3 = \frac{\pi}{16}\times(50\times10^{-3})^3 = 2.45\times10^{-5}\ \text{m}^3$$

式4-52から，

$$\tau_{\max} = \frac{T}{Z_p} = \frac{500}{2.45\times10^{-5}} = 20.4\times10^6\ \text{Pa} = 20.4\ \text{MPa}$$

4-5-4 長方形断面棒のねじり

図 4-28 に示すような長方形断面を持つ棒にねじりモーメント T [N·m] を加えた場合に生じる応力は，丸棒の場合のように簡単に求めることはできない。理論的なことは弾性力学により解析しなければならないため，ここではチモシェンコらによる解析結果を紹介する[10]。

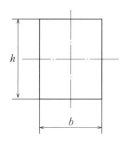

図 4-28 長方形断面棒

[10] 長方形断面棒のねじり
S. P. Timoshenko and J. N. Goodier, Theory of Elasticity, Third Edition, McGRAW-HILL B. C., 312

長方形断面棒の比ねじれ角 ϕ [rad/m] および最大せん断応力 $\tau_{\max}$ [Pa] は次式で与えられる。

$$\phi = \frac{T}{k_1 G b^3 h} \ [\text{rad/m}] \tag{4-55}$$

$$\tau_{\max} = \frac{T}{k_2 b^2 h} \ [\text{Pa}] \tag{4-56}$$

ここで，k_1，k_2 は断面の形状によって，表 4-4 に示す値をとる。

表 4-4 長方形断面棒のねじり

h/b	1.0	1.2	1.5	2.0	2.5	3	4	5	10	∞
k_1	0.1406	0.166	0.196	0.229	0.249	0.263	0.281	0.291	0.312	0.333
k_2	0.208	0.219	0.231	0.246	0.258	0.267	0.282	0.291	0.312	0.333

4-6 材料の破壊

部材に材料の強さ以上の応力が生じると，部材は破壊してしまう。また，平均応力は許容内であっても，形状が急激に変化する部分では応力が大きくなり破壊することがある。機械や構造物は，様々な使用環境において破壊しないことが求められる。

ここでは，部材の破壊の要因，破壊に対する安全な材料の強さの求め方について考える。

4-6-1 静荷重と動荷重

同じ大きさの荷重であっても，その荷重の加わり方によって部材の破壊に及ぼす影響は大きく異なってくる。

- **静荷重** 一定の大きさで加わっている荷重，あるいは，極めてゆっくり変動する荷重をいう。
- **動荷重** 加わる荷重の大きさが時間とともに変動する荷重で，荷重の大きさが周期的に変動する繰返し荷重，瞬間的に加わる衝撃

荷重などがある。

図 4-29 に時間に対する荷重の変化を示す。

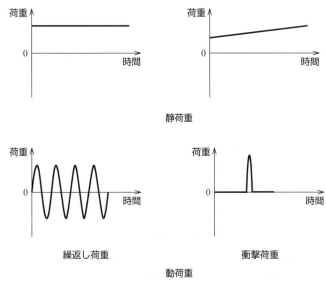

図 4-29 時間に対する荷重の変化

4-6-2 応力集中

部材には，穴，段，溝などの加工が加えられることが多く，断面形状が急激に変化する部分ができる。これら断面形状が急激に変化する部分を総称して，**切欠き**という。切欠きが存在する部材に荷重を加えると，応力分布は均一にならず，切欠きの底部で大きな応力が発生する。この現象を**応力集中**といい，切欠き部に生じる最大応力を**集中応力**という。

切欠き部に生じる集中応力 σ_{max}[Pa]（または τ_{max}[Pa]）と平均応力 σ_m[Pa]（または τ_m[Pa]）の比 α_k を**応力集中係数**といい，次のようになる。

$$\sigma_{max} = \alpha_k \sigma_m [\text{Pa}], \quad \tau_{max} = \alpha_k \tau_m [\text{Pa}]$$

(4-57)

図 4-30 に引張荷重を受ける U 型円周切欠きをもつ丸棒の応力集中係数を示す。これより，切欠きの曲率半径が小さいほど，また，切欠きが深いほど応力集中係数は大きくなり，破壊しやすくなる。設計にあたっては切欠きを避けることが望ましいが，避けられない場合は断面の形状変化を緩やかにするなどの対策が必要である。

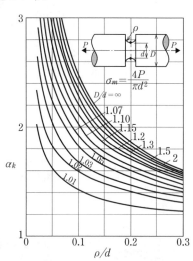

図 4-30 U 型円周切欠きをもつ丸棒の引張り
（日本機械学会「新版機械工学便覧　基礎編 α3」材料力学より）

4-6-3 疲労

材料が長い期間にわたって繰返し荷重を受けると，降伏応力よりはるかに小さい応力であっても破壊することがある。このような破壊を**疲労破壊**という。歯車や車軸などは繰返し荷重を受けるため，疲労破壊を避ける工夫をしなければならない。

疲労に対する材料の強さは，疲労試験によって求められる。疲労試験では**応力振幅**と**繰返し数**の関係である，S-N**曲線**で結果を表す。図4-31は軸受鋼焼入れ焼戻し材のS-N曲線である。実線より上の領域では疲労破壊が生じることを示している。繰返し応力振幅が大きいほど少ない繰返し数で破断しており，疲労寿命は短くなることがわかる。また，応力振幅が小さくなるにつれ疲労寿命は延びており，繰返し応力がある値以下になると，いくら繰返しても疲労破壊は生じない。この疲労破壊を生じなくなる応力振幅を**疲労限度**という。常温の鋼では10^6～10^7回程度の繰返し回数でS-N曲線に水平部が現れ疲労限度を示すが，銅合金やアルミニウム合金でははっきりした水平部が現れないため，10^7回における応力振幅を10^7回時間強度として疲労限度の代わりに用いることが多い。

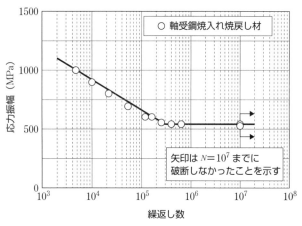

図4-31　軸受鋼のS-N曲線

4-6-4 クリープ

材料に一定の荷重を長時間加え続けると，ひずみが時間とともに増加する。この現象を**クリープ**といい，クリープによって生じるひずみを**クリープひずみ**という。材料に生じる応力が大きく，使用温度が高くなるほどクリープひずみは大きくなるので，長時間，高温で使用される機械や構造物などの設計においてはクリープに気をつける必要がある。

4-6-5 座屈

柱が軸方向に圧縮されたとき，軸方向に縮むだけではなく曲げ変形が生じることがある。これは柱の材質が均質ではないことや最初からわずかに曲がっていることが原因であり，偏心荷重が作用した場合と同様に，横断面には曲げモーメントが作用する。そのため，図 4-32 のように荷重が増すにつれ，たわみが大きくなり，荷重およびたわみの増大とともに曲げモーメントも大きくなる。そして，**座屈荷重** W_{cr} [N] に達すると荷重は変わらないのにたわみのみが大きくなり，最終的に破壊する。座屈しやすい細長い柱を**長柱**という。

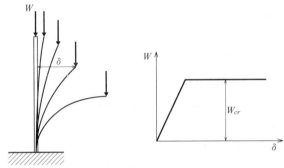

図 4-32 長柱の座屈

長柱の**座屈応力**を求める最も基本的な式に**オイラーの式**がある。オイラーの座屈応力 σ_{cr} [Pa] は次のようになる。

$$\sigma_{cr} = \frac{W_{cr}}{A} = n\frac{\pi^2 E I_0}{l^2 A} \ [\text{Pa}] \tag{4-58}$$

ここで，l [m] は長柱の長さ，A [m^2] は断面積，E [Pa] は縦弾性係数，n は表 4-5 に示す長柱の端末条件で定まる係数である。また，I_0 [m^4] は**主断面二次モーメント**と呼ばれ，断面の中立軸の取り方によって断面二次モーメントが変わる場合に最小となる断面二次モーメントのことである。

表 4-5 長柱の端末条件と係数

端末条件	一端固定 他端自由	両端回転	一端固定 他端回転	両端固定
座屈形				
n	1/4	1	2	4

式 4-58 より長柱は曲げ剛性 EI_0 が大きいほど座屈に対して強いことがわかる。また，$\dfrac{I_0}{A} = k^2$ とおけば，座屈応力 σ_{cr} [Pa] は次のようになる。

■ 座屈応力（オイラーの式）

$$\sigma_{cr} = n\dfrac{\pi^2 E}{\left(\dfrac{l}{k}\right)^2} \text{ [Pa]} \tag{4-59}$$

ここで，k を断面二次半径，l/k を**細長比**といい，材料が同じならば細長比が大きいほど座屈に対して弱くなる。

オイラーの式は，座屈荷重に達するまでは柱に生じる応力が弾性限度内にあると考えて導かれている。しかし，柱が短い（細長比が小さい）場合，座屈荷重に達する前に圧縮応力が弾性限度を超えてしまう。そのため，細長比が小さい場合にはオイラーの式を適用できなくなる。そこで，細長比が小さい場合にはランキンの式，テトマイヤーの式，ジョンソンの式などの**座屈応力の実験式**が用いられている。**ランキンの式**では座屈応力 σ_{cr} [Pa] は次のようになる。

■ 座屈応力（ランキンの式）

$$\sigma_{cr} = \dfrac{\sigma_d}{1 + \dfrac{a}{n}\left(\dfrac{l}{k}\right)^2} \text{ [Pa]} \tag{4-60}$$

ここで，σ_d [Pa] は応力定数（実験により求められる材料定数），a は材料定数，n は表 4-5 の係数である。ランキンの式の適用範囲と定数を表 4-6 に示す。

表 4-6　ランキンの式の適用範囲と定数

材料	応力定数 σ_d [MPa]	a	適用条件
鋳鉄	550	$\dfrac{1}{1600}$	$\dfrac{l}{k} < 80\sqrt{n}$
軟鋼	330	$\dfrac{1}{7500}$	$\dfrac{l}{k} < 90\sqrt{n}$
硬鋼	480	$\dfrac{1}{5000}$	$\dfrac{l}{k} < 88\sqrt{n}$
木材	50	$\dfrac{1}{750}$	$\dfrac{l}{k} < 60\sqrt{n}$

4-6-6　許容応力と安全率

材料が破壊しないで十分安全に使用できる最大の応力を**許容応力** σ_a [Pa] という。許容応力の値は，使用状況を考慮して設定されることが望ましい。しかしながら，部材に作用する力が想定より大きい場合や，材料の強度にばらつきが存在する場合がある。そのために，材料の強さ

に余裕を持たせるため，**安全率** S_f を考え，許容応力を求める．

■ 許容応力

$$許容応力\ \sigma_a = \frac{材料の基準強さ}{安全率\ S_f} \geq 使用応力\ [\text{Pa}] \qquad (4\text{-}61)$$

材料の基準強さには，一般的に次のようなものが用いられる．

① 静荷重に対する基準強さ：延性材料では引張強さ，降伏応力，耐力などを基準強さとするが，引張強さを用いることが多い．ぜい性材料では引張強さを基準強さとする．

② 繰返し荷重に対する基準強さ：疲労限度を基準強さとする．

安全率の値は経験によるものが大きいが，破損確率，設計方針などに基づき決定される．一例として，引張強さを基準強さとした場合の安全率を表4-7に示す．

付表4-1に常温における鉄鋼材料の許容応力を示す．

表4-7 引張強さを基準強さとするときの安全率

	静荷重	繰返し荷重		衝撃荷重
		片振り	両振り	
軟・中硬鋼	3	5	8	12
鋳　　鋼	3	6	8	15
鋳　　鉄	4	6	10	15
銅・軟金属	5	6	9	15

第4章 演習問題

1. 長さ $l = 50$ cm で直径 $d = 10$ mm，縦弾性係数 $E = 206$ GPa の丸棒を荷重 $W = 20$ kN で引張った。丸棒に生じる応力，ひずみおよび伸びを求めよ。

2. 図 4-33 のような段付き丸棒を荷重 $W = 50$ kN で引張った。段付き丸棒全体に生じる伸びを求めよ。ただし，棒全体の長さは $l = 500$ mm，直径 $d_1 = 50$ mm，$d_2 = 30$ mm，AC の長さ $a = 200$ mm とし，縦弾性係数 $E = 206$ GPa とする。

   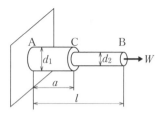

   図 4-33 段付き丸棒の引張り

3. 図 4-34 のような接着された 2 枚の板に荷重 $S = 6$ kN が加わっている。接着部に生じるせん断応力およびせん断ひずみを求めよ。ただし，横弾性係数 $G = 60$ GPa とする。

   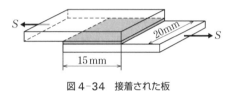

   図 4-34 接着された板

4. 図 4-35 の断面を持つ長さ $l = 500$ mm の片持ちはりがある。$W = 200$ N の集中荷重を自由端に加えたとき，はりに生じる最大曲げ応力および最大たわみを求めよ。ただし，縦弾性係数 $E = 206$ GPa とする。

   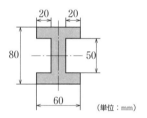

   図 4-35 はりの断面形状

5. 中央に集中荷重を受けるスパン $l = 800$ mm の両端支持はりがある。最大たわみ $\delta_{\max} = 1$ mm まで許すとしたとき，はりに加えることのできる最大荷重を求めよ。ただし，縦弾性係数 $E = 206$ GPa とし，はりの断面は一辺 $a = 25$ mm の正方形とする。

6. 外径 $d_2 = 60$ mm，内径 $d_1 = 40$ mm の中空軸にねじりモーメント（トルク）$T = 500$ N·m が加わっている。軸に生じる最大せん断応力を求めよ。

7. S50C 丸棒に $W = 15$ kN の引張荷重を加えたとき，引張強さを基準強さにとって安全に使用できる丸棒の直径を求めよ。ただし，S50C の引張強さは 600 MPa とし，安全率は 3 とする。

第 5 章 ねじ

この章のポイント ▶

第1章から第4章までは，機械設計に必要となる基礎知識について学んだ。第5章からは，機械を構成する機械要素について学ぶ。

最も多く使用されている機械要素はねじであり，その用途は，締め付けることにより複数の部材を締結することや回転運動を直線運動に変換することなどがある。そのため，用途に応じた分類や種類が多岐にわたる。本章では，締結用以外のねじの基礎について学習する。

① ねじの種類
② ねじに働く力
③ 送りねじの特徴

5-1 種類と基本

ねじは，その断面形状や構造によって，**三角ねじ**，**角ねじ**，**ボールねじ**などに分類される[1]。その種類を表5-1に示す。ほかにも，ねじ山の巻き方によって，右ねじと左ねじがある。一般的には右ねじを使うが，扇風機の羽根や自転車の左ペダルには左ねじが使われる。これらの箇所は，右ねじの緩み方向（左回転）とそれらの回転方向が同じとなり，使用している間に緩んでしまうためである。

[1] ねじの規格

代表的なねじの規格については，付表5-1～5-4に示す。

5-1-1 ねじの基本

図5-1のように円筒に直角三角形を巻きつけてできるらせんに沿って溝を加工したものがねじである。そのらせんを**つるまき線**と呼び，このつるまき線に沿って円筒を1回転して軸方向に進む距離を**リード**と呼ぶ。また，直角三角形の斜面となす角度を**リード角**と呼び，円筒の直径（有効径）を d_2[mm] とするとリード l[mm] とリード角 θ[°] には次の関係が成り立つ[2]。

■ リード角

$$\tan\theta = \frac{l}{\pi d_2} \tag{5-1}$$

[2] 単位

機械工学では一般的にミリメートル単位で寸法を表すため，本章以降はmmの使用を基本とする。

1本のつるまき線に沿って溝が切られているねじを一条ねじと呼ぶ。2本のつるまき線に沿って溝が切られているねじを二条ねじ，3本では三条ねじと呼ばれ，2本以上の場合には総称して多条ねじとも呼ばれる。

おねじと**めねじ**の各部の名称を図5-2に示す。**おねじの外径** d[mm]，**谷の径** d_1[mm] が**めねじの谷の径** D[mm]，**内径** D_1[mm] に対応す

表5-1 ねじの種類

種類	ねじ山の形状	名称			記号	主な用途/規格など
三角ねじ		メートルねじ	並目		M	締付け用 JIS B 0205 : 2001
			細目			締付け用 JIS B 0205 : 2001
		ユニファイねじ	並目		UNC	締付け用 JIS B 0206 : 1973
			細目		UNF	締付け用 JIS B 0208 : 1973
		管用ねじ	テーパねじ	おねじ	R (旧:PT)	管と管の接続 JIS B 0203 : 1999
				めねじ	Rc (旧:PT)	
				平行めねじ	Rp (旧:PS)	
			平行ねじ		G (旧:PF)	管と管の接続 JIS B 0202 : 1999
台形ねじ		メートル台形ねじ			Tr	移動用 JIS B 0216 : 2013
					TW (JISは廃止)	移動用 JIS規格無し
角ねじ		角ねじ				移動用 JIS規格無し
のこ歯ねじ		のこ歯ねじ				軸方向の力が一方向だけに働く
丸ねじ		丸ねじ				電球の口金
ボールねじ		ボールねじ			位置決め用:C, Cp 搬送用:Ct	移動用 JIS B 1192 : 2013

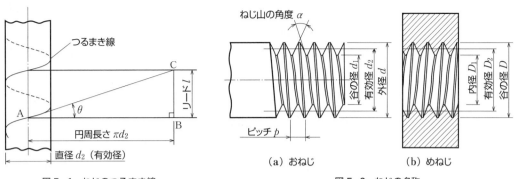

図5-1 ねじのつるまき線　　　　　図5-2 ねじの名称

る。また，おねじとめねじの山を同じ長さとなるように切断できる仮想の円筒の径を**有効径** d_2 [mm]，D_2 [mm] と呼ぶ。有効径は，ねじの強さや精度を検討するときに用いられる。また，隣り合うねじ山の距離を**ピッチ**と呼ぶ。リード l [mm]，ピッチ p [mm]，条数 n には次の関係がある。

■ リード
$$l = np \quad [\text{mm}] \tag{5-2}$$

一般的に用いられるねじは一条ねじであるため，ねじのリードとピッチが同じになる。そのため，リードとピッチが混同されることが多いので注意されたい。二条ねじでは，リードはピッチの2倍となり，ねじを一回転させると隣り合うねじ山の距離（ピッチ）の2倍の距離を軸方向に進むこととなる。そのため，同じ回転数でも大きなリードとなり，高速移動が必要な工作機械やカメラのズーム機能などに用いられることがある。このように多条ねじとして大きなリードのねじはハイリードねじとも呼ばれる。

同じ**呼び径**[3] のねじでもピッチが異なる場合があり，**並目ねじ**，**細目ねじ**（さらに，極細目ねじもある）と呼ばれる。一般的には，並目ねじが使用されるが，薄肉の部品の締め付けなどには細目ねじが使用される。細目ねじはピッチが小さいためリード角も小さくなり，緩みにくい特長をもつ。

【3】呼び径

呼び径とは，おねじのねじ山の外径寸法を示す。この「呼び径」にメートルねじ（M）の記号を付けたM10などを「呼び」と言う。

5-1-2 三角ねじ

三角ねじは表5-1のメートルねじ，ユニファイねじ，**管用ねじ**を示し，メートルねじとユニファイねじのねじ山の角度は60°である。

メートルねじは広く使用され，その表す記号は**M**であり，呼び径が10 mm（ピッチは1.5 mm）の場合にはM10と表すが，ピッチが1 mmとなる細目ねじの場合にはピッチの値を付けて，M10 × 1と表す。ねじの長さが50 mmの場合には，それぞれ並目ねじはM10 × 50，細目ねじはM10 × 1 × 50と表す。リーマボルトは，軸部が精密に加工さ

れリーマ加工された穴に挿入することで，すきまが極めて小さくなり部品同士を正確な位置で締結することができる。

ユニファイねじは，米国では広く使用されているが，国内では一部の用途に限られている。3/8-16UNC，7/16-20UNF のように表す。例えば，3/8-16UNC は，外径が 3/8 インチ（9.525 mm），1 インチ当たりのねじ山の数が 16 の並目ユニファイねじとなる。

管用ねじは表 5-1 に示すように平行ねじとテーパねじがある。ピッチは 1 インチ（25.4 mm）当たりのねじ山の数で表し，ねじ山の角度はともに 55° である。ねじの呼びは，R1/8，Rc3/8 のように表す[4]。例えば，R1/8 は，1 インチ当たりのねじ山の数 28，外径 9.728 mm の管用テーパおねじとなる[5]。管用のねじはメートル並目ねじよりもピッチが細かいので薄肉部品にも使用でき，気密性も高いことから管の接続に用いられる。

【4】管用ねじの呼び方
管用ねじは，1/8，1/4（= 2/8），3/8，1/2（= 4/8），…の分子の数字を取って，1 分（イチブ），2 分（ニブ），3 分（サンブ），4 分（ヨンブ），…と呼ばれる。

【5】管用ねじの寸法
管用の 1/8 などの呼びは，元はガス管の内径をインチ寸法で呼んでいた名残である。今では技術進歩により管の肉厚は薄くできるようになったが，外径はねじを切るため変えることができなかった。現在では 1/8 などの呼びと管用ねじの諸寸法との結びつきは薄い。

5-1-3　角ねじと台形ねじ

角ねじはねじ山が角形であり，その角度は 90° である。摩擦が小さい上，大きな力を伝達できるため，駆動用のねじとして万力やジャッキとして用いられる。しかし，精度の良いねじの製作は難しい。

台形ねじはねじ山が台形であり，その角度は 30°（または 29°）である。角ねじ同様に三角ねじと比較して摩擦が小さく，角ねじより容易かつ高精度に製作できる利点がある。工作機械などの送り要素として用いられる。

5-1-4　その他のねじ

小ねじとは，図 5-3 のようにねじの頭部が様々な形をした比較的小径のねじのことを指す。その呼び径はおおよそ 10 mm 以下である。ねじの頭部には，十字穴やすりわりが付いており，プラスやマイナスのドライバーを用いて締め付ける。ねじ山は三角形である。

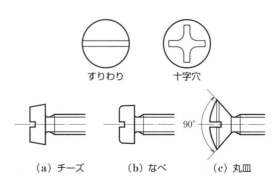

図 5-3　小ねじの頭の形状（種類）

止めねじとは，図5-4のようなねじで，イモねじ，ホーロセット，セットスクリューなど多くの別名で呼ばれる。六角穴付き，すりわり付きのものや四角頭部のものがある。カップリングと軸の固定などのように部品を固定するために用いられる。

　木ねじは，図5-5のようにねじの先端が尖っており，頭部には十字穴やすりわりが付いている。木材にねじ込むのに適している。

　タッピングねじは，木ねじ同様に先端が尖っており，部材にめねじが切られていない箇所を直接締結できる。薄鋼板などに用いられることから，建築関係でも使用される。

　そのほかに，ねじ山の形が丸く電球の口金に用いられる丸ねじ，ねじ山の断面形状が鋸の歯の形に似てプレスや万力に用いられるのこ歯ねじ，おねじとめねじの谷に相当する部分が円形に近く，その中に多数の鋼球を入れ工作機械の送り要素に用いられるボールねじなどがある。

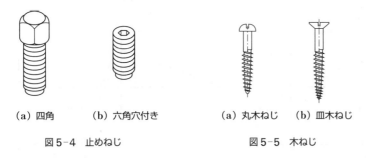

(a) 四角　　(b) 六角穴付き　　　　(a) 丸木ねじ　(b) 皿木ねじ

図5-4　止めねじ　　　　　　　　図5-5　木ねじ

例題 5-1

呼びM8の二条ねじのリード角を求めよ。

●解答例

　付表5-1よりM8並目のピッチは1.25 mmであるため，式5-2よりリード l [mm] は2.5 mmとなり，リード角 θ [°] は式5-1より，次のようになる。

$$\theta = \tan^{-1}\left(\frac{l}{\pi d_2}\right) = \tan^{-1}\left(\frac{2.5}{\pi \times 7.188}\right) \cong 6.32°$$

5-2 ねじに働く力, 強度, 効率

ねじには, 主に引張り, せん断, ねじりの力が働く。ここでは, 角ねじと三角ねじに働く力について取り上げる。その他の台形ねじなどは, 三角ねじと同様の考え方で働く力を算出することができる。

5-2-1 角ねじに働く力

ねじに働く力は, 第3章で学んだ斜面に働く力から考える。締結したとき, ねじの軸方向に加わる力(垂直力)を $W[\mathrm{N}]$, ねじを回転させるのに必要な力(水平力)を $F[\mathrm{N}]$ とし, ねじを締める場合と緩める場合に働く力を考える。

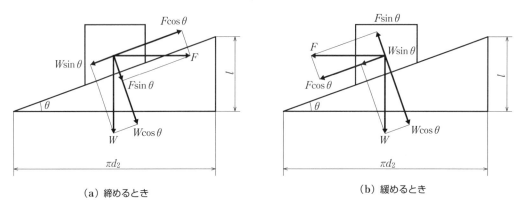

(a) 締めるとき　　　(b) 緩めるとき

図5-6　ねじに働く力

ねじを締めるときの力　　ねじを締めることは, 例題3-15のように垂直力 $W[\mathrm{N}]$ が働いている物体を水平力 $F[\mathrm{N}]$ で斜面に沿って押し上げることと同じと考えることができる。そこで, 図5-6(a)のように軸方向の力 $W[\mathrm{N}]$ と回転に必要な力 $F[\mathrm{N}]$ の分力を, 斜面に対して平行な力と垂直な力にまとめると, 次のようになる。

$$\begin{aligned}&\text{平行な力}: F\cos\theta - W\sin\theta\,[\mathrm{N}]\\&\text{垂直な力}: F\sin\theta + W\cos\theta\,[\mathrm{N}]\end{aligned} \quad (5\text{-}3)$$

斜面の摩擦係数を μ とすると, 斜面と物体の間に働く摩擦力 $F_f[\mathrm{N}]$ は $\mu(F\sin\theta + W\cos\theta)[\mathrm{N}]$ となる。斜面に対してこの摩擦力より大きな平行な力が加われば物体を持ち上げる, すなわちねじを締めることになる。摩擦力と平行な力が平衡状態を保っているときは, 次のようになる。

$$\mu(F\sin\theta + W\cos\theta) = F\cos\theta - W\sin\theta\,[\mathrm{N}] \quad (5\text{-}4)$$

よって, 式5-4を水平力 $F[\mathrm{N}]$ について修正すると, 次のようになる。

$$F = \frac{W(\sin\theta + \mu\cos\theta)}{\cos\theta - \mu\sin\theta}\,[\mathrm{N}] \quad (5\text{-}5)$$

ここで，摩擦角を $\rho\,[°]$ とすると，式3-53より $\mu = \tan\rho$ となり，ねじを締めるのに必要な力 $F\,[\mathrm{N}]$ は次のようになる．

■ ねじを締めるのに必要な力[6]
$$F = W\tan(\rho + \theta)\,[\mathrm{N}] \tag{5-6}$$

すなわち，ねじを回すのに必要な力 $F\,[\mathrm{N}]$ が $W\tan(\rho + \theta)\,[\mathrm{N}]$ より大きくなれば，斜面を物体が持ち上がる，すなわちねじを締めることになる．ねじを締めるのに必要なトルク $T\,[\mathrm{N\cdot mm}]$ は式3-7より次のようになる．

■ ねじを締めるのに必要なトルク
$$T = F\frac{d_2}{2} = \frac{d_2 W\tan(\rho + \theta)}{2}\,[\mathrm{N\cdot mm}] \tag{5-7}$$

ねじを緩めるときの力　ねじを緩めるときは図5-6(b)のように軸方向の力 $W\,[\mathrm{N}]$ と回転に必要な力 $F\,[\mathrm{N}]$ の分力を，斜面に対して平行な力と垂直な力にまとめると，次のようになる．

$$\begin{aligned}平行な力 &: F\cos\theta + W\sin\theta\,[\mathrm{N}] \\ 垂直な力 &: -F\sin\theta + W\cos\theta\,[\mathrm{N}]\end{aligned} \tag{5-8}$$

よって，締めるときと同様に平衡状態では，次のようになる．

$$\mu(-F\sin\theta + W\cos\theta) = F\cos\theta + W\sin\theta\,[\mathrm{N}] \tag{5-9}$$

$$F = \frac{W(-\sin\theta + \mu\cos\theta)}{\cos\theta + \mu\sin\theta}\,[\mathrm{N}] \tag{5-10}$$

ねじを緩めるのに必要な力 $F\,[\mathrm{N}]$ は次のようになる．

■ ねじを緩めるのに必要な力
$$F = W\tan(\rho - \theta)\,[\mathrm{N}] \tag{5-11}$$

ねじを緩めるためには，$W\tan(\rho - \theta)\,[\mathrm{N}]$ より大きな力 $F\,[\mathrm{N}]$ を加えればよい．ねじを緩めるのに必要なトルク $T\,[\mathrm{N\cdot mm}]$ は次のようになる．

■ ねじを緩めるのに必要なトルク
$$T = F\frac{d_2}{2} = \frac{d_2 W\tan(\rho - \theta)}{2}\,[\mathrm{N\cdot mm}] \tag{5-12}$$

ここで，$\tan(\rho - \theta) < 0$ となると $F = W\tan(\rho - \theta) < 0$ となり，ねじを緩めるために必要な力 $F\,[\mathrm{N}]$ がマイナスとなるため，力を加えなくても自然にねじが緩むことになる．そのため，ねじが自然に緩まないためには $\tan(\rho - \theta) > 0$，すなわち $\rho > \theta$ であることが必要となる．

5-2-2　三角ねじに働く力

三角ねじは，ねじ山の角度 $\alpha = 60°$ の三角形をしているため**フランク角**と呼ばれる斜角を考慮する必要がある．ここで，フランク角 $\beta\,[°]$ はねじ山の半角であり，三角ねじの場合には30°となる．そのため，軸方

[6] 導出
$\mu = \tan\rho$ を式5-5へ代入すると次式となる．
$$F = \frac{W(\sin\theta + \tan\rho\cos\theta)}{\cos\theta - \tan\rho\sin\theta}\,[\mathrm{N}]$$
分母と分子を $\cos\theta$ にて除すると次式となる．
$$F = \frac{W\left(\dfrac{\sin\theta}{\cos\theta} + \tan\rho\right)}{1 - \tan\rho\dfrac{\sin\theta}{\cos\theta}}\,[\mathrm{N}]$$
$$= \frac{W(\tan\theta + \tan\rho)}{1 - \tan\rho\tan\theta}\,[\mathrm{N}]$$
加法定理を用いると式5-6が導出される．

向の力 W [N] がかかると，ねじの斜面に働く垂直な力 W' [N] は図5-7のように $\dfrac{W}{\cos\beta}$ [N] となる。斜面の摩擦係数を μ とすると物体と斜面に働く摩擦力は $\mu W'$ [N] となり，$W' = \dfrac{W}{\cos\beta}$ [N] より摩擦力は $\dfrac{\mu W}{\cos\beta}$ と表せる。ここで，$\dfrac{\mu}{\cos\beta} = \mu'$ とおくと $\beta = 30°$ であるから，$\mu' = 2\mu/\sqrt{3} \fallingdotseq 1.15\mu$ となる。また，このときの摩擦角を ρ' [°] とすると $\mu' = \tan\rho'$ となり，角ねじの式5-6に代入するとねじを回すのに必要な力 F [N] は次のようになる。

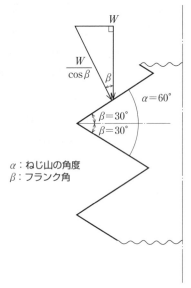

図5-7 三角ねじのねじ山に働く力

■ 三角ねじを締めるのに必要な力

$$F = W\tan(\rho' + \theta) \text{ [N]} \tag{5-13}$$

また，ねじを締めるのに必要なトルク T [N·mm] は次のようになる。

■ 三角ねじを締めるのに必要なトルク

$$T = F\dfrac{d_2}{2} = \dfrac{d_2 W\tan(\rho' + \theta)}{2} \text{ [N·mm]} \tag{5-14}$$

これらのことにより，斜面の材質などによる摩擦係数 μ 自体は変化していないがフランク角 β [°] のため，ねじ面に働く垂直な力 W' [N] が大きくなり，結果として見掛け上の摩擦係数 μ' が大きくなる。そのため，角ねじと比較して三角ねじは締めるのに大きな力が必要となる。これは，言い換えると三角ねじは角ねじと比較して緩みにくいことを示しており，三角ねじが締結用に適している理由の一つである。

5-2-3 効率

ねじに与えた仕事とねじがした仕事の比がねじの効率となる。図5-6(a)において，ねじが1回転するときに移動する量は πd_2 [mm] であるため，力 F [N] がする仕事は $F\pi d_2$ [N·mm] となる。また，ねじがした仕事とは軸方向の力 W [N] に抗してねじが1回転しリード l [mm] だけ移動することであり，仕事は Wl [N·mm] となる。これらのことから，ねじを締めるときの効率 η は式5-1と式5-6を用いて，式3-55を参照すると次のようになる。

■ ねじの効率

$$\eta = \dfrac{Wl}{F\pi d_2} = \dfrac{l}{\pi d_2 \tan(\rho + \theta)} = \dfrac{\tan\theta}{\tan(\rho + \theta)} \tag{5-15}$$

> **例題 5-2**
>
> 呼び M10 のねじの軸方向に 1 kN の力が働いている。ねじ面の摩擦係数を 0.15 としたときのねじの効率を求めよ。
>
> ●解答例
>
> 呼び M10 のリード角 θ [°] は，付表 5-1 と式 5-1 より
>
> $$\theta = \tan^{-1}\left(\frac{l}{\pi d_2}\right) = \tan^{-1}\left(\frac{1.5}{\pi \times 9.026}\right) \cong 3.03°$$
>
> 摩擦角 ρ' は
>
> $$\rho' = \tan^{-1}\left(\frac{2\mu}{\sqrt{3}}\right) = \tan^{-1}\left(\frac{2 \times 0.15}{\sqrt{3}}\right) \cong 9.83°$$
>
> よって，効率 η は式 5-15 より
>
> $$\eta = \frac{\tan\theta}{\tan(\rho' + \theta)} = \frac{\tan 3.03}{\tan(9.83 + 3.03)} \cong 0.23$$
>
> よって，ねじの効率は 0.23（23 %）となる。

5-2-4 強度区分

ねじの材質は炭素鋼が多く用いられるが，合金鋼，ステンレス鋼，チタンなども用いられる。JIS B 1180：2014 では，「強度区分 6.8」などのように示されている。小数点の左の数字は引張強さ，右の数字は降伏点を示す。強度区分 6.8 は，引張強さが 600 MPa，降伏点が引張強さの 0.8 倍である 480 MPa となる。六角ナットの強度区分は表 5-2 のように保証荷重応力[7] のみを示し，「強度区分 6」であれば保証荷重応力が 600 MPa となる[8]。

[7] 保証荷重応力
JIS B 1057：2001 を参照。

[8] ナットの強度区分
JIS B 1052-2：2014 を参照。

表 5-2 ナットのスタイルおよび強度区分

強度区分	ナットのねじの呼び径 D の範囲		
	並高さナット（スタイル 1）	高ナット（スタイル 2）	低ナット（スタイル 0）
04	—	—	M5 ≤ D ≤ M39 M8 × 1 ≤ D ≤ M39 × 3
05	—	—	M5 ≤ D ≤ M39 M8 × 1 ≤ D ≤ M39 × 3
5	M5 ≤ D ≤ M39 M8 × 1 ≤ D ≤ M39 × 3	—	—
6	M5 ≤ D ≤ M39 M8 × 1 ≤ D ≤ M39 × 3	—	—
8	M5 ≤ D ≤ M39 M8 × 1 ≤ D ≤ M39 × 3	M5 ≤ D ≤ M39 M8 × 1 ≤ D ≤ M39 × 3	—
9	—	M5 ≤ D ≤ M39	—
10	M5 ≤ D ≤ M39 M8 × 1 ≤ D ≤ M16 × 1.5	M5 ≤ D ≤ M39 M8 × 1 ≤ D ≤ M39 × 3	—

（JIS B 1052-2：2014 より抜粋）

5-3 送りねじ

物体を移動させることを目的とした送りねじには、マシニングセンタに用いられるボールねじや旋盤のすべりねじ（台形ねじなど）、高精度な位置決めが必要なところに用いられる静圧ねじなどがある。一般的にボールねじが位置決め用として最も使いやすい。すべりねじはボールねじと比較して減衰性が良いが潤滑など課題があり、静圧ねじは高価となる。

位置決め用または搬送用ボールねじの種類と等級はJIS B 1192：2013にて規定されている。呼び径と呼びリードとの組み合わせや位置決め用ボールねじの累積代表リード誤差および変動[9]が定められている。呼び径と呼びリードは標準数列R10が適用され、その他にも軸各部の精度、ナットの取付部の精度なども規定されている。

すべりねじは、ボールねじと比較して剛性が高く、大動力を伝達でき減衰性も良い。その一方、すべり摩擦が生じ発生熱が大きくなる。さらに、摩擦係数が大きくなり効率も低くなり、高速化に不向きである。

静圧ねじは、ねじ軸とナットの間に加圧された油や空気を流すことにより、ねじ軸とナットが非接触に維持されるねじである。摩擦係数が非常に小さいため、高精度な位置決めなどに適しているが、製作に手間がかかることや加圧装置など外部装置などが必要となる。

[9] ボールねじの規格
JIS規格の一部を付表5-5、5-6に示す。

第5章　演習問題

1. リードが2 mmの二条ねじのピッチはいくつか。
2. M10のねじのリード角を求めよ。
3. M10のねじをトルク5 N·mで締め付けたとき、ねじに働く引張力（被締結体の締付け力）は何Nか求めよ。ただし、摩擦係数は0.15とする。
4. 有効径18 mm、ピッチ4 mmの二条角ねじの効率を求めよ。摩擦係数は0.2とする。
5. 六角ボルトの強度区分10.9を説明せよ。

第6章 締結用機械要素

この章のポイント ▶

締結用機械要素の種類・用途は多岐にわたる。締結用機械要素の不適切な使用法や強度不足による事故も生じており，安全・安心のために正しく使用されなくてはならない。本章では，締結に用いられる機械要素の代表的なものについて学習する。

①ボルト・ナットの締付け
②ボルトの強度
③リベット継手の種類と強度
④溶接継手の種類と強度
⑤管継手の種類

6-1 ボルト・ナット・座金

部品や機械を締結する**ボルト**[1]の多くは，六角形の頭部を有するか，または，頭部に六角形の穴があり，六角スパナや六角レンチを用いて締め付ける。**ナット**[2]には，一般的に使用される六角ナットと六角低頭ナットがある。

座金[3]には図6-1に示すような種類があり，用途や使用箇所によって選択に注意が必要となる。平座金はナット座面と被締結体の間に挟み込み，締付けの際の接触面の損傷を防ぐためや，ボルト穴径が大きすぎるときや座面が平らでないときなどに用いられる。また，緩み止めを目的としたばね座金や歯付き座金もあるが，被締結体の表面に傷がつく。

【1】ボルトの規格
　付表6-1にJIS規格一覧を示す。

【2】ナットの規格
　付表6-2に示す。

【3】平座金の規格
　付表6-3に示す。

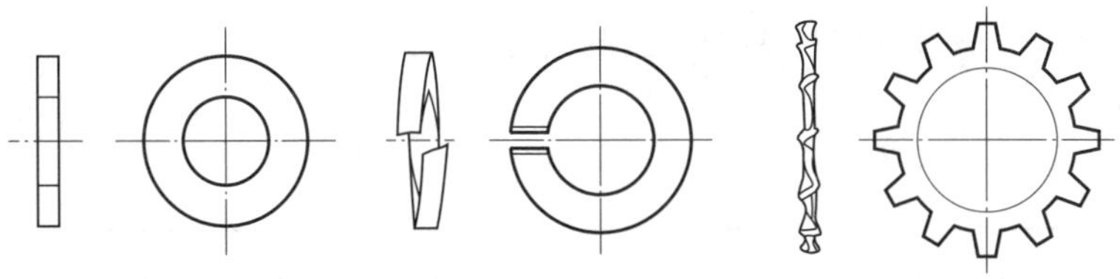

(a) 平座金　　(b) ばね座金　　(c) 外歯形歯付き座金

図6-1　座金の種類

6-1-1 締付けに必要なトルク

通しボルトとナットを用いて2枚の鋼板を結合することを考え，図6-2のようにナットをスパナで回して締め付ける。締付けに必要な力については，**5-2**節「ねじに働く力，強度，効率」を参照されたい。このとき，ナットと鋼板が接触する**座面**には摩擦力が働き，その摩擦力とねじを締め付けるのに必要な力を合わせた力より大きな力（トルク）で

【4】座面の有効径

ナット座面の有効径は，ナットの二面幅（width across flat）と穴径との平均値。二面幅とは，スパナを差し込んだときに触れる面の距離。

締め付ける必要がある。ボルトの軸方向に働く力（引張力）を W[N]，ナット座面の摩擦係数を μ_n とすると座面の摩擦力は $\mu_n W$[N] となり，それに抗するトルクは座面の有効径[4]を d_n[mm] とすると，$\mu_n W d_n / 2$[N·mm] となる。ボルトを締めるのに必要なトルクは式5-14となるので，それと摩擦力を合わせた締付けに必要なトルク T[N·mm] は，次のようになる。

■ 座面の摩擦力を含めた締付けに必要なトルク

$$T = \frac{d_2 W \tan(\rho' + \theta)}{2} + \frac{\mu_n W d_n}{2} \quad [\text{N·mm}] \quad (6\text{-}1)$$

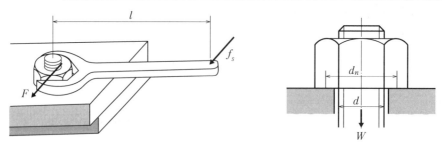

図6-2 ボルト・ナットの締付けに必要な力

例題 6-1

M10のボルトにおいて締付けに必要なトルク T[N·mm] を求めよ。ただし，軸方向の力1 kN，摩擦係数を $\mu = \mu_n = 0.15$，座面の有効径 $d_n \cong 1.46 d$ とする。

●略解 ——— 解答例

M10のリード角 $\theta = 3.03°$，有効径 $d_2 = 9.026$ mm であり，座面の有効径 $d_n = 14.6$ mm，摩擦角 $\rho' = 9.83°$ となるため，式6-1より次のようになる。

$$T = \frac{9.026 \times 1000 \times \tan(9.83 + 3.03)}{2} + \frac{0.15 \times 1000 \times 14.6}{2}$$

$$\cong 2125 \text{ N·mm}$$

ボルトの締結力について締付けトルクをもって管理することが多いが，例えば被締結体の間に異物が混入した場合などは，締め付け時のトルクが規定トルクに達していても，実際には理想の締結力（軸力）が働いていないことがある。

また，締付けを行うとき，ねじ頭部座面やナット座面の面圧が大きくなり過ぎると塑性変形が生じる。その塑性変形が始まる面圧を限界座面圧と呼び，その面圧を超えると軸力が低下してしまう。一般的に，その面圧を超えないように設計する[5]。

【5】軸力

近年ゆるみ防止などを目的として高い軸力が求められており，大きい初期軸力で締付け，限界座面圧を超えて軸力が低下しても必要な軸力が保たれていれば良いという新しい考え方も提案されている。

6-1-2 かみあい長さ

ねじのかみあい長さは，ねじ山のせん断による破壊，面圧による破壊などが問題となるため，それぞれについて考える。

せん断による破壊　図6-3(a)のように，ねじ山の数z[個]が一様にかみあっているとき，ねじのピッチをp[mm]とするとかみあい長さl_m[mm]は$l_m = zp$[mm]となり，せん断力が働くねじの根元の面積A[mm^2]は，次のようになる。

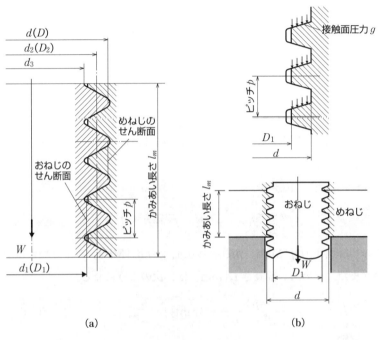

図6-3　ねじのかみあい

$$A = \pi d_1 l_m = \pi d_1 z p \ [\text{mm}^2] \tag{6-2}$$

ここで，d_1[mm]はおねじの谷の径である。ねじの軸方向に荷重W[N]が働くとすると式4-4より，ねじのせん断応力τ[MPa]は，次のようになる。

■ ねじ山に生じるせん断応力

$$\tau = \frac{W}{A} = \frac{W}{\pi d_1 l_m} = \frac{W}{\pi d_1 z p} \ [\text{MPa}] \tag{6-3}$$

このせん断応力τ[MPa]がねじの許容せん断応力τ_a[MPa]以下であればせん断破壊しない。ねじ込み部の長さl_s[mm]はボルトの外径d[mm]を基準として表6-1のようにする。

表 6-1 ねじ込み部の長さ

ねじ穴の材料	ねじ込み部の長さ	
軽合金	$l_s = 1.8d$	めねじ深さ $l_1 = l_s + (2 \sim 10)$
鋳鉄	$l_s = 1.3d$	下穴深さ $l_2 = l_1 + (2 \sim 10)$
軟鋼，青銅	$l_s = d$	

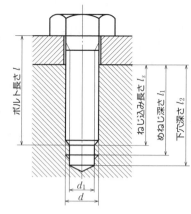

面圧について　図6-3(b)のように，ねじ山の数 z［個］が一様にかみあっているとき，ねじ山の接触面積 A［mm²］は，次のようになる。

$$A \cong \frac{\pi(d^2 - D_1^2)z}{4} \ [\text{mm}^2] \tag{6-4}$$

軸方向に荷重 W［N］が働くとすると，ねじの接触面圧力 q［MPa］は次のようになる。

■ねじ山に働く接触面圧力

$$q = \frac{W}{A} = \frac{4W}{\pi(d^2 - D_1^2)z} \ [\text{MPa}] \tag{6-5}$$

この接触面圧力 q［MPa］が許容接触面圧力 q_a［MPa］以下となればよい。また，はめあい部長さ l_p［mm］は，次のようになる。

$$l_p = zp = \frac{4pW}{\pi(d^2 - D_1^2)q} \ [\text{mm}] \tag{6-6}$$

例題 6-2

ねじ穴の材質がFC200に対して，M10のねじの軸方向に2 kNの力が作用する。このとき，ねじ山に働くせん断応力と接触面圧力を求めよ。

●**略解**──解答例

表6-1より，ねじ込み部の長さ13 mmとなり，M10のピッチ1.5 mmなので，かみあうねじ山の数は 13/1.5 = 8.666…。不完全ねじ部があることも考慮し，かみあうねじ山の数 z は8個とする。せん断応力は式6-3より，次のようになる。

$$\tau = \frac{W}{\pi d_1 z p} = \frac{2000}{\pi \times 8.376 \times 8 \times 1.5} \cong 6.33 \text{ MPa}$$

接触面圧力は式6-5より

$$q = \frac{4W}{\pi(d^2 - D_1^2)z} = \frac{4 \times 2000}{\pi \times (10^2 - 8.376^2) \times 8} \cong 10.7 \text{ MPa}$$

6-1-3 めねじの下穴径

めねじは，ドリルで下穴をあけタップ工具を用いてねじを切る。その下穴が大きすぎるとすきまが大きくなり，ねじの接触面積が小さくなるため，緩みやすい，強度が低下するなどの問題を引き起こす。また，下穴の径が小さすぎると，ねじが切りにくい，ボルトを締め付けるのに必要以上に大きな力が必要となるなどの問題を引き起こす。そこで，適切な径で下穴をあけるため，**ひっかかり率**を基に下穴径を決める。ひっかかり率とは，おねじのねじ山とめねじのねじ溝がかみあう高さと基準山形の高さとの比率である。ひっかかり率 ε [％] は百分率で表され，次のようになる。

■ ひっかかり率

$$\varepsilon = \frac{(d - d_0)}{2H_1} \times 100 \ [\%] \qquad (6\text{-}7)$$

ここで，d [mm] は呼び径，d_0 [mm] は下穴径，H_1 [mm] はねじの基準山形の高さを示し，$H_1 = 0.541265877p$ [mm] である。p [mm] はピッチである（付表6-5）。

例題 6-3

M10 のねじにおいて，ひっかかり率 90 ％ の下穴径を求めよ。

● **略解** ──解答例

式 6-7 より下穴径 d_0 [mm] は次のようになる。

$$d_0 = d - 2H_1 \frac{\varepsilon}{100} = 10 - 2 \times 0.541265877 \times 1.5 \times \frac{90}{100}$$

$$\cong 8.54 \ \text{mm}$$

そのため，$\phi 8.5$ mm のドリルを用いて下穴をあければよいことがわかる。

6-2 ボルトの強度

ボルトは主に引張荷重を受けるが，締め付けることによってねじり荷重も受ける。場合によってはせん断荷重も受けるため，これらの荷重に対して強度を満たすように設計しなくてはならない。

6-2-1 軸方向の荷重を受けるボルトに生じる応力

ボルトの軸方向に荷重 W [N] が働くとき，（軸方向）引張応力 σ [MPa] は最も径が小さい谷の底の径 d_3 [mm]（谷の径とは異なる）で

生じる．そこで，三角ねじの場合には，有効断面積 A_s[mm²] を基準にボルトを選定する．有効断面積 A_s[mm²] は次のようになる．

【6】有効断面積

式 6-8 で求められる有効断面積 A_s[mm²] を付表 6-4 に示す．

■ ボルトの有効断面積[6]

$$A_s = \frac{\pi\left(\dfrac{d_2+d_3}{2}\right)^2}{4} \text{ [mm}^2\text{]} \qquad (6\text{-}8)$$

$$d_3 = d_1 - \frac{H}{6} \text{ [mm]} \qquad (6\text{-}9)$$

ここで，d_2[mm] は有効径，d_3[mm] は谷の径 d_1[mm] ととがり山の高さ $H = 0.866025404p$[mm] から求める．p[mm] はピッチである．このときの，応力 σ[MPa] は式 4-1 より次のようになる．

■ ボルトに生じる応力

$$\sigma = \frac{W}{A_s} \text{ [MPa]} \qquad (6\text{-}10)$$

この応力 σ[MPa] がボルトの許容応力 σ_a[MPa] 以下となればよい．

例題 6-4

M10 のボルトの軸方向に 2 kN の荷重が働くとき，ボルトに生じる応力を求めよ．

●略解――解答例

式 6-9 より

$$d_3 = 8.376 - \frac{0.866025404 \times 1.5}{6} \cong 8.159 \text{ mm}$$

式 6-8 または付表 6-4 より，ボルトの有効断面積 A_s[mm²] は

$$A_s = \frac{\pi\left(\dfrac{9.026+8.159}{2}\right)^2}{4} \cong 58.0 \text{ [mm}^2\text{]}$$

式 6-10 より，応力は $\sigma = \dfrac{2000}{58} \cong 34.5 \text{ MPa}$

【7】導出

式 (6-8) において $d_e = \dfrac{d_2+d_3}{2}$ とすると $Z_p = \dfrac{\pi d_e^3}{16}$ となりねじり応力 τ は次のように求められる．

$$\begin{aligned}\tau &= \frac{T}{Z_p} = \frac{\dfrac{d_2}{2}W\tan(\rho'+\theta)}{\dfrac{\pi d_e^3}{16}} \\ &= \frac{W}{\dfrac{\pi d_e^2}{4}} \times 2\frac{d_2}{d_e}\tan(\rho'+\theta) \\ &= 2\sigma\frac{d_2}{d_e}\tan(\rho'+\theta)\end{aligned}$$

6-2-2 軸方向の荷重とねじりを受けるボルトに生じる応力

締付けボルトなどは軸方向に荷重 W[N] を受けながらねじ面に生じる摩擦によってねじりも生じる．このときに生じるねじり応力 τ[MPa] は，式 5-14，4-52 から次のようになる[7]．

$$\tau = 2\sigma\frac{d_2}{d_e}\tan(\rho'+\theta) \text{ [MPa]} \qquad (6\text{-}11)$$

最大せん断応力説によれば，応力 σ[MPa] とねじり応力 τ[MPa] が同時に生じたとき，次式のように相当応力 σ_e[MPa] と相当ねじり応

力 τ_e [MPa] にまとめられる[8]。

■ 相当応力と相当ねじり応力
$$\sigma_e = 2\tau_e = \sqrt{\sigma^2 + 4\tau^2} \quad [\text{MPa}] \quad (6\text{-}12)$$

軸方向に引張荷重を受けながらねじりが生じる場合には，この相当応力 σ_e [MPa] が許容応力 σ_a [MPa] 以下となればよい。

例題 6-5

M2～M30 までのボルトについて，相当応力 σ_e [MPa] は軸方向の単純な引張応力 σ [MPa] の何倍となるか示せ。摩擦係数 μ は 0.15 とする。

● 略解 ── 解答例

M2～M30 までのリード角 $\theta \cong 4.19 \sim 2.30°$，$\dfrac{d_2}{d_e} \cong 1.07 \sim 1.04$，フランク角 $\beta = 30°$ となり，式 6-11 は次のようになる。
$$\tau = (0.53 \sim 0.45)\sigma$$
式 6-12 へと代入すると相当応力 σ_e [MPa] は次のようになる。
$$\sigma_e = \sqrt{\sigma^2 + 4\{(0.53 \sim 0.45)\sigma\}^2} = (1.46 \sim 1.35)\sigma$$
このことから M2～M30 の相当応力 σ_e [MPa] は，軸方向の単純な応力 σ [MPa] の 1.46～1.35 倍となることがわかる。

6-2-3 せん断荷重を受けるボルトに生じる応力

図 6-4 のように 2 枚の板をボルトにて締結したとき，板を引っ張る荷重 W [N] が板間の摩擦力より大きくなるとボルトにせん断力が働く。通常はボルトの円柱部でせん断力を受けるように設計するため，ボルトの外径を d [mm] とすると，せん断応力 τ [MPa] は次のようになる。

■ せん断応力
$$\tau = \dfrac{W}{A} = \dfrac{4W}{\pi d^2} \quad [\text{MPa}] \quad (6\text{-}13)$$

このせん断応力 τ [MPa] がボルトの許容せん断応力 τ_a [MPa] 以下となればよい。ボルト穴径は付表[9] を用いて決めるが，せん断力を受けるときはリーマ加工された穴にリーマボルトなどを用いてすきまを小さくするとよい。

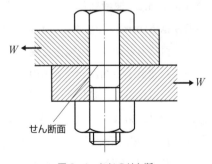

図 6-4 ねじのせん断

【8】最大せん断応力説

最大せん断応力説（トレスカ説）とは，単純引張の試験片に生じる引張応力が弾性限度に達したときの最大せん断応力が材料の限界値に達したときに破壊されるという考え方。他に，せん断ひずみエネルギー説（ミーゼス説），最大主応力説などの考え方がある。

【9】ボルトの穴径

ボルトの穴径を付表 6-6 に示す。

6-2-4 衝撃荷重を受けるボルト

ボルトが衝撃荷重や繰り返し荷重などの動荷重を受けるとねじ部で破壊が起きやすい。これは，同じ荷重に対して断面積が小さい谷の径部で応力集中が生じるためである。破壊を防止するために，安全率を考慮して強い材質のボルトを選定することが一般的である。その一方で，衝撃荷重 W_i [N] が働くときボルト全体の伸びを λ [mm] とし，フックの法則に従うとすれば，衝撃のエネルギー E_i は次のようになる。

■衝撃エネルギー

$$E_i = \frac{W_i \lambda}{2} \text{ [mJ]} \quad (6\text{-}14)$$

この衝撃エネルギー E_i [mJ] を一定とすると，伸び λ [mm] が大きくなればボルトに働く荷重 W_i [N] を小さくすることができる。同じ呼び径であれば谷の径も同一なため，伸びの大きいボルトに生じる応力が小さくなる。この考え方を基に，ボルトの円柱部を谷の径まで細く加工したり，中ぐり穴をあけて使用する方法もあるが，その使用には注意が必要である。

6-2-5 締付け後に外力が働くボルト

ボルトとナットを用いて2個の被締結体を締め付けているとすると，締付け力によってボルトは伸び，被締結体は圧縮される。ここで，ボルトの軸方向に初期締付け力 F_i [N] にて被締結体を締結すると，ボルトの伸びは λ [mm]，被締結体

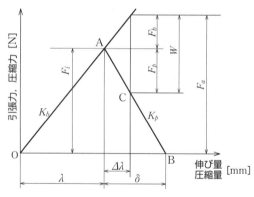

図6-5 ねじの締付け線図

の縮みは δ [mm] となる。これらの関係は，定性的に図6-5のようになる。引張力と伸び，圧縮力と縮みのそれぞれが比例関係にあり，ボルトのばね定数 K_b [N/mm]（図中 OA の傾きに相当），被締結体のばね定数 K_p [N/mm]（図中 AB の傾きに相当）とすると，初期締付け力 F_i [N] は式3-36より，次のようになる。

$$F_i = K_b \lambda \text{ [N]} \quad (6\text{-}15)$$

$$F_i = K_p \delta \text{ [N]} \quad (6\text{-}16)$$

ここで，軸方向に対して被締結体を引き離すような外力 W [N] が作用するとボルト・ナット間の距離は $\Delta \lambda$ [mm] だけ伸びる。そのとき，ボ

ルトには追加の力 $F_b[\mathrm{N}]$ が働き軸力は $F_i + F_b[\mathrm{N}]$ となる。一方，被締結体からは圧縮力 $F_p[\mathrm{N}]$ が除かれ締付け力は $F_i - F_p[\mathrm{N}]$ となる。これらは，図中において $W = F_b + F_p[\mathrm{N}]$ となり，次のようになる。

$$F_i + F_b = K_b(\lambda + \Delta\lambda)\,[\mathrm{N}] \tag{6-17}$$
$$F_i - F_p = K_p(\delta - \Delta\lambda)\,[\mathrm{N}] \tag{6-18}$$

したがって，これらの式から外力 $W[\mathrm{N}]$ が作用したとき，ボルトが分担する力 $F_b[\mathrm{N}]$ は次のようになる。

■ 外力が働いたときボルトが受ける力[10]

$$F_b = \frac{K_b}{K_b + K_p}W\,[\mathrm{N}] \tag{6-19}$$

被締結体のばね定数 $K_p[\mathrm{N/mm}]$ よりもボルトのばね定数 K_b [N/mm] が小さいほど，外力による荷重に対するボルトが分担する荷重が小さくなることがわかる。ボルトに許される最大荷重 $F_a = F_i + F_b[\mathrm{N}]$ はボルトの材質の比例限度を超えてはならない。また，ボルトの伸びが大きくなり被締結体へ作用する締め付け力が 0 になると締め付けられなくなるため，図中の C 点は必ず AB 線上になくてはならない。

[10] 導出
式 6-15 を式 6-17 へ代入すると $\Delta\lambda = F_b/K_b$，式 6-16 を式 6-18 へ代入すると $F_p = K_p\Delta\lambda$ となり，$F_p = W - F_b$ より，
$$F_b = \frac{K_b W}{K_b + K_p}$$

6-3　リベット継手

リベット継手とは鋼板などにあらかじめ穴をあけリベットを挿入しリベッタにて頭を作り永久的に締結するものである。リベットには，図 6-6 のようなものがある。また，JIS 規格では，JIS B 1213：1995 に冷間成形リベット（付表 6-7），JIS B 1214：1995 に熱間成形リベット，JIS B 1215：1976 にセ

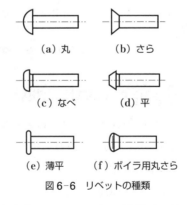

図 6-6　リベットの種類
(a) 丸　(b) さら　(c) なべ　(d) 平　(e) 薄平　(f) ボイラ用丸さら

ミチューブラリベット（中空リベット）がある。リベットの材質は，締結される材質と同じ系統のものを用いる。これは，異種金属間の接触による腐食を防ぐためである。使用目的は，主には，構造物などの強さを必要とするもの，低圧容器のような主として気密を必要とするもの，高圧容器などの強さと気密を必要とするもの，薄板の締結などに分類される。また，板の重ね方から図 6-7 のような重ね継手と突合せ継手，締結配列から並列形，千鳥形にそれぞれ分類される。

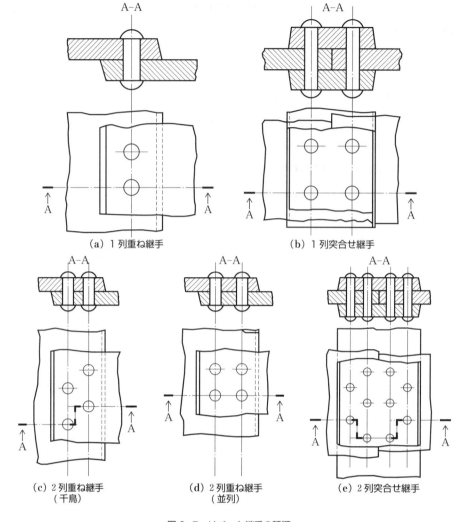

(a) 1列重ね継手　　(b) 1列突合せ継手

(c) 2列重ね継手　　(d) 2列重ね継手　　(e) 2列突合せ継手
　　（千鳥）　　　　　　（並列）

図6-7　リベット継手の種類

6-3-1 強度計算と設計

　2枚の鋼板をリベットによって締結した場合，その鋼板に引張力 W [N] が鋼板間の摩擦力より大きくなると穴とリベットが干渉することによって破壊につながる。リベット径を d [mm]，リベットと板のせん断応力を τ [MPa]，τ' [MPa]，引張応力を σ [MPa]，σ' [MPa]，圧縮応力を σ_c [MPa]，σ_c' [MPa]，曲げ応力を σ_b [MPa]，σ_b' [MPa]，板の厚さを t [mm]，リベット間の長さを p [mm]，リベットから板端までの長さを e [mm] とすると，リベット継手は図6-8のいずれかによって破壊される。それぞれの荷重 W [N] は次のようになる。

a) リベットのせん断荷重

$$W = \frac{\pi d^2}{4} \tau \ [\text{N}] \tag{6-20}$$

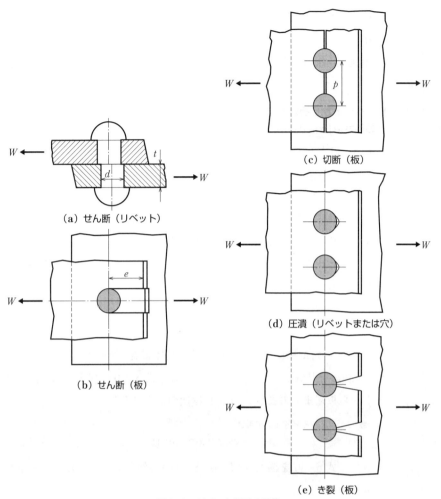

図6-8 リベット継手の破壊

b) 板のせん断荷重
$$W = 2et\tau' \text{ [N]} \quad (6\text{-}21)$$

c) リベット穴間の切断荷重
$$W = (p - d)t\sigma' \text{ [N]} \quad (6\text{-}22)$$

d) リベット軸または穴が圧潰する荷重
$$W = dt\sigma_c \text{ [N]} \quad \text{または} \quad W = dt\sigma_c' \text{ [N]} \quad (6\text{-}23)$$

e) リベットと板の端とのき裂荷重[11]
$$W = \sigma_b' t \frac{(2e-d)^2}{3d} \text{ [N]} \quad (6\text{-}24)$$

これらの式において，引張力 W[N] が全て等しくなる設計が，最も効率の良い（無駄のない）設計となる。

直径 d [mm]　　式6-20と式6-23より，直径 d [mm] は次のように表せる。

$$d = \frac{4t\sigma_c}{\pi\tau} \text{ [mm]} \quad (6\text{-}25)$$

[11] 板のき裂

リベットの直径 d[mm] に相当する範囲に等分布荷重 W/d[N/mm] がかかる両端支持はりと考えると式4-26より

$$M_{\max} = \frac{Wd}{8}$$

断面係数は表4-2より

$$Z = \frac{1}{6}t\left(e - \frac{d}{2}\right)^2 = \frac{t}{24}(2e-d)^2$$

最大曲げ応力は式4-39より

$$\sigma_{\max} = \frac{M_{\max}}{Z} = \frac{3Wd}{t(2e-d)^2} = \sigma_b'$$

$$W = \sigma_b' t \frac{(2e-d)^2}{3d}$$

[12] リベットの許容応力

ここでは、JIS B 8201：2013「陸用鋼製ボイラー構造」などに定義されている「許容せん断応力は、許容引張応力の80％とする」を適用する。

一般的な材料を想定して $\sigma_c = 1.25\tau$ [MPa] とすると、リベットの直径 d [mm] は次のようになる[12]。

■ リベットの直径
$$d \cong 1.6t \ [\text{mm}] \tag{6-26}$$

リベットから板端までの長さ e [mm]

式6-20と式6-21より
$$e = \frac{\pi d^2 \tau}{8 t \tau'} \ [\text{mm}] \tag{6-27}$$

$\tau = \tau'$ [MPa] として、直径 d [mm] は $2t$ [mm] より大きくすることはないため $t = \dfrac{d}{2}$ [mm] とし式6-27へ代入すると

$$e \cong 0.785 d \ [\text{mm}] \tag{6-28}$$

また、式6-20と式6-24より[13]

$$e = \frac{d}{4} \times \left(2 + \sqrt{\frac{3\pi d \tau}{t \sigma_b'}}\right) \tag{6-29}$$

[13] 導出

式6-20を式6-24へ代入し、両辺に $3d$ を掛け、$\sigma_b't$ で除して展開すると次のようになる。
$$4e^2 - 4ed + d^2 = \frac{3\pi d^3 \tau}{4 \sigma_b' t}$$

両辺を d^2 で割ると次のようになる。
$$\frac{4e^2}{d^2} - \frac{4e}{d} + 1 = \frac{3\pi d \tau}{4 \sigma_b' t}$$

左辺をまとめると次のようになる。
$$\left(\frac{2e}{d} - 1\right)^2 = \frac{3\pi d \tau}{4 \sigma_b' t}$$

あとは、e について解けばよい。

$\sigma_b' = \sigma' = \sigma$ [MPa]、せん断応力は引張応力の85％と見込み $\tau = 0.85\sigma$ [MPa]、$t = \dfrac{d}{2}$ [mm] とし、式6-29へ代入すると、リベットから板端までの長さ e [mm] は次のようになる。

■ リベットから板端までの長さ
$$e \cong 1.5 d \ [\text{mm}] \tag{6-30}$$

よって、式6-30を満たせば、b) と e) の条件を同時に満たし、ともに安全となる。

リベット間の長さ p [mm]

式6-20と式6-22より、リベット間の長さ p [mm] は次のようになる。

■ リベット間の長さ
$$p = d\left(1 + \frac{\pi d \tau}{4 t \sigma'}\right) \ [\text{mm}] \tag{6-31}$$

これらの3つの条件を同時に満たすことが最も無駄の少ない設計となる。

例題 6-6

厚さ10 mm の鋼板をリベットで締め付けたとき、リベットから板端までの長さをいくら以上とすればよいか求めよ。

●略解 ―― 解答例

式6-26よりリベット径 $d = 16$ mm となる。式6-30よりリベットから板端までの長さ $e = 24$ mm 以上とすればよい。

6-3-2 効率

リベット継手の効率 η は,リベットの効率 η_r と板の効率 η_p に分けて考える。

リベットの効率 η_r 1ピッチ当たりのリベット数を n [個] として,リベットのせん断強さ $\frac{\pi}{4} d^2 \tau_a$ [N] と板の強さ $pt\sigma_a'$ [N] との比で表す。よって,リベットの効率 η_r は,次のようになる。

■ リベットの効率

$$\eta_r = \frac{\pi}{4} \times \frac{d^2 n \tau_a}{pt\sigma_a'} \tag{6-32}$$

1面せん断を受けるリベット数を n_1,2面せん断を受けるリベット数を n_2 とすると経験的に n は,次のようになる。

$$n = n_1 + 1.8 n_2 \tag{6-33}$$

なお,1面せん断とは2枚の板を重ねた図6-7(a),2面せん断とは板を挟み込んだ図6-7(b)のような方法である。

板の効率 η_p リベット穴のあいた板の強度 $(p-d)t\sigma'$ [N] と穴のない板の強度 $pt\sigma'$ [N] との比が板の効率 η_p であり,次のようになる。

■ 板の効率

$$\eta_p = \frac{(p-d)t\sigma'}{pt\sigma'} = \frac{p-d}{p} \tag{6-34}$$

リベットの効率 η_r と板の効率 η_p の小さい方をリベット継手の効率 η とする。板厚の異なる2枚の板の締結の場合には,薄い板厚を t [mm] とする[14]。

【14】リベットの設計
内圧が作用する,腐食が発生するなどの場合には,リベットの打ち方によって板厚計算における安全率が異なるなど,用途に応じた経験による設計則があるので慎重に設計することが望まれる。

6-4 溶接継手

6-4-1 特徴

溶接継手は,金属を溶融点以上に加熱し永久的に接合する(2-2-1項「機械材料の加工方法」を参照)。主な溶接継手の種類を図6-9に示す。近年は,溶接技術の向上により非常に広く利用される。溶接継手の設計には,ⅰ)力がかかる方向と溶接位置を考え,適切な溶接場所とする,ⅱ)溶接ひずみを避けるため拘束応力が生じないようにする,ⅲ)できるだけ薄肉の板を用いて断面係数は大きくなるようにする,などの注意が必要である。また,リベット継手などと比較して,厚板の接合が容易,効率が高い,費用が安いなどのメリットがある一方,熱による残

留応力や変形が生じる，溶接欠陥が生じると疲労強度が低下するなどのデメリットがある。

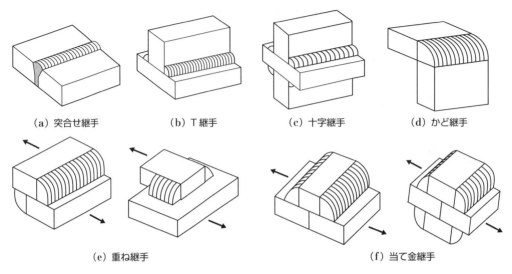

(a) 突合せ継手　　(b) T継手　　(c) 十字継手　　(d) かど継手

(e) 重ね継手　　　　　　　　　　　(f) 当て金継手

図6-9　溶接継手の種類

6-4-2 強度計算

溶接継手の強度計算は，継手の種類ごとに，突合せ継手，T継手，重ね継手に分ける。なお，余盛り部は考慮しない。

突合せ継手　図6-10のように不溶着部を残した不完全溶着の場合において，引張荷重 $W[\mathrm{N}]$ を受けたとき溶着部高さを $h[\mathrm{mm}]$ とすると，引張応力 $\sigma[\mathrm{MPa}]$ は次のようになる。

■ 引張応力

$$\sigma = \frac{W}{2hl} \ [\mathrm{MPa}] \quad (6\text{-}35)$$

また，断面二次モーメント $I[\mathrm{mm}^4]$，断面係数 $Z[\mathrm{mm}^3]$ は表4-2より次のようになる。

$$I = \frac{lt^3}{12} - \frac{l(t-2h)^3}{12} = \frac{l\{t^3-(t-2h)^3\}}{12} \ [\mathrm{mm}^4] \quad (6\text{-}36)$$

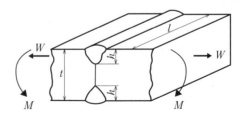

図6-10　突合せ継手の強度計算（不完全溶着）

$$Z = \frac{I}{\frac{t}{2}} = \frac{l\{t^3 - (t-2h)^3\}}{6t} \ [\text{mm}^3] \tag{6-37}$$

式4-39より曲げモーメント $M[\text{N·mm}]$ を受けた表面での曲げ応力 $\sigma_b[\text{MPa}]$ は次のようになる。

■ 曲げ応力
$$\sigma_b = \frac{M}{Z} = \frac{6Mt}{l\{t^3 - (t-2h)^3\}} \ [\text{MPa}] \tag{6-38}$$

完全溶着の場合には，$2h = t[\text{mm}]$ となるので $h = \frac{t}{2} \ [\text{mm}]$ を式6-35へ代入すると，引張応力 $\sigma[\text{MPa}]$ は

$$\sigma = \frac{W}{lt} \ [\text{MPa}] \tag{6-39}$$

表面での曲げ応力 $\sigma_b[\text{MPa}]$ は，$h = \frac{t}{2} \ [\text{mm}]$ を式6-38へ代入すると，次のようになる。

$$\sigma_b = \frac{6M}{lt^2} \ [\text{MPa}] \tag{6-40}$$

T継手 開先溶接の場合の強度計算は，完全溶着，不完全溶着ともに突合せ継手と同じ考え方にて求まる。図6-11のすみ肉溶接部において，のどの厚さ $a[\text{mm}]$ は次のようになる。

$$a = s\cos\frac{\pi}{4} = \frac{s}{\sqrt{2}} \ [\text{mm}] \tag{6-41}$$

のどの厚み部の有効断面で引張荷重 $W[\text{N}]$ を一様に受けると考えると，すみ肉溶接部の引張応力 $\sigma[\text{MPa}]$ は次のようになる。

■ 引張応力
$$\sigma = \frac{W}{2l\left(\frac{s}{\sqrt{2}}\right)} = \frac{W}{\sqrt{2}\,ls} \ [\text{MPa}] \tag{6-42}$$

曲げモーメント $M[\text{N·mm}]$ を受けるときは，すみ肉溶接部の $\frac{s}{2} \ [\text{mm}]$ の位置に偶力 $F[\text{N}]$ が生じると考えると，

$$M = 2F\left(\frac{t}{2} + \frac{s}{2}\right) = F(t+s)[\text{N·mm}] \tag{6-43}$$

であるため，すみ肉部に生じる応力 $\sigma[\text{MPa}]$ は次のようになる。

■ すみ肉部に生じる応力
$$\sigma = \frac{F}{\frac{ls}{\sqrt{2}}} = \frac{\sqrt{2}\,M}{ls(t+s)} \ [\text{MPa}] \tag{6-44}$$

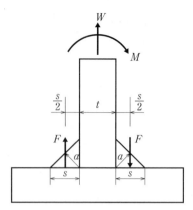

図 6-11 すみ肉溶接継手の強度計算

重ね継手　図 6-12 (a) のように，すみ肉溶接部が引張荷重 W [N] を受けるとき，各すみ肉部が受ける荷重を W_1 [N]，W_2 [N]，板厚を t_1 [mm]，t_2 [mm]，溶接長さを l_1 [mm]，l_2 [mm]，板の重なり長さを c [mm]，重なり部のひずみを ε_1，ε_2，縦弾性係数 E [MPa]，引張応力を σ_1 [MPa]，σ_2 [MPa] とすると，重なり部の伸び λ_1 [mm]，λ_2 [mm] は次のようになる。

$$\lambda_1 = c\varepsilon_1 = \frac{c\sigma_1}{E} = \frac{cW_1}{El_1 t_1} \ [\text{mm}]$$

$$\lambda_2 = c\varepsilon_2 = \frac{c\sigma_2}{E} = \frac{cW_2}{El_2 t_2} \ [\text{mm}]$$
(6-45)

重なり部の伸び λ_1 [mm] と λ_2 [mm] は等しいので $\dfrac{W_1}{W_2} = \dfrac{l_1 t_1}{l_2 t_2}$ となり，$W = W_1 + W_2$ [N] であるから，各すみ肉部が受ける荷重 W_1 と W_2 は次のようになる。

$$W_1 = \frac{l_1 t_1 W}{l_1 t_1 + l_2 t_2} \ [\text{N}]$$

$$W_2 = \frac{l_2 t_2 W}{l_1 t_1 + l_2 t_2} \ [\text{N}]$$
(6-46)

それぞれのすみ肉部の引張応力 σ_1 [MPa]，σ_2 [MPa] は次のようになる。

$$\sigma_1 = \frac{W_1}{\dfrac{l_1 s_1}{\sqrt{2}}} = \frac{\sqrt{2}\,t_1 W}{s_1(l_1 t_1 + l_2 t_2)} \ [\text{MPa}]$$

$$\sigma_2 = \frac{W_2}{\dfrac{l_2 s_2}{\sqrt{2}}} = \frac{\sqrt{2}\,t_2 W}{s_2(l_1 t_1 + l_2 t_2)} \ [\text{MPa}]$$
(6-47)

板厚と脚長さおよび溶接長さが $t_1 = t_2 = s_1 = s_2 = t$ [mm]，$l_1 = l_2 = l$ [mm] のように等しいとすると，引張応力 σ [MPa] は次のようになる。

■ 引張応力

$$\sigma = \sigma_1 = \sigma_2 = \frac{W}{\sqrt{2}\, lt} \quad [\text{MPa}] \qquad (6\text{-}48)$$

また，図 6-12(b) のように引張荷重 $W[\text{N}]$ が働くとすみ肉はせん断力を受ける。せん断応力 $\tau [\text{MPa}]$ は次のようになる。

■ せん断応力

$$\tau = \frac{W}{2l\dfrac{s}{\sqrt{2}}} = \frac{W}{\sqrt{2}\, ls} \quad [\text{MPa}] \qquad (6\text{-}49)$$

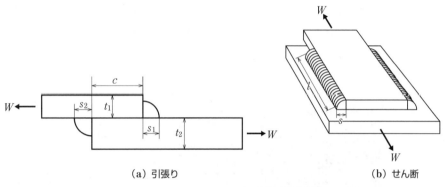

(a) 引張り　　　　　　　　　(b) せん断

図 6-12　重ね継手の強度計算

例題 6-7

　板厚 10 mm，溶着部高さ 2.5 mm，長さ 50 mm の不完全溶着の突合せ継手において，引張荷重 10 kN を受けたとき，継手部に生じる引張応力を求めよ。また，完全溶着された場合の引張応力と比較せよ。

● 略解────解答例

　式 6-35 より引張応力 $\sigma [\text{MPa}]$ は

$$\sigma = \frac{W}{2hl} = \frac{10000}{2 \times 2.5 \times 50} = 40 \text{ MPa}$$

となり，一方，式 6-39 より完全溶着された場合の引張応力 $\sigma [\text{MPa}]$ は

$$\sigma = \frac{W}{lt} = \frac{10000}{50 \times 10} = 20 \text{ MPa}$$

となる。

6-5 管継手

　管継手は，空気，ガス，油などの流体が流れる管路に用いられる継手である。そのため，組付けやメンテナンスによる取外しなどが簡単に実施できる必要がある。管継手の主な用途として表6-2に示すような流体の方向転換，分岐，配管の接続，閉鎖などがある。金属管の場合，最も一般的に用いられるねじこみ式管継手は，管端部に管用テーパねじの加工を施し，管と管を接続する目的で用いられる。さらに，シールテープを巻くとより気密性が保たれる。フランジ式管継手は，管端部にフランジを設けて，管と管やバルブを接続する。フランジの接触面にはガスケットなどの漏れ止め要素を挟み込む。

表6-2 管継手の用途

用途		種類
(a) 方向転換		エルボ ／ ベンド
(b) 分岐		T ／ クロス
(c) 接続	同径	カップリング ／ ニップル ／ フランジ
	異径	レジューサ ／ ブッシング
(d) 閉鎖		キャップ ／ プラグ

6-6 その他の締結要素

部材を接着により接合する接着継手がある。各被材の材質に応じて適切な接着剤を用いる必要があるが、特に異種部材を接合する場合には両方の被材に対して

図 6-13 止め輪

接着効果が大きい接着剤を選ぶ必要がある。さらに、接着部の表面性状や洗浄度も接着強さに影響するため配慮すべきである。

軸に接続した軸受などが軸方向に対して動かないようにする目的で用いられる図 6-13 のような止め輪がある。一般的には軸に溝加工を施し、その溝に止め輪をはめ込む。高速回転するような軸に用いる場合には、止め輪が脱落する可能性があるなど、その使用方法については注意が必要である。

第 6 章 演習問題

1. 図 6-2 を参照し、M16 の六角ボルトとナットを用いて 2 枚の板材を締め付ける。長さ 150 mm のスパナに 30 N の力を加えたとき、板材を締め付ける力は何 N か求めよ。ただし、座面の有効径は 1.46d とし、摩擦係数は 0.15 とする。
2. 引張りとねじりを同時に受ける M16 のボルトについて、軸方向に 3 kN の荷重が働き、摩擦係数 0.15、許容引張応力 30 MPa としたときの強度を検討せよ。
3. 直径 8 mm のリベットの許容せん断応力が 50 MPa であったとき、どの程度のせん断荷重に耐えうるかを求めよ。
4. 不完全溶着の突合せ継手において、引張荷重 5 kN が作用するとき、継手部に生じる引張応力を求めよ。ただし、板の長さ 100 mm、厚さ 10 mm、溶着部高さ 4 mm とする。

第 7 章　軸と軸継手

この章のポイント ▶

軸は一般に動力の伝達や荷重の支持に使用される機械要素である。軸付属要素として，歯車やプーリなどの回転体と軸を締結するキーやスプライン，原動軸と従動軸などの二つの軸を締結する軸継手などが挙げられる。この章では，軸の設計法とともに，キーや軸継手をはじめとする軸付属要素について学習する。

① 軸の種類，強度とこわさ
② 危険速度
③ 軸と回転体の締結要素
④ 軸と軸の締結要素
⑤ 軸継手

7-1　軸の種類

　機械で用いられる軸のほとんどは丸軸であり，主に強度，こわさ，振動を考慮して軸を設計する。通常，軸は軸受と組み合わせて使用されるため，軸の設計では JIS B 0901：1977 に定められた軸径（付表 7-1）を選択することが望ましい。
　丸軸は作用する荷重の種類に応じて表 7-1 のように分類される。軸に作用する荷重によって軸に生じる応力や変形の状態が異なるため，作用荷重の種類に応じて適切に軸を設計する必要がある。

表 7-1　丸軸の分類

作用荷重の種類	軸の種類
曲げ荷重	車軸
ねじり荷重	伝動軸，主軸
複数の種類の荷重 （曲げ荷重，ねじり荷重，軸荷重）	プロペラ軸，クランク軸

　丸軸には断面形状の違いから表 4-3 に示す中実丸軸と中空丸軸がある。例えば同じ材料および軸長さで同等の強度をもつ軸を設計する場合，中空丸軸は中実丸軸よりも軸径を大きくする必要があるが，軸の軽量化を図ることができる。また，配線を通すなど中空部を有効に利用することもできる。一般的な機械では中実丸軸が使用されることが多い。どちらの断面形状を使用するかは設計者が設計上の要求などから総合的に判断する。

7-2　軸の材料

軸の材料は用途に応じて選択され，一般に延性が大きく強じん性をもつ炭素含有率 0.1 ～ 0.4 ％ 程度の炭素鋼や合金鋼が使用される。伝動軸や安価な軸には S10C ～ S30C の冷間引抜材，径が大きい軸には熱間圧延材や鋳造品が用いられている。高荷重，高速回転の軸には S40C ～ S50C やニッケルクロム鋼 (SNC)，クロムモリブデン鋼 (SCM)，クロム鋼 (SCr)，ニッケルクロムモリブデン鋼 (SNCM) などの合金鋼が用いられることが多い。また，耐摩耗性や疲労強度を向上させるために高周波焼入れを用いるなど，必要に応じて軸に熱処理を行い，軸材料の性質の改善が図られている。

7-3　軸の強度

軸の設計では，作用荷重によって軸が破損しないように十分な強度をもたせておく必要がある。具体的には，軸全体に生じる応力の分布を正確に把握し，応力の最大値が軸の許容応力以下になるように軸径を決定する[1]。

【1】長さの単位
本章では JIS B 0901：1977 に規定された軸径の単位である［mm］に合わせて計算方法を記述する。

7-3-1　曲げ荷重のみを受ける軸

図 7-1 に曲げ荷重が作用する軸と応力状態を示す。この場合は，軸を円形断面のはりとして取り扱い，4-4 節のはりの曲げ理論を適用する。曲げ応力は中立面から最も離れた軸

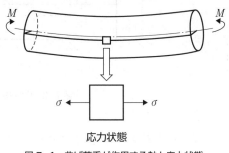

図 7-1　曲げ荷重が作用する軸と応力状態

表面で最大となるため，強度計算では軸表面の応力を検討する。軸材料の許容曲げ応力を σ_a [MPa]，断面係数を Z [mm³] とすると，軸に作用する曲げモーメント M [N·mm] は式 4-39 から次の条件を満たさなければならない。

$$M \leq \sigma_a Z \,[\text{N·mm}] \tag{7-1}$$

軸径 d [mm] の中実丸軸の場合，表 4-2 に示す断面係数 Z [mm³] を式 7-1 に代入すると，軸径 d [mm] は次のようになる。

■ 中実丸軸の軸径

$$d \geqq \sqrt[3]{\frac{32M}{\pi\sigma_a}} = 2.17\sqrt[3]{\frac{M}{\sigma_a}} \quad [\text{mm}] \qquad (7\text{-}2)$$

また，外径 d_2 [mm]，内径 d_1 [mm] の中空丸軸の場合も同様に表 4-2 の断面係数 Z [mm³] を式 7-1 に代入すると，外径 d_2 [mm] は次のようになる。

■ 中空丸軸の軸径

$$d_2 \geqq \sqrt[3]{\frac{32M}{\pi\sigma_a(1-k_d{}^4)}} = 2.17\sqrt[3]{\frac{M}{\sigma_a(1-k_d{}^4)}} \quad [\text{mm}] \qquad (7\text{-}3)$$

ここで $k_d = \dfrac{d_1}{d_2}$ である。

軸に作用する曲げモーメントは軸方向に分布するため（4-4-2 項参照），中実丸軸であれば式 7-2，中空丸軸であれば式 7-3 に曲げモーメントの最大値を代入して必要な軸径を求め，それよりも大きな軸径を JIS に規定されたもの（付表 7-1）の中から選択する。

> **例題 7-1** 曲げ荷重のみを受ける軸の設計（強度）
>
> 図 7-2 に示すような車軸（中実丸軸）を設計したい。許容曲げ応力が 50 MPa の材料を用いたときの軸径を求めなさい。
>
>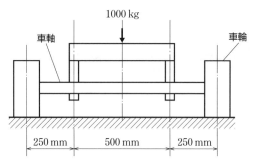
>
> 図 7-2 車軸の設計
>
> ● **略解** ── 解答例
>
> 軸に作用する最大曲げモーメント M [N·mm] は
>
> $$M = 500 \times 9.8 \times 250 = 1.23 \times 10^6 \, \text{N·mm}$$
>
> であるから（4-4 節参照），この値を式 7-2 に代入すると
>
> $$d \geqq 2.17\sqrt[3]{\frac{M}{\sigma_a}} = 2.17\sqrt[3]{\frac{1.23 \times 10^6}{50}} = 63.1 \, \text{mm}$$
>
> JIS（付表 7-1）から 63.1 mm 以上で最も小さな軸径である 65 mm を選択する。

7-3-2 ねじり荷重のみを受ける軸

図7-3にねじり荷重が作用する軸と応力状態を示す。伝動軸などの動力を伝達する軸には回転数に応じたトルク（ねじりモーメント）が作用する。伝達動力をP[kW]，トルクをT[N·mm]，回転数をN[min^{-1}]とすると，例題3-16から

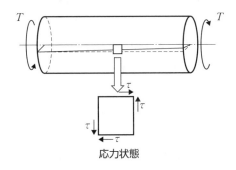

図7-3 ねじり荷重が作用する軸と応力状態

$$T = \frac{60P}{2\pi N} \times 10^6 \ [\text{N·mm}] \tag{7-4}$$

トルクが作用した軸では軸表面でのせん断応力が最大となる。軸材料の許容せん断応力をτ_a[MPa]，中空丸軸の極断面係数をZ_p[mm^3]とすると，軸に作用するトルクは式4-52から

$$T \leq \tau_a Z_p \ [\text{N·mm}] \tag{7-5}$$

を満たす必要がある。

軸径d[mm]の中実丸軸の場合，表4-3の断面係数Z_p[mm^3]を式7-5に代入し，軸径d[mm]について解くと，

$$d \geq \sqrt[3]{\frac{16T}{\pi \tau_a}} = 1.72 \sqrt[3]{\frac{T}{\tau_a}} \ [\text{mm}] \tag{7-6}$$

となり，式7-4を式7-6に代入すると，軸径d[mm]は次のように求めることができる。

■ 中実丸軸の軸径

$$d \geq 365 \sqrt[3]{\frac{P}{\tau_a N}} \ [\text{mm}] \tag{7-7}$$

また，外径d_2[mm]，内径d_1[mm]の中空丸軸の場合も同様に表4-3の断面係数Z_p[mm^3]を式7-5に代入し，$k_d = \dfrac{d_1}{d_2}$として外径d_2[mm]について解くと，

$$d_2 \geq \sqrt[3]{\frac{16T}{\pi \tau_a (1-k_d^4)}} = 1.72 \sqrt[3]{\frac{T}{\tau_a (1-k_d^4)}} \ [\text{mm}] \tag{7-8}$$

となり，式7-4を式7-8に代入すると，外径d_2[mm]は次のようになる。

■ 中空丸軸の軸径

$$d_2 \geq 365 \sqrt[3]{\frac{P}{\tau_a N (1-k_d^4)}} \ [\text{mm}] \tag{7-9}$$

> **例題 7-2** ねじり荷重のみを受ける軸の設計（強度）
>
> 電動機に締結された伝動軸（中実丸軸）が回転数 $3540\,\mathrm{min}^{-1}$ で $15\,\mathrm{kW}$ の動力を伝達している。許容せん断応力が $30\,\mathrm{MPa}$ の材料を用いたときの軸径を求めなさい。
>
> ●**略解**────解答例
>
> 式（7-7）より，
>
> $$d \geq 365\sqrt[3]{\frac{P}{\tau_a N}} = 365 \times \sqrt[3]{\frac{15}{30 \times 3540}} = 19.0\,\mathrm{mm}$$
>
> JIS（付表7-1）から軸径を $20\,\mathrm{mm}$ とする。

7-3-3 曲げ，ねじり，軸方向の荷重を同時に受ける軸

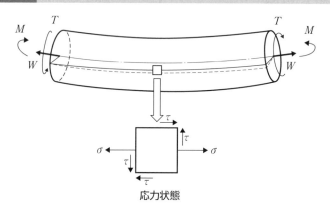

図7-4 複数の荷重が作用する軸と応力状態

曲げ荷重，ねじり荷重および軸荷重が同時に作用する軸の場合，図7-4に示すように軸表面では曲げ荷重および軸荷重による垂直応力 σ [MPa] とねじり荷重によるせん断応力 τ [MPa] が同時に生じた状態になる。そのため，軸に作用する主応力および主せん断応力を求め，これらの応力値が軸の許容応力以下となるように設計する必要がある。

図7-4に示すように垂直応力が軸方向にのみ生じている場合，軸に生じる最大主応力を σ_1 [MPa] および最大主せん断応力 τ_1 [MPa] とすると，

$$\sigma_1 = \frac{1}{2}\sigma + \frac{1}{2}\sqrt{\sigma^2 + 4\tau^2}\ [\mathrm{MPa}] \tag{7-10}$$

$$\tau_1 = \frac{1}{2}\sqrt{\sigma^2 + 4\tau^2}\ [\mathrm{MPa}] \tag{7-11}$$

で与えられる。ここで，軸方向の荷重を W [N]，軸の断面積を A [mm^2] とする。曲げ作用および軸荷重を受ける軸の垂直応力は $\sigma = \dfrac{M}{Z} + \dfrac{W}{A}$，ねじり作用を受ける軸のせん断応力は $\tau = \dfrac{T}{Z_p}$ であ

り，これらと $Z_p = 2Z$ の関係を式 7-10 および式 7-11 に代入すると，主応力および主せん断応力は，

$$\sigma_1 = \frac{1}{2Z}\left\{M + \frac{ZW}{A} + \sqrt{\left(M + \frac{ZW}{A}\right)^2 + T^2}\right\} \text{[MPa]} \quad (7\text{-}12)$$

$$\tau_1 = \frac{1}{Z_P}\sqrt{\left(M + \frac{Z_p W}{2A}\right)^2 + T^2} \text{ [MPa]} \quad (7\text{-}13)$$

となる。これらが許容曲げ応力および許容せん断応力以下になるように軸径を決定する。式 7-12 および式 7-13 で与えられる応力は，曲げ荷重のみを受ける軸およびねじり荷重のみを受ける軸の強度計算で用いた式 4-39 の M [N·mm] および式 4-52 の T [N·mm] をそれぞれ

$$M_e = \frac{1}{2}\left\{M + \frac{ZW}{A} + \sqrt{\left(M + \frac{ZW}{A}\right)^2 + T^2}\right\} \text{ [N·mm]} \quad (7\text{-}14)$$

$$T_e = \sqrt{\left(M + \frac{Z_p W}{2A}\right)^2 + T^2} \text{ [N·mm]} \quad (7\text{-}15)$$

に置き換えたものに等しい。式 7-14 の M_e [N·mm] および式 7-15 の T_e [N·mm] はそれぞれ**相当曲げモーメント**，**相当ねじりモーメント**と呼ばれる。したがって，中実丸軸を設計する場合は式 7-2 の M [N·mm] および式 7-6 の T [N·mm] をそれぞれ M_e [N·mm] および T_e [N·mm] に置き換えることで必要な軸径を求めることができる。曲げ荷重とねじり荷重が作用する場合には式 7-14，7-15 に $W = 0$ を代入すればよい。

一般に軸材料が鋳鉄などの脆性材料の場合には主応力で破壊に至ることが多いため，相当曲げモーメント M_e [N·mm] のみが作用する軸として扱い，軸径を検討する。一方，軟鋼などの延性材料の場合は主せん断応力によって破壊が起こりやすいことから，相当ねじりモーメント T_e [N·mm] のみが作用する軸として扱い，軸径を検討する。

7-4 軸こわさ

軸径に対して軸が長くなると，ねじり剛性や曲げ剛性が低下し，荷重を受けて変形しやすくなる。そのため軸心にズレが生じ，歯車の不正常なかみあい，振動の発生，軸受の不具合などにより機械の運転に不都合が生じるおそれがある。特に高い剛性が要求される軸の設計では，軸強度の検討はもちろんであるが，軸の変形量が許容値を超えないように軸径を決定する必要がある。ここでは，曲げこわさ，ねじりこわさについて説明する。

7-4-1 曲げこわさ

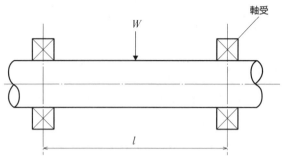

図 7-5 曲げ荷重が作用する軸

はりの曲げ理論（4-4 節参照）において，はりの断面形状に円形断面を適用し，たわみやたわみ角を計算する．図 7-5 のように，距離が l [mm] だけ離れた二つの転がり軸受に支えられている軸の中央に集中荷重 W [N] が作用する場合を考える．これを両端支持ばりとみなすと，中央部の最大たわみ $\delta_{\max}$ [mm] および軸両端の最大たわみ角 $i_{\max}$ [rad] は，

$$\delta_{\max} = \frac{Wl^3}{48EI} \times 10^{-3} \text{ [mm]} \tag{7-16}$$

$$i_{\max} = \frac{Wl^2}{16EI} \times 10^{-3} \text{ [rad]} \tag{7-17}$$

で与えられる．ここで E [GPa] は軸材料のヤング率，I [mm^4] ははりの断面二次モーメントである．中実丸軸の場合，たわみ量およびたわみ角の許容値を δ_a [mm]，i_a [rad] とすると，表 4-2 に示す断面二次モーメントを式 7-16，7-17 に代入することで，軸径 d [mm] は以下のように与えられる．

■ 中実丸軸の軸径

$$d \geq 0.144 \times \sqrt[4]{\frac{Wl^3}{E\delta_a}} \text{ [mm]} \tag{7-18}$$

$$d \geq 0.189 \times \sqrt[4]{\frac{Wl^2}{Ei_a}} \text{ [mm]} \tag{7-19}$$

中空丸軸の場合も同様にして必要な軸の外径 d_2 [mm] は以下の式で与えられる．

■ 中空丸軸の外径

$$d_2 \geq 0.144 \times \sqrt[4]{\frac{Wl^3}{E\delta_a(1-k_d^4)}} \text{ [mm]} \tag{7-20}$$

$$d_2 \geq 0.189 \times \sqrt[4]{\frac{Wl^2}{Ei_a(1-k_d^4)}} \text{ [mm]} \tag{7-21}$$

一般的な伝動軸では軸の長さ 1 m につきたわみ量を 0.35 mm 以下，またはたわみ角を 1/1000 rad（約 0.06°）以下になるように軸径を選択する．

> **例題 7-3** 曲げ荷重を受ける軸の設計（曲げこわさ）
>
> 図 7-5 の軸において，$l = 500\,\mathrm{mm}$，$W = 1\,\mathrm{kN}$，軸材料のヤング率 $E = 200\,\mathrm{GPa}$ をとしたとき，軸長さ 1 m 当たりのたわみ量が 0.35 mm 以下となる中実丸軸の軸径を求めなさい。
>
> ● **略解**────解答例
>
> 許容されるたわみ量 δ_a は軸長さ 1 m 当たり 0.35 mm であるから，
>
> $$\delta_a = 0.35 \times \frac{500}{1000} = 0.175\,\mathrm{mm}$$
>
> である。式 7-18 から軸径が求められる。
>
> $$d \geqq 0.144 \times \sqrt[4]{\frac{Wl^3}{E\delta_a}} = 0.144 \times \sqrt[4]{\frac{1 \times 10^3 \times 500^3}{200 \times 0.175}}$$
> $$= 35.2\,\mathrm{mm}$$
>
> JIS（付表 7-1）から，転がり軸受の内径に準拠した軸径 40 mm を選択する。

7-4-2 ねじりこわさ

軸の長さを $l\,[\mathrm{mm}]$，材料の横弾性係数を $G\,[\mathrm{GPa}]$，軸の断面二次極モーメントを $I_p\,[\mathrm{mm}^4]$ とすると，トルク $T\,[\mathrm{N\cdot mm}]$ が軸に作用したときの軸端におけるねじれ角 $\theta\,[°]$ は，式 4-53 より，

$$\theta = 0.0573 \times \frac{Tl}{GI_p}\,[°] \tag{7-22}$$ [2]

[2] 単位変換
$1\,\mathrm{rad} = 57.3°$

中実丸軸の場合，ねじれ角の許容値を $\theta_a\,[°]$ とすると，表 4-3 の I_p を式 7-22 に代入し，軸径について解くと，

$$d \geqq 0.874 \times \sqrt[4]{\frac{Tl}{G\theta_a}}\,[\mathrm{mm}] \tag{7-23}$$

となり，式 7-4 を式 7-23 に代入すると，軸径 $d\,[\mathrm{mm}]$ は次のようになる。

■ 中実丸軸の軸径
$$d \geqq 48.6 \times \sqrt[4]{\frac{Pl}{GN\theta_a}}\,[\mathrm{mm}] \tag{7-24}$$

中空丸軸の場合も同様にして以下の関係が成り立つ。

$$d_2 \geqq 0.874 \times \sqrt[4]{\frac{Tl}{G\theta_a(1-k_d^4)}}\,[\mathrm{mm}] \tag{7-25}$$

■ 中空丸軸の軸径
$$d_2 \geqq 48.6 \times \sqrt[4]{\frac{Pl}{GN\theta_a(1-k_d^4)}}\,[\mathrm{mm}] \tag{7-26}$$

一般的な伝動軸では軸の長さ 1 m につきねじれ角を 0.25°以下になるように軸径を選択する。

> **例題 7-4 ねじり荷重を受ける軸の設計（ねじりこわさ）**
>
> 電動機に締結された伝動軸（中実丸軸）が回転数 3540 min^{-1} で 15 kW の動力を伝達している。横弾性係数が 80 GPa の材料を用いたとき，軸長さ 1 m につきねじれ角を 0.25°以下になるように軸径を選択しなさい。
>
> ● **略解**───解答例
>
> 式 7-24 より，
>
> $$d \geq 48.6 \times \sqrt[4]{\frac{Pl}{GN\theta_a}} = 48.6 \times \sqrt[4]{\frac{15 \times 1000}{80 \times 3540 \times 0.25}} = 32.9 \text{ mm}$$
>
> JIS（付表 7-1）から軸径を 35 mm とする。

7-5 危険速度

軸の自重や取り付けられた回転体の質量，荷重の作用によって生じるたわみや，軸や回転体の工作上の偏心によって，軸の重心と回転中心が一致しないことが一般的である。この偏心した状態で軸が高速回転すると，遠心力の作用によって軸のふれまわり振動が生じる。そして，軸の固有振動数と軸の回転数が一致すると**共振**が生じ，振幅が増大して軸が破損するおそれがある。この軸の一次の固有振動数のことを危険速度という。一般に常用回転数が危険速度から 20 % 以上離れるように軸を設計する。ここでは，危険速度の計算方法について説明する。

7-5-1 軸のみの危険速度

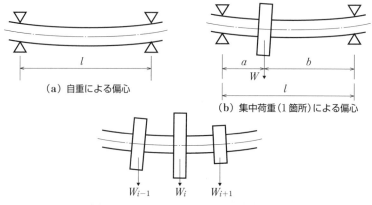

(a) 自重による偏心
(b) 集中荷重（1箇所）による偏心
(c) 自重および集中荷重（複数）による偏心

図 7-6　軸の偏心

図 7-6(a) のように軸受によって支持された軸が自重のみによって偏心する場合を考える。軸材料の密度を ρ [kg/mm^3]，ヤング率を E [GPa]，断面積を A [mm^2]，断面二次モーメントを I [mm^4]，軸受間距離を l [mm] とすると，危険角速度（軸の固有角振動数）ω_c [rad/s] ははりの曲げ振動を表す運動方程式から次式で与えられる。

$$\omega_c = \left(\frac{\pi}{l}\right)^2 \sqrt{\frac{EI}{\rho A}} \times 10^3 \ [\text{rad/s}] \qquad (7\text{-}27)$$

これを危険速度（回転数）n_c [min^{-1}] に変換すると，次のようになる。

■ 危険速度（回転数）

$$n_c = \frac{60}{2\pi}\omega_c = \frac{30\pi}{l^2}\sqrt{\frac{EI}{\rho A}} \times 10^3 \ [\text{min}^{-1}] \qquad (7\text{-}28)$$

7-5-2 一箇所に集中荷重を受ける軸の危険速度

図 7-6(b) のように重量 W [N] の回転体が一箇所に取り付けられた軸が軸受で支持されており，軸の自重を無視できる場合を考える。回転体が取り付けられた位置におけるたわみは，はりの曲げ理論（4-4 節参照）から，

$$y = \frac{Wa^2b^2}{3EIl} \times 10^{-3} \ [\text{mm}] \qquad (7\text{-}29)$$

で与えられる。軸は荷重によって弾性変形することから，一種のばねとみなすことができる。回転体の位置におけるばね定数 k [N/mm] は，

$$k = \frac{W}{y} = \frac{3EIl}{a^2b^2} \times 10^3 \ [\text{N/mm}] \qquad (7\text{-}30)$$

で与えられる。したがって，回転体の質量を m [kg] とすると，軸の一次の固有角振動数は式 3-40 から近似的に次式で与えられる。

$$\omega_c = \sqrt{\frac{k \times 10^3}{m}} = \frac{1}{ab}\sqrt{\frac{3EIl}{m}} \times 10^3 \ [\text{rad/s}] \qquad (7\text{-}31)$$

これを危険速度に変換すると，

$$n_c = \frac{30}{\pi ab}\sqrt{\frac{3EIl}{m}} \times 10^3 \ [\text{min}^{-1}] \qquad (7\text{-}32)$$

例題 7-5 軸の危険速度

図 7-6(b) で，軸径が 20 mm，軸受間距離が 1000 mm，軸材料のヤング率が 200 GPa の中実丸軸の中央に 10 kg の質量の回転体が取り付けられている。軸の質量は無視できるものとして，600 min^{-1} で運転可能であるか検討しなさい。

● **略解** ──── 解答例

軸の断面二次モーメントは表 4-2 より,

$$I = \frac{\pi d^4}{64} = \frac{\pi \times 20^4}{64} = 7850 \text{ mm}^4$$

式 7-32 より,

$$n_c = \frac{30}{\pi ab}\sqrt{\frac{3EIl}{m}} \times 10^3$$

$$= \frac{30}{\pi \times 500 \times 500}\sqrt{\frac{3 \times 200 \times 7850 \times 1000}{10}} \times 10^3$$

$$= 829 \text{ min}^{-1}$$

したがって,$0.8 n_c = 663 \text{ min}^{-1}$ 以下で安全に運転できるため,600 min^{-1} での運転は安全である。

7-5-3 自重および複数箇所に集中荷重を受ける軸の危険速度

図 7-6(c) のように軸に複数の回転体(集中荷重)が取り付けられた場合の危険速度は**ダンカレー**の方法によって近似的に求めることができる。式 7-28 から求められる軸の自重による危険速度を $n_{c_0} [\text{min}^{-1}]$,$i$ 番目の集中荷重 $W_i [\text{N}]$ のみが軸に作用したときに式 7-32 から求まる危険速度を $n_{ci} [\text{min}^{-1}]$ とすると,合計 n 箇所に集中荷重が加わる場合の軸の危険速度 $n_c [\text{min}^{-1}]$ は次式で与えられる。

$$\frac{1}{n_c^2} = \frac{1}{n_{c_0}^2} + \sum_{i=1}^{n}\frac{1}{n_{ci}^2} \tag{7-33}$$

7-6 キー・スプライン・ピン・コッタ

7-6-1 キー

キーは,歯車やプーリ,軸継手などの回転体を軸に取り付けるときに,軸やボス部に設けられたキー溝に挿入することによって軸と回転体の円周方向の相対的な動きを止め,動力を確実に伝達する目的で

表 7-2 キーの種類 (JIS B 1301:1996)

形状		記号
平行キー	ねじ用穴なし	P
	ねじ用穴付き	PS
こう配キー	頭なし	T
	頭付き	TG
半月キー	丸底	WA
	平底	WB

使用される機械要素である。キーは JIS B 1301:1996 に規定されており,その形状によって表 7-2 に示す 6 種類に分類される。

平行キーおよびこう配キーは長方形板である。平行キーは上下面が平

行になっており、小ねじを用いて軸もしくは回転体のボスに固定するためのねじ用穴が設けられたものもある。一方、こう配キーは上面に1/100のこう配が付けられており、キーを軸とボスの間に打ち込むための頭が設けられたものもある。半月キーはウッドラフキーとも呼ばれ、半月形の板状のキーであり、下面が平らに加工されたものもある。これらのキーはJISに規定されているため、用途によってキーの種類を選択し、強度計算の結果をもとにJISから適切なものを選択する。

キーの材料には、一般に軸の材料よりもやや硬く（HB250程度）、JIS B 1301：1996の規定では引張強度が600 MPa以上のものとされている。通常、S35C、S45Cなどの炭素鋼がキーの材料として用いられている。キー溝の隅には応力集中を緩和するため、JIS B 1301：1996を参考に丸みを付ける。

キーの種類　JIS B 1301：1996では、形状によって表7-2に示す6種類のキーに分類されているが、用途によって表7-3に示すように分類される。

キーの強度　最もよく使用されている沈みキーの強度計算について述べる。沈みキーでは、回転によって軸およびボスから荷重を受け、それらによって生じるせん断応力と面圧について検討する。図7-7に示すようにキーの幅をb [mm]、高さをh [mm]、長さをl [mm]、軸径をd [mm]、側面に作用する力をF [N]、伝達トルクをT [N·mm]とすると、キーに作用するせん断応力τ [MPa]は、

$$\tau = \frac{F}{bl} = \frac{2T}{bld} \ [\text{MPa}] \tag{7-34}$$

で与えられる。また、キー側面における面圧p [MPa]は、次のようになる。

$$p = \frac{2F}{hl} = \frac{4T}{hld} \ [\text{MPa}] \tag{7-35}$$

これらがキーの材料の許容せん断応力τ_a [MPa]および許容面圧p_a [MPa]以下になるようにキーの寸法を決定しなくてはならない。しかしながら、軸径に対するキーの幅および高さ（$b \times h$）はJIS B 1301：1996に規定されているため、実際の設計ではJISが指定する寸法のキーを採用すればよい（付表7-2）。したがって、キーの強度を確保するには、キー長さl [mm]が以下の2式を満たせばよい。

■キーの長さ

$$l \geq \frac{2T}{\tau_a bd} \ [\text{mm}] \tag{7-36}$$

$$l \geq \frac{4T}{p_a hd} \ [\text{mm}] \tag{7-37}$$

表7-3 用途によるキーの種類

キーの種類	キーの特徴
くらキー	上面に1/100のこう配を，下面には軸の曲率と一致するように加工された円筒面をもつキーを，回転体のボスに加工したキー溝に打ち込むことによって，軸と回転体を固定する。軸にキー溝を加工する必要がないため，軸の強度低下がないことや，軸の任意の位置に取り付けることができるという利点がある。しかしながら，キーと軸の間の摩擦力によって軸と回転体を固定するため，大きなトルクを伝達するのには適していない。
平キー	キーの下面があたる軸の部分のみを平坦に加工し，回転体のボスのキー溝に打ち込んで軸と回転体を固定する。軸にキー溝を加工するよりも強度低下が小さく，くらキーよりも大きなトルクを伝達することができる。
沈みキー	軸と回転体のボスの両方にキー溝を加工し，キーを挿入することで軸と回転体を固定する。最も多く利用されるキーであり，JISに規定されている平行キー，こう配キーが用いられる。平行キーはあらかじめキーをキー溝にはめておき，ボスを押し込んで軸と回転体を固定する。一方，こう配キーはボスに軸をはめておき，その後キーをキー溝に打ち込んで軸と回転体を固定する。後者はキーの打ち込みのためにキーの倍以上の長さのキー溝を軸に設けておく必要がある。
すべりキー	運転中に回転体を軸方向に滑りながら移動させることを目的としており，JISに規定されているねじ用穴付き平行キーを用いる。沈みキーと同様に，軸と回転体のボスの双方にキー溝を加工し，一般に小ねじを用いて軸かボスのどちらか一方に固定する。荷重が作用している状態で回転体を滑らすことから，キーに作用する面圧を低くする必要があり，大きなトルクの伝達には不向きである。
半月キー	JISに規定されているキーであり，軸にはキーの曲率と一致する半月状のキー溝を設ける。あらかじめ軸にキーをはめておき，ボスに押し込んで軸と回転体を固定する。このとき，ボス側のキー溝に合うようにキー上面の傾きが自動的に調整されるため，テーパ軸に回転体を固定するのに多く使用されている。しかしながら，軸のキー溝が沈みキーに比べて深くなるため，軸の強度が低下するという欠点がある。
接線キー	こう配をもつ2本のキーを1組として，キーが軸の接線方向に挿入されるように軸および回転体のボス部に設けた三角形のキー溝に打ち込み，軸と回転体を固定する。キー側面全体で圧縮の荷重を受けるため，同じ寸法の沈みキーと比較すると，キーに生じる圧縮応力は1/2となる。したがって，大きなトルクの伝達や衝撃的なトルクが作用する場合に適している。1組のキーでは一方向にしか回転できないため，両方向に回転させる場合には，中心角が120°あるいは180°となる位置に2組のキーを配置し，どちらの方向に回転したときにも一方のキー側面で圧縮荷重を受けるようにする。

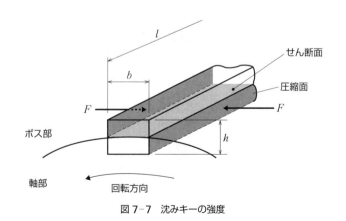

図7-7 沈みキーの強度

式7-36と式7-37から必要となるキー長さを求め，JISで推奨されているキー長さの中から選択するとよい。平行キーの場合の強度計算について述べたが，こう配キーの場合は上下面の面圧が大きくなることを考慮する必要がある。

ここではキーの強度計算のみについて検討したが，キー側面と同じ面圧が軸やボスにも作用していることから，軸やボス部の許容面圧にも注意を払う必要がある。

例題 7-6 キーの強度計算

軸径が25 mmの軸にキーの幅が8 mm，高さが7 mmのキー（付表7-2）を用いて回転体を固定する。200 N·mのトルクを伝達するには，キーの長さをいくらにすればよいか。ただし，キーの許容面圧を60 MPa，許容せん断応力を40 MPaとし，軸やボスの強度は問題ないものとする。

● 略解────解答例

式7-36より，

$$l \geq \frac{2T}{\tau_a bd} = \frac{2 \times 200 \times 10^3}{40 \times 8 \times 25} = 50.0 \text{ mm}$$

式7-37より，

$$l \geq \frac{4T}{p_a hd} = \frac{4 \times 200 \times 10^3}{60 \times 7 \times 25} = 76.2 \text{ mm}$$

したがって，JIS B 1301：1996（付表7-3）より，キー長さ80 mmを選択する。

キー溝をもつ軸の強度とねじれ角 沈みキーを用いる場合，軸にキー溝（付表7-3）を設けなければならないため，キー溝の深さだけ一部軸径が小さくなることや，キー溝の隅において応力集中が生じることから，軸の強度が低下する。したがって，キー溝を設ける場合は，これらの影響を考慮して軸径を決定しなければならない。同じ軸径でキー溝がある軸とない軸との強度の比 γ は，**ムーアの実験式**によって次式で与えられる [2]。

$$\gamma = 1 - 0.2\frac{b}{d} - 1.1\frac{t}{d} \tag{7-38}$$

[2] 機械工学便覧B1 機械要素設計トライボロジー新版，日本機械学会編

ここで t [mm] はキー溝深さを表しており，キー高さ h [mm] の約 $\frac{1}{2}$ である。キー溝をもつ軸の設計では，その軸の許容せん断応力をキー溝のない軸の許容せん断応力の γ 倍として，キー溝がないねじり荷重が作用する軸の設計法と同様に軸径を決定すればよい。JISに規定されたキーは $\gamma = 0.75 \sim 0.8$ である。

また，キー溝がない軸のねじれ角に対してキー溝がある軸のねじれ角の比 α は，以下の式で与えられる。

$$\alpha = 1 + 0.4\frac{b}{d} + 0.7\frac{t}{d} \tag{7-39}$$

キー溝が加工された部分ではねじれ角は増加するが，キー溝が軸長さに比べて短い場合にはねじれ角の増加を無視してよい。

7-6-2 スプライン

キーに相当する複数の歯を軸に加工し，回転体のボス側にもそれらの歯に合わせて溝を設けることで，軸とボスをかみあわせて円周方向の相対的な動きを止める機械要素である。複数の歯で荷重を受けるため，キーよりも大きいトルクを伝達することが可能である。図7-8に示すように，スプラインには歯の形状が角形である角形スプライン（JIS B 1601：1996）とインボリュート曲線からなるインボリュートスプライン（JIS B 1603：1995）の2種類がある。

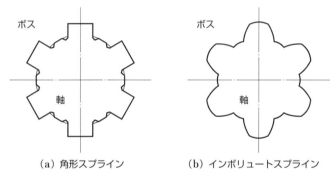

(a) 角形スプライン　　(b) インボリュートスプライン

図7-8　スプラインの種類

角形スプラインは歯および溝の数が6, 8, 10の3種類であり，歯の高さによって軽荷重用，中荷重用に分かれている。軸とボスのはめあいの程度によって，軸方向に滑らせることも固定することもできる。軸と回転体の中心合わせは小径で行うことになっているため，呼び径は小径である。角形の歯の側面で荷重を受けるため，側面に作用する面圧，歯の根元での曲げ応力およびせん断応力を計算し，適切なものをJISに規定されたものの中から選択する。

インボリュートスプラインはインボリュート歯車（**9-1-2**項参照）と同様の方法で製作されるため，精度が高く生産性が良い。また，回転中に自動的に軸と回転体の中心が合うことや，歯元の強度が大きいことから，トルクの伝達能力が高いという利点がある[3]。

[3] スプラインよりも小径で歯が細かいセレーションと呼ばれる軸付属要素がある。セレーションには三角歯セレーションとインボリュートセレーションの2種類がある。

7-6-3 ピン

ピンはその軸方向に対して垂直な荷重を受ける棒状の機械要素であり，

動力の伝達，部品の位置決めや固定，ゆるみ止めなどに用いられる。

ピンの種類　　ピンには表7-4に示すように平行ピン，テーパピン，先割りテーパピン，割ピン，スプリングピンなどがあり，それらは JIS B 1351：1987 ～ 1354：2012 および JIS B 2808：2013 に規定されている。

表7-4　ピンの種類

ピンの種類	ピンの特徴
平行ピン	JIS B 1354：2012 に規定されており，材質は鋼およびオーステナイト系ステンレス鋼の2種類，呼び径は 0.6 ～ 50 mm のものがある。平行ピンは分解することのある部品同士を位置決めするノックピンや継手用の回りピンとして用いられることが多い。強度は曲げ応力，せん断応力および面圧で検討する。
テーパピン	JIS B 1352：1988 に規定されており，テーパは 1/50，材質は鋼およびステンレス鋼の2種類，呼び径は 0.6 ～ 50 mm のものがある。テーパピンは精密位置決め用のノックピンや軸に回転体を固定するために用いられる。
先割りテーパピン	JIS B 1353：1990 に規定されており，テーパは 1/50，材質は鋼およびステンレス鋼の2種類，呼び径は 2 ～ 20 mm のものがある。先端部に割りを入れ，先端をたたいて開くことで，ピンの脱落を防止する。
割ピン	JIS B 1351：1987 に規定されており，材質は鋼，黄銅およびステンレス鋼の3種類，ピンの取付孔径を呼び径として 0.6 ～ 20 mm のものがある。主に，ナットやピンの緩み止め防止のために用いられる。
スプリングピン	JIS B 2808：2013 に規定されており，溝付きスプリングピンと二重巻スプリングピンがある。両者とも材質は炭素鋼，オーステナイト系ステンレス鋼，マルテンサイト系ステンレス鋼の3種類があり，重荷重用，一般荷重用，軽荷重用がある。ピンの取付孔径を呼び径としており，呼び径の範囲はスプリングピンの種類によって異なっている。スプリングピンは半径方向にばね特性をもたせたものであり，耐振性能が良く，取付孔の加工精度が要求されないという利点がある。

ピンの強度　　図7-9に示すようなピン継手に用いられる平行ピンの強度計算について説明する。ピン継手はピンを用いて二軸を締結し，軸荷重を伝達するためものである。ピンの強度は，曲げ応力，せん断応力および面圧で検討する。

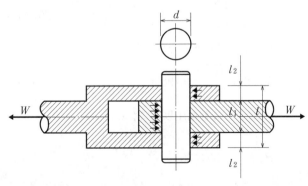

図7-9　ピン継手

平行ピンは軸の設計と同様に円形断面のはりとみなし，はりの曲げ理論を適用する．ピン継手に作用する軸方向の荷重を W [N] とすると，ピンに作用する最大曲げモーメントは $M = W\dfrac{l}{8}$ であるため，ピン材料の許容曲げ応力を σ_a [MPa] とすると，式7-2から必要な呼び径 d [mm] は次式で与えられる．

$$d \geqq \sqrt[3]{\frac{32M}{\pi \sigma_a}} = 1.08 \sqrt[3]{\frac{Wl}{\sigma_a}} \ [\text{mm}] \tag{7-40}$$

また，ピンには $\dfrac{W}{2}$ [N] のせん断力が作用しているため，ピンの許容せん断応力を τ_a [MPa] とすると，式4-4より次のようになる．

$$d \geqq \sqrt{\frac{2W}{\pi \tau_a}} = 0.798 \sqrt{\frac{W}{\tau_a}} \ [\text{mm}] \tag{7-41}$$

ピンが受ける面圧は，断面が円形であるため，実際には円周方向に複雑に分布するが，近似的にピンの中心軸を含む長手方向断面で荷重を受けるものと考えると，ピンの許容面圧を p_a [MPa] として以下の式が成り立つ．

$$d \geqq \frac{W}{p_a l_1} \ [\text{mm}] \tag{7-42}$$

$$d \geqq \frac{W}{2 p_a l_2} \ [\text{mm}] \tag{7-43}$$

これらを満たす呼び径をJIS B 1354：2012に規定されたものの中から選択する．

例題 7-7 ピンの強度計算

図7-9のピン継手において，$l_1 = 30$ mm，$l_2 = 10$ mm で引張荷重が30 kNである．ピンの許容曲げ応力を80 MPa，許容せん断応力を40 MPa，許容面圧を60 MPaとして，ピンの径を求めよ．

● **略解** ――― 解答例

式7-40より，許容曲げ応力以下となる径は，

$$d \geqq 1.08 \sqrt[3]{\frac{Wl}{\sigma_a}} = 1.08 \times \sqrt[3]{\frac{30 \times 10^3 \times 50}{80}} = 28.7 \text{ mm}$$

式7-41より，許容せん断応力以下となる径は，

$$d \geqq 0.798 \sqrt{\frac{W}{\tau_a}} = 0.798 \times \sqrt{\frac{30 \times 10^3}{40}} = 21.9 \text{ mm}$$

式7-42，7-43から許容面圧以下になる径は，

$$d \geqq \frac{W}{p_a l_1} = \frac{30 \times 10^3}{60 \times 30} = 16.7 \text{ mm}$$

$$d \geqq \frac{W}{2p_a l_2} = \frac{30 \times 10^3}{2 \times 60 \times 10} = 25 \text{ mm}$$

これらから，28.7 mm 以上の径が必要となり，JIS 1354：2012 から選択する。

7-6-4 コッタ

キーは軸と回転体の円周方向の相対的な動きを止めてトルクを伝達する機械要素であるのに対し，図 7-10 に示すようにコッタはピン継手と同様に二軸を連結し，軸方向の荷重を伝達するための機械要素である。コッタは板状のくさびであり，荷重が作用する側面の片側もしくは両側にこう配をもたせてある。一般には製作が容易な片側こう配のコッタが使用され，一般に傾斜角は取り外しするもので 5〜11°，取り外さないもので 1〜3°程度である。材料はキーと同様，軸材料よりもやや硬いものを使用する。なお，ブイシャックル用のコッタについては JIS F 3306：1995 に規定されている。

コッタの強度計算は，平行ピンを用いたピン継手と同様に，曲げ応力，せん断応力および面圧で検討するのが一般的である。図 7-10 に示すようにコッタの厚みを b [mm]，幅を h [mm]，長さを D [mm] とし，軸方向の荷重を W [N] とする。このコッタをはりの曲げ理論に適用する。コッタに作用する最大曲げモーメントは近似的に $M = W\dfrac{D}{8}$ であり，長方形断面の断面係数は $Z = \dfrac{bh^2}{6}$ であるから，許容曲げ応力を σ_a [MPa] とすると，式 4-39 より，次式を満たす必要がある。

$$\sigma_a \geqq \frac{M}{Z} = \frac{3WD}{4bh^2} \text{ [MPa]} \tag{7-44}$$

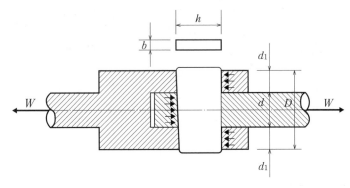

図 7-10 コッタの適用例

また，コッタに作用するせん断力は $\dfrac{W}{2}$ [N] であるため，許容せん断応力を τ_a [MPa] とすると，

$$\tau_a \geqq \frac{W}{2bh} \, [\text{MPa}] \tag{7-45}$$

さらに，軸荷重によってコッタが受ける面圧は，許容面圧 p_a [MPa] 以下にする必要があるため，

$$p_a \geqq \frac{W}{bd} \, [\text{MPa}] \tag{7-46}$$

$$p_a \geqq \frac{W}{2bd_1} \, [\text{MPa}] \tag{7-47}$$

式 7-46 〜 47 を満たすようにコッタの各寸法を決定する。

7-7 軸継手

　軸継手は，原動軸と従動軸などの二軸を締結し，動力をもう一方の軸に伝達する目的で使用される機械要素である。図 7-11 に示すように軸継手は大別して**永久継手**と**クラッチ**の2種類がある。永久継手は機械の運転中に常時二軸を連結した状態で動力を伝達するものであるのに対し，クラッチは運転中に必要に応じて二軸を切り離し，動力の伝達を断続的に行うものである。軸継手は軸受になるべく近くなるように設置する。代表的な軸継手は JIS に規定されているため，軸径や伝達動力（トルク），図 7-12 に示すような二軸の軸心間のくるいなどを考慮して適切に選択する必要がある

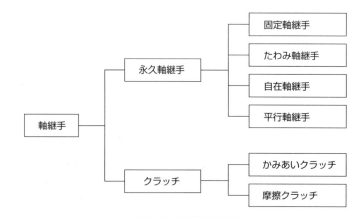

図 7-11　軸継手の分類

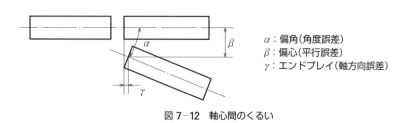

図 7-12　軸心間のくるい

7-7-1 永久軸継手

固定軸継手　固定軸継手は，二軸の軸心を一直線上に並ぶように組み立てて使用される。連結する二軸の軸心間のくるいがある状態で固定軸継手を取り付けると，軸や軸受に無理が生じることや，振動が発生するおそれがある。そのため，軸心の位置合わせが要求されるが，構造が簡単で安価，小型軽量であるため，回転つりあいが良好などの利点がある。

(1) 筒形軸継手

図 7-13 に筒形軸継手の構造を示す。固定軸継手では最も簡単な構造であり，連結する二軸の両軸端に筒（鋳鉄や低炭素鋼など）を固定する。筒と軸は頭付きこう配キーを打ち込んで固定する。こう配キーの頭の部分は，露出している状態で運転すると危険であるため，安全カバーが取り付けられる。キーを用いて筒と軸を固定

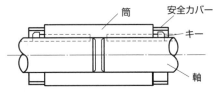

図 7-13　筒形軸継手

するため，軸方向に大きな引張荷重が作用する場合には不向きであり，取り付け，取り外しするには軸を軸方向に移動させる必要があるため不便である。筒形軸継手は比較的小径の軸同士の連結に利用される。

(2) 合成箱形軸継手

図 7-14 に合成箱形軸継手の構造を示す。合成箱形継手は二分割された筒（鋳鉄や鋳鋼など）を二軸の軸端にかぶせ，ボルトとナットによって筒を締め付けて二軸を連結する。伝達トルクが大きい場合は平行キーを用いて軸と筒を固定する。合成箱形継手は，継手を取り付け，取り外しの際，筒形継手のように軸を軸方向に移動させる必要がないという利点がある。

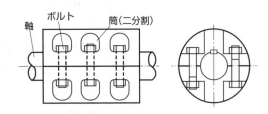

図 7-14　合成箱形継手

(3) フランジ形固定軸継手

図 7-15 にフランジ形固定軸継手の構造を示す。二軸の軸端にキーを用いて取り付けられたフランジ同士をリーマボルトで固定することによって二軸を連結する。JIS B 1451：1991 にフランジやボルトの材料や形状，寸法などが規定されており，固定軸継手の中で最も一般的なものである。

動力はボルトのせん断力と，ボルトの締め付けによる継手面の摩擦力によって伝達されるが，摩擦力による伝達は通常無視する。ボルトの許

容せん断応力を τ_a [MPa] とすると，せん断力によって伝達できる最大トルク T [N·mm] は次のようになる。

■ 伝達トルク
$$T = \xi n \left(\frac{B}{2}\right)\left(\frac{\pi a^2}{4}\tau_a\right) \text{[N·mm]} \qquad (7\text{-}48)$$

ここで，B [mm] はリーマボルトのピッチ円直径，a [mm] はリーマボルトの呼び径，n はリーマボルトの本数を表し，ξ はボルトの当たり係数である。ボルト穴の加工精度が高く，全てのボルトが均一にせん断力応力を受ける場合には $\xi = 1$ となるが，一般的には $\xi = 0.5$ 程度として安全側で計算を行う。

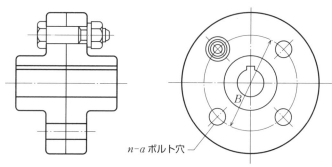

図 7-15　フランジ形固定軸継手

（JIS B 1451：1991 から引用）

例題 7-8　フランジ形固定軸継手の設計

JIS B 1451：1991 に規定されたフランジ形固定軸継手で継手径 140 mm のものを利用する。ボルトの許容せん断応力を 50 MPa とし，固定用の全てのボルトに均一にせん断力が作用するとして，伝達可能な最大トルクを求めよ。ただしフランジ同士の摩擦によるトルク伝達は無視すること。

●略解──解答例

JIS B 1451：1991（付表 7-4）より，リーマボルトのピッチ円直径は 100 mm，リーマボルトの呼び径は 14 mm，本数は 6 本である。これらを式 7-48 に代入し，$\xi = 0.5$ として求める。

$$T = \xi n \left(\frac{B}{2}\right)\left(\frac{\pi a^2}{4}\tau_a\right) = 0.5 \times 6 \times \frac{100}{2} \times \frac{\pi \times 14^2}{4} \times 50$$
$$= 1.15 \times 10^6 \text{ N·mm}$$

たわみ軸継手　組み立て上の制約により軸の位置合わせが困難な場合や，軸やフレームのたわみ，軸受の摩耗などによって，連結する二軸の軸心間にずれが生じることがある。たわみ軸継手は，二軸の軸心が多少ずれている状態で二軸を連結することを目的とした軸継手である。たわみ軸継手には多くの種類があるが，ここではJISに規定されている代表的なものについて述べる。

(1) フランジ形たわみ軸継手

図7-16にフランジ形たわみ軸継手の構造を示す。フランジ形たわみ軸継手はJIS B 1452：1991にフランジや継手ボルトの材料や形状，寸法が規定されており，最も広く使用されているたわみ軸継手である。図に示すように，継手ボルトにゴムブシュが取り付けられており，その圧縮強さで動力を伝達する。フランジ形たわみ軸継手ではゴムブシュにたわみ性をもたせているため，多少の軸心間のくるいがあっても，ゴムブシュの変形によって，軸に無理な荷重を与えずに動力を伝達することが可能である。しかしながら，軸心間のくるいが大きくなるとブシュの摩耗が早まるため，大きな軸心間のくるいは許容できない。伝達トルクはブシュに作用する面圧とボルトの強度で決まる。

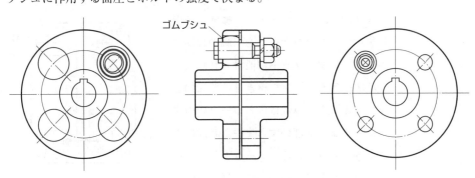

図7-16　フランジ形たわみ軸継手
（JIS B 1452：1991から引用）

(2) 歯車形軸継手

図7-17に歯車形軸継手の構造を示す。図に示すように外筒と内筒から構成されており，二軸のそれぞれの軸端に外歯をもつ内筒と，外歯にかみあう内歯をもつ外筒を取り付け，外歯と内歯がかみあった状態で外筒同士を継手ボルトで固定することによって，二軸の連結を行う。外歯の歯先および歯面にはクラウニングを施し，外筒と内歯のすきまによってたわみ性をもたせているため，軸心間のくるいがあっても歯部に無理が生じずにトルクを伝達することができる。歯車形軸継手はJIS B 1453：1988に規定されており，外筒の中心線に対して内筒の中心線が1.5°まで傾くことを許容している。歯車形軸継手は大きなトルクの伝達に適している。

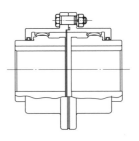

図7-17　歯車形軸継手
（JIS B 1453：1988から引用）

(3) ゴム軸継手

図7-18にゴム軸継手(タイヤ形ゴム軸継手)の構造を示す。ゴム軸継手は JIS B 1455：1988 に規定されている。継手部にゴムが多く利用されており，これらのゴムを介して二軸を連結することでたわみ性をもたせてある。比較的大きな軸心間のくるいが許容され，ゴム衝撃や振動を軸継手のゴムで吸収することができるが，ゴムを介することから大きなトルクの伝達はできない。

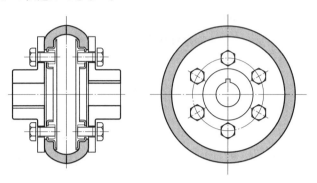

図 7-18　ゴム軸継手
（JIS B 1455：1988 から引用）

(4) ローラチェーン軸継手

図7-19にローラチェーン軸継手の構造を示す。スプロケットを二軸の軸端に固定し，スプロケットに設けられた歯に2列ローラチェーンを巻き付けて二軸を連結する。たわみ性は歯とローラ間のすきま，チェーン部のすきまやたわみによって与えられている。ローラチェーン軸継手は JIS B 1456：1989 に規定されており，小型軽量，簡単な構造，取り付け，取り外しが簡単などの利点がある。

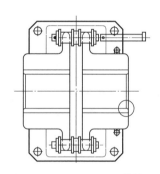

図 7-19　ローラチェーン軸継手
（JIS B 1456：1989 から引用）

自在軸継手　原動軸と従動軸の二軸が同一平面内で軸心がある角度で交差する場合に動力を伝達する目的で用いられる。自在軸継手の代表的なものとして図7-20に示すような十字軸形自在軸継手がある。二軸が α の角度で交差する場合，原動軸および従動軸の角速度をそれぞれ ω_A, ω_B，原動軸の回転角を θ とすると以下の式が成り立つ。

$$\frac{\omega_B}{\omega_A} = \frac{\cos\alpha}{1 - \sin^2\theta \sin^2\alpha} \qquad (7\text{-}49)$$

式7-49は，原動軸の回転中に従動軸の角速度が変化することを示しており，原動軸が等速で運転中に従動軸の速度が原動軸の $\cos\alpha \sim 1/$

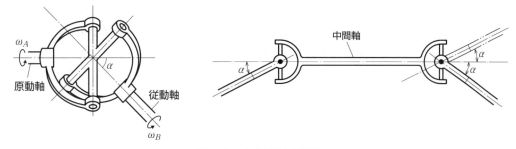

図7-20 十字軸形自在軸継手

$\cos\alpha$ 倍の範囲で変動する。これによって従動軸でトルク変動が生じる。これが振動，騒音の原因となるため，角速度の大きな変化が問題となる場合には交差角 α を5°以下にする。また，図に示すように原動軸と従動軸の間に中間軸を設け，二軸を中間軸に対して同じ角度で交差させることにより，原動軸と従動軸の回転速度を等しくすることが可能である。

十字形自在軸継手以外には JIS B 1454：1988 に規定されているこま形軸継手がある。二軸の軸端に取り付けられる本体がこまを介して連結されている。こまはピンを用いて本体に取り付けられており，ピンを支点として回転できるようになっている。この継手も十字形自在軸継手と同様に，原動軸と従動軸の角速度が異なる。二軸の角速度が等しい自在継手としてはボールを介して動力の伝達が行われるベンディックス・ワイスボールジョイント（等速形自在軸継手）などがある。

平行軸継手 原動軸と従動軸の軸心が平行にずれている場合に動力を伝達できるものであり，図7-21に示すようなオルダム軸継手がある。両軸端に溝が設けられているフランジを固定し，両面に溝に合う突起が設けられた中間板を介して二軸が連結されている。運転中，中間板が移動しながら動力を伝達するので，高速回転には向かない。

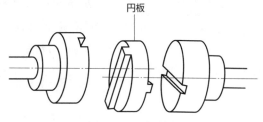

図7-21 オルダム軸継手

7-7-2 クラッチ

原動軸と従動軸は，必要に応じて連結および切り離しを行うことができる機械要素である。大別してかみあいクラッチと摩擦クラッチの2種類がある。

かみあいクラッチ 二軸に取り付けられた継手のつめがかみあうことによって動力を伝達し，切り離すことによって動力を遮断する。図7-22に示すように，原動軸側の継手はピンなどで軸端に固定され，従動軸側の継手はすべりキーやスプラインを用いて軸方向に移動できるようになっている。原動軸側と従動軸側のつめがかみ

あうと継手は一体となって回転するため，相対的なすべりなどはなく確実に動力を伝えることができるが，回転中の連結には衝撃が伴い，高速で回転する軸の連結は難しい。かみあいクラッチには図 7-22 に示すように種々のつめがあり，つめの形状によって回転方向や荷重，継手の着脱条件が異なってくる。例えば，角形つめは比較的大きなトルクを伝達することが可能であるが，運転中にかみあわせる必要がある機械用には不向きである。一方，三角つめは運転中のかみあわせは可能ではあるが，大きなトルク伝達には向いていない。したがって，使用用途によってつめ形状を適切に選択する必要がある。

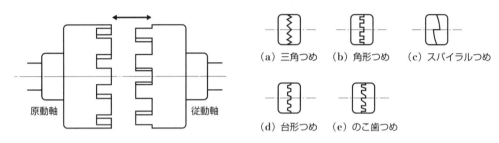

図 7-22　かみあいクラッチと種類

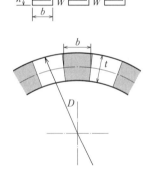

図 7-23　角形つめかみあいクラッチ

　かみあいクラッチの強度はつめの曲げ応力，せん断応力および面圧で検討を行うのが一般的である。ここでは角形つめの強度計算について述べる。図 7-23 のようにつめの外径を D [mm]，高さを h [mm]，幅を b [mm]，厚さを t [mm] とする。つめ 1 枚あたり荷重 W [N] を受ける場合，伝達トルク T [N·mm] はつめの数を n 枚として以下の式で与えられる。

$$T = nW\left(\frac{D-t}{2}\right) \ [\text{N·mm}] \tag{7-50}$$

安全のため，つめの先端で荷重を受けると仮定すると，つめに作用する最大曲げモーメント M は Wh [N·mm] である。つめの許容曲げ応力を σ_a [MPa] とすると，式 4-39 より，次の条件を満たさなければならない。

$$\sigma_a \geqq \frac{M}{Z} = \frac{6Wh}{tb^2} \ [\text{MPa}] \tag{7-51}$$

である。つめの許容せん断応力を τ_a [MPa] とし，つめ根元の面積を近似的に bt [mm^2] と考えると，

$$\tau_a \geqq \frac{W}{bt} \ [\text{MPa}] \tag{7-52}$$

また，つめの許容面圧を p_a [MPa] とすると，

$$p_a \geqq \frac{W}{th} \ [\text{MPa}] \tag{7-53}$$

である。式7-51～53を満たすようにつめを設計する。

摩擦クラッチ

二軸に取り付けられた継手の摩擦面を押しつけ，接触面に生じる摩擦力によって動力を伝達する。摩擦クラッチは摩擦面でのすべりがあるため，二軸を連結するときの衝撃がなく，滑らかに原動軸から従動軸に動力を伝達することができる。摩擦面の材料として，大きな摩擦係数，摩擦係数の安定性，耐摩耗性，耐熱性が優れることなどが要求される。摩擦クラッチの代表的なものとして，図7-24のような円板クラッチや円すいクラッチなどがある。

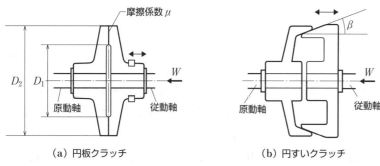

(a) 円板クラッチ　　　　(b) 円すいクラッチ

図7-24　摩擦クラッチ

ここでは円板クラッチの伝達できるトルクの計算方法について述べる。摩擦面の外径をD_2[mm]，内径をD_1[mm]，押しつけ力をW[N]，接触面の許容面圧をp_a[MPa]とすると，

$$p_a \geqq \frac{4W}{\pi(D_2{}^2 - D_1{}^2)} = 1.27 \frac{W}{(D_2{}^2 - D_1{}^2)} \text{ [MPa]} \quad (7\text{-}54)$$

を満たす必要がある。摩擦面の摩擦係数をμとし，外径と内径の平均径に摩擦力が作用すると仮定すると考えると，伝達トルクT[N·mm]は次のようになる。

■ 伝達トルク

$$T \leqq \mu W \left(\frac{D_2 + D_1}{4}\right) = \frac{\mu \pi}{4}\left(\frac{D_2 + D_1}{4}\right)(D_2{}^2 - D_1{}^2)p_a \text{ [N·mm]} \quad (7\text{-}55)$$

となる。なお，代表的な材料と許容接触面圧の目安を表7-5に示す。

表7-5　摩擦材の摩擦係数および許容接触面圧

摩擦材		摩擦係数		許容接触面圧 MPa
		乾燥	給油	
鋳鉄	鋳鉄	0.15～0.20	0.05～0.10	1.0～2.0
鋳鉄	鋼	0.25～0.35	0.06～0.10	0.8～1.4
鋳鉄	青銅	0.20	0.05～0.10	0.5～0.8
鋳鉄	皮	0.30～0.50	0.12～0.15	0.07～0.28

第7章　演習問題

1. 回転数 500 min^{-1} で 200 kW の動力を伝える中空丸軸を設計したい。材料の許容せん断応力を 50 MPa とし，軸径を求めよ。ただし，外径は内径の 2 倍とする。

2. 直径 40 mm の中実丸軸と同じ材料，同じ強度で質量が 60％の中空丸軸を設計したい。中空丸軸の外径を求めよ。

3. 150 N·m の最大曲げモーメントと 50 N·m のねじりモーメントが同時に作用する中実丸軸の軸径を求めよ。ただし，軸材料は曲げモーメントで破壊しやすいものとし，許容曲げ応力を 80 MPa とする。

4. 直径 20 mm の中実丸軸が距離 700 mm の二つの軸受で支持されており，中央部に質量 5 kg のロータが取り付けられている。軸材料の密度が 7.8 g/cm^3，ヤング率を 200 GPa として危険速度を求めよ。

5. 回転数 500 min^{-1} で 35 kW の動力を伝えることができる中実丸軸と回転体の締結に沈みキー（平行キー）を用いたい。軸材料の許容せん断応力を 40 MPa として，使用可能な最小軸径を選択せよ。ただし，キー溝加工による強度低下を考慮すること。

6. 図 7-10 に示すコッタ継手に引張荷重 W が作用する。$d = 30$ mm，$D = 60$ mm，$h = 38$ mm，$b = 8$ mm として，コッタ継手の許容荷重を求めよ。なお，コッタの許容曲げ応力を 85 MPa，許容せん断応力を 55 MPa，許容面圧を 60 MPa とし，コッタ以外の部品の強度は十分に確保されているものとする。

7. 円板クラッチの摩擦面の外径を 200 mm，内径を 150 mm とする。摩擦面の許容接触面圧を 1.0 MPa，摩擦係数を 0.2 とした場合，200 min^{-1} でどれだけの動力を伝達することが可能であるか。

第8章 軸受・密封装置

この章のポイント ▶

　軸受は回転軸等の回転する部品を支持する機械要素である。その役割として，回転部分に加わる荷重を受け持つこと，回転時の摩擦を小さくし滑らかな動きを実現することが挙げられる[1]。本章では，すべり軸受や転がり軸受といった軸受の原理とその設計方法について学ぶ。また，潤滑油を機械の外へ漏らさないために利用される密封装置[2]についても学ぶ。

① 軸受の種類と特徴
② すべり軸受の原理と設計方法
③ 転がり軸受の種類と設計方法
④ 密封装置の種類

8-1 軸受

　多くの機械には回転を伴う部分が存在し，そこでは**軸受**という機械要素が用いられている。その種類は図8-1に示すように，(a)**すべり軸受**と(b)**転がり軸受**に大きく分けられる。すべり軸受は軸と軸受の間に形成される潤滑油の油膜により荷重を受け持ち，転がり軸受は内外輪間に配置された玉やころの転動体により荷重を受け持つ。すべり軸受の使用例として，図8-1(a)に示すようなエンジンピストン部のクランク軸とコンロッドの連結部に使用される軸受が挙げられる[3]。転がり軸受の例としては風力発電の回転軸を支える軸受が挙げられ，その軸受外径は最大2.5 mにも及ぶ[4]。表8-1に各軸受(図中(b))の特徴をまとめた。主な特徴として，すべり軸受は負荷容量が大きく高速回転が可能であり，転がり軸受ではラジアル，スラストの両方向の荷重を受け持てることが挙げられる。

[1] トライボロジー
　接触する2面間の摩擦，摩耗，潤滑を取り扱う学問分野をトライボロジー(Tribology)という。トライボロジー技術の発展により，軸受，密封装置の高機能化，高精度化，長寿命化が実現されている。

[2] 密封装置
　密封装置はシール(seal)とも呼ばれる。

[3] エンジンにおけるすべり軸受
　自動車エンジンのクランクシャフト用すべり軸受は回転数，数千 min^{-1}，最大面圧約50 MPaの下で約0.5 μm

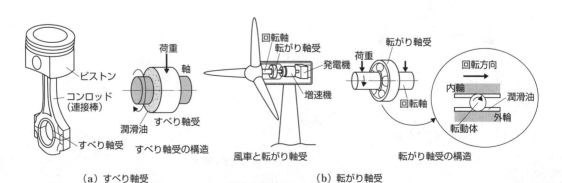

(a) すべり軸受　　　　　　　　　　(b) 転がり軸受

図8-1　軸受の利用例

の厚さの油膜（最小油膜厚さ）を形成し，シャフトを支えている。近年，省燃費化のために軸受の低摩擦化が求められている。

【4】風車における転がり軸受

風車は，回転軸を支える転がり軸受，軸の回転数を上げるための増速機，発電機等から構成される。発電量を高めるために風車の大型化が進んでおり，2.5 MW のものでは羽根の回転直径が約 100 m となる。メンテナンスの点からは，10 年以上の期間壊れずに作動する長寿命の性能が求められる。

表 8-1　すべり軸受と転がり軸受 [5] [6]

	すべり軸受	転がり軸受
荷重条件	負荷容量が大きい，衝撃荷重に強い	ラジアル・スラスト荷重を同時に受け持てる
速度条件	高速回転可能 （発熱量により速度上限が決まる）	許容回転速度以下で使用 （発熱・遠心力の影響を受ける）
起動時の摩擦	大きい	小さい
振動・騒音	小さい	大きい
潤滑方法	油潤滑，油供給装置・密封装置が必要 含油軸受もある（低速・低荷重条件で使用可）	油・グリース潤滑 シールド形（グリース潤滑）であれば，油供給装置が不要
寿命	潤滑状態が良好であれば半永久的に使用可能	寿命がある（計算可）

8-2　すべり軸受

【5】荷重の種類
・ラジアル荷重：軸に対して垂直方向の荷重
・スラスト荷重（アキシアル荷重）：軸方向の荷重

【6】グリース
グリースとは油中に増ちょう剤を分散させ，半固体状にしたものである。外力が加わることにより流動化し，潤滑膜を形成することが可能となる。

8-2-1　すべり軸受の原理

図 8-2 にすべり軸受の一つである**ジャーナル軸受**の概略図を示す。図中 (a) において，軸受は回転軸の外側を覆う円筒であり，軸と軸受の間にはすきまが設けられ，ここに潤滑油が供給される。図中 (b) は，すきま部分を拡大したものである。すきまは回転方向に沿って狭まった形状をしており（狭まりすきま部），その部分は油で満たされている。ここで軸受が固定されている場合，軸の回転により油が狭まりすきまへ流入し，すきま内で軸を持ち上げようとする圧力が発生する（図中 (b)）。これによって軸に加わる力を支えることが可能となる。このような圧力発生機構をくさび作用という。軸受における圧力発生機構として，くさび作用のほかにスクイズ作用がある。図 8-3 は，各機構での圧力発生の原理を示す。各機構で発生する圧力 p は，以下の式 8-1 で示される**レイノルズ方程式**により計算することができる（式 8-1 は 1 次元の場合を示す）。

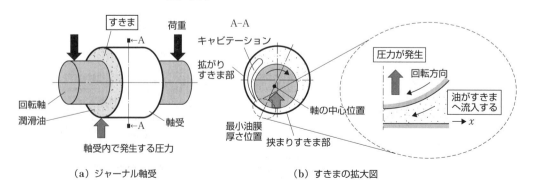

図 8-2　ジャーナル軸受の概略図

■ レイノルズ方程式

$$\frac{d}{dx}\left(\frac{h^3}{12\eta}\frac{dp}{dx}\right) = \frac{v}{2}\frac{dh}{dx} + \frac{dh}{dt} \quad (8\text{-}1)$$

ここで，$x\,[\mathrm{m}]$ はすべり方向位置，$h\,[\mathrm{m}]$ はすきま厚さ，$\eta\,[\mathrm{Pa\cdot s}]$ は潤滑油の絶対粘度[7]，$v\,[\mathrm{m/s}]$ はすべり速度，$t\,[\mathrm{s}]$ は時間を示す[8]。

式の右辺における第1項がくさび作用，第2項がスクイズ作用をそれぞれ示し，この項が負になる場合に正の圧力が発生する。図8-3に示すように，くさび作用では，流れ方向に狭まったすきま（$\frac{dh}{dx}<0$ となる条件）が形成され，そこへ油が流入することにより圧力が発生する。スクイズ作用では，油膜厚さが時間とともに減少する際（$\frac{dh}{dt}<0$ となる条件），粘性によりすきま内の油の流出が遅れるため圧力が発生する。

このような軸と軸受のすきまに潤滑油の流体膜を形成し，圧力を発生させる潤滑を**流体潤滑**という。流体潤滑では接触面間に流体膜が存在するため，2面間の直接接触を防ぐことができる。その結果，摩擦係数が低くなる（0.01以下）。したがって，潤滑設計の際には，まずは流体潤滑となるように検討を行う[9]。

[7] 粘度
油の粘度は絶対粘度 $\eta\,[\mathrm{Pa\cdot s}]$ と，絶対粘度を密度で除した動粘度 $\nu\,[\mathrm{m^2/s}]$ の2種類が利用される。

[8] レイノルズ方程式
レイノルズ方程式は，以下に示すいくつかの仮定の下に導出される。
①ニュートン流体とする，②体積力・慣性力を無視する，③粘度・密度・圧力は膜厚方向で一定とする，④潤滑表面と流体の間にすべりがない，等。

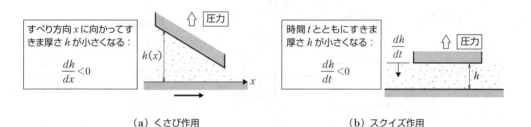

（a）くさび作用　　　　　　　（b）スクイズ作用

図8-3　くさび作用，スクイズ作用の図

[9] 潤滑の種類
一般に潤滑状態は，①流体潤滑（摩擦係数0.01以下），②境界潤滑（摩擦係数0.1程度かそれ以上），③混合潤滑（摩擦係数0.01～0.1程度）に分けられる。

8-2-2 すべり軸受の種類

図8-4には，すべり軸受の種類を示し，それらは軸受の受け持つ荷重の方向，圧力の発生方法によって大きく分類される。図中(a)は荷重の方向の違いを示し，ラジアル荷重を受け持つ軸受（ジャーナル軸受）を**ラジアル軸受**，スラスト荷重（アキシアル荷重）を受け持つ軸受を**スラスト軸受**と呼ぶ。また，圧力発生方法の違いとして，図8-2，8-3のように流体の運動により圧力を発生させるものを**動圧軸受**，図8-4(b)のように高圧の油や空気を供給し圧力を発生させるものを**静圧軸受**と呼ぶ。

8-2-3 ラジアル軸受の設計方法（ジャーナル軸受）

図8-5にはジャーナル軸受における軸と軸受の位置関係を示す（軸受の内径 $D\,[\mathrm{mm}]$，軸の直径 $d\,[\mathrm{mm}]$）。図で示されているように，運転

時には軸中心と軸受中心は一致せず軸が偏心した状態で回転しており，それにより回転方向の $\theta = 0 \sim 180°$ の位置に狭まりすきまが形成される。8-2-1項で示したように，この狭まりすきまへ油が流入することによりくさび作用で圧力が発生する。

ここで，軸中心が軸受中心に対して偏心する角度を偏心角 ϕ [°]，中心位置の移動量を偏心量 e [μm, mm]，軸受内径と軸径の差の半分を半径すきま c [μm, mm]（$c = \dfrac{D-d}{2}$）と呼ぶ[10]。

最小油膜厚さの位置から後方 $\theta = 180 \sim 360°$ の位置では拡がりすきまが形成される。狭まりすきま部で正の圧力が発生するのに対して，拡がりすきま部では負の圧力が発生し，そこではキャビテーション[11]が起こる。これにより，油膜の一部が破断することとなる。ジャーナル軸受においてレイノルズ方程式[12]を解く際には境界条件が必要となるが，その際，キャビテーションの領域を考慮した条件が使用される[13]。

軸受の設計では，以下の**軸受圧力**，**幅径比**，**pv 値等**を評価し，軸受寸法を決定する。

【10】偏心率
e を c で除した値を偏心率 ε という。

【11】キャビテーション
キャビテーションとは，油膜内の圧力が大気圧より低下した場合に，油中に溶解した気体が析出すること（気体性キャビテーション），あるいは油が蒸発すること（蒸気性キャビテーション）により空洞（気相）が発生する現象である。一般に，潤滑油中では気体性キャビテーションが起こると考えられている。

【12】レイノルズ方程式（極座標形式）
ジャーナル軸受におけるレイノルズ方程式（極座標形式）は以下のようになる。

$$\frac{\partial}{\partial \theta}\left(\frac{h^3}{12\eta}\frac{\partial p}{\partial \theta}\right) + R^2 \frac{\partial}{\partial x}\left(\frac{h^3}{12\eta}\frac{\partial p}{\partial x}\right)$$
$$= \frac{Rv}{2}\frac{\partial h}{\partial \theta} + R^2 \frac{\partial h}{\partial t}$$

ここで，θ [rad]：最大すきま位置から回転方向にとった周方向角度座標，x [m]：軸方向座標，R [m]：軸の半径，他の記号は式8-1と同様である。

【13】境界条件
レイノルズ方程式（微分方程式）を解く場合には，積分定数を決めるために境界条件を与える必要がある。軸受面が油膜となっている場合，$\theta = 0, 360°$ で $p = 0$ Pa（ゲージ圧）とするゾンマーフェルト条件が用いられるが，キャビテーションが発生すると，その領域に特定の圧力（キャビテーション圧力）を与える境界条件が必要となる。

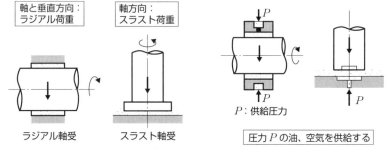

図8-4　すべり軸受の種類

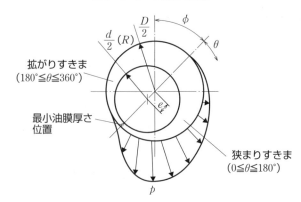

図8-5　ジャーナル軸受の軸，軸受の位置関係

軸受圧力 p

軸受に加わる圧力 p [MPa] は荷重 W [N] を軸受の投影面積 (dl) [mm²] で除した式 8-2 で示される。この値が使用する材料の最大許容圧力 p_a を超えないように設計を行う。各材料，対象となる機械における最大許容圧力 p_a [MPa] を表 8-2, 8-3 に示す。

■ 軸受圧力 p

$$p = \frac{W}{dl} \text{ [MPa]} \tag{8-2}$$

ここで W [N] は荷重，d [mm] は軸の直径，l [mm] は軸受の長さである。

最大許容圧力 p_a を超えた場合，設定荷重を小さくする，あるいは軸受の投影面積を大きくする（軸径 d [mm] を大きく，長さ l [mm] を長く）ように設計変更を行う。

軸受材料（軸受メタル）には，耐焼付き性，耐摩耗性，機械的強度（圧縮強さ，疲労強度等），耐食性等が考慮され，一般に表 8-2 に示した材料が使用される[14] [15]。表には硬さや最高許容温度，材料特性の比較も示される。また，多孔質材料（焼結金属，プラスチック等）に潤滑油を浸み込ませた含油軸受も使用され，無給油軸受として広く利用されている（ただし，利用は低速・軽荷重部分に制限されている[16]）。

【14】焼付き

表面に十分な油膜が形成されなくなった場合，2 面間で直接接触が起こり，軸受面の温度が急上昇する。ここで，その状況が厳しい場合には接触面間で溶着等が起こる。これを焼付きという。すべり軸受では十分な油膜厚さを形成させ，2 面間の直接接触を防ぐように設計することが重要となる。

【15】ブッシュ

一般的には，軸受本体にブッシュを取り付け，軸とブッシュにより回転面を構成する。ブッシュには，表 8-2 に示した材料が使用される。

【16】含油軸受

含油軸受材料にはあらかじめ油を浸み込ませた多孔質材料が使用される。運転時には摩擦熱により油が浸み出るため，軸受面の潤滑が可能となる。停止時には（低温になると），油は孔に浸み込んでいくため，長期間無給油のままで利用できる。

表 8-2 各材料の最大許容圧力 p_a

軸受材料	最大許容圧力 p_a [MPa]	硬さ [HB]	最高許容温度 [℃]	焼付きにくさ	疲労強度	耐食性
鋳鉄	3～6	160～180	150	2	5	5
青銅	7～20	50～100	200	3	5	5
リン青銅	15～60	100～200	250	1	5	5
鉛銅	10～18	20～30	170	4	3	1
鉛青銅	20～32	40～80	220～250	3	4	2
Sn 基ホワイトメタル	6～10	20～30	150	5	1	5
Pb 基ホワイトメタル	6～8	15～20	150	5	1	3
アルミ合金	28	45～50	100～150	1	4	5

（新版機械工学便覧応用編 B1 機械要素設計・トライボロジー（日本機械学会編，日本機械学会，1985，131 ページ）を基に作成）
※焼付きにくさ，疲労強度，耐食性は，5 段階評価で 5 を最良とする。

表 8-3 各種機械における最大許容圧力 p_a，標準幅径比，最大許容 pv 値，最小許容 $\eta n/p$ 値，標準すきま比，適正粘度 η

機械名		最大許容圧力 p_a [MPa]	標準幅径比	最大許容 pv 値 [MPa·m/s]	最小許容 $\eta n/p$ 値	標準すきま比	適正粘度 η [mPa·s]
伝動軸	（軽荷重軸受）	0.2	2～3	1～2	24×10^{-8}	0.001	25～60
	（重荷重軸受）	1.0	2～3	1～2	6.8×10^{-8}	0.001	25～60
自動車用ガソリン機関	（主軸受）	6～12	0.8～1.8	200	3.4×10^{-8}	0.001	7～8
発電機, 電動機, 遠心ポンプ	（回転子軸受）	1～1.5	1.0～2.0	2～3	43×10^{-8}	0.0013	25
工作機械	（主軸受）	0.5～2	1～4	0.5～1	0.26×10^{-8}	<0.001	40
減速歯車		0.5～2	2～4	5～10	8.5×10^{-8}	0.001	30～50

（機械工学便覧 改訂第 5 版（日本機械学会編，日本機械学会，1968，1～69 ページ）を基に作成）

例題 8-1

図8-6に示す伝動軸用軸受(軽荷重軸受,軸の直径 $d = 40$ mm) について,軸受長さ l [mm] を設計せよ。なお,荷重 $W = 2000$ N,回転数 $n = 100$ min^{-1},油の粘度 $\eta = 0.1$ Pa·s,軸受(ブッシュ)材料は鋳鉄である。

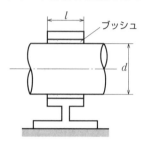
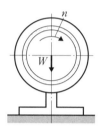

図 8-6

● **略解**────解答例

表8-2から許容圧力 $p_a = 3$ MPa を選択すると,軸受長さ l は式8-2より,以下のように求められる。

$$l = \frac{W}{dp} = \frac{W}{dp_a} = \frac{2000}{40 \times 3} = 16.7 \text{ mm}$$

幅径比

軸受長さ l [mm] を軸直径 d [mm] で除した値を幅径比という。

■ 幅径比

$$\text{幅径比} = \frac{l}{d} \tag{8-3}$$

一般的な機械の幅径比の標準値を表8-3に示す。この値を基に,対象となる機械の軸受長さ l [mm] と軸直径 d [mm] を決定することができる。

例題 8-2

例題8-1の伝動軸用軸受(図8-6)について,軸受長さ l [mm] を幅径比の点から設計せよ。

● **略解**────解答例

表8-3より伝動軸の幅径比は2.0〜3.0であり,ここでは2.0とする。軸受長さ l [mm] は,式8-3より以下のように求められる。

$$l = 2.0 \times d = 80.0 \text{ mm}$$

求めた軸受長さ l [mm] は例題8-1で求めた値を超えているので,軸受圧力の点においても問題ないと判断できる[17]。

【17】設計方法
計算値よりも大きくなっていれば安全側に設計していることになる。

pv 値

軸受圧力 p [MPa] と軸の周速度 v [m/s] の積を pv 値 [MPa·m/s] という。

■ pv 値
$$pv \text{ 値} = pv \quad [\text{MPa·m/s}] \quad (8\text{-}4)$$

pv 値は軸受に加わる仕事率(単位時間,単位面積あたりのエネルギー)を表す。各種機械の最大許容 pv 値は表 8-3 に示され,求めた値が対象の最大許容値を超えていないことを確認する[18]。なお,式 3-26 より,軸の周速度 v [m/s] は式 8-5 のように示される (ω:軸の角速度 [rad/s], n:軸の回転数 [min^{-1}], d の単位は [m] とする)。

■ 軸の周速度 v
$$v = \frac{d}{2}\omega = \frac{d}{2} \times \frac{2\pi}{60}n \quad [\text{m/s}] \quad (8\text{-}5)$$

[18] μpv 値

単位面積当たりの摩擦発熱量として,pv と摩擦係数 μ との積である μpv 値で評価する場合もある。

例題 8-3

例題 8-1 の伝動軸用軸受(図 8-6)について,pv 値 [MPa·m/s] を求めよ。軸受長さ l は例題 8-2 で求められた値を使用する。

● 略解 ─── 解答例

軸の周速度 v [m/s] は式 8-5,pv 値 [MPa·m/s] は式 8-4 より,以下のように求められる。

$$v = \frac{d}{2} \cdot \frac{2\pi}{60}n = 0.209 \text{ m/s}$$

$$pv \text{ 値} = pv = \left(\frac{W}{dl}\right)v = \left(\frac{2000}{40 \times 80}\right) \times 0.209 = 0.131 \times 10^6 \text{ Pa·m/s}$$

$$= 0.131 \text{ MPa·m/s}$$

求めた pv 値は表 8-3 の最大許容 pv 値 1〜2 [MPa·m/s] 以下となっているので問題ないと判断できる。

$\dfrac{\eta n}{p}$ 値

潤滑油粘度 η [Pa·s] と軸の毎秒回転数 n [s^{-1}] の積を軸受圧力 p [Pa] で除した値を $\dfrac{\eta n}{p}$ 値という。

■ $\dfrac{\eta n}{p}$ 値
$$\frac{\eta n}{p} = \frac{\eta n}{\dfrac{W}{dl}} \quad (8\text{-}6)$$

一般に,$\dfrac{\eta n}{p}$ 値は潤滑状態を表す指標(一般に軸受特性数といわれる)と考えられており,流体潤滑を確保するためにはその最小値を下回らないようにする必要がある[19]。各機械の最小許容 $\dfrac{\eta n}{p}$ 値,適正粘度 η を表 8-3 に示す。この表より,求めた値が対象の最小 $\dfrac{\eta n}{p}$ 値を下回らないことを確認する。

[19] 軸受特性数

軸受特性数と各潤滑状態の関係は以下の図のようになる。軸受特性数が大きくなるとともに流体潤滑域となり,小さくなると境界潤滑域となる。潤滑面を設計する際には摩擦係数の低い流体潤滑域になるよう,軸受特性数の値(回転数,荷重,油の粘度等の運転条件)を設定する必要がある。

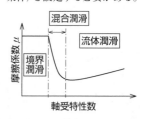

> **例題 8-4**
>
> 例題 8-1 の伝動軸用軸受（図 8-6）について，$\dfrac{\eta n}{p}$ 値を求めよ。
>
> ●略解 ———— 解答例
>
> $\dfrac{\eta n}{p}$ 値は式 8-6 より以下のように求められる。
>
> $$\dfrac{\eta n}{p} = \dfrac{\eta n}{\dfrac{W}{dl}} = \dfrac{0.1 \times (100/60)}{\dfrac{2000}{0.04 \times 0.08}} = 26.7 \times 10^{-8}$$
>
> 求めた $\dfrac{\eta n}{p}$ 値は表 8-3 の最小許容 $\dfrac{\eta n}{p}$ 値 24×10^{-8} 以上となっているため問題ないと判断できる。

半径すきま c，最小油膜厚さ $h_{\min}$

半径すきま $c\,[\mu\mathrm{m}]$ は，使用する軸受の内径と軸直径のはめ合いから求められる。一般に，半径すきま c は軸の半径 $R\,(= \dfrac{d}{2})$ の 0.001 程度に設定され，各機械における標準すきま比 ψ [20] は表 8-3 のように示されている。また，市販品の軸受では内径のサイズ公差が決まっているため，半径すきま c は軸との公差域を計算することにより求められる（公差に関する詳細は 1-4 節「サイズ公差」を参考のこと）[21]。

[20] すきま比

すきま比 $\psi = \dfrac{\text{半径すきま}\,c}{\text{軸の半径}\,R}$

[21] はめあい

軸受と軸の間のはめあいの例として，一般用 H9/f8，精密用 H8/f7 が挙げられる。

また，図 8-7 に示す最小油膜厚さ $h_{\min}$ は，軸および軸受の表面粗さを考慮し，以下の式 8-7 のように各粗さの最大高さ R_z の 3 倍以上となるように設定する。また，低速すべり軸受では，式 8-8 が使用されることもある。粗さに関しては 1-6 節「表面性状」を参考のこと。

■ 最小油膜厚さ $h_{\min}$

$$h_{\min} \geqq 3(R_{z_1} + R_{z_2})\,[\mu\mathrm{m}] \tag{8-7}$$

■ 最小油膜厚さ $h_{\min}$

$$h_{\min} \geqq R_{z_1} + R_{z_2}\,[\mu\mathrm{m}] \tag{8-8}$$

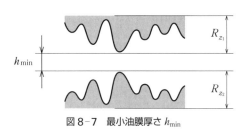

図 8-7　最小油膜厚さ $h_{\min}$

例題 8-5

例題 8-1 の伝動軸用軸受（図 8-6）について，半径すきまの最大値，最小値を求めよ。軸と軸受内径のはめ合いは，H8/f7 とする。

● 略解——解答例

軸と穴の公差域を求めると，各寸法値は以下の通りとなる。

軸受内径：上の許容サイズ 40.039 mm，下の許容サイズ 40.000 mm

軸：上の許容サイズ 39.975 mm，下の許容サイズ 39.950 mm

半径すきまの最大値：44.5 μm

半径すきまの最小値：12.5 μm

この結果より，半径すきまの平均値は 28.5 μm と求められる。この値は，表 8-3 の標準すきま比から求まる 20.0 μm に近い値となっている [22]。

その他の軸受特性

その他の軸受特性（摩擦係数 μ，偏心率 ε，偏心角 ϕ[°]）はゾンマーフェルト数 S を基に整理されている [23]。ゾンマーフェルト数は以下の式 8-9 より求まる。

■ ゾンマーフェルト数 S

$$S = \frac{\eta n}{\psi^2 p} \quad (8\text{-}9)$$

また，軸と軸受の中心が一致している場合（同心位置での回転時），摩擦トルク T[N·m]，摩擦係数 μ は以下の式 8-10，式 8-11 でそれぞれ示される。導出については側注 [24] に示す。一般に，軽荷重で高速回転している場合はほぼ同心位置での回転となるため，摩擦係数 μ は式 8-11 で求まる値に近づく（この式を Petroff の式という）。

■ 摩擦トルク T

$$T = \frac{2\pi \eta v R^2 l}{c} \quad [\text{N·m}] \quad (8\text{-}10)$$

■ 摩擦係数 μ

$$\mu = 2\pi^2 S \psi \quad (8\text{-}11)$$

8-2-4 スラスト軸受の設計方法（付表 8-1，8-2）

スラスト軸受の設計として，ここではスラストパッド軸受を取り上げる。この軸受では図 8-8 に示すように，軸と連結した回転面（アミかけ部分）と，その面に対して傾いたパッドを円周状に並べる構造となっており，油が傾斜したパッド面に流入することによりくさび作用で圧力が発生する。このとき，負荷容量はすべり速度や潤滑油粘度とともに，パ

【22】半径すきま
半径すきま $c = \psi \cdot R$
$= 0.001 \times 20 = 0.02 \text{ mm}$
$(= 20.0 \mu\text{m})$

【23】ゾンマーフェルト数
一般に，摩擦係数は S が大きくなるとともに上昇する。また，S とともに偏心率は小さく（0 に近づく），偏心角は大きくなる（90°に近づく）。なお，偏心率が 0，偏心角が 90°の状態は軸中心と軸受中心が一致していることを示す。

【24】摩擦トルク，摩擦係数の導出
軸壁面に加わるせん断応力 τ[Pa] は以下の式で示される（ニュートン流体の場合）。ここで，各単位は η[Pa·s]，v[m/s]，c[m] とする。

$$\tau = \eta \frac{v}{c} \quad [\text{Pa}]$$

摩擦トルク T[N·m] は摩擦力 F[N] と軸半径 R[m] の積であるので，軸表面の微小面積を $dA (= Rd\theta \cdot l)$ とすると以下のように示される。ここで，各単位は R[m]，l[m] とする。

$$T = F \cdot R = \int \tau dA \cdot R$$
$$= \int_0^{2\pi} \tau \cdot Rd\theta \cdot l \cdot R$$
$$= \frac{2\pi \eta v R^2 l}{c} \quad [\text{N·m}]$$

摩擦力 F は荷重 W[N] と摩擦係数 μ の積であるので，摩擦トルク T は以下のように示される。

$$T = F \cdot R = \mu W \cdot R$$

上式より，摩擦係数 μ は以下のように示される。式 8-9 に注意し整理すると，ゾンマーフェルト数 S と関係することがわかる。

$$\mu = \frac{T}{W \cdot R} = \frac{2\pi \eta v R l}{Wc} = 2\pi^2 S \psi$$

【25】スラストパッド軸受

スラストパッド軸受の実用例として，水力発電機用スラスト軸受が挙げられる。軸受寸法・運転条件の一例としては，軸受面の平均直径2～3m，パッド数10～16個，平均周速約10～32 m/sであり，平均面圧3～5 MPaで約5 MNの軸受荷重を受け持つことが可能となる。従来，スズ-アンチモン-銅合金製のパッドが使用されていたが，近年では，低摩擦化と使用温度向上の目的で四フッ化エチレン樹脂（PTFE）製のパッドが開発されている。

ッドの形状・寸法とその数，入口・出口膜厚の影響を受ける[25]。設計では，与えられる運転条件（すべり速度，荷重，潤滑油粘度等）の下で必要な負荷容量が得られるようにパッドの寸法，数，膜厚を決定する。

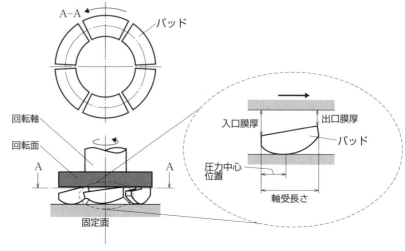

図8-8　スラスト軸受

8-3 転がり軸受

8-3-1 転がり軸受の原理

【26】転がり軸受の摩擦係数

転がり軸受における摩擦係数は0.001程度である。

【27】軸受鋼

軸受鋼には，焼入れ・焼戻しされた高炭素クロム鋼（ビッカース硬さHV700～800）を用いる。また，疲労寿命には材料中の非金属介在物（酸化物等）が影響するが，現在では製造技術の向上により介在物を減少させた軸受鋼が使用されている。

【28】フレーキング

転がり軸受の損傷の一つに，疲労現象で生じる"転がり疲れ"がある。転がり接触時に，材料の表面近傍は繰返しのせん断応力を受け，これにより材料内部で亀裂が発生し，それが表面まで進展すると，表面の一部が剥がれ落ち，うろこ状の表面形状ができる。これをフレーキングと呼ぶ。疲れ寿命はこのフレーキングが発生するまでの時間として定義されている。

図8-9に転がり軸受の一つである**深溝玉軸受**の概略図を示す。図(a)において，軸受の内輪は回転軸と，外輪は固定側の部品とそれぞれ固定されている。図(b)に示すように，内輪と外輪の間には転動体である球が挟まれており，回転軸，および内輪が回転すると球も同時に回転する。一方で，球と外輪の転走面の摩擦係数[26]は非常に低いので，外輪には回転軸からの力が加わらず静止したままとなる。一般的に，内輪，外輪，転動体は軸受鋼[27]という強度，硬度の高い鋼を材料としており百万回程度の回転にも耐えられるようになっている[28]。また，球の真円度，

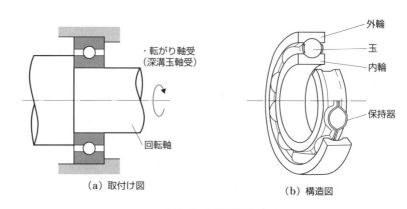

図8-9　深溝玉軸受

表面粗さも非常に小さくなる[29]ように精密加工されており，これにより振動を抑えた滑らかな回転が実現される。さらに，軸受面では潤滑油やグリースを用いた弾性流体潤滑[30]膜が形成される。2面間に表面粗さ以上の厚さの油膜が形成されることで，転走面と球の直接接触[31]が防がれている。

8-3-2 転がり軸受の種類

図8-10に，転がり軸受の種類を示す。転がり軸受においても**ラジアル荷重**を受け持つ軸受を**ラジアル軸受**，**スラスト荷重**を受け持つ軸受を**スラスト軸受**と呼ぶ。なお，転がり軸受のラジアル軸受は同時にスラスト荷重も受け持つことができる。表8-4には，各軸受の許容できる荷重の種類が示されている。例えばアンギュラ玉軸受では一方向のスラスト荷重を受け持つような構造となっているが，組み合わせれば両方向からのスラスト荷重を受け持ち，深溝玉軸受よりも負荷能力が高くなる。また，ころ軸受は接触面積を広くとることができるため，玉軸受に対して比較的大きな荷重を受け持つことができる。

【29】真円度，表面粗さ
軸受鋼球の真円度は$0.05\,\mu m$，表面粗さは約$0.008\,\mu m$とされている。なお，鋼球を地球の大きさに拡大すると，その表面粗さは$10\,m$程度の高さ（例えば，3階建ての建物と同じ高さ）となり，とても低いことがわかる。この点からも軸受球の表面の滑らかさ（精度の高さ）を理解することができる。

【30】弾性流体潤滑
転がり軸受面における潤滑状態を弾性流体潤滑という。この潤滑状態では，接触圧力が高いために表面の一部が弾性変形し，接触面間の油の粘度が上昇することがポイントとなる。

【31】直接接触
直接接触は摩耗や焼付きといった表面損傷を引き起こす要因となる。

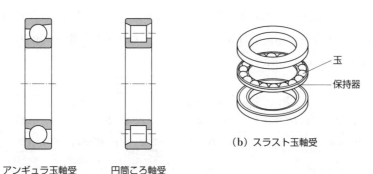

（a）ラジアル軸受　　アンギュラ玉軸受　円筒ころ軸受

（b）スラスト玉軸受（玉，保持器）

図8-10　転がり軸受の種類

表8-4　各軸受の荷重特性

特性		軸受の種類					
		深溝玉軸受	アンギュラ玉軸受	組合せアンギュラ玉軸受	円筒ころ軸受	スラスト玉軸受	スラスト円筒ころ軸受
荷重の種類	ラジアル荷重	○	○	○	○	×	×
	スラスト荷重	○（両方向）	○（一方向）	○（両方向）	×	○（一方向）	○（一方向）
	合成荷重（ラジアル荷重＋スラスト荷重）	○	○	○	×	×	×

※○は使用可能。×は使用不可能を示す。

[32] 基本静定格荷重

基本静定格荷重は，転動体と軌道面における接触部中央の最大応力が 4200 MPa（ころ軸受では 4000 MPa，自動調心玉軸受では 4600 MPa）となる荷重であり，この荷重下では転動体と軌道面に生じた永久変形の和が転動体の直径の 1/1000 となる。

[33] 記号

表における各部寸法の記号は，以下に示す通りである。

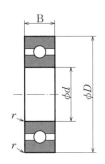

8-3-3 転がり軸受の設計方法

一般に，転がり軸受の設計はその寿命を求めることにより行われ，寿命として**基本定格寿命** L_{10} [10^6 回転] が定義されている。これは，任意の荷重条件で 90 % の軸受が破損せずに回転できる総回転数を意味する。また，基本定格寿命を 10^6 回としたときの荷重を**基本動定格荷重** C [N]，回転しない静止条件下での許容荷重を**基本静定格荷重** C_0 [N] [32] と定めている。

各軸受では，種類，寸法等を区別するために呼び番号が決められている。予備番号の示す意味は，6210 を例にとると以下の通りとなる。62 は系列記号といい，6 は軸受の種類（この場合，深溝玉軸受），2 は寸法系列（軸受の内径に対する外径・幅，この場合，幅系列 0，直径系列 2）を示す。10 は内径番号といい，軸受内径の大きさを示す。内径番号 4 以上では，この値を 5 倍すると内径が求められる（たとえば，10 の場合，内径は 50 mm となる）。表 8-5 には深溝玉軸受の各呼び番号における主要寸法等を示す[33] [34]。

軸受の設計は，軸受の選定，動等価荷重 F の計算，基本定格寿命 L_{10} の計算・確認の順にて行う。また，許容回転速度や限界 dn 値の確認，取付け部の設計も行う。

表 8-5 深溝玉軸受の型番
（寸法は JIS B 1521：2012 より，その他は機械設計入門（塚田・舟橋・野口著，実教出版，2014，149 ページ）を基に作成）

呼び番号	主要寸法，mm				基本定格荷重，kN		係数	許容回転数，$\times 10^3$ min^{-1}	
	d	D	B	r	C	C_0	f_0	グリース潤滑時	油潤滑時
6900	10	22	6	0.3	2.70	1.27	14.0	30	36
6000		26	8	0.3	4.55	1.96	12.4	29	34
6200		30	9	0.6	5.10	2.39	13.2	25	30
6300		35	11	0.6	8.20	3.50	11.4	23	27
6902	15	28	7	0.3	3.65	2.00	14.8	24	28
6002		32	9	0.3	5.60	2.83	13.9	22	26
6202		35	11	0.6	7.75	3.60	12.7	19	23
6302		42	13	1.0	11.4	5.45	12.3	17	21
6904	20	37	9	0.3	6.40	3.70	14.7	19	23
6004		42	12	0.6	9.40	5.05	13.9	18	21
6204		47	14	1.0	12.8	6.65	13.2	16	18
6304		52	15	1.1	15.9	7.90	12.4	14	17
6905	25	42	9	0.3	7.05	4.55	15.4	16	19
6005		47	12	0.6	10.1	5.85	14.5	15	18
6205		52	15	1.0	14.0	7.85	13.9	13	15
6305		62	17	1.1	21.2	10.9	12.6	12	14
6906	30	47	9	0.3	7.25	5.00	15.8	14	17
6006		55	13	1.0	13.2	8.30	14.8	13	15
6206		62	16	1.0	19.5	11.3	13.8	11	13
6306		72	19	1.1	26.7	15.0	13.3	10	12

軸受の選定

まず、回転軸、取付け部の寸法、荷重の方向等の設計仕様（条件）より、使用する軸受を選定する[35]。

例題 8-6

図8-11に示すような深溝玉軸受の設計を行う。軸の直径 $d = 20$ mm である場合、表8-5から候補となる軸受を選択せよ。

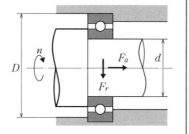

図8-11

●略解──解答例

軸の直径から軸受寸法の内径 $d = 20$ mm が決まり、表8-5の呼び番号 "6904-6304" が選択の候補となる。ここでは、呼び番号6204を選定してみる（軸受外径 D は47 mm となる）。

動等価荷重 F の計算

軸受にラジアル荷重 F_r[N] とスラスト荷重 F_a[N] が同時に加わっている場合には、**動等価荷重** F[N] を用いる。この動等価荷重 F[N] は、F_r[N] と F_a[N] が加わる条件と同じ寿命となるラジアル方向の荷重を意味する。F は以下の式8-12で示される。なお、X, Y はラジアル、スラストの各荷重係数であり、表8-6から求められる。

■ 動等価荷重 F

$$F = XF_r + YF_a \quad [\text{N}] \quad (8\text{-}12)$$

表8-6 動等価荷重における係数（JIS B1518 : 2013）

$\dfrac{f_0 F_a}{C_0}$	e	$F_a/F_r \leq e$		$F_a/F_r > e$	
		X	Y	X	Y
0.172	0.19				2.30
0.345	0.22				1.99
0.689	0.26				1.71
1.03	0.28				1.55
1.38	0.3	1	0	0.56	1.45
2.07	0.34				1.31
3.45	0.38				1.15
5.17	0.42				1.04
6.89	0.44				1.00

【34】軸受の形式

グリースを利用する場合には、軸受の両側の面を密封し外部に漏れないようにする必要がある。側面の開放・密封状態は、以下の形式で分類される。

・開放形：軸受の両側が開放されており、油・グリースの供給が可能。
・Z形：軸受の片側部が金属のシールド板にて密封されている。反対側より油・グリースの供給が可能。
・ZZ形：軸受の両側が金属のシールド板にて密封されている。封入されたグリースにより潤滑が可能。

【35】軸受選定法

一般的な軸受選定法では、はじめに深溝玉軸受の使用を検討し、荷重条件に応じてアンギュラ玉軸受、ころ軸受を検討する。また、スラスト荷重が大きい場合にはスラスト軸受を検討する。

例題 8-7

図 8-11 に示す深溝玉軸受において,動等価荷重 $F[\mathrm{N}]$ を求めよ。軸受にはラジアル荷重 $F_r = 3000\,\mathrm{N}$,スラスト荷重 $F_a = 1200\,\mathrm{N}$ がそれぞれ作用する。軸受は例題 8-6 で選択した呼び番号のものとする。

● **略解**────解答例

まず,表 8-5 から係数 f_0,基本静定格荷重 $C_0[\mathrm{kN}]$ を求める。呼び番号 6204 の場合にはそれぞれ 13.2, 6.65 kN となる。

次に,表 8-6 の左端 $\dfrac{f_0 F_a}{C_0}$ を計算し,それを基に表から e を求める。このとき,$\dfrac{f_0 F_a}{C_0}$ が表内の値と一致しないので,図 8-12 に示すように線形補間により求める。

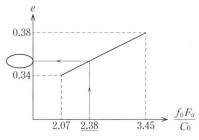

図 8-12 線形補間

$$\frac{f_0 F_a}{C_0} = \frac{13.2 \times 1.2}{6.65} = 2.38$$

$$e = 0.34 + \frac{0.38 - 0.34}{3.45 - 2.07} \times (2.38 - 2.07) = 0.349$$

それから,表 8-6 より係数 X, Y を求める。e と $\dfrac{F_a}{F_r}\left(=\dfrac{1.2}{3.0}=0.400\right)$ を比較すると,$\dfrac{F_a}{F_r} > e$ となる。したがって,X は表より $X = 0.56$ となる。Y は e を求めた場合と同様に,以下のように線形補間により求める。

$$Y = 1.31 + \frac{1.15 - 1.31}{0.38 - 0.34} \times (0.35 - 0.34) = 1.27$$

最後に,求めた係数 X, Y を使用し,F を式 8-12 より求める。

$$F = XF_r + YF_a = 0.56 \times 3000 + 1.27 \times 1200$$
$$= 3204\,\mathrm{N} = 3.2\,\mathrm{kN}$$

基本定格寿命 L_{10} の計算・確認

基本定格寿命 L_{10} [回転] は以下の式 8-13 より求められる。ここで基本動定格荷重 C [N] は表 8-5 に示されている。また，指数 n_L は，玉軸受では 3，ころ軸受では $\frac{10}{3}$ を用いる。

■ 基本定格寿命 L_{10}

$$L_{10} = \left(\frac{C}{F}\right)^{n_L} \quad [10^6 \text{回転}] \quad (8\text{-}13)$$

また，各種係数を考慮した補正寿命 L が式 8-14 のように定義される。ここで，各係数は，a_1：信頼度係数（表 8-7），a_2：材料係数，a_3：使用条件係数をそれぞれ示す[36]。

$$L = a_1 \cdot a_2 \cdot a_3 \cdot L_{10} \quad (8\text{-}14)$$

例題 8-8

図 8-11 に示す深溝玉軸受において，基本定格寿命 L_{10} [回転] を求めよ。回転数は $n = 100 \text{ min}^{-1}$ とする。また，軸受の設計仕様で寿命時間が 10000 h と決められている場合に，これを満足するか答えよ。ただし，軸受は例題 8-6 で選択したものとする。

● 略解 ── 解答例

L_{10} は以下に示すように，式 8-13 より求められる。ここで C は表 8-5 より求める。F は例題 8-7 より求めた値を使用する。

$$L_{10} = \left(\frac{C}{F}\right)^{n_L} = \left(\frac{12.8}{3.2}\right)^3 = 64.0 \quad [10^6 \text{回転}]$$

L_{10} より，寿命時間 L_h [min]，L_h [h] は以下のように求められる[37]。

$$L_h = 640000 \text{ min} = 10666.7 \text{ h}$$

$L_h (= 10666 \text{ h})$ は設計仕様の 10000 h を超えているので，呼び番号 6204 の使用は問題ないと判断できる[38]。

[36] 補正寿命係数

・a_2 は疲れ寿命が長くなるように材料を改良した場合の補正係数で，通常 $a_2 = 1$ とする。特に改良した材料の場合には 1 以上の値となる。

・a_3 は潤滑条件を考慮した補正係数で，良好の場合には 1 以上とし，潤滑条件が不良の場合（高温等の低粘度となる条件や低速条件で十分な油膜が期待できない場合）には 1 未満の値とする。

[37]

寿命時間 L_h [min]，L_h [h] は以下の式で計算できる。

$$L_h = \frac{L_{10} \times 10^6}{n} \quad [\text{min}]$$

$$L_h = \frac{L_{10} \times 10^6}{60 \cdot n} \quad [\text{h}]$$

[38] 設計方法

ここで，設計仕様を満たさない場合は，軸受の選定から基本定格寿命 L_{10} の計算・確認までの検討をやり直すことになる。

表 8-7　信頼度係数（JIS B 1518：2013）

信頼度 [%]	L	a_1
90	L_{10m}	1
95	L_{5m}	0.64
96	L_{4m}	0.55
97	L_{3m}	0.47
98	L_{2m}	0.37
99	L_{1m}	0.25
99.9	$L_{0.1m}$	0.093

【39】潤滑方法
・油浴潤滑：潤滑面の一部，全部を油中に浸し，潤滑を行う。
・霧状・噴霧潤滑：油を霧状化し潤滑を行う。噴霧給油機により油霧を含んだ圧縮空気を供給することにより，供給油量が一定となり，同時に潤滑部の冷却も可能となる。
・ジェット潤滑：油を高速で噴射し，潤滑を行う。冷却効果が高く，温度上昇を防ぐことができる。

許容回転数，限界 dn 値の確認

長期間の安全運転を保証するために（一般的な使用条件下），許容回転数 $n\,[\mathrm{min}^{-1}]$ が表 8-5 に示すように決められている。また，dn 値 $[\mathrm{m\cdot min}^{-1}]$（軸直径 d と n の積）も安全運転を保証する評価値として使用され，その限界 dn 値は表 8-8 に示される[39]。

許容回転数 $n\,[\mathrm{min}^{-1}]$ や限界 dn 値 $[\mathrm{m\cdot min}^{-1}]$ は潤滑方法の違いによって異なり，この値を無視して高速運転を行うと，潤滑不良，軸受温度の上昇等が引き起こされ，焼付き等の表面損傷が発生する。

例題 8-9

図 8-11 に示す深溝玉軸受において，回転数 $n\,[\mathrm{min}^{-1}]$，dn 値 $[\mathrm{m\cdot min}^{-1}]$ が許容値以下となっているか答えよ。ただし，軸受は例題 8-6 で選択したものとし，グリース潤滑条件，回転数 $n=100\,[\mathrm{min}^{-1}]$ で使用される。

●略解──解答例

$n=100\,[\mathrm{min}^{-1}]$ は，表 8-5 の許容回転数 $16000\,\mathrm{min}^{-1}$（グリース潤滑）を下回っている。したがって，許容値以下となっており問題ないと判断できる。

dn 値は，$dn=0.02\times 100=2.00\,\mathrm{m\cdot min}^{-1}$ と求まり，この値は表 8-8 の 180（単列深溝玉軸受，グリース潤滑）を下回っており，問題ないと判断できる。

表 8-8 限界 dn 値
(新版機械工学便覧応用編 B1 機械要素設計・トライボロジー（日本機械学会編，日本機械学会，1985，134 ページ））

軸受の形式	グリース潤滑	油潤滑			
		油浴	霧状	噴霧	ジェット
単列深溝玉軸受	180	300	400	600	600
アンギュラ玉軸受	180	300	400	600	600
自動調心玉軸受	140	250	―	―	―
円筒ころ軸受	150	300	400	600	600
保持器付き針状ころ軸受	120	200	250	―	―
円すいころ軸受	100	200	250	―	300
自動調心ころ軸受	80	120	―	―	250
スラスト玉軸受	40	60	120	―	150

※グリースの寿命は 1000 時間程度を基準としている。

取付け部の設計

軸受は，回転軸，および固定部品に確実に固定する必要がある。図8-13には，ラジアル軸受の取付けにおける注意点を示している。図に示すように，片方の軸直径を軸受内径よりも大きくすることで軸の位置が固定され，片側の軸にねじを設けることで締付けナットを用いた固定が可能となる。また，軸受固定部品では，軸受が固定されるように肩を設け，軸受を取り付ける入口側の直径を大きくしておくことが重要となる[40][41]。

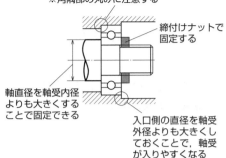

図8-13　取付けにおける注意点

高温・低温条件等で軸が熱膨張・収縮する場合には，図8-14のように一方を固定側軸受，もう一方を自由側軸受とし，伸びを許容するようにすきまを設けて取り付ける必要がある。また，軸受には図8-15に示すように，内輪と外輪間に軸方向のすきま（可動部分）が生じる。軸受剛性の向上や回転精度の向上，振動抑制が求められる条件（工作機械の主軸等）では，図8-15に示すように予圧を与えて，この可動部分をあらかじめなくし（軸受の軸方向の位置が固定される），回転軸の振れをなくすことが必要である。

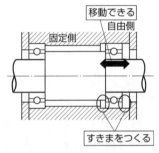

図8-14　熱膨張・収縮への対応

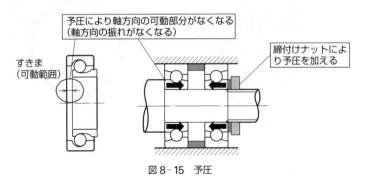

図8-15　予圧

【40】設計方法
　肩の寸法や角隅部の丸み，軸直径の寸法，取付け部のはめあい，締付けナットの規格に関してはJIS，メーカカタログを参考にする。

【41】はめあい
　転がり軸受の取り付けにおけるはめあいは，一般に以下のように行う。
・内輪が回転する場合：外輪をすきまばめ，軸と内輪をしまりばめ
・外輪が回転する場合：外輪をしまりばめ，軸と内輪をすきまばめ

8-3　転がり軸受

8-4 密封装置

8-4-1 密封装置の種類

密封装置は動的に使用する場合，静的に使用する場合の2条件があり，目的に応じてその選択を行う。動的用密封装置としては，回転用シールの**オイルシール**，**メカニカルシール**，往復運転用のシールリング（ピストンリング等），パッキン等が挙げられる。また，静的用密封装置として，**Oリング**[42]，ガスケット，膜シール，シーリング剤が挙げられる。図8-16には，回転用密封装置のオイルシール，メカニカルシール，静的用密封装置のOリングを示す。

図8-16(a)のオイルシールはゴム製で，その構造は内側にリップ部，内部にバネが組み込まれている。リップ面を回転軸表面に接触するように取り付けると，バネにより軸を保持するような圧力が加わる。回転させると接触面には流体膜が形成され，また，油側へ引き込む流れができるために，回転時も油側から大気中への漏れが生じない[43]。

図8-16(b)のメカニカルシールでは，固定環に回転環を接触させ，バネにより圧力を加えることで密封する。回転時には2面間に流体膜が形成され，これにより摩擦が低下する[44]。

図8-16(c)のOリングは主に静止部分に使用される。ゴム製で，2つの部品の間に挟み込むように取り付けられ，ボルト締結などで圧力を加え，適度に変形させる。これにより2面間のすきまをなくすことができ，漏れがなくなる。

【42】Oリング
往復運動用のシールとして用いる場合もある。

【43】ダストリップ
ダストリップが付いている場合には大気側からのごみの侵入を防ぐことが可能となる。

【44】密封の原理
密封の原理として，キャビテーションの作用や圧力流れによる吸込み作用などが考えられている。オイルシールに比べ，高速・高圧・高温条件で使用することができる。

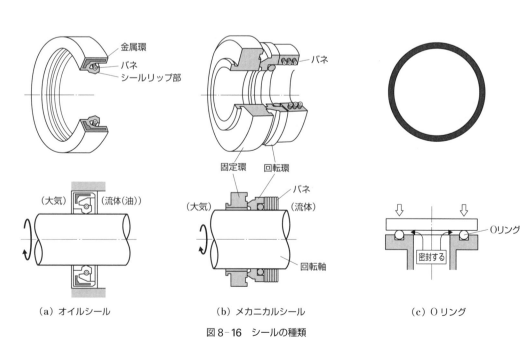

(a) オイルシール　　(b) メカニカルシール　　(c) Oリング

図8-16　シールの種類

8-4-2 設計方法

　一般に，シールは設計仕様(許容周速，許容圧力，形状・寸法等)に合わせ，種類・型番を選択していく。また，密封機構ではすきまを制御することが重要となるので，対象となる接触面の表面粗さや硬さ，取付け部のはめあい，振れ公差等も重要な設計点となる。

第8章　演習問題

1. 軸直径 $d = 50$ mm，軸受長さ $l = 150$ mm の伝動軸用すべり軸受（軽負荷用）を設計する。なお，潤滑油の粘度は 0.03 Pa·s とする。

①軸受に加わる荷重が 1000 N，回転数 100 min^{-1} の場合，pv 値 [Pa·m/s]，$\dfrac{\eta n}{p}$ 値を求め，使用条件の範囲内であるか確認せよ。

②荷重を 1500 N，回転数を 1000 min^{-1} に変更する場合，pv 値の点から軸受長さを設計せよ。ここで，最大許容 pv 値は 1 MPa·m/s とし，軸径は $d = 50$ mm のままとする。

2. 軸直径 $d = 20$ mm，軸受長さ $l = 60$ mm の回転軸用すべり軸受の摩擦トルク [N·m]，摩擦係数を式 8-10, 8-11 から求めよ。軸受に加わる荷重は 500 N，回転数 2000 min^{-1}，潤滑油の粘度は 0.01 Pa·s とし，半径すきまはすきま比を 0.001 として求めよ。また，軸受の摩擦係数を低くする方法を述べよ。

3. 6905 の深溝玉軸受をラジアル荷重 $= 1000$ N，スラスト荷重 $= 500$ N，回転数 $= 500$ min^{-1} の条件で使用する。定格寿命 [h] を求めよ。

4. 回転数 $= 500$ min^{-1} で回転する軸（直径 $d = 10$ mm）を深溝玉軸受で支持する。このとき，軸受にはラジアル荷重 $= 1700$ N のみが加わる。設計仕様として定格寿命 500 h が与えられた場合，適当な軸受を表 8-5 より選定せよ。（式 8-13 で $F =$ ラジアル荷重 1700 N として考える。）

5. 図 8-17 に示す回転軸（直径 $d = 10$ mm，回転数 $n = 1000$ min^{-1}）を支持する深溝玉軸受 A，B を設計する。ラジアル方向の荷重は $W = 5000$ N であり，スラスト荷重として $F_a = 1500$ N も加わる。軸受間長さ $l = 500$ mm（$a = 200$ mm, $b = 300$ mm）である。なお，軸受 A, B は同じものを使用し，曲げモーメントは無視する。

①ラジアル荷重のみが加わる場合（$F_a = 0$ N の場合），軸受を表 8-5 より選定せよ。定格寿命は 100 h とする。

②ラジアル荷重とスラスト荷重が加わる場合，①で選択した軸受の定格寿命 [h] を求めよ。

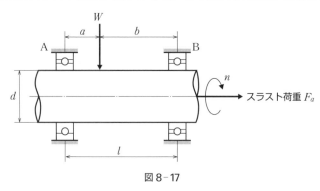

図 8-17

第9章 歯車伝動装置

この章のポイント ▶

　この章では，歯車伝動装置に用いられる歯車の種類，動力伝達用歯車の歯形に用いられているインボリュート曲線，歯車のかみあいにおける留意点など歯車に関する基礎を学習する。また，歯車対および歯車列における速度伝達比および伝達動力などの設計仕様に基づき，最も一般的に用いられている平歯車の強度計算法について学習する。

　①歯車の種類，歯形，標準平歯車および歯車対
　②標準平歯車のかみあい率，すべり率，切下げおよび転位
　③主な歯車伝動装置の種類と速度伝達比
　④平歯車およびはすば歯車の強度設計

9-1 歯車

　原動軸の動力を従動軸へ伝える方法として円筒摩擦車を用いた摩擦伝送装置の一例を図9-1に示す。摩擦伝動装置は，円筒を互いに押し付けることで生じる摩擦力によって動力が伝達され，過負荷による従動軸の急停止などの衝撃が原動軸へ伝わらないというメリットがある。しかし，回転数に急激な変動が生じた場合の滑りは避けられず，正確な動力の伝達には適さない。一方，図9-2のように円筒面に凹凸（歯）を設け，歯を順次かみあわせて回転することで確実に動力を伝達できるよう設計された機械要素が**歯車**である。また，歯車をかみあわせた機構を**歯車対**という。

図9-1　摩擦車

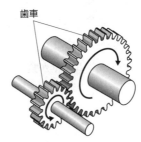

図9-2　歯車

　図9-3において，歯の寸法を定義する基準となる面を**基準面**，歯と歯がかみあう際に接触する歯の表面部分を**歯面**，歯面と基準面の交線を**基準歯すじ**，基準面に同軸な任意の円筒面との交線を単に**歯すじ**という。また，基準歯すじと直交する平面と歯面との交線を**歯直角歯形**，基準面の直線母線に直交する平面と歯面との交線を**正面歯形**という。

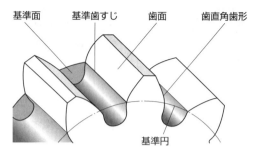

図 9-3　歯に関する名称

9-1-1　歯車の種類

　歯車は基準面形状と歯すじのねじれにより分類でき，基準面の形状が円筒の歯車を**円筒歯車**，基準面が円すいの歯車を**かさ歯車**という．歯車用語と種類は JIS B 0102-1：2013 に規定されており，表 9-1 に主な歯車および歯車対の種類と特徴を示す．

　円筒歯車において基準歯すじが基準円筒の直線母線になっているものを**平歯車**，歯すじが直線母線に対して傾斜した**つるまき線**になっているものを**はすば歯車**といい，主に原動軸と従動軸が平行な場合に**平行軸歯車対**として動力伝達に用いられる．なお，円筒歯車の基準円筒直径が無限大の場合に相当する棒状歯車を**ラック**といい，**ピニオン**と呼ばれる円筒歯車と組み合わせて回転運動と直線運動の間での動力伝達に用いられる．

　かさ歯車は，歯すじが基準円すいの直線母線になっている**すぐばかさ歯車**，歯すじがつるまき線の**はすばかさ歯車**，歯すじがつるまき線以外の曲線になっている**まがりばかさ歯車**などがあり，主に 2 軸が同一平面内で交差する場合に**交差軸歯車対**として用いられる．

　2 軸が平行でなく，交差もしない場合の動力伝達には，**ハイポイドギヤ**や**ウォームギヤ**が**食い違い軸歯車対**として用いられる．

表 9-1 歯車の種類と特徴

2軸の相対位置と歯車の種類・名称		特　徴
平行軸	平歯車 （スパーギヤ）	歯すじが直線で軸に平行な円筒歯車で，製作が容易であり，動力伝達用として最も多く用いられる。軸方向力（スラスト）が発生しない。
	はすば歯車 （ヘリカルギヤ）	歯すじがねじれている円筒歯車で，同じ大きさの平歯車に比べ強度が大きい。伝動時の騒音が少ないが，軸方向力が発生するので注意が必要である。
	やまば歯車 （ダブルヘリカルギヤ）	歯すじのねじれ方向が対称なはすば歯車を合わせた形の円筒歯車で，はすば歯車と同様に騒音は少なく，軸方向力が発生しない。
	内歯車 （インターナルギヤ）	平歯車は円筒の外側に歯が作られた外歯車であるのに対し，円筒の内側に歯が作られた歯車を内歯車と呼ぶ。内歯車を用いた遊星歯車装置は小型で大きな減速比を実現できる。
	ラックとピニオン	平歯車の大きさを無限に大きくした場合に相当する棒状歯車をラックと呼ぶ。平歯車（ピニオン）の回転運動とラックの直線運動を変換できる。
交差軸	すぐばかさ歯車 （ストレートベベルギヤ）	歯すじが基準円すいの直線母線である円すい形の歯車で，交差する2軸間の動力伝達に用いられる。かさ歯車の中では製作が比較的容易で最も普及している。
	まがりばかさ歯車 （スパイラルベベルギヤ）	歯すじがねじれ角をもった曲線のかさ歯車で，製作は難しいが強度が大きく，静粛な回転を実現でき，自動車の減速装置などに用いられる。
食い違い軸	ハイポイドギヤ	形状はまがりばかさ歯車と同様の円すい形の歯車だが，食い違い軸間での伝動が可能で，自動車の差動歯車などに用いられる。
	ねじ歯車 （スパイラルギヤ）	はすば歯車同士，または平歯車とはすば歯車を組み合わせて食い違い軸の間での伝動に利用したとき，この歯車対をねじ歯車と呼び，自動機械などの運動伝達に用いられる。
	ウォームギヤ	ねじと同様の形状をしたウォームと，これにかみあうウォームホイールを組み合わせ，比較的小型で大きな速度伝達比を実現でき，通常は2軸が直角な場合に使用する。

9-1-2 歯形と歯車各部の名称

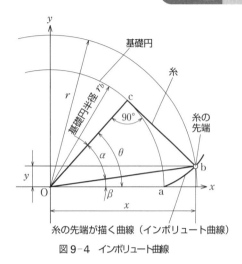

図9-4 インボリュート曲線

動力伝達に用いられる歯車として，製作の容易さと滑らかなかみあいを実現できることから，**インボリュート曲線**[1] を歯形としたインボリュート歯車が広く用いられている。インボリュート曲線は図9-4に示すように**基礎円**に巻き付けた糸をほどく際に糸の先端が描く曲線であり，基礎円半径である線分（$\overline{Oc}$）と曲線上のb点を通る半径線（$\overline{Ob}$）のなす角度αを**圧力角**という。インボリュート歯車は図9-5に示す**標準基準ラック歯形**（JIS B 1701-1：2012）に基づく歯切工具[2] を用いて製作できる。

標準基準ラックは歯形が直線で構成され，歯面の角度α_bを基準圧力角という。歯と歯の間隔を**ピッチ**といい，**歯厚**がピッチの半分となるよう作図した線を**データム線**という。歯切工具のデータム線が円筒歯車の基準円と接するよう工具を配置して加工した円筒歯車を標準平歯車といい，その接点Pを**ピッチ点**という。基準ラックは標準平歯車の歯数を無限大にしたものに相当し，標準平歯車の圧力角は，工具の基準圧力角に一致する。圧力角αの標準値としてJIS規格では20°が推奨されており，実際にも多く使用されているが，特殊な場合には14.5°および17.5°が用いられることもある。

【1】インボリュート曲線

図9-4において，曲線の座標(x, y)は，基礎円半径r_bと任意半径rから計算でき，αは圧力角である。invαは圧力角αの関数でインボリュート関数と呼ばれており，線分$\overline{bc}$と円弧$\stackrel{\frown}{ac}$の長さが等しい関係にあることから導出できる。

$x = r\cos(\mathrm{inv}\,\alpha)$
$y = r\sin(\mathrm{inv}\,\alpha)$
$\alpha = \cos^{-1}\dfrac{r_b}{r}$
$\mathrm{inv}\,\alpha = \beta = \theta - \alpha$
$\qquad = \tan\alpha - \alpha$

【2】歯切工具

標準基準ラック歯形の外形線を，データム線に対して反転させた形状を切歯とした歯切用の工具。標準基準ラック工具という。

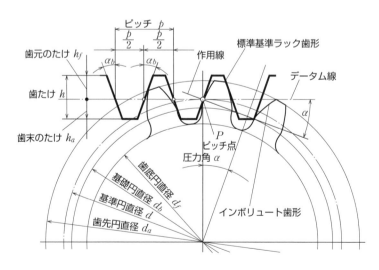

図9-5 標準基準ラック歯形

標準基準ラック歯形およびインボリュート歯形の歯の大きさを表す重要なパラメータとして，**モジュール** m [mm] が用いられる[3]。モジュールは円周率 π とピッチ p [mm] を用いて式 9-1 で定義され，JIS 規格の標準値を表 9-2 に示す。インボリュート歯形の基準円直径 d [mm] と歯数 z を用いてピッチ p [mm] を式 9-2 で表せば，基準円直径 d [mm] はモジュール m [mm] と歯数から式 9-3 で決定できる。

表 9-2 モジュールの標準値

単位 [mm]

系列 I	系列 II	系列 I	系列 II
1		8	7
1.25	1.125	10	9
1.5	1.375	12	11
2	1.75	16	14
2.5	2.25	20	18
3	2.75	25	22
4	3.5	32	28
5	4.5	40	36
6	5.5	50	45
	(6.5)		

注 系列 I を優先し，(6.5) は避ける。
(JIS B 1701-2：1999 より抜粋)

【3】ダイヤメトラルピッチ (diameter pitch)

円周率 π をインチ単位で表示した基準円ピッチで除した値をダイヤメトラルピッチといい，モジュールと同様，歯の大きさを表すパラメータとして使用される。

■ モジュール，ピッチ，基準円直径

$$m = \frac{p}{\pi} \ [\mathrm{mm}] \quad (9\text{-}1)$$

$$p = \frac{\pi d}{z} \ [\mathrm{mm}] \quad (9\text{-}2)$$

$$d = mz \ [\mathrm{mm}] \quad (9\text{-}3)$$

図 9-6 は標準平歯車の歯車対の一例で，小歯車が回転することで大歯車を駆動しており，それぞれ**駆動歯車**および**被動歯車**と呼び，両歯車の軸間距離を**中心距離**という。表 9-3 に標準平歯車および歯車対の各部の名称と，モジュール m [mm] を基準とした各寸法の計算式を示す。なお，**歯末のたけ**を $h_a = m$ としたものを並歯といい，これに対して歯の高さを高くしたものを高歯，低くしたものを低歯という。

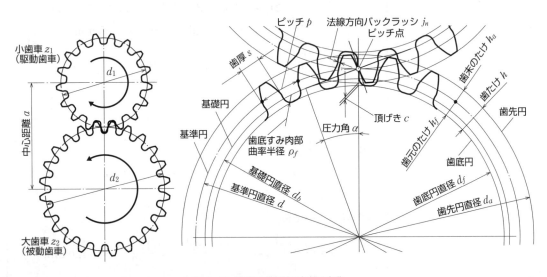

図 9-6 標準平歯車対の各部の名称

表9-3 標準平歯車各部の名称と寸法の標準値

（モジュール m 基準，単位 mm）

歯車各部の名称	小歯車（駆動歯車）	大歯車（被動歯車）
圧力角	$\alpha = 20°$	
歯数	z_1	z_2
基準円直径	$d_1 = mz_1$	$d_2 = mz_2$
ピッチ	$p = \pi m$	
中心距離	$a = \dfrac{d_1 + d_2}{2} = \dfrac{m(z_1 + z_2)}{2}$	
頂げき	$c = 0.25m$	
歯末のたけ	$h_a = m$	
歯元のたけ	$h_f = h_a + c = 1.25m$	
歯たけ	$h = h_a + h_f = 2.25m$	
歯先円直径	$d_{a_1} = d_1 + 2h_a = m(z_1 + 2)$	$d_{a_2} = d_2 + 2h_a = m(z_2 + 2)$
歯底円直径	$d_{f_1} = d_1 - 2h_f = m(z_1 - 2.5)$	$d_{f_2} = d_2 - 2h_f = m(z_2 - 2.5)$
基礎円直径	$d_{b_1} = d_1 \cos\alpha$	$d_{b_2} = d_2 \cos\alpha$
歯厚	$s = \dfrac{p}{2} = \dfrac{\pi m}{2}$	
歯底すみ肉半径	$\rho_f = 0.38m$	

例題 9-1

モジュール $m = 2.5$ mm，歯数 $z = 17$ の標準平歯車の基準円直径 d [mm]，歯末のたけ h_a [mm]，歯元のたけ h_f [mm]，歯先円直径 d_a [mm]，歯底円直径 d_f [mm]，ピッチ p [mm]，歯厚 s [mm] を求めよ。

● **略解** ── 解答例

$$d = mz = 2.5 \times 17 = 42.5 \text{ mm}$$
$$h_a = m = 2.5 \text{ mm}$$
$$h_f = 1.25m = 1.25 \times 2.5 = 3.125 \cong 3.13 \text{ mm}$$
$$d_a = d + 2h_a = 42.5 + 2 \times 2.5 = 47.5 \text{ mm}$$
$$d_f = d - 2h_f = 42.5 - 2 \times 3.125 = 36.25 \cong 36.3 \text{ mm}$$
$$p = \frac{\pi d}{z} = \pi m = \pi \times 2.5 = 7.853 \cong 7.85 \text{ mm}$$
$$s = \frac{p}{2} = \frac{\pi m}{2} = \frac{\pi \times 2.5}{2} = 3.926$$
$$\cong 3.93 \text{ mm}$$

例題 9-2

モジュール $m = 4$ mm，歯数 $z_1 = 17$，$z_2 = 43$ の歯車対の中心距離 a [mm] を求めよ。

● **略解** ── 解答例

$$a = \frac{d_1 + d_2}{2} = \frac{m(z_1 + z_2)}{2} = \frac{4(17 + 43)}{2} = 120 \text{ mm}$$

9-1-3 歯車対の速度伝達比

図9-7に示す歯車対では，駆動歯車の回転数に対して被動歯車の回転数は小さくなる。駆動歯車の角速度を被動歯車の角速度で除した値を**速度伝達比**[4]という。速度伝達比iは，それぞれの角速度ω，回転数N，基準円直径d，歯数z，およびトルクTから式9-4で計算でき，式中の添え字は1が駆動歯車を，2が被動歯車を表している。

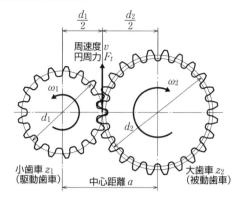

図9-7 歯車対による伝動

■ 速度伝達比

$$i = \frac{\omega_1}{\omega_2} = \frac{N_1}{N_2} = \frac{d_2}{d_1} = \frac{z_2}{z_1} = \frac{T_2}{T_1} \qquad (9\text{-}4)$$

【4】 速度伝達比

減速装置のように駆動歯車より被動歯車が大きい場合，速度伝達比が1より大きくなり，このとき速度伝達比を減速比と呼ぶ。一方，速度伝達比が1より小さいときは増速比と呼ぶ。

なお，駆動歯車の基準円における周速度vと接線方向に作用する円周力F_tは，既に第3章で学習した式3-26および式3-51を用いて，回転数N_1と伝達動力Pから求められる。また，被動歯車は駆動歯車によって回転させられるため，被動歯車の周速度と円周力は，駆動歯車と同じ値となり，両歯車の回転軸のトルクTは，円周力と基準円直径から式3-7で求められる。

例題 9-3

図9-7に示す歯車対を用いて電動機の回転数を$\frac{1}{3}$に減速したい。駆動歯車は標準平歯車でモジュールを$m = 6$ mm，歯数を$z_1 = 21$として，速度伝達比i，被動歯車の歯数z_2，かみあいピッチ円における周速度v [m/s]と円周力F_t [N]および出力軸トルクT_2 [N·m]を求めよ。ただし，電動機の定格出力$P = 2.2$ kW，回転数$N = 1450$ min^{-1}とする。

● 略解 ——— 解答例

式9-4より　　$i = \dfrac{N_1}{N_2} = \dfrac{1450}{\dfrac{1450}{3}} = 3.00$

また，$i = \dfrac{z_2}{z_1}$より　$z_2 = iz_1 = 3 \times 21 = 63$ 枚

式3-26より

$$v = r_1 \omega_1 = \frac{d_1 \times 10^{-3}}{2} \times \frac{2\pi N_1}{60} = \frac{mz_1 \times 10^{-3}}{2} \times \frac{2\pi N_1}{60}$$

$$= \frac{6\times 10^{-3}\times 21}{2}\times \frac{2\pi \times 1450}{60} \cong 9.57 \text{ m/s}$$

式 3-51 より $\quad F_t = \dfrac{P}{v} = \dfrac{2.2\times 10^3}{9.57} \cong 230 \text{ N}$

式 3-7 より

$$T_2 = F_t \frac{d_2}{2} = F_t \frac{mz_2}{2} = 230 \times \frac{6\times 10^{-3}\times 63}{2} \cong 43.47 \text{ N·m}$$

となる。

9-2 歯車のかみあい

歯車対における歯と歯のかみあいに関して，設計上留意すべき点について平歯車を例に説明する。

9-2-1 かみあい率

図9-8に駆動歯車の注目する1つの歯が回転するときに，被動歯車の歯に接触を開始してから終了するまでの様子を示した。(b)の線分$\overline{ab}$は両歯車の基礎円の共通接線である。接触点の軌跡は，この共通接線と重なる直線となり**作用線**といい，接触する両歯面の共通法線でもある。(a)の点P_1は被動歯車の歯先円と作用線の交点でかみあい開始点という。また，(c)の点P_2は駆動歯車の歯先円と作用線の交点でかみあい終了点という。(b)の点Pは基準円と作用線の交点で，線分$\overline{P_1P}$の長さl_aを近よりかみあい長さ，線分$\overline{PP_2}$の長さl_bを遠のきかみあい長さ，線分$\overline{P_1P_2}$の長さlを**かみあい長さ**という。

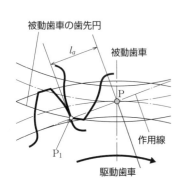

（a）かみあい開始点

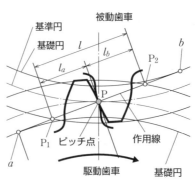

（b）ピッチ点での接触

（c）かみあい終了点

図9-8 かみあい長さ

図 9-9 に示す標準平歯車対において両歯車の歯先円半径を r_{a_1}, r_{a_2} [mm], 基礎円半径を r_{b_1}, r_{b_2} [mm], 中心距離を a [mm] とすれば，かみあい長さ l [mm] [5] は次式で求められる。

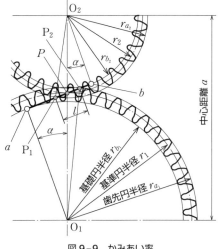

図 9-9　かみあい率

【5】　かみあい長さ
かみあい長さ l は，図 9-9 において，駆動歯車側の三角形 O_1-a-P_2 および O_1-a-P，被動歯車側の三角形 O_2-b-P_1 および O_2-b-P がそれぞれ直角三角形であることを用いて導出できる。

$$l_b = \sqrt{r_{a_1}^2 - r_{b_1}^2} - r_1 \sin\alpha$$

$$l_a = \sqrt{r_{a_2}^2 - r_{b_2}^2} - r_2 \sin\alpha$$

$$\begin{aligned}l &= l_a + l_b \\ &= \sqrt{r_{a_2}^2 - r_{b_2}^2} + \sqrt{r_{a_1}^2 - r_{b_1}^2} \\ &\quad - (r_1 + r_2)\sin\alpha \\ &= \sqrt{r_{a_2}^2 - r_{b_2}^2} + \sqrt{r_{a_1}^2 - r_{b_1}^2} - a\sin\alpha \end{aligned}$$

■ かみあい長さ
$$l = \sqrt{r_{a_1}^2 - r_{b_1}^2} + \sqrt{r_{a_2}^2 - r_{b_2}^2} - a\sin\alpha \quad [\text{mm}] \quad (9\text{-}5)$$

また，基礎円上における歯と歯の間隔を基礎円ピッチ p_b [mm] と呼び，基礎円直径 d_b [mm] と歯数 z から次式で求められる。

■ 基礎円ピッチ
$$p_b = \frac{\pi d_{b_1}}{z_1} = \frac{\pi d_{b_2}}{z_2} \quad [\text{mm}] \quad (9\text{-}6)$$

基礎円ピッチ p_b に対するかみあい長さ l の割合を**正面かみあい率** ε_α と呼び次式で計算できる。

■ 正面かみあい率
$$\varepsilon_\alpha = \frac{l}{p_b} = \frac{\sqrt{r_{a_1}^2 - r_{b_1}^2} + \sqrt{r_{a_2}^2 - r_{b_2}^2} - a\sin\alpha}{\pi m \cos\alpha} \quad (9\text{-}7)$$

正面かみあい率が 1 より大きい場合は，注目する 1 つの歯のかみあいが終了する前に次の歯のかみあいが開始することになる。かみあい率が大きいほど，同時にかみあう歯が多くなり，1 つの歯に加わる負荷が小さくなるため，振動や騒音が少なくなり，歯車の寿命も長くなる。歯車が連続してかみあいを続けるためには，かみあい率は 1 以上でなければならず，一般の歯車のかみあい率は 1.4 ～ 1.9 程度である。

例題 9-4

モジュール $m = 3$ mm，歯数 $z_1 = 17$，$z_2 = 31$，圧力角 $\alpha = 20°$ の標準平歯車対について，かみあい長さ l [mm]，基礎円ピッチ p_b [mm] および正面かみあい率 ε_α を求めよ。

● 略解————解答例

基準円直径　$d_1 = z_1 m = 17 \times 3 = 51$ mm
　　　　　　$d_2 = z_2 m = 31 \times 3 = 93$ mm

歯先円直径　$d_{a_1} = d_1 + 2m = 51 + 2 \times 3 = 57$ mm
　　　　　　$d_{a_2} = d_2 + 2m = 93 + 2 \times 3 = 99$ mm

基礎円直径　$d_{b_1} = d_1 \cos\alpha = 51 \times \cos 20° \cong 47.9$ mm
　　　　　　$d_{b_2} = d_2 \cos\alpha = 93 \times \cos 20° \cong 87.4$ mm

中心距離　　$a = \dfrac{d_1 + d_2}{2} = \dfrac{51 + 93}{2} = 72$ mm

式 9-5 より

$$l = \sqrt{r_{a_1}^2 - r_{b_1}^2} + \sqrt{r_{a_2}^2 - r_{b_2}^2} - a\sin\alpha$$

$$= \sqrt{\left(\dfrac{d_{a_1}}{2}\right)^2 - \left(\dfrac{d_{b_1}}{2}\right)^2} + \sqrt{\left(\dfrac{d_{a_2}}{2}\right)^2 - \left(\dfrac{d_{b_2}}{2}\right)^2} - a\sin\alpha$$

$$= \sqrt{\left(\dfrac{57}{2}\right)^2 - \left(\dfrac{47.9}{2}\right)^2} + \sqrt{\left(\dfrac{99}{2}\right)^2 - \left(\dfrac{87.4}{2}\right)^2} - 72 \times \sin 20°$$

$$\cong 14.1 \text{ mm}$$

となる。

式 9-6 より

$$p_b = \dfrac{\pi d_{b_1}}{z_1} = \dfrac{\pi d_1 \cos\alpha}{z_1} = \dfrac{\pi \times 51 \times \cos 20°}{17} \cong 8.86 \text{ mm}$$

式 9-7 より

$$\varepsilon_a = \dfrac{l}{p_b} = \dfrac{14.1}{8.86} \cong 1.59 \text{ となる。}$$

9-2-2 すべり率

図 9-10 は駆動歯車と被動歯車のかみあい図であり，ピッチ点 P から P' へ至る遠のきかみあいの状態を示している。図に示すように，駆動歯車の接点は歯面上を点 a から点 P' に至る距離 d_{s_1} [mm] を移動するのに対し，被動歯車の接点は歯面上を点 b から点 P' に至る距離 d_{s_2}

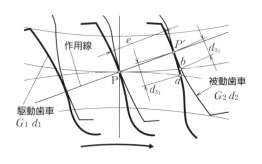

図9-10　すべり率

[mm] を移動する。d_{s_1}[mm] と d_{s_2}[mm] が等しければ転がり接触となるが，ピッチ点以外では差が生じ，歯面が互いにすべりながら移動する摩擦接触となる。

摩擦の多少を表すパラメータとして歯形曲線の単位長さ当たりのすべり長さで定義される**すべり率**σが用いられる。駆動歯車と被動歯車の基準円直径を d_1[mm]，d_2[mm]，圧力角を α[°]，歯車の回転にともなって接触点が点Pから点P'へ移動するときの作用線上の距離を e[mm] とすると，駆動歯車のすべり率 σ_1 と被動歯車のすべり率 σ_2 は次式で求められる。

■ すべり率

$$\sigma_1 = \frac{-2e\left(1 + \dfrac{d_1}{d_2}\right)}{d_1 \sin\alpha - 2e} \quad (9-8)$$

$$\sigma_2 = \frac{2e\left(1 + \dfrac{d_2}{d_1}\right)}{d_2 \sin\alpha + 2e} \quad (9-9)$$

すべり率はピッチ点からの距離 e[mm] が増すほど増加するため，歯元あるいは歯末に向かって摩擦が増加し，特に大小の歯車対で小歯車を駆動歯車とする場合，小歯車の歯元で最も大きくなる。なお，e に符号をもたせ，接触点P'が近よりかみあい側のときは負，遠のきかみあい側のときは正とすることで歯面に生じる摩擦力の方向を定義できる。すべり率は歯車の伝達効率や歯面の耐摩耗性を検討する上で重要である。

9-2-3 バックラッシ

標準平歯車の歯厚 s[mm] はピッチ p[mm] の半分であり，これを設計どおりの中心距離 a[mm] でかみあわせた場合，理論的には正しくかみあって回転するはずである。しかし，実際には歯車の加工公差，歯に加わる力や熱による変形などの影響により歯と歯が干渉して回転できない場合があり，歯が損傷することもある。歯車がなめらかに回転するためには歯と歯の間に多少の遊びを設ける必要があり，この歯面の遊びをバックラッシという。

図9-11に示すように，基準円の共通接線方向の遊びを**円周方向バックラッシ**j_t，歯面に垂直方向の遊びを**法線方向バックラッシ**j_nという。

バックラッシを設ける方法には歯厚を減少させる方法と中心距離を大きくする方法がある。バックラッシの大きさの決め方は定まっておらず，ここでは歯厚を減少させる方法の一例を示す。まず，式9-10により公差単位 W を求め，これに表9-4に示す歯車の等級に応じた係数を乗じて歯厚減少量を決定し，駆動歯車と被動歯車それぞれの歯厚減少量を加

表 9-4 歯厚減少量
（廃止規格 JIS B 1703：1976 より抜粋）

単位 [μm]

JIS 等級[※]	最小値	最大値
0	10W	25W
1		28W
2		31.5W
3		35.5W
4		40W
5		45W
6		50W
7		63W
8		90W

※旧 JIS 規格に規定された等級区分で記載している。歯車精度に関する最新規格 JIS B 1702-1：2016 に規定された等級はおおむね旧等級＋4（級）に対応するが、あくまで目安である。

[6] 正面モジュール

軸に直交する断面におけるモジュールを正面モジュールと呼ぶ。これに対して歯すじに直交する断面におけるモジュールを歯直角モジュールと呼ぶ。はすば歯車のねじれ角 $\beta[°]$、歯直角モジュール m_n [mm] から正面モジュールは次式で求まる。

$$m = \frac{m_n}{\cos\beta}$$

えた値がバックラッシとなる。

$$W = \sqrt[3]{d} + 0.65m \quad (9\text{-}10)$$

ここで、d [mm] は基準円直径、m [mm] はモジュールであり、はすば歯車の場合は正面モジュール[6] を用いる。なお、表 9-4 に示した歯厚減少量の単位は [μm] であることに注意してほしい。

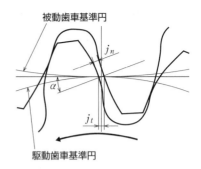

図 9-11 バックラッシ

例題 9-5

モジュール $m = 4$ mm、歯数 $z_1 = 17$、$z_2 = 31$ の標準平歯車対について、各歯車の歯厚減少量とバックラッシの最小値を求めよ。なお、歯車の等級は JIS 4 級とする。

● 略解 ──── 解答例

基準円直径　$d_1 = z_1 m = 17 \times 4 = 68$ mm

$d_2 = z_2 m = 31 \times 4 = 124$ mm

公差単位　$W_1 = \sqrt[3]{d_1} + 0.65m = \sqrt[3]{68} + 0.65 \times 4 \cong 6.68$

$W_2 = \sqrt[3]{d_2} + 0.65m = \sqrt[3]{124} + 0.65 \times 4 \cong 7.59$

歯厚減少量　$\Delta s_1 = 10 W_1 = 10 \times 6.68 = 66.8$ μm

$\Delta s_2 = 10 W_2 = 10 \times 7.59 = 75.9$ μm

周方向バックラッシ（最小値）

$j_t = \Delta s_1 + \Delta s_2 = 66.8 + 75.9 = 142.7$ μm

9-2-4 切下げ（アンダーカット）

図 9-12 に歯車を歯切工具で加工するときの工具軌跡（歯形創成図）を示す。(a) は正常な歯切り状態を示しており、これに対して (b) は歯数が少ないために工具の歯先が歯車の歯元を深く削り取り、歯元が細くなっている。これを**切下げ**という。標準平歯車の場合、切下げが発生しない最小歯数は式 9-11 で求められる。工具圧力角 α が 20° の場合は 17 枚となるが、実用上は 14 枚までは切下げの影響は小さく無視してよい。

■ 最小歯数（理論値）

$$z \geq \frac{2}{\sin^2\alpha} \quad (9\text{-}11)$$

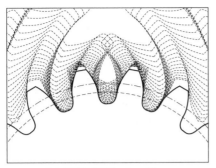
(a) 正常な歯切り ($z=18$)

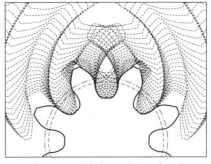
(b) 切下げが発生する歯切り ($z=8$)

図 9-12 歯形創成図

9-2-5 転位歯車と転位係数

図 9-13 は標準基準ラック工具（基準圧力角 α_n）を用いた歯切りの様子を示している。(a) は標準歯車の場合でラック工具のデータム線を歯車の基準円に接するように配置しており，歯数が少ないため前述した切下げが発生している。一方，(b) はラック工具のデータム線を基準円から xm [mm] だけ外側へ離して配置し，切下げが発生していない。このように歯切りされた歯車を**転位歯車**と呼び，xm を転位量という。転位量はモジュール m [mm] の x 倍で定義され，x を**転位係数**という。

図 9-13(b) のようにデータム線を基準円の外側に配置する転位を正転位，内側に配置する転位を負転位という。式 9-12 に転位係数と，切下げが発生しない限界歯数の関係を示す。

■ 切下げが発生しない転位係数

$$x \geq 1 - \frac{z \sin^2 \alpha_n}{2} \quad (9\text{-}12)$$

図 9-14 のように転位歯車を組み合わせた歯車対ではピッチ点 p は基準円上にない。かみあい圧力角 α [°] は，歯数 z，転位係数 x，基準圧力角 α_n [°] および法線方向バックラッシ j_n を用いて次式で計算できる。

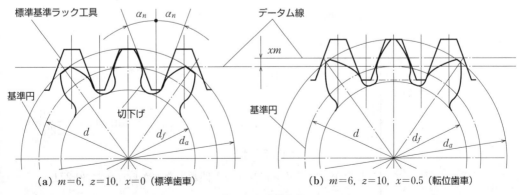

(a) $m=6$, $z=10$, $x=0$（標準歯車）　　(b) $m=6$, $z=10$, $x=0.5$（転位歯車）

図 9-13 転位歯車

■ かみあい圧力角

$$\mathrm{inv}\,\alpha = 2\tan\alpha_n \frac{x_1 + x_2 + \dfrac{j_n}{2m\sin\alpha_n}}{z_1 + z_2} + \mathrm{inv}\,\alpha_n \quad (9\text{-}13)$$

また，式 9-14 に示す中心距離増加係数 y を用いて中心距離 a [mm]，両歯車の歯先円直径 d_{a_1} [mm]，d_{a_2} [mm]，かみあいピッチ円直径 d_{p_1} [mm]，d_{p_2} [mm] および歯たけ h [mm] は式 9-15 〜式 9-20 で求められる。

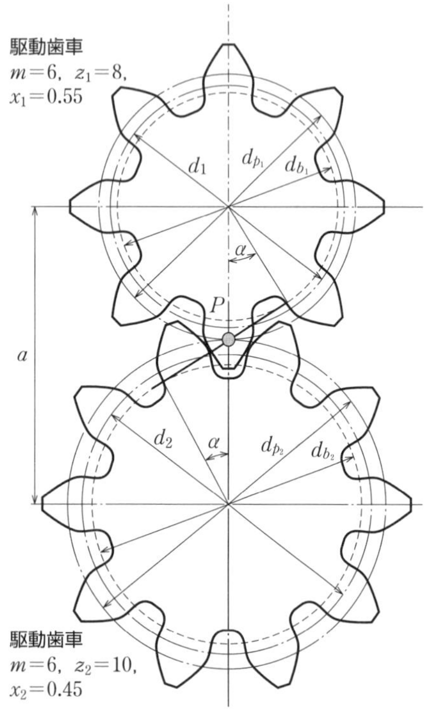
駆動歯車
m=6, z1=8,
x1=0.55
d1
dp1
db1
α
P
a
d2
α
dp2
db2
駆動歯車
m=6, z2=10,
x2=0.45

図 9-14　転位歯車対

$$y = \frac{z_1 + z_2}{2}\left(\frac{\cos\alpha_n}{\cos\alpha} - 1\right) \quad (9\text{-}14)$$

$$a = \frac{z_1 + z_2}{2}m + ym \quad [\mathrm{mm}] \quad (9\text{-}15)$$

$$d_{a_1} = (z_1 + 2)m + 2(y - x_2)m \quad [\mathrm{mm}] \quad (9\text{-}16)$$

$$d_{a_2} = (z_2 + 2)m + 2(y - x_1)m \quad [\mathrm{mm}] \quad (9\text{-}17)$$

$$d_{p_1} = \frac{z_1 m \cos\alpha_n}{\cos\alpha} \quad [\mathrm{mm}] \quad (9\text{-}18)$$

$$d_{p_2} = \frac{z_2 m \cos\alpha_n}{\cos\alpha} \quad [\mathrm{mm}] \quad (9\text{-}19)$$

$$h = (2 + k)m - (x_1 + x_2 - y)m \quad [\mathrm{mm}] \quad (9\text{-}20)$$

ここで，式 9-20 にある係数 k は，頂げきの大きさを定めるパラメータで，標準平歯車で採用している値 $(k = 0.25)$ としてよい。

例題 9-6

図 9-14 の転位歯車対について，かみあい圧力角 α と中心距離 a [mm] を求めよ。なお，法線方向バックラッシは無視すること。

●解答例

式 9-13 より

$$\mathrm{inv}\,\alpha = 2\tan\alpha_n \frac{x_1 + x_2 + \dfrac{j_n}{2m\sin\alpha_n}}{z_1 + z_2} + \mathrm{inv}\,\alpha_n$$

$$= 2 \times \tan 20^\circ \times \frac{0.55 + 0.45}{8 + 10} + \tan 20^\circ - \frac{\pi \times 20^\circ}{180^\circ}$$

$$\cong 0.055346$$

したがって，インボリュート関数表などから　$\alpha \cong 30.271^\circ$ となる。

式 9-14 より

$$y = \frac{z_1 + z_2}{2}\left(\frac{\cos\alpha_n}{\cos\alpha} - 1\right) = \frac{8+10}{2} \times \left(\frac{\cos 20°}{\cos 30.271°} - 1\right)$$

$$\cong 0.79242$$

式 9-15 より

$$a = \frac{z_1 + z_2}{2}m + ym = \frac{8+10}{2} \times 6 + 0.79242 \times 6$$

$$\cong 58.75 \text{ mm}$$

となる。

9-3 歯車列による伝動

電動機や内燃機関などでつくられた動力を何らかの仕事に利用するためには，多くの場合，原動軸の回転数とトルクを適切に調節して従動軸へと伝達する必要がある。その機能を実現する装置が伝動装置であり，複数の歯車を組み合わせた歯車列を用いて動力を伝達する装置が歯車伝動装置である。

9-3-1 減速歯車装置

歯数の異なる歯車を組み合わせ，入力軸の回転速度を減速して出力軸へ伝える装置を**減速歯車装置**と呼ぶ。一例として，図 9-15 に 2 段の歯車減速装置を示す。歯車 I と歯車 II の歯車対で 1 段目の減速を行い，次に歯車 II′ と歯車 III の歯車対で 2 段目の減速を行う。なお，歯車 II と歯車 II′ はそれぞれ中間軸に固定されており，このような歯車対の組み合わせを**歯車列**という。

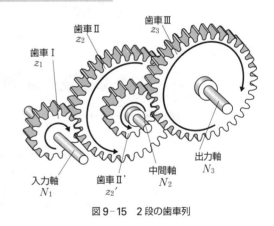

図 9-15　2 段の歯車列

各段の速度伝達比は式 9-4 で算出でき，入力軸，中間軸および出力軸の回転数 $N_1 [\text{min}^{-1}]$，$N_2 [\text{min}^{-1}]$ および $N_3 [\text{min}^{-1}]$，各歯車の歯数を z_1, z_2, z_2' および z_3 を用いて歯車列全体としての速度伝達比 i は次式で求められる。

■ 歯車列の速度伝達比

$$i = \frac{z_2}{z_1} \times \frac{z_3}{z_2'} = \frac{N_1}{N_2} \times \frac{N_2}{N_3} = \frac{N_1}{N_3} \tag{9-21}$$

例題 9-7

図 9-15 において $z_1 = 14$, $z_2 = 28$, $z_2' = 16$, $z_3 = 32$, のとき, 歯車列の速度伝達比 i, 出力軸の回転数 $N_3 \, [\text{min}^{-1}]$ およびトルク $T_3 \, [\text{Nm}]$ を求めよ. ただし, 入力軸の動力を $P_\text{in} = 0.4 \, \text{kW}$, 回転数を $N_1 = 1400 \, \text{min}^{-1}$ とし, 各段の伝達効率は $\eta_1 = \eta_2 = 97\,\%$ とする.

●略解────解答例

式 9-21 より

$$i = \frac{z_2}{z_1} \times \frac{z_3}{z_2'} = \frac{28}{14} \times \frac{32}{16} = 4.0$$

$$N_3 = \frac{N_i}{i} = \frac{1400}{4.0} = 350 \, \text{min}^{-1}$$

式 3-55 を用いて歯車列の伝達効率（機械効率）は

$$\eta = \frac{P_\text{out}}{P_\text{in}} = \eta_1 \eta_2$$

また, 例題 3-16 および式 3-51 を用いて,

$$P_\text{out} = T_3 \omega_3 = T_3 \frac{2\pi N_3}{60} = P_\text{in} \eta_1 \eta_2 \quad \text{とおき,}$$

$$T_3 = P_\text{in} \eta_1 \eta_2 \frac{60}{2\pi N_3} = 0.4 \times 10^3 \times 0.97 \times 0.97 \times \frac{60}{2\pi \times 350}$$

$$\cong 10.3 \, \text{N·m}$$

となる.

9-3-2 変速歯車装置

入力軸の一定な回転速度を減速して出力軸へ伝える際に, 出力軸の回転数を段階的に切り替えるため, 入力軸と出力軸に複数の歯車対を設け, かみあわせる歯車対を変更できるようにした装置を**変速歯車装置**と呼ぶ.

図 9-16 に 3 段変速の変速歯車装置の一例を示す. 入力軸側の駆動歯車 z_1, z_3, z_5 は入力軸に固定され, 出力軸側の被動歯車 z_2, z_4, z_6 は出力軸にすべりキーやスプラインなどで取り付けられ軸方向にスライドできる構造となっている.

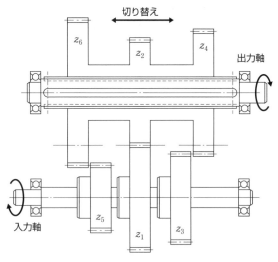

図 9-16　3 段変速歯車装置

例題 9-8

図 9-16 の 3 段変速歯車装置において，各段の速度伝達比 i を概ね以下のとおりとするために，各歯車の歯数を決定しなさい。なお，各歯車はモジュール $m = 3\,\text{mm}$ の標準平歯車とし，各歯車対の中心距離は $a = 153\,\text{mm}$ で一定とする。

1速：$i_1 = 1.0$　　2速：$i_2 \cong 1.3$　　3速：$i_3 \cong 2.1$

● **略解**——解答例

$$a = \frac{d_1 + d_2}{2} = \frac{mz_1 + mz_2}{2} = \frac{m(z_1 + z_2)}{2} \text{ より，}$$

$$z_1 + z_2 = \frac{2a}{m} = \frac{2 \times 153}{3} = 102 \text{ 枚}$$

また中心距離 a は一定だから $z_3 + z_4 = z_5 + z_6 = 102$ 枚となる。

1速の場合は，$i_1 = \dfrac{z_2}{z_1} = 1.0$ より $z_1 = z_2$ となり，

$z_1 + z_2 = 2z_1 = 102$ となる。

したがって $z_1 = z_2 = \dfrac{102}{2} = 51$ 枚 となる。

2速の場合は，$i_2 = \dfrac{z_4}{z_3} \cong 1.3$ より，$z_4 = i_2 z_3$ となり，

$z_3 + i_2 z_3 = 102$ となる。

したがって $z_3 = \dfrac{102}{1 + i_2} = \dfrac{102}{1 + 1.3} \cong 44$ 枚

$z_4 = 102 - z_3 = 102 - 44 = 58$ 枚 となる。

3速の場合は，$i_3 = \dfrac{z_6}{z_5} \cong 2.1$ より，$z_6 = i_3 z_5$ となり，

$z_5 + i_3 z_5 = 102$ となる。

したがって $z_5 = \dfrac{102}{1 + i_3} = \dfrac{102}{1 + 2.1} \cong 33$ 枚

$z_6 = 102 - z_5 = 102 - 33 = 69$ 枚

9-3-3 遊星歯車装置

図 9-17 に**遊星歯車装置**の一例を示す。歯車 Z_1 と Z_2 は歯車対を構成し，キャリアと呼ばれる腕 A で連結され，それぞれ O_1，O_2 軸まわりに回転できる構造となっている。腕 A を固定した場合は単純な歯車対だが，歯車 Z_1 を固定して腕 A を回転させると，歯車 Z_2 は歯車 Z_1 のまわりを自転しながら公転する。この運動は，太陽のまわりを自転しなが

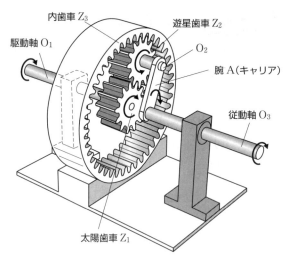

図9-17 遊星歯車装置

ら公転する遊星の運動に似ているため，この歯車対を遊星歯車機構と呼び，歯車 Z_1 を太陽歯車，歯車 Z_2 を遊星歯車という。この装置は小型で大きな速度伝達比が得られるという特徴をもっている。

図9-17は遊星歯車機構を内歯車 Z_3 の内部に組み込み，内歯車 Z_3 を固定して太陽歯車 Z_1 を駆動軸に，また腕 A を出力軸としたプラネタリ型[7] と呼ばれる伝動装置である。

駆動軸によって太陽歯車を時計回りに回転させると，遊星歯車 Z_2 は反時計回りに自転しながら時計回りに公転するため，腕 A も時計回りに回転する。太陽歯車 Z_1 の回転を入力，腕 A の回転を出力としたときの速度伝達比はそれぞれの歯数を z_1，z_2 および z_3 として次式で求められ，入力軸と出力軸の回転方向は同じ向きとなる。

$$i = \frac{z_3}{z_1} + 1 \tag{9-22}$$

なお，遊星歯車装置の設計において歯数を決定するために以下に示す①～③の条件を満足する必要がある。

①歯車の中心距離を合わせるため次式を満足すること。

$$z_3 = z_1 + 2z_2 \tag{9-23}$$

② N 個の遊星歯車 Z_2 を等配位置に配置するため次式を満足すること。

$$\frac{z_1 + z_3}{N} = 整数 \tag{9-24}$$

③ N 個の遊星歯車を干渉せずに配置するため次式を満足すること。

$$z_2 + 2 < (z_1 + z_2)\sin\frac{180°}{N} \tag{9-25}$$

遊星歯車装置は，小型で大きな速度伝達比が得られることから，モータのギヤヘッドなどに利用されている。

【7】遊星歯車機構の種類
ほかにソーラ型，スター型などがある。

> **例題 9-9**
>
> 図9-17の遊星歯車装置をプラネタリ型で動力伝達に用いるときの速度伝達比 i を求めなさい。また，組み込む遊星歯車の最大数 N を求めなさい。ただし，太陽歯車の歯数を $z_1 = 16$，遊星歯車の歯数を $z_2 = 16$，内歯車の歯数を $z_3 = 48$ とする。
>
> ● **略解**——解答例
>
> 式9-22より　　$i = \dfrac{z_3}{z_1} + 1 = \dfrac{48}{16} + 1 = 4$ となる。
>
> 条件③の式9-25より
>
> $$N < \frac{180°}{\sin^{-1}\left(\dfrac{z_2 + 2}{z_1 + z_2}\right)} = \frac{180°}{\sin^{-1}\left(\dfrac{16 + 2}{16 + 16}\right)} = 5.26$$
>
> 条件②の式9-24より
>
> $N = 5$ のとき，$\dfrac{z_1 + z_3}{N} = \dfrac{16 + 48}{5} = 12.8 \neq$ 整数
>
> $N = 4$ のとき，$\dfrac{z_1 + z_3}{N} = \dfrac{16 + 48}{4} = 16 =$ 整数　となる。
>
> したがって $N = 4$ 個　となる。

9-3-4　差動歯車装置

図9-18は**差動歯車装置**の一例である。入力軸の小歯車 Z_1 が歯車箱に固定された大歯車 Z_2 を歯車箱ごと回転させる。左右の出力軸の負荷が同じ場合，歯車箱内の差動小歯車は自身の軸まわりに回転せず，歯車箱に同期して，両出力軸の差動大歯車を回転させる。

一方，左右の出力軸の負荷バランスが崩れると，差動小歯車が自身の軸まわりに回転することで，両出力軸の回転数に変化が生じる。差動歯車装置は，自動車がカーブする際に左右のタイヤの回転速度が異なるような場合でも動力伝達が可能な装置である。

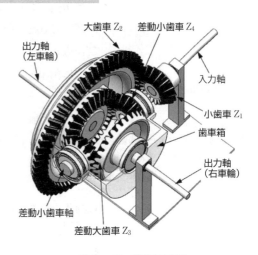

図9－18　差動歯車装置

9-4 平歯車およびはすば歯車の設計

平歯車およびはすば歯車の強度設計において考慮すべき破壊形態は，歯元の曲げ応力による折損と，歯面の接触応力による歯面損傷である。その他にも周速の大きい歯車では歯面の摩擦による熱的損傷にも注意を要するが，ここでは曲げ強さと歯面強さの計算方法について述べる。

曲げ強さについては，歯を二次曲線形状の片持ちはりとして近似し，モジュール，歯幅および許容曲げ応力から基準円上の許容円周力を求める**ルイス**の方法が古くから知られている。また，歯面強さについては歯面を円筒面として近似し，円筒面の曲率半径，歯幅およびヤング率から弾性接触した際の面圧力を求める**ヘルツ**の式が解析に用いられる。なお，歯車の強さには，精度，材質，形状，潤滑および負荷変動など多くの要因が関係しているため，それらの影響を加味して許容荷重を的確に決定しなければならない。このような歯車の強さに影響を及ぼす様々な要因を係数で表現し，さらに図表を用いてこれらの係数を決定する手法が提案されており，本書では，日本歯車工業会（JGMA）[8] によって示されている手法に基づいて説明する。

[8] 日本歯車工業会
Japan Gear Manufacturers Association

9-4-1 曲げ強さによる検討

歯が十分な曲げ強さをもつよう設計するためには，歯元の曲げ応力 σ_F[MPa]を歯車材料により決まる許容曲げ応力 σ_{Flim}[MPa]と比較し，$\sigma_F < \sigma_{\text{Flim}}$ となるように材料および歯幅を決定する必要がある。歯元の曲げ応力 σ_F[MPa]は歯に作用する円周力 F_t[N]，歯幅 b[mm]および歯直角モジュール m_n[mm]を用いて次式で算出できる。なお，円周力は歯車の伝達動力，回転数および基準円直径から決定でき[9]，歯幅はモジュールの6～10倍とするのが一般的である。

[9] JGMA 6101-02:2007では，このほかに片当たりによる歯すじ方向の不均一荷重分布の影響を考慮するための歯すじ荷重分布係数が導入されているが，ここでは片当たりがないと考え省略した。

■ 歯元の曲げ応力

$$\sigma_F = \frac{F_t}{m_n b} Y_F Y_\varepsilon Y_\beta K_V K_O S_F \quad [\text{MPa}] \qquad (9\text{-}26)$$

ここで Y_F は歯形係数，Y_ε は荷重分配係数，Y_β はねじれ角係数，K_V は動荷重係数，K_O は過負荷係数，S_F は安全率であり，以下に詳細を述べる[9]。

歯形係数　歯形係数は歯の断面形状に関係するパラメータであり，歯数と圧力角により決定できる。図9-19に示すように，歯の中心線と30°をなす直線を歯元すみ肉部に内接させた交点をそれぞれa，bおよびcとし，直線bcの長さを S_{nF}[mm]とする。直線bcを含む軸に平行な断面で曲げによる破壊が生じるものと

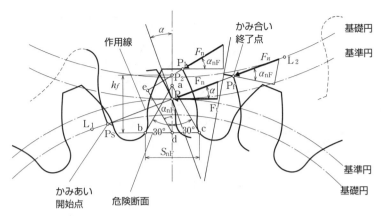

図 9-19 平歯車の歯形係数

仮定し，この断面を歯の危険断面と呼ぶ。一方，円周力 F_t [N] から歯面に垂直な作用線方向の力 F_n [N] は次式のように圧力角 α [°] を用いて求められる。

$$F_n = \frac{F_t}{\cos\alpha} \quad [\text{N}] \tag{9-27}$$

ピッチ点 P はかみあい終了時には点 P_f に移動するため，P_f に力 F_n [N] が作用することになる。点 P_f に相当する点 P_1 に F_n が作用するものと考えると，F_n と歯の中心線との交点を P_2，F_n と歯先円の接線とのなす角度を α_{nF}，P_2 と直線 bc との距離を h_f [mm] として，危険断面に生じる曲げ応力 σ_F [MPa] は曲げモーメント M [N·mm] と危険断面の断面係数 Z [mm³] を用いて式 9-28 で記述できる。

$$\sigma_F = \frac{M}{Z} = \frac{F_n h_f \cos\alpha_{nF}}{\frac{1}{6} b S_{nF}^2} = \frac{6 F_t h_f \cos\alpha_{nF}}{b S_{nF}^2 \cos\alpha} = \frac{F_t}{m_n b} Y_F \quad [\text{MPa}] \tag{9-28}$$

よって，歯形係数は次のようになる。

■ 歯形係数

$$Y_F = \frac{6 h_f m_n \cos\alpha_{nF}}{S_{nF}^2 \cos\alpha} \tag{9-29}$$

歯形係数 Y_F は，1 つの歯の歯先に全荷重が集中して作用する片持ちはりと考えて歯元の曲げ応力が算出される[10]。なお，歯形係数は歯数 z と転位係数を変数としてプロットした線図表から読み取るのが便利であり，図 9-20 に JIS 規定の歯形 (圧力角 $\alpha = 20°$) で工具歯先の丸み半径を $0.38 m_n$ [mm] とした場合の歯形係数を示した。また，はすば歯車の場合の歯数は，ねじれ角 β [°] を用いて次式で算出される相当平歯車歯数 z_v を用い，ラックの場合は歯数を ∞ とする。

$$z_v = \frac{z}{\cos^3\beta} \tag{9-30}$$

[10]
JGMA 6101-02：2007 では歯形係数に歯元すみ肉部の応力集中などを考慮した複合歯形係数が用いられている。

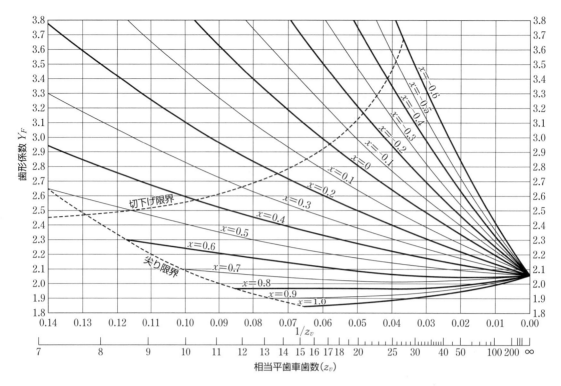

図 9-20　歯形係数（JGMA 6101-02：2007 から抜粋）

[11]
JGMA 6101-02：2007 では歯形誤差や歯面の摩耗などを考慮したかみあい率係数が用いられている。

荷重分配係数　荷重分配係数 Y_ε[11] は複数の歯が同時にかみあった場合の荷重の分配に関するパラメータである。通常の歯車対では，かみあい率が 1 より大きく，2 組のかみあい領域があるため，その荷重分担を考慮した係数であり，正面かみあい率 ε_α の逆数として次式で求められる。

■ 荷重分配係数

$$Y_\varepsilon = \frac{1}{\varepsilon_\alpha} \qquad (9\text{-}31)$$

正面かみあい率は標準平歯車の場合は式 9-7 で求められる。なお，はすば歯車の場合は，かみあい圧力角 $\alpha[°]$ と基準圧力角 $\alpha_n[°]$ に代えて，正面かみあい圧力角 $\alpha_s[°]$ および正面基準圧力角 $\alpha_{ns}[°]$ を用いる。

ねじれ角係数　ねじれ角係数 Y_β は，ねじれ角 β により次式で求まる。

$$Y_\beta = 1 - \frac{\beta}{120} \qquad \text{ただし，} 0 \leqq \beta \leqq 30° \qquad (9\text{-}32)$$

$$Y_\beta = 0.75 \qquad \text{ただし，} \beta \geqq 30° \qquad (9\text{-}33)$$

[12]
歯車の誤差や歯の剛性変動に起因する動的荷重を考慮するための係数である。

動荷重係数　動荷重係数 K_V[12] は歯車の精度およびかみあい基準円上の周速度などの影響を考慮した係数であり，表 9-5 を参考に JIS 精度等級と周速度から決定する。

過負荷係数

過負荷係数 K_O[13] は原動機のトルク変動や衝撃などの影響を考慮した係数であり，(実円周力)／(円周力 F_t) で定義されるが，一般に実円周力が不詳の場合が多く，表9-6を参考に原動機および被動機の双方からの衝撃の程度により決定する。

[13]
JGMA 6101-02：2007 では使用係数と呼ばれている。

表9-5　動荷重係数 K_V

精度等級[a]		線荷重 f_u [N/mm][b]					
		軽荷重 $f_u=100$ N/mm			重荷重 $f_u=1000$ N/mm		
		換算速度 V [m/s][c]					
		高 3.0	中 1.0	低 0.2	高 3.0	中 1.0	低 0.2
平歯車	N5	1.30	1.20	1.00	1.10	1.05	1.00
	N6	1.50	1.30	1.10	1.10	1.05	1.00
	N7	1.90	1.50	1.10	1.15	1.10	1.00
	N8	2.00	1.70	1.20	1.20	1.10	1.00
	N9	−	1.90	1.25	1.25	1.15	1.05
	N10	−	−	1.30	1.30	1.20	1.05
	N11	−	−	1.40	1.35	1.20	1.05
はすば歯車	N5	1.20	1.10	1.00	1.05	1.00	1.00
	N6	1.40	1.25	1.05	1.05	1.00	1.00
	N7	1.80	1.45	1.10	1.10	1.05	1.00
	N8	2.00	1.65	1.15	1.15	1.10	1.00
	N9	−	1.80	1.20	1.20	1.10	1.05
	N10	−	−	1.30	1.25	1.15	1.05
	N11	−	−	1.35	1.30	1.20	1.05

(JGMA 6101-02：2007 から抜粋)

注 a)　JIS B 1702-2：1998
注 b)　線荷重 f_u [N/mm] は円周力 F_t [N]，歯幅 b [mm]，および過負荷係数 K_O から次式で求まる。
$$f_u = \frac{F_t \cdot K_O}{b}$$
注 c)　換算速度 V [m/s] は，小歯車の歯数 z_1，周速度 u [m/s]，および速度伝達比 i から次式で求まる。なお，適用範囲は $V \leq 3$ m/s の範囲とする。
$$V = \frac{Z_1 \cdot u}{100} \sqrt{\frac{i^2}{i^2+1}}$$

表9-6　過負荷係数 K_O

駆動機械		被動機械の運転特性			
運転特性	駆動機械の例	均一負荷	中程度の衝撃	かなりの衝撃	激しい衝撃
均一荷重	電動機，蒸気タービン，ガスタービン（発生する起動トルクが小さくてまれなもの）	1.00	1.25	1.50	1.75
軽度の衝撃	蒸気タービン，ガスタービン，油圧モータ，および電動機（発生する起動トルクがより大きく，しばしばあるもの）	1.10	1.35	1.60	1.85
中程度の衝撃	多気筒内燃機関	1.25	1.50	1.75	2.00
激しい衝撃	単気筒内燃機関	1.50	1.75	2.00	≥ 2.25

(JGMA 6101-02：2007 から抜粋)

安全率　歯元の曲げ破損は様々な要因によるため安全率 S_F として一定の値を定めることは難しいが，$S_F \geq 1.2$ が適当とされている。

以上のように，歯形，運転状況，負荷変動などを考慮して係数を決定し，式 9-26 により歯元の曲げ応力 σ_F [MPa] を求め，歯車材料の許容歯元曲げ応力 σ_{Flim} [MPa] と比較し，$\sigma_F < \sigma_{\text{Flim}}$ となるように材料の選定および歯幅の決定を行う。なお，主要な歯車材料の許容曲げ応力 σ_{Flim} [MPa] を付表 9-1 〜 9-3 に示す。

例題 9-10

モジュール $m = 2$ mm，歯数 $z_1 = 17$，$z_2 = 43$，歯幅 $b = 20$ mm の標準平歯車対を用いて減速するとき，駆動歯車（小歯車）の歯元に生じる曲げ応力 σ_F [MPa] を求めなさい。ただし，電動機動力を $P = 0.75$ kW，回転数を $N_1 = 1500$ min^{-1} とする。また，使用する歯車は N6 級（JIS B 1702-2 : 1998）とし，負荷側に中程度の衝撃を想定すること。

●略解────解答例

・基準円直径 d [mm]，歯先円直径 d_a [mm]，基礎円直径 d_b [mm]，中心距離 a [mm]，および速度伝達比 i は，

$$d_1 = mz_1 = 2 \times 17 = 34 \text{ mm}$$

$$d_2 = mz_2 = 2 \times 43 = 86 \text{ mm}$$

$$d_{a_1} = m(z_1 + 2) = 2 \times (17 + 2) = 38 \text{ mm}$$

$$d_{a_2} = m(z_2 + 2) = 2 \times (43 + 2) = 90 \text{ mm}$$

$$d_{b_1} = d_1 \cos\alpha = 34 \times \cos 20° \cong 31.95 \text{ mm}$$

$$d_{b_2} = d_2 \cos\alpha = 86 \times \cos 20° \cong 80.81 \text{ mm}$$

$$a = \frac{d_1 + d_2}{2} = \frac{34 + 86}{2} = 60 \text{ mm}$$

$$i = \frac{z_2}{z_1} = \frac{43}{17} \cong 2.53$$

・周速度 v [m/s] および円周力 F_t [N] は，

式 3-26 より

$$v = r\omega = \frac{\pi d N}{60 \times 10^3} = \frac{\pi \times 34 \times 1500}{60 \times 10^3} \cong 2.67 \text{ m/s}$$

式 3-51 より

$$F_t = \frac{P}{v} = \frac{0.75 \times 10^3}{2.67} \cong 281 \text{ N}$$

・歯形係数 Y_F

歯数 $z_1 = 17$，転位係数 $x = 0$ として図 9-20 より，$Y_F = 2.95$

・荷重分配係数 Y_ε

式 9-7 より

$$\varepsilon_\alpha = \frac{\sqrt{d_{a_1}^2 - d_{b_1}^2} + \sqrt{d_{a_2}^2 - d_{b_2}^2} - 2a\sin\alpha}{2\pi m \cos\alpha}$$

$$= \frac{\sqrt{38^2 - 31.95^2} + \sqrt{90^2 - 80.81^2} - 2 \times 60 \sin 20°}{2\pi \times 2 \cos 20°}$$

$$\cong 1.622$$

$$Y_\varepsilon = \frac{1}{\varepsilon_\alpha} = \frac{1}{1.622} \cong 0.617$$

・ねじれ角係数 Y_β は式 9-32 から，平歯車 ($\beta = 0°$) より

$$Y_\beta = 1 - \frac{\beta}{120} = 1$$

・過負荷係数 K_O　　表 9-6 より $K_O = 1.25$

・動荷重係数 K_V

線荷重 $f_u = \dfrac{F_t \cdot K_O}{b} = \dfrac{281 \times 1.25}{20} \cong 17.56$ N/mm

換算速度 $V = \dfrac{Z_1 \cdot u}{100}\sqrt{\dfrac{i^2}{i^2+1}} = \dfrac{17 \times 2.67}{100}\sqrt{\dfrac{2.53^2}{2.53^2+1}}$

$\cong 0.494$ m/s

表 9-5 より $K_V = 1.30$

・安全率 S_F　　$S_F = 1.2$ とする。

式 9-26 より

$$\sigma_F = \frac{F_t}{m_n b} Y_F Y_\varepsilon Y_\beta K_V K_O S_F$$

$$= \frac{281}{2 \times 20} \times 2.95 \times 0.617 \times 1 \times 1.3 \times 1.25 \times 1.2$$

$$\cong 24.9 \text{ MPa}$$

9-4-2 歯面強さによる検討

歯面に作用する面圧力が大きくなると，歯面の摩耗や歯面に小さなくぼみが生じるピッチングなどの損傷が発生する。したがって，歯面に作用する面圧力（ヘルツ応力）σ_H[MPa] を適切に評価して，材料の表面硬度により決定される許容面圧力 $\sigma_{H\text{lim}}$[MPa] と比較し，$\sigma_H < \sigma_{H\text{lim}}$ を満足するように設計する必要がある。外歯車と外歯車がかみあう場合，接触する二つの歯面において，接触点におけるそれぞれの曲率半径と同じ半径の二つの円筒が接触しているものと見なし，円周力 F_t[N]，小

歯車の基準円直径 d [mm],有効歯幅 b [mm] および速度伝達比 i $\left(i=\dfrac{z_2}{z_1}\right)$ より,次式にて面圧力 σ_H [MPa] を求めることができる。

■ 面圧力(ヘルツ応力)

$$\sigma_H = \sqrt{\dfrac{F_t}{db}\cdot\dfrac{i+1}{i}}Z_H Z_M Z_\varepsilon \sqrt{K_{H\beta}K_V K_O}\times S_F \quad [\mathrm{MPa}] \qquad (9\text{-}34)$$

ここで Z_H は領域係数,Z_M は材料定数係数,Z_ε はかみあい率係数,$K_{H\beta}$ は歯すじ荷重分布係数,K_V は動荷重係数,K_O は過負荷係数,S_F は安全率であり,以下に詳細を述べる[14]。

[14]
JGMA 6102-02:2009 では,このほかに最悪荷重点係数,ねじれ角係数,および面荷重分布係数を導入しているが,本書では省略した。

領域係数 　領域係数 Z_H は歯形の幾何学的形状に関係したもので,正面基準圧力角 α_{ns} [°],正面かみあい圧力角 α_s [°] を用いて次式で計算できる。

$$Z_H = \dfrac{1}{\cos\alpha_{ns}}\sqrt{\dfrac{2\cos\beta_g}{\tan\alpha_s}} \qquad (9\text{-}35)$$

ここで,基礎円筒ねじれ角 β_g [°] は,ねじれ角 β [°] と正面基準圧力角 α_{ns} [°] を用いて次式で求められる。

$$\beta_g = \tan^{-1}(\tan\beta\times\cos\alpha_{ns}) \qquad (9\text{-}36)$$

材料定数係数 　材料定数係数 Z_M は歯車材料の組み合わせにより決定され,縦弾性係数(ヤング率)E [MPa] とポアソン比 ν を用いて次式で求められる。表9-7に主要材料の組み合わせに関する材料定数係数を示す。

$$Z_M = \sqrt{\dfrac{1}{\pi\left(\dfrac{1-\nu_1^2}{E_1}+\dfrac{1-\nu_2^2}{E_2}\right)}}\quad [\sqrt{\mathrm{MPa}}] \qquad (9\text{-}37)$$

表9-7 材料定数係数 Z_M

歯車				相手歯車				材料定数係数 $Z_M[\sqrt{\mathrm{MPa}}]$
材料	記号	ポアソン比 ν_1	縦弾性係数 E_1 [GPa]	材料	記号	ポアソン比 ν_2	縦弾性係数 E_2 [GPa]	
構造用鋼	※1	0.3	206	構造用鋼	※1	0.3	206	189.8
				鋳鋼	SC		202	188.9
				球状黒鉛鋳鉄	FCD		173	181.4
				ねずみ鋳鉄	FC		118	162.0
鋳鋼	SC	0.3	202	鋳鋼	SC	0.3	202	168.0
				球状黒鉛鋳鉄	FCD		173	180.5
				ねずみ鋳鉄	FC		118	161.5
球状黒鉛鋳鉄	FCD	0.3	173	球状黒鉛鋳鉄	FCD	0.3	173	173.9
				ねずみ鋳鉄	FC		118	156.6
ねずみ鋳鉄	PC	0.3	118	ねずみ鋳鉄	FC	0.3	118	143.7

※1 炭素鋼,合金鋼,窒化鋼およびステンレス鋼とする。

(JGMA 6102-02:2009 から抜粋)

かみあい率係数　かみあい率係数 Z_ε は，平歯車の場合は $Z_\varepsilon = 1.0$ で一定であるが，はすば歯車については，正面かみあい率 ε_α および重なりかみあい率 ε_β を用いて次式で求められる．

$$Z_\varepsilon = \sqrt{1 - \varepsilon_\beta + \frac{\varepsilon_\beta}{\varepsilon_\alpha}} \qquad ただし，\varepsilon_\beta \leqq 1 の場合 \qquad (9\text{-}38)$$

$$Z_\varepsilon = \sqrt{\frac{1}{\varepsilon_\alpha}} \qquad ただし，\varepsilon_\beta > 1 の場合 \qquad (9\text{-}39)$$

ここで，重なりかみあい率 ε_β は，有効歯幅 b_H [mm]，ねじれ角 β [°] および正面モジュール m_n [mm] から次式で求められる．

$$\varepsilon_\beta = \frac{b_H \sin\beta}{\pi m_n} \qquad (9\text{-}40)$$

歯すじ荷重分布係数　歯すじ荷重分布係数 $K_{H\beta}$ は，歯面強さに対する歯すじ方向の片当りの影響を考慮するための係数である．歯車に適切な歯すじ修整を施すなどで負荷時の歯当たりが良好な場合は $K_{H\beta} = 1.0 \sim 1.2$ とすることができ，一方，負荷時の歯当たりが予測できない場合には，歯幅 [mm] b と小歯車の基準円直径 d [mm] との比 b/d の値と，歯車の支持方法により表 9-8 から決定する．

表 9-8　歯すじ荷重分布係数 $K_{H\beta}$

$\dfrac{b}{d}$	歯車の支持方法			
	両端支持			片持ち支持
	両軸受けに対称	一方の軸受けに近く，軸のこわさ大	一方の軸受けに近く，軸のこわさ小	
0.2	1.0	1.0	1.1	1.2
0.4	1.0	1.1	1.3	1.45
0.6	1.05	1.2	1.5	1.65
0.8	1.1	1.3	1.7	1.85
1.0	1.2	1.45	1.85	2.0
1.2	1.3	1.6	2.0	2.15
1.4	1.4	1.8	2.1	—
1.6	1.5	2.05	2.2	—
1.8	1.8	—	—	—
2.0	2.1	—	—	—

（JGMA 6102-02：2009 から抜粋）

動荷重係数および過負荷係数　動荷重係数 K_V および過負荷係数 K_O については，曲げ強さの計算で用いたものと同様であり，表 9-5 および表 9-6 を用いて決定できる．また，S_F は歯面損傷（ピッチング）に対する安全率であり，$S_F \geqq 1.2$ が適当とされている．なお，主要な歯車材料の許容ヘルツ応力 σ_{Hlim} [MPa] を付表 9-1 〜 9-3 に示す．

例題 9-11

例題 9-10 の駆動歯車の歯面に生じるヘルツ応力 σ_H[MPa] を求めよ。ただし、歯車材料は構造用鋼（縦弾性係数 $E = 206$ GPa、ポアソン比 $\nu = 0.3$）とする。また、歯車の支持方法は両側支持とし、歯車は両軸受の中間位置に配置されるものとする。

●略解 ──── 解答例

・領域係数 Z_H　　式 9-35 より

$$Z_H = \frac{1}{\cos\alpha_{ns}}\sqrt{\frac{2\cos\beta_g}{\tan\alpha_s}} = \frac{1}{\cos 20°}\sqrt{\frac{2\cos 0°}{\tan 20°}}$$

$$\cong 2.495$$

・材料定数係数 Z_M　　表 9-7 もしくは式 9-37 より

$$Z_M = \sqrt{\frac{1}{\pi\left(\dfrac{1-\nu_1^2}{E_1} + \dfrac{1-\nu_2^2}{E_2}\right)}} = \sqrt{\frac{1}{\pi\left(\dfrac{1-0.3^2}{206\times 10^3} + \dfrac{1-0.3^2}{206\times 10^3}\right)}}$$

$$\cong 189.8\sqrt{\text{MPa}}$$

・かみあい率係数 Z_ε　　平歯車だから、$Z_\varepsilon = 1.0$

・歯すじ荷重分布係数 $K_{H\beta}$　　$\dfrac{b}{d_1} = \dfrac{20}{34} \cong 0.588$

　　表 9-8 より $K_{H\beta} = 1.05$ とする。

・動荷重係数 K_V および過負荷係数 K_O

　　例題 9-10 と同様に $K_V = 1.3$、$K_O = 1.25$ とする。

式 9-34 より

$$\sigma_H = \sqrt{\frac{F_t}{db}\frac{i+1}{i}}\, Z_H Z_M Z_\varepsilon \sqrt{K_{H\beta} K_V K_O} \times S_F$$

$$= \sqrt{\frac{281}{34\times 20}\times\frac{2.53+1}{2.53}}\times 2.495 \times 189.8 \times 1.0 \times \sqrt{1.05\times 1.3\times 1.25}\times 1.2$$

$$\cong 564\ \text{MPa}$$

第9章 演習問題

1. モジュール $m = 5$ mm, 歯数 $z = 25$ の標準平歯車について, 基準円直径 d, 歯先円直径 d_a, 歯底円直径 d_f, 基礎円直径 d_b, 歯末のたけ h_a, 歯元のたけ h_f, ピッチ p, および歯厚 s を求めよ.

2. 現有する歯車を測定したところ歯数が 20 枚, 歯先円直径が約 89 mm であった. 標準平歯車と仮定し, モジュールを決定せよ.

3. モジュール $m = 3$ mm, 駆動歯車の歯数 $z_1 = 17$, 被動歯車の歯数 $z_2 = 30$ の標準平歯車対において, 速度伝達比 i, 被動歯車の回転数 N_2 およびピッチ点における周速度 v を求めよ. ただし, 駆動歯車の回転数を $N_1 = 1200$ min^{-1} とする.

4. モジュール $m = 2$ mm, $z_1 = 20$, $z_2 = 31$ の標準平歯車 (基準圧力角 $\alpha_n = 20°$) の中心距離 a を求めよ. また, この歯車対の中心距離を 3 mm 離してかみあわせた場合の両歯車のかみあいピッチ円直径とかみあい圧力角を求めよ.

5. モジュール $m = 6$, 歯数 $z = 10$ の平歯車を基準圧力角 $\alpha_n = 20°$ のラック工具で切下げを発生させずに歯切りするための転位係数 x および転位量 xm を決定せよ.

6. モジュール $m = 6$ mm, 歯数 $z = 10$ の転位平歯車を 2 個かみあわせて歯車対とした場合のかみあい圧力角 α, かみあいピッチ円直径, 歯先円直径および歯たけを求めよ. ただし, 基準圧力角は $\alpha_n = 20°$ とし, 転位係数は両歯車とも $x = 0.45$ とする.

7. 図 9-15 に示す 2 段の歯車減速装置において, 歯車列全体の速度伝達比 i が $i \cong 5$ となるよう, 歯車IIおよび歯車IIIの歯数を決定せよ. ただし, 各段の大歯車の歯数は可能な限り等しくすること. なお, すべての歯車のモジュールは等しく, 各段の小歯車Iの z_1 およびII′の歯数 z_2' はともに 16 枚とする.

8. 動力 7.5 kW, 回転数 1450 min^{-1} の電動機用に, 速度伝達比 $i = 2$ の歯車減速装置を設置するとき, 歯車のモジュール m と歯幅 b を決定しなさい. ただし, 歯車は標準平歯車 (基準圧力角 $\alpha_n = 20°$) で, 材質は S35C (HBW = 160), 駆動歯車の歯数は 20 枚とし, 歯元の曲げ強さと歯面強さの両面から検討すること.

第10章 巻掛け伝動装置

この章のポイント

動力の伝達には様々な方法が考えられるが，原動軸と従動軸の間の距離が比較的離れている場合には，それぞれの軸に車を取り付け，それに屈曲できる中間媒介節を巻き付けて動力を伝える巻掛け伝動装置が用いられる。この章では，中間媒介節としてベルトやチェーンを用いる伝動装置について，種類や特徴，作動原理や設計法，変速方法などを学習する。

① 巻掛け伝動装置の種類と適用範囲
② ベルト伝動装置の作動原理と設計法
③ チェーン伝動装置の作動原理と設計法
④ ベルト伝動による変速方法

10－1　巻掛け伝動装置の種類と適用範囲

【1】摩擦力

水平な床面に置かれた質量 M の物体は，接触面から押付力（垂直抗力）$N(=Mg)$ を受け，それを水平方向に力 P で移動させる場合，その反対方向の接触面に力 F が発生する。これが摩擦力（摩擦抵抗）であり，静止状態では $F=P$ となる。この摩擦力を利用した代表的な機械製品には自動車のクラッチやブレーキがあり，これらは止まっている物体を動かしたり，逆に動いている物体を止めたりするものである。

【2】初期張力

ベルト伝動装置では，接触面に摩擦力を得るためにベルトをベルト車に押し付ける力（張力）を使用するが，初期張力とはベルトを掛けるときにあらかじめ与える力である。これは，緩みの減少にも役立つが，高くしすぎると軸受部分に無理な力が作用して損傷する原因にもなる。

巻掛け伝動には，図 10-1 に示すように，**ベルト**や**ロープ**などと**ベルト車**との**摩擦力**[1] を利用した**摩擦伝動**，ベルトとベルト車のかみ合いによる力を利用した**かみあい伝動**，チェーンとスプロケットの歯との接触力を利用した**確実伝動**がある。

摩擦伝動には，平ベルト伝動，V ベルト伝動，ロープ伝動などがある。動力の伝達に摩擦力を利用するため，**初期張力**[2] を与える必要があり，摩擦が低下すると両者間に**すべり**[3] が発生し，正確な一定の**速度比**[4] を実現することが難しくなる。しかし，このすべりは，過大な負荷が加えられたときには一種の安全装置の役割を果たし，機械の破壊を防ぐことができる。また，確実伝動に比べて騒音が小さいという利点もある。

かみあい伝動には，歯付きベルト伝動があり，すべりが発生せず，騒音や振動も小さく，初期張力も小さくすむなどの利点がある。

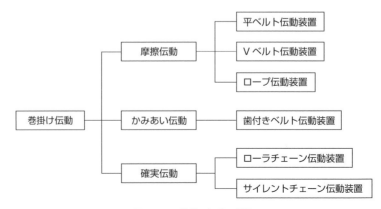

図 10-1　巻掛け伝動の種類

確実伝動には，ローラチェーン伝動やサイレントチェーン伝動があり，張力は不要で，すべりが発生しないため速度比が一定などの利点がある。

表 10-1 に巻掛け伝動装置の適用範囲を示す。

表 10-1　巻掛け伝動装置の適用範囲

種類	軸距離 [m]	速度比	速度 [m/s]
平ベルト	10 以下	1：1〜6 (15 以下)	10〜30 (50 以下)
V ベルト	5 以下	1：1〜7 (10 以下)	10〜15 (25 以下)
ローラチェーン	4 以下	1：1〜5 (8 以下)	〜7 (7 以下)
サイレントチェーン	4 以下	1：1〜6 (8 以下)	3〜10 (10 以下)

【3】すべり

すべりとは，直接接触して運動している 2 つの物体の接触面に相対的な速度が発生することで，例えば車の移動速度とタイヤの回転速度とが異なり，タイヤが回転しないまま移動するような状態のことである。

【4】速度比

速度比とは，原動車と従動車の回転数の比 (回転比) であるが，両車の直径比でも表され，速度比の変更はこの直径比を変えればよい。実際にはベルトの厚みやすべりを考慮する必要があり，それらについては 10-2-1 項を参照。

10-2　ベルト伝動

ベルト伝動は，一般に構造が簡単なことからよく使用されている。平ベルト伝動ではすべりが大きいため，大動力を伝える場合には，平ベルトよりすべりが少なく，ベルトの本数を増やすことができる V ベルト伝動が使用される。また，ベルト伝動の特徴を活かしつつ，動力の伝達を確実にするため，ベルトの内面とベルト車の外周に歯をつけてかみあわせる歯付ベルトによる伝動もある。

10-2-1　平ベルト伝動

ベルトの材質には，平皮，ゴム，布，鋼などが用いられている。

平ベルトと円筒形のベルト車を用いた平ベルト伝動機構では，図 10-2 に示すとおり，ベルトの掛け方によって，原動車と従動車 (図中の左側 A と右側 B) が同一方向に回転する**平行掛け**と回転方向が逆向きとなる**十字掛け**の 2 つの方式がある。ベルト車は，普通外周を**中高**[5] にしておく。ベルト車を回転させるとベルトが原動車に入る方の側は**張力**

【5】中高

中高とは，ベルト車の外周の中央を高くすることであり，これにより，ベルトはベルト車の回転によってしだいに直径の大きい方に移動することとなり，ベルトがはずれるのを防ぐことができる。ただし，十字掛けのときは中高にしない。

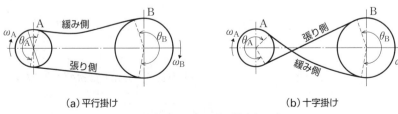

(a) 平行掛け　　　　　(b) 十字掛け

図 10-2　ベルトの掛け方

が増加するが，原動車から出る方の側は張力が減少する。前者を**張り側**，後者を**緩み側**という。ベルトとベルト車との接触長さ（巻掛け角度）が増加して摩擦を有効に利用できる，回転運動伝達時のすべりが減少するという理由から，緩み側が上側になるようにする。また，動力は主に張り側のベルトの張力によって伝えられる。

ベルトの長さと軸間距離 ベルト伝動機構を設計するには，ベルトの長さ l [mm]，原動車の直径 d_A [mm]，従動車の直径 d_B [mm]，軸間距離 a [mm] の関係を明らかにする必要がある。

平行掛けの場合，図10-3(a)に示すように，ベルト直線部と平行な補助線を引き，両軸の中心 O_A, O_B を結ぶ中心線とのなす角度を β [rad] とする。ベルト直線部はベルト車の接線であり，それぞれの接点と軸中心とを結ぶ線とは直交する。

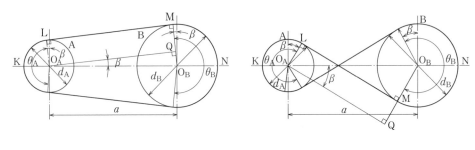

(a) 平行掛け　　　　　　　　　　　(b) 十字掛け

図 10-3　ベルトの長さ

各ベルト車の巻掛け角を θ_A [rad], θ_B [rad] とすると，ベルトの長さ l [mm] は直線部と円弧部の長さの和として次のようになる。

$$\begin{aligned}
l &= 2(\overline{KL} + \overline{LM} + \overline{MN}) \\
&= \frac{d_A}{2}\theta_A + 2a\cos\beta + \frac{d_B}{2}\theta_B \\
&= \frac{d_A}{2}(\pi - 2\beta) + 2a\cos\beta + \frac{d_B}{2}(\pi + 2\beta) \\
&= 2a\cos\beta + \frac{\pi}{2}(d_A + d_B) + \beta(d_B - d_A) \quad [\text{mm}] \quad (10\text{-}1)
\end{aligned}$$

[6] 近似式
$\sqrt{1-x^2}$ をテイラー展開すれば $\sqrt{1-x^2} = 1-(1/2)x^2-(1/8)x^4-\cdots$ であり，x の値（両ベルト車の軸間距離と直径差の比）が1より十分に小さい場合は，4次以上の項を省略しても影響が小さく，近似的に $\sqrt{1-x^2} \cong 1-(1/2)x^2$ とできる。また，$\cos x$ をそのままテイラー展開すれば $\cos x = 1-(1/2!)x^2+(1/4!)x^4-\cdots$ であり，x を同様に取り扱えば同じ結果となる。

軸間距離が長いか，ベルト車の直径差が小さくて，β が小さいと考えられるときは

$$\left.\begin{aligned}
\beta &\cong \sin\beta = \frac{d_B - d_A}{2a} \\
\cos\beta &= \sqrt{1-\sin^2\beta} = \sqrt{1-\left(\frac{d_B-d_A}{2a}\right)^2} \cong 1 - \frac{(d_B-d_A)^2}{8a^2}
\end{aligned}\right\}$$
$$(10\text{-}2)$$

とすることができる[6]。よって，ベルトの長さ l [mm] は次のようになる。

■ ベルトの長さ（平行掛け）
$$l = 2a + \frac{\pi}{2}(d_A + d_B) + \frac{(d_B - d_A)^2}{4a} \quad [\text{mm}] \quad (10\text{-}3)$$

また，両車の巻掛け角度 θ_A，θ_B はそれぞれ次のようになる。

■ 巻掛け角度（平行掛け）
$$\theta_A = \pi - 2\beta = \pi - 2\sin^{-1}\frac{d_B - d_A}{2a} \quad [\text{rad}] \quad (10\text{-}4)$$

$$\theta_B = \pi + 2\beta = \pi + 2\sin^{-1}\frac{d_B - d_A}{2a} \quad [\text{rad}] \quad (10\text{-}5)$$

一方，十字掛けの場合は，巻掛け角が式 10-1 とは異なり，ベルトの長さ $l\,[\text{mm}]$ は

$$l = 2(\overparen{\text{KL}} + \overline{\text{LM}} + \overparen{\text{MN}})$$

$$= 2a\cos\beta + \frac{\pi}{2}(d_A + d_B) + \beta(d_A + d_B) \quad [\text{mm}] \quad (10\text{-}6)$$

と表すことができ，軸間距離がベルト車の直径に比べて大きいときは，同様に β は小さいとみなせるが，このときは

$$\beta \cong \sin\beta = \frac{d_A + d_B}{2a}, \quad \cos\beta \cong 1 - \frac{(d_A + d_B)^2}{8a^2} \quad (10\text{-}7)$$

となり，ベルトの長さ $l\,[\text{mm}]$ は次のようになる。

■ ベルトの長さ（十字掛け）
$$l = 2a + \frac{\pi}{2}(d_A + d_B) + \frac{(d_A + d_B)^2}{4a} \quad [\text{mm}] \quad (10\text{-}8)$$

また，両車の巻掛け角度 θ_A，θ_B は等しく，次のようになる。

■ 巻掛け角度（十字掛け）
$$\theta_A = \theta_B = \pi + 2\beta = \pi + 2\sin^{-1}\frac{d_A + d_B}{2a} \quad [\text{rad}] \quad (10\text{-}9)$$

例題 10-1 ベルトの長さと巻掛け角度

図 10-3 で，軸間距離が 2 m，原動側と従動側のベルト車の直径が 300 mm と 500 mm のとき，平行掛けと十字掛けの場合について，ベルトの長さと巻掛け角度を求めよ。

●略解────解答例

平行掛けの場合は式 10-3 より

$$l = 2a + \frac{\pi}{2}(d_A + d_B) + \frac{(d_B - d_A)^2}{4a}$$

$$= 2 \times 2000 + \frac{\pi}{2} \times (300 + 500) + \frac{(500 - 300)^2}{4 \times 2000}$$

$$= 5260 \text{ mm}$$

巻掛け角度は式 10-4 と式 10-5 より

$$\theta_A = \pi - 2\sin^{-1}\frac{d_B - d_A}{2a} = \pi - 2\sin^{-1}\frac{500-300}{2\times 2000}$$
$$= 3.04 \text{ rad} = 174°$$

$$\theta_B = \pi + 2\sin^{-1}\frac{d_B - d_A}{2a} = \pi + 2\sin^{-1}\frac{500-300}{2\times 2000}$$
$$= 3.24 \text{ rad} = 186°$$

十字掛けの場合は式 10-8 より

$$l = 2a + \frac{\pi}{2}(d_A + d_B) + \frac{(d_A + d_B)^2}{4a}$$
$$= 2\times 2000 + \frac{\pi}{2}\times(300+500) + \frac{(300+500)^2}{4\times 2000}$$
$$= 5340 \text{ mm}$$

巻掛け角度は式 10-9 より

$$\theta_A = \theta_B = \pi + 2\sin^{-1}\frac{d_A + d_B}{2a} = \pi + 2\sin^{-1}\frac{300+500}{2\times 2000}$$
$$= 3.54 \text{ rad} = 203°$$

ベルト伝動の速度比 　原動車と従動車の周速度が等しいことから，それぞれの回転数を $n_A [\text{min}^{-1}]$, $n_B [\text{min}^{-1}]$，ベルトの厚さを $t [\text{mm}]$，すべりを $s [\%]$ とすると，各条件での速度比 u は次のようになる。

■ 速度比

ベルトの厚さもすべりも考慮しない場合

$$u = \frac{n_B}{n_A} = \frac{d_A}{d_B} \tag{10-10}$$

ベルトの厚さを考慮した場合

$$u' = \frac{n_B}{n_A} = \frac{d_A + t}{d_B + t} \tag{10-11}$$

すべりを考慮した場合[7]

$$u'' = \frac{n_B}{n_A} = \frac{\left(1 - \frac{s}{100}\right)d_A}{d_B} \tag{10-12}$$

【7】すべり率 (slip ratio)
　ベルトとベルト車との間のすべりのほかに，ベルトの伸び縮みによるすべりも合わせると，すべり率は一般に 2 〜 4 ％ であり，それを超えると摩擦熱のためにベルトが損傷する恐れがある。

ベルトの張力と伝達動力

ベルト伝動は、ベルトに掛かる摩擦力により回転力を伝えている。ベルトの張り側と緩み側では張力が異なるため、巻掛部分のベルトの張力も変化する。

図 10-4 において、ベルトの張り側の張力を T_t [N]、緩

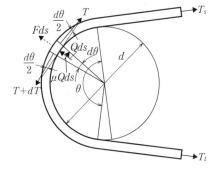

図 10-4 ベルト張力

み側の張力を T_s [N]、巻掛け角度を θ [rad] とする。ベルト車の微小角度 $d\theta$ [rad] に対するベルトの微小部分 ds [m] をとり、この部分の両側の張力を T [N] と $T+dT$ [N]、ベルトがベルト車に押される力を Qds [N] とする。ベルトとベルト車の間の**摩擦係数**[8]を μ とすると、その間に作用する摩擦力は μQds [N] となる。また、ベルトはベルト車の回転による遠心力 Fds [N](式 3-30 参照)によってベルトから離れようとするため、ベルトがベルト車を押し付ける力はその分だけ減少する。

半径方向の力のつりあいから

$$Qds = T\sin\frac{d\theta}{2} + (T+dT)\sin\frac{d\theta}{2} - Fds$$

$$= 2T\sin\frac{d\theta}{2} + dT\sin\frac{d\theta}{2} - Fds \ [\text{N}] \quad (10\text{-}13)$$

となる。また、ベルトの単位長さ当たりの質量を m [kg/m]、ベルト車の直径を d [m]、速度を v [m/s] とすると、遠心力 Fds [N] は次のようになる。

$$Fds = \frac{mv^2}{\frac{d}{2}}\frac{d}{2}d\theta = mv^2 d\theta \ [\text{N}] \quad (10\text{-}14)$$

一方、円周方向の力のつりあいから

$$T\cos\frac{d\theta}{2} + \mu Qds = (T+dT)\cos\frac{d\theta}{2} \ [\text{N}] \quad (10\text{-}15)$$

となる。ここで、dT, $d\theta$ は微小であるから

$$\sin\frac{d\theta}{2} \cong \frac{d\theta}{2}, \quad dT\sin\frac{d\theta}{2} = 0, \quad \cos\frac{d\theta}{2} \cong 1 \quad (10\text{-}16)$$

の関係を用いて整理すると

$$dT = \mu Qds = \mu(T - mv^2)d\theta \ [\text{N}] \quad (10\text{-}17)$$

となり、巻掛け角の区間について積分すると

$$\int_{T_s}^{T_t}\frac{dT}{T - mv^2} = \mu \int_0^\theta d\theta \quad (10\text{-}18)$$

【8】摩擦係数

水平な床面に静止している物体が動き始めるときの摩擦力 F_0 を最大静摩擦力、物体の移動中に発生する摩擦力 F_1 を動摩擦力といい、垂直抗力を N とすると、それぞれ $F_0 = \mu_0 N$、$F_1 = \mu_1 N$ となる。このときの μ_0, μ_1 を静摩擦係数、動摩擦係数といい、μ_0 は物体が傾斜面を移動し始めるときの角度 ϕ_0 を用いて $\mu_0 = \tan\phi_0$ でも表せる。例えば、皮、綿のベルトと鋳鉄製ベルト車の摩擦係数は 0.2～0.3、ゴムベルトの場合は 0.2～0.25 である。

より，張り側と緩み側との関係が以下となる．

$$T_t - mv^2 = e^{\mu\theta}(T_s - mv^2) \quad [\text{N}] \tag{10-19}$$

ベルトを回そうとする回転力を有効張力 $T_e\,[\text{N}]$ とすると

$$T_e = T_t - T_s \quad [\text{N}] \tag{10-20}$$

であり，張り側，緩み側の張力はそれぞれ以下となる．

■ 張り側，緩み側の張力

$$T_t = \frac{e^{\mu\theta}}{e^{\mu\theta}-1} T_e + mv^2 \quad [\text{N}] \tag{10-21}$$

$$T_s = \frac{1}{e^{\mu\theta}-1} T_e + mv^2 \quad [\text{N}] \tag{10-22}$$

初期張力を $T_0\,[\text{N}]$ とすれば，次のように表すことができる．

$$T_0 \cong \frac{T_t + T_s}{2} \quad [\text{N}] \tag{10-23}$$

また，有効張力 $T_e\,[\text{N}]$ を張り側の張力で表せば次のようになる．

■ 有効張力

$$T_e = (T_t - mv^2)\frac{e^{\mu\theta}-1}{e^{\mu\theta}} \quad [\text{N}] \tag{10-24}$$

次に，**伝達動力** $P\,[\text{kW}]$ は，ベルト車のトルクを $T_r\,[\text{N}\cdot\text{m}]$，角速度を $\omega\,[\text{rad/s}]$ とすれば，ベルトとベルト車の間にすべりがないものとすると，次のようになる．

■ 伝達動力

$$\begin{aligned}P &= \frac{T_r \omega}{1000} = \frac{T_e \frac{d}{2}\omega}{1000} = \frac{T_e v}{1000} = \frac{(T_t - T_s)v}{1000} \\ &= \frac{(T_t - mv^2)v}{1000} \cdot \frac{e^{\mu\theta}-1}{e^{\mu\theta}} \quad [\text{kW}]\end{aligned} \tag{10-25}$$

速度 $v = (d/2)\omega\,[\text{m/s}]$（式 3-26 参照）が大きくなるにつれ，遠心力の影響で有効張力は減少し，ベルトがベルト車を押し付ける力も減少する．したがって，$\mu\theta$ が一定の場合，伝達動力を最大にする速度の値 $v_{\max}\,[\text{m/s}]$ は $dP/dv = 0$ を満たす値であり，最大伝達動力 $P_{\max}\,[\text{kW}]$ はその値から求められる．

$$\frac{dP}{dv} = \frac{e^{\mu\theta}-1}{1000e^{\mu\theta}}\left[-2mv^2 + (T_t - mv^2)\right]$$

$$= \frac{e^{\mu\theta}-1}{1000e^{\mu\theta}}(T_t - 3mv^2) \tag{10-26}$$

$dP/dv = 0$ より，このときの $v\,[\text{m/s}]$ の値を $v_{\max}\,[\text{m/s}]$ とすれば

$$v_{\max} = \sqrt{\frac{T_t}{3m}} \quad [\text{m/s}] \tag{10-27}$$

となる．これを用いた最大伝達動力 $P_{\max}\,[\text{kW}]$ は次のようになる．

■ 最大伝達動力

$$P_{\max} = \frac{\left(T_t - m\dfrac{T_t}{3m}\right)\sqrt{\dfrac{T_t}{3m}}}{1000} \cdot \frac{e^{\mu\theta} - 1}{e^{\mu\theta}}$$

$$= \frac{\dfrac{2}{3}T_t\sqrt{\dfrac{T_t}{3m}}}{1000} \cdot \frac{e^{\mu\theta} - 1}{e^{\mu\theta}} \quad [\text{kW}]$$

(10-28)

例題 10-2 ベルトの張力

原動車の直径が 100 mm，回転数が 1200 min^{-1} で軸間距離を 2 m とする。従動車の回転数が 300 min^{-1} で 1.5 kW の動力を伝達するとして，ベルトの張力を求めよ。ただし，オープンベルトで，ベルトの単位長さ当たりの質量は 0.2 kg/m，摩擦係数を 0.3 とする。

●**略解**────解答例

ベルト速度は，例題 3-6 より

$$v = \frac{\pi d_A n_A}{60 \times 1000} = \frac{\pi \times 100 \times 1200}{60 \times 1000} = 6.28 \text{ m/s}$$

有効張力 T_e は式 10-25 より

$$T_e = \frac{1000P}{v} = \frac{1.5 \times 1000}{6.28} = 239 \text{ N}$$

従動車の直径は式 10-10 より

$$d_B = \frac{n_A}{n_B} d_A = \frac{1200}{300} \times 100 = 400 \text{ mm}$$

巻掛け角は式 10-4 より小さい方を求め，摩擦係数を用いると

$$\theta_A = \pi - 2\sin^{-1}\frac{d_B - d_A}{2a}$$

$$= \pi - 2\sin^{-1}\frac{400 - 100}{2 \times 2000} = 2.99 \text{ rad}$$

$e^{\mu\theta} = e^{0.3 \times 2.99} = 2.45$

であり，張り側の張力は式 10-21 より以下となる。

$$T_t = \frac{e^{\mu\theta}}{e^{\mu\theta} - 1} T_e + mv^2 = \frac{2.45}{2.45 - 1} \times 239 + 0.2 \times 6.28^2 = 412 \text{ N}$$

緩み側の張力は式 10-20 より以下となる。

$$T_s = T_t - T_e = 412 - 239 = 173 \text{ N}$$

10-2-2 V ベルト伝動

断面が台形の V ベルトと，同じ形のみぞをもつベルト車を用いた V ベルト伝動機構では，みぞの側面の接触摩擦力を利用するため，断面の変形作用も加わり接触面積が大きく，複数本並べて掛けることもでき

[9] ベルト交換

複数のベルトを使用する装置でベルトを交換する場合には、ベルトごとに劣化等の状態が異なるため、すべてのベルトを同時に交換する必要がある。

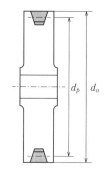

図 10-5　基準円直径の位置

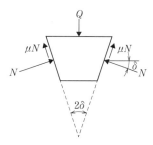

図 10-6　V ベルトの摩擦力

[10] 見かけのすべり

V ベルトは、原動車に巻き付くときは張り側の伸びて細くなった部分が巻き付き、張力も大きいため溝に深く入り、従動車に巻き付くときは緩み側の少し太くなった部分が巻き付き、張力も小さいためそれほど深く入らない。そのため、基準円直径は、原動車では小さくなり従動車では大きくなったのと同じ状態となることから、直径比である速度比は小さくなり、見かけ上すべりを生じたと同じ状況になる。

る[9]。V ベルトの材質はゴムで、中心の伸び縮みの少ない所を心体として張力をもたせ、一般用 V ベルトは M, A, B, C, D の 5 種類、細幅ベルトは 3V, 5V, 8V の 3 種類の形状が、それぞれ JIS K 6323：2008 と JIS K 6368：1999 に規定されている。

速度比と摩擦係数

速度比は、ベルトの伸び縮みのない中立面における直径を用いて計算すべきであるが、正確に求めることは難しい。そのため、図 10-5 に示すように、V ベルトの外側がベルト車の外周 d_o[mm] に一致してベルト厚さの中央に中立面があるものとし、この位置を基準円直径 d_p[mm] として用いる。また、V ベルト伝動では**見かけのすべり**[10]も生じる。

図 10-6 において、V ベルトをみぞに押し付ける力を Q[N]、V ベルトがみぞの側面によって押される垂直力を N[N] とする。また、V ベルトとみぞの側面の間の摩擦係数を μ とすると、V ベルト車は μN[N] の摩擦力を受ける。みぞの角度を 2δ[°] とすると、半径方向の力のつりあいは

$$Q = 2(N\sin\delta + \mu N\cos\delta) = 2N(\sin\delta + \mu\cos\delta) \quad (10\text{-}29)$$

となり、これより以下となる。

$$N = \frac{Q}{2(\sin\delta + \mu\cos\delta)} \ [\text{N}] \quad (10\text{-}30)$$

ベルト車を回すためのベルトの摩擦力 F[N] はみぞの両側面を考えると

$$F = 2\mu N = \frac{\mu}{\sin\delta + \mu\cos\delta} Q \ [\text{N}] \quad (10\text{-}31)$$

となる。したがって、平ベルト伝動の場合における摩擦係数 μ に対して、V ベルト伝動の場合の摩擦係数 μ' は

$$\mu' = \frac{\mu}{\sin\delta + \mu\cos\delta} \quad (10\text{-}32)$$

となり、分母は 1 より小さいため、V ベルトは平ベルトに比べて大きな動力を伝達できる。

ベルト長さ l[mm] に規定の値を使用するとき、軸間距離 a[mm] は式 10-3 より以下となる。

■ 軸間距離

$$a = \frac{D + \sqrt{D^2 - 2(d_B - d_A)^2}}{4} \ [\text{mm}] \quad (10\text{-}33)$$

ここで、$D = l - \frac{\pi}{2}(d_A + d_B)$ [mm] である。

また、ベルト一本の張り側張力 T_t[N] は、ベルトの許容引張応力を σ_t[MPa]、断面積を A[mm²] とすると

$$T_t = \sigma_t A \ \ [\text{N}] \quad (10\text{-}34)$$

として求めることができ，式 10-32 の μ' を用いてベルト 1 本当たりの伝達動力 P_v [kW] を計算すると次のようになる。

■ 伝達動力

$$P_v = \frac{(T_t - mv^2)v}{1000} \frac{e^{\mu'\theta} - 1}{e^{\mu'\theta}} \quad [\text{kW}] \qquad (10\text{-}35)$$

ベルト伝動装置の伝達動力 P [kW] との関係から，使用するベルト本数 N は以下となる。

$$N = \frac{P}{P_v} \qquad (10\text{-}36)$$

また，ベルト 1 本当たりの許容張力 T_a [N] は，引張強さを σ_b [kN]，**安全率**[11] を S_F とすると

$$T_a = \frac{\sigma_b \times 1000}{S_F} \quad [\text{N}] \qquad (10\text{-}37)$$

であり，ベルト本数は，緩み側の張力 T_s [N] が無視できるものとすると，張り側の全張力 T_t' [N] との関係からも求められる。

$$N = \frac{T_t'}{T_a} \qquad (10\text{-}38)$$

例題 10-3 ベルトの動力

V ベルト伝動装置において，原動車のピッチ円直径を 150 mm，回転数を 1500 min^{-1}，巻掛け角を 160°，ベルトとベルト車の間の摩擦係数を 0.3 とする。A 形 V ベルトを使用するものとし，V みぞの角度を 38°，ベルトの断面積を 83 mm^2，単位長さ当たりの質量を 0.1 kg/m，最大許容引張応力を 1.8 MPa とするとき，V ベルト 1 本の伝達動力を求めよ。

● 略解────解答例

ベルト速度は，例題 3-6 より

$$v = \frac{\pi d_A n_A}{60 \times 1000} = \frac{\pi \times 150 \times 1500}{60 \times 1000} = 11.8 \text{ m/s}$$

最大許容引張力をベルトの張り側張力 T_t とすると式 10-34 より

$$T_t = \sigma_t A = 1.8 \times 83 = 149 \text{ N}$$

式 10-32 より摩擦係数 μ' を求め，巻掛け角を用いると

$$\mu' = \frac{\mu}{\sin\delta + \mu\cos\delta} = \frac{0.3}{\sin 19° + 0.3 \times \cos 19°} = 0.492$$

$$e^{\mu'\theta} = e^{0.492 \times \frac{160}{180}\pi} = 3.95$$

V ベルト 1 本の伝達動力は式 10-35 より以下となる。

$$P_v = \frac{(T_t - mv^2)v}{1000} \frac{e^{\mu'\theta} - 1}{e^{\mu'\theta}}$$

$$= \frac{(149 - 0.1 \times 11.8^2) \times 11.8}{1000} \times \frac{3.95 - 1}{3.95} = 1.19 \text{ kW}$$

---

[11] 安全率

設計上，強度の安全性を図るために許容できる最大応力を許容応力といい，実際の部材に作用する荷重は常にこの許容応力よりも小さくする必要がある。安全率 S は，破損の限界を表す応力である基準強さ σ_b と許容応力 σ_a との比 $S = \sigma_b/\sigma_a$ で表されるが，実際には材料強度のばらつきや荷重の見積もり誤差などの不確定な要因を考慮して設定する必要がある。例えば，荷物を吊り上げるワイヤーロープの安全率は 6 以上と決められている。この考えは，張力に対しても同様である。

10-2-3 歯付きベルト伝動

歯付きベルト伝動機構は，すべりがなく，伝動効率も良く，回転を確実に伝えることができることから，高速・高トルク伝動にも適している。一般用歯付きベルトは XL, L, H, XH, XXH の 5 種類，軽負荷用歯付きベルトは MXL, XXL の 2

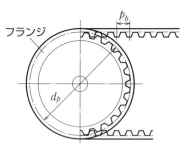

図 10-7 歯付きベルトとベルト車

種類の形状が，それぞれ JIS K 6372 : 1995 と JIS K 6373 : 1995 に規定されている。

歯付きベルトでは，歯形曲線は重要ではなく，ベルトと接する面は平面でもよい。また，かみあいの基準となる基準円は歯の中心ではなく，図 10-7 のように，巻き付く歯付きベルトの心線を通る円になる。

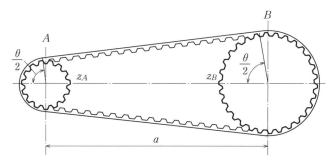

図 10-8 歯付ベルトのピッチ長さ

円ピッチを p_b[mm]，歯数を z とすると，基準円直径 d_p[mm] は

$$d_p = \frac{z p_b}{\pi} \ [\text{mm}] \tag{10-39}$$

と表され（式 9-2 参照），図 10-8 における接触弧は

$$\frac{\theta}{2} = \cos^{-1}\left\{\frac{p_b(z_B - z_A)}{2\pi a}\right\} [\text{rad}] \tag{10-40}$$

であり，ピッチベルト長さ l_p[mm] は以下となる。

$$\begin{aligned}l_p &= 2a\sin\frac{\theta}{2} + 2\frac{p_b z_A}{2\pi}\frac{\theta}{2} + 2\frac{p_b z_B}{2\pi}\left(\pi - \frac{\theta}{2}\right)\\&= 2a\sin\frac{\theta}{2} + \frac{p_b}{2}\left\{z_A + z_B + \left(1 - \frac{\theta}{\pi}\right)(z_B - z_A)\right\} [\text{mm}]\end{aligned} \tag{10-41}$$

この長さが式 10-3 の l[mm] に等しく，ベルト車の周囲長が基準円の円周にほぼ等しいとすると以下となる。

$$\pi d_A \cong p_b z_A, \quad \pi d_B \cong p_b z_B \tag{10-42}$$

これらの関係をベルトの長さの式10-3に代入すると

$$l = l_p = 2a + \frac{\pi}{2}(d_A + d_B) + \frac{(d_B - d_A)^2}{4a}$$

$$= 2a + \frac{p_b}{2}(z_A + z_B) + \frac{p_b^2(z_B - z_A)^2}{4\pi^2 a} \ [\text{mm}] \quad (10\text{-}43)$$

したがって，軸間距離 a [mm] は以下となる．

■ 軸間距離

$$a = \frac{D + \sqrt{D^2 - 2\left\{\dfrac{p_b}{\pi}(z_B - z_A)\right\}^2}}{4} \ [\text{mm}] \quad (10\text{-}44)$$

ここで，$D = l_p - \dfrac{p_b}{2}(z_A + z_B)$ [mm] である．

10-3 チェーン伝動

チェーン伝動機構は，すべりを防止し，正確な動力の伝達を行うための方法として考えられたもので，小型の割に伝動トルクも高い．**ローラチェーン**は高速運転時には振動や騒音が発生しやすいため，要素を工夫した**サイレントチェーン**も使用されている．

10-3-1 ローラチェーン

ローラチェーンでは，**スプロケット**は歯面が接触して回転を伝えるのではなく，**チェーン**の結合部が歯底にはまりこんで回転を伝える．その巻付き状態を図10-9(a)に示す．そのため，歯面の形状を表す歯形曲線は回転に直接関係がなく，図10-9(b)に示すように，円弧曲線で近似した形状になっている．ローラチェーンの種類と呼び番号やスプロケットの基準寸法は，JIS B 1801 : 2014 に規定されている．

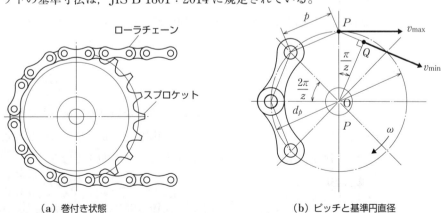

(a) 巻付き状態　　　　　　　(b) ピッチと基準円直径

図10-9 ローラチェーンとスプロケット

スプロケットの歯数を z, チェーンのピッチを p[mm], スプロケットの基準円直径を d_p[mm] とすれば

$$\frac{p}{2} = \frac{d_p}{2}\sin\frac{\pi}{z} \text{ [mm]} \tag{10-45}$$

よって，次のようになる（式 9-2 参照）。

$$d_p = \frac{p}{\sin\frac{\pi}{z}} \text{ [mm]} \tag{10-46}$$

チェーン伝動では，チェーンはピンの間を硬質のリンクプレートで結んでいて，スプロケットに巻き付いた状態は多角形をなしているため，原動スプロケットの角速度は一定でも，チェーンの速度は変動している。スプロケットの角速度を ω[rad/s]，回転数を n[min^{-1}] とすると，チェーンの最大，最小速度 $v_{\max}$[m/s]，$v_{\min}$[m/s] は，図 10-9(b) に示すようにそれぞれ以下となる（式 3-26 参照）。

$$v_{\max} = \overline{OP}\omega = \frac{d_p}{2}\omega = \frac{\pi d_p n}{60\times1000} \text{ [m/s]} \tag{10-47}$$

$$v_{\min} = \overline{OQ}\omega = \frac{d_p}{2}\cos\left(\frac{\pi}{z}\right)\omega$$

$$= v_{\max}\cos\left(\frac{\pi}{z}\right) \text{ [m/s]} \tag{10-48}$$

また，スプロケットの平均直径 d_m[mm] を

$$d_m = \frac{pz}{\pi} \text{ [mm]} \tag{10-49}$$

とすると，チェーンの平均速度 v_m[m/s] は以下となる。

$$v_m = \frac{d_m}{2}\omega = \frac{npz}{60\times1000} \text{ [m/s]} \tag{10-50}$$

なお，チェーンを両軸が水平になるように張るときは，スプロケットから離れにくくならないように，張り側を上にして回転させる。

原動側，従動側のスプロケットの回転数を n_A[min^{-1}]，n_B[min^{-1}]，歯数を z_A，z_B とすれば，速度比 u は

$$u = \frac{n_B}{n_A} = \frac{z_A}{z_B} \tag{10-51}$$

となる（式 9-4 参照）。速度がそれほど大きくないため，遠心力の影響を無視すれば，緩み側の張力 T_s[N] は初期張力を掛けないため 0 と考え，伝達動力 P[kW] は張り側の張力 T_t[N] から以下となる。

■ 伝達動力

$$P = \frac{T_t v}{1000} \text{ [kW]} \tag{10-52}$$

なお，T_t [N] は規定に示される破断応力の 1/10 くらいにとる。

スプロケットの軸間距離は，ローラチェーンのピッチの 30 〜 50 倍とするのが一般的で，チェーンの長さはその範囲で決定される。チェーンの長さに式 10-43 を用いると，**リンク数** n_p は以下となる。

■ リンク数
$$n_p = \frac{l_p}{p} = \frac{2a}{p} + \frac{1}{2}(z_A + z_B) + \frac{p(z_B - z_A)^2}{4\pi^2 a} \quad (10\text{-}53)$$

リンク数は，できる限り偶数になるようにする[12]。これより，軸間距離 a [mm] は以下となる。

■ 軸間距離
$$a = \frac{p}{4}\left\{D + \sqrt{D^2 - \frac{2(z_B - z_A)^2}{\pi^2}}\right\} \text{ [mm]} \quad (10\text{-}54)$$

ここで，$D = n_p - \dfrac{1}{2}(z_A + z_B)$ [mm] である。

さらに，リンク数によるチェーンの長さ l_c [mm] は以下となる。

■ チェーンの長さ
$$l_c = n_p p \text{ [mm]} \quad (10\text{-}55)$$

【12】リンク数
　リンク数が奇数の場合は，オフセットリンクが必要となり，これは通常のリンクに比べて強度が低いことから，端数を切り上げるなどして偶数になるように設計する。一方，スプロケットの歯数は，同じ箇所の接触を防ぐために奇数にするのが望ましい。

例題 10-4 チェーンのリンク数と長さ

原動側，従動側スプロケットの歯数を 25 枚と 50 枚，チェーンのピッチを 19.05 mm，軸間距離を約 410 mm として，チェーンのリンク数と長さを求めよ。

●**略解**―― 解答例

チェーンのリンク数は式 10-53 より

$$n_p = \frac{2a}{p} + \frac{1}{2}(z_A + z_B) + \frac{p(z_B - z_A)^2}{4\pi^2 a}$$

$$= \frac{2 \times 410}{19.05} + \frac{1}{2} \times (25 + 50) + \frac{19.05 \times (50 - 25)^2}{4 \times \pi^2 \times 410}$$

$$= 81.3 \cong 82$$

リンク数は偶数になるように 82 にし，これを用いると軸間距離は式 10-54 より

$$D = n_p - \frac{1}{2}(z_A + z_B) = 82 - \frac{1}{2}(25 + 50) = 44.5 \text{ mm}$$

$$a = \frac{p}{4}\left\{D + \sqrt{D^2 - \frac{2(z_B - z_A)^2}{\pi^2}}\right\}$$

$$= \frac{19.05}{4} \times \left\{44.5 + \sqrt{44.5^2 - \frac{2 \times (50 - 25)^2}{\pi^2}}\right\} = 417 \text{ mm}$$

また，チェーンの長さは式 10-55 より以下となる。
$$l_c = n_p p = 82 \times 19.05 = 1560 \text{ mm}$$

10-3-2 サイレントチェーン

　サイレントチェーンは，**ローラやブシュがないためピッチを小さくでき**，**プレート**がスプロケットの歯にすべり込みながら密着するため，騒音が小さいという特徴がある。なお，チェーンがスプロケットの軸方向に移動しないように，スプロケットの中央部に溝を切って，これに案内リンクが入るようにしている。巻付き状態を図 10-10 (a) に，スプロケットの歯形の角度を図 10-10 (b) にそれぞれ示す。チェーンのリンクの両側面のなす角度 α [rad] は面角と呼ばれ，0.9 ～ 1.4 [rad]（52 ～ 80 [°]）にとられる。スプロケットの1つの歯の両側のなす角度を β とすれば

$$\frac{\alpha}{2} = \frac{\beta}{2} + \frac{2\pi}{z} \text{ [rad]} \tag{10-56}$$

であるから，β [rad] は以下となる。

$$\beta = \alpha - \frac{4\pi}{z} \text{ [rad]} \tag{10-57}$$

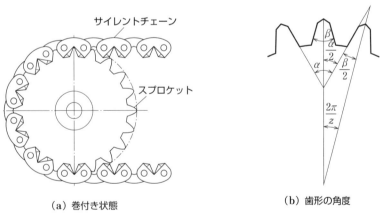

(a) 巻付き状態　　　(b) 歯形の角度

図 10-10　サイレントチェーンとスプロケット

10-4 ベルト式変速機構

原動車と従動車の間の速度比は，両車の直径比を変えればよい。したがって，平行な2軸に直径の異なる数個のベルト車を一体として取り付け，ベルトを掛け替えるような装置[13]にすれば異なる速度が得られる。このような装置を**変速機構**という。段車により速度比を段階的に変化させるものと，連続的に変化させるようにした無段階変速とがある。

10-4-1 段車による変速機構

図10-11に示すように，一般に，原動軸の回転数を一定とし，**段車**を用いて従動軸の回転数を段階的に変化させるときは，隣り合う速度比の変化率が一定になるように，等比級数配列にする場合が多い。いま，従動軸の回転数を n_{B_1}, n_{B_2}, $\cdots$, n_{B_n} [min^{-1}]，この公比を r とすれば

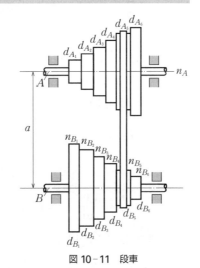

図10-11 段車

$$r = \left(\frac{n_{B_n}}{n_{B_1}}\right)^{\frac{1}{n-1}} \quad (10\text{-}58)$$

であり，これを用いて従動軸の各段の回転数を表せば以下となる。

$$n_{B_2} = n_{B_1}r, \quad n_{B_3} = n_{B_1}r^2, \quad \cdots, \quad n_{B_n} = n_{B_1}r^{n-1} \quad [\text{min}^{-1}] \quad (10\text{-}59)$$

このとき，2軸のベルト車の直径をそれぞれ，$d_{A_1}, d_{A_2}, \cdots, d_{A_n}, d_{B_1}, d_{B_2}, \cdots, d_{B_n}$ [mm] とすれば，各段の速度比は以下のようになる。

■ 各段の速度比

$$\frac{d_{A_1}}{d_{B_1}} = \frac{n_{B_1}}{n_A}, \quad \frac{d_{A_2}}{d_{B_2}} = \frac{n_{B_2}}{n_A} = r\frac{n_{B_1}}{n_A}$$

$$= r\frac{d_{A_1}}{d_{B_1}}, \quad \cdots, \quad \frac{d_{A_n}}{d_{B_n}} = \frac{n_{B_n}}{n_A} = r^{n-1}\frac{d_{A_1}}{d_{B_1}} \quad (10\text{-}60)$$

段車の直径は，中心間距離とベルトの長さが等しくなるように決めなければならないが，軸間距離が十分長いときは，各組の段車直径の差が軸間距離に比べて小さいから

$$d_{A_1} + d_{B_1} = d_{A_2} + d_{B_2} = \cdots = d_{A_n} + d_{B_n} = C = 一定 \, [\text{mm}] \quad (10\text{-}61)$$

とおいて，速度比との関係から各段の直径を求めることができる。

【13】ベルトの掛け替え

段車による変速機構を用いた代表例としてボール盤があり，主軸（ドリル）回転速度は，モータを取り付けた原動軸のベルト車と主軸となる従動軸のベルト車の間に掛けたベルトを掛け替えることで変換される。モータ固定用のボルトを緩めてモータ移動用ハンドルを動かすことで，モータが動き，ベルトを張ることも緩めることもできるようになる。緩めた状態でベルトを掛け替え，終了後張った状態で再度固定をする。

> **例題 10-5** 段車の直径
>
> 原動車の回転数は 600 min^{-1} で一定とし，従動車は 180 min^{-1}，230 min^{-1}，280 min^{-1} となるように 3 段の段車の直径を求めよ。ただし，原動車の最小段直径を 120 mm，軸間距離 2 m でオープンベルトとする。
>
> ●略解──解答例
>
> 1 段目は式 10-10 より
>
> $$d_{B_1} = \frac{n_A}{n_{B_1}} d_{A_1} = \frac{600}{180} \times 120 = 400 \text{ mm}$$
>
> ベルト車の直径に比べて軸間距離が十分大きいとして，式 10-61 より
>
> $$d_{A_1} + d_{B_1} = d_{A_2} + d_{B_2} = d_{A_3} + d_{B_3} = 120 + 400$$
> $$= 520 \text{ mm} = C$$
>
> 2 段目は式 10-10 より
>
> $$d_{B_2} = \frac{n_A}{n_{B_2}} d_{A_2} = \frac{600}{230} \times d_{A_2} = 2.61 d_{A_2}$$
>
> $$d_{A_2} + d_{B_2} = d_{A_2} + 2.61 d_{A_2} = 3.61 d_{A_2} = 520 \text{ mm}$$
>
> $$d_{A_2} = \frac{520}{3.61} = 144 \text{ mm}, \quad d_{B_2} = C - d_{A_2} = 520 - 144 = 376 \text{ mm}$$
>
> 3 段目は式 10-10 より
>
> $$d_{B_3} = \frac{n_A}{n_{B_3}} d_{A_3} = \frac{600}{280} \times d_{A_3} = 2.14 d_{A_3}$$
>
> $$d_{A_3} + d_{B_3} = d_{A_3} + 2.14 d_{A_3} = 3.14 d_{A_3} = 520 \text{ mm}$$
>
> $$d_{A_3} = \frac{520}{3.14} = 166 \text{ mm}, \quad d_{B_3} = C - d_{A_3} = 520 - 166 = 354 \text{ mm}$$
>
> 確認のため，求まった段車直径を用いて，式 10-3 より 1 段目と 3 段目のベルトの長さを計算すると，$l_1 = 4827 \text{ mm}$，$l_3 = 4821 \text{ mm}$ とその差は 6 mm で 0.12% であり，この程度の差であれば無視しても実用上差し支えない。

[14] ベルト式 CVT

CVT は Continuously Variable Transmission の略で，無段変速機または連続可変トランスミッションのことである。主に自動車やオートバイで使用され，AT（オートマチック）との大きな違いはギヤを用いていない点にある。ベルト式 CVT の可変機構は，2 つのベルト車とベルトで構成され，ベルトの幅は一定であるが，各ベルト車はベルトが掛かる溝部分が V 型になっており，その溝幅を可変させることでベルト車の直径が変化し，ベルトの位置を移動させる。このため，ベルトは溝幅が狭くなればベルト車の外周部の方向に広がり，逆に溝幅が広くなればベルト車の中心部の方向に掛かるようになり，これによって無段変速を行っている。

10-4-2 無段階変速機構

円すい状のベルト車を平行な 2 軸に互いに向きを反対に配置し，これに掛けたベルトの位置を移動することで，回転数が一定の原動軸から従動軸の回転数を連続的に変化させて回転運動を伝達することができる[14]。

この場合に考慮すべきことは，ベルトがどの位置にあってもたるんだり，張り過ぎたりしないようにすることである。ベルトの長さの式10-3と式10-8からわかるように，十字掛けでは，d_A[mm] と d_B[mm] の和を一定に保てばベルトの長さを変える必要はないが，平行掛けでは差の関係も考える必要があるため，調整がやや困難となる。

しかし，ベルトの初期張力や伸びが多少は変化しても差し支えないものとすれば，軸間距離を十分長くし，円すい車の両端の直径の差をできるだけ小さくすることで，この形状を使用しても実用上は大きな支障をきたすことなく運転することができる。

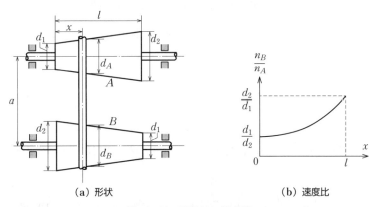

(a) 形状　　　　　　　　(b) 速度比

図 10-12　直円すいベルト車

図 10-12 は，両端の直径を d_1[mm]，d_2[mm]，幅 l[mm] の同形の**直円すい車** A，B を用いた場合で，原動車 A，従動車 B の回転数をそれぞれ n_A[min^{-1}]，n_B[min^{-1}] とし，ベルトの位置を左端から x[mm]，この位置における立体 A，B の直径をそれぞれ d_A[mm]，d_B[mm] とすれば

$$\frac{d_A - d_1}{d_2 - d_1} = \frac{x}{l}, \quad \frac{d_B - d_1}{d_2 - d_1} = \frac{l - x}{l} \tag{10-62}$$

よって，

$$d_A = d_1 + \frac{x}{l}(d_2 - d_1) = \frac{(l-x)d_1 + xd_2}{l} \text{ [mm]} \tag{10-63}$$

$$d_B = d_1 + \frac{l-x}{l}(d_2 - d_1) = \frac{xd_1 + (l-x)d_2}{l} \text{ [mm]} \tag{10-64}$$

となり，したがって，速度比 u は以下となる。

■ 速度比

$$u = \frac{n_B}{n_A} = \frac{d_A}{d_B} = \frac{(l-x)d_1 + xd_2}{xd_1 + (l-x)d_2} \tag{10-65}$$

このとき，n_A[min^{-1}] が一定のときの n_B[min^{-1}] の変化は図 10-12(b) のようになり，ベルト車の形状は直径が直線的に変化しているが，速度比は直線的な変化を示さないことがわかる。

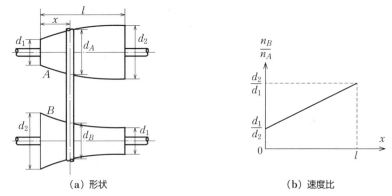

(a) 形状　　　　　　　　(b) 速度比

図 10-13　速度比が直線的に変化するベルト車

一方，図 10-13(b) に示すように速度比を直線的に変化させるためには，p と q を定数として

$$u = \frac{n_B}{n_A} = px + q \tag{10-66}$$

を満足させる必要がある。この場合，$x = 0$ では $n_B/n_A = d_1/d_2$，$x = l$ では $n_B/n_A = d_2/d_1$ であるから，これらを式 10-66 に代入すると

$$p = \frac{d_2{}^2 - d_1{}^2}{d_1 d_2 l}, \quad q = \frac{d_1}{d_2} \tag{10-67}$$

となり，速度比 u は次のようになる。

■ 速度比

$$u = \frac{n_B}{n_A} = \frac{d_2{}^2 - d_1{}^2}{d_1 d_2 l} x + \frac{d_1}{d_2} \tag{10-68}$$

また，軸間距離が十分長いとして

$$d_1 + d_2 = d_A + d_B \ [\text{mm}] \tag{10-69}$$

より，両ベルト車の直径は以下となる。

$$d_B = \frac{d_1 + d_2}{1 + \dfrac{n_B}{n_A}} = \frac{d_1 + d_2}{1 + \dfrac{d_2{}^2 - d_1{}^2}{d_1 d_2 l} x + \dfrac{d_1}{d_2}} = \frac{d_2}{1 + \dfrac{d_2 - d_1}{d_1} \dfrac{x}{l}} \ [\text{mm}] \tag{10-70}$$

$$d_A = d_1 + d_2 - d_B \ [\text{mm}] \tag{10-71}$$

このときのベルト車の形状を図 10-13(a) に示す。形状の方は，直径が直線的には変化せず，原動車と従動車で異なることがわかる。

第10章　演習問題

1. 原動車の直径 550 mm，回転数 130 min^{-1} のベルト装置で，ベルトの厚さもすべりも考慮しない場合と，ベルトの厚さを 5 mm，すべりを 2 % とした場合について，従動車の回転数が 280 min^{-1} になるように，それぞれの従動車の直径を求めよ。

2. 原動車の直径が 250 mm，回転数が 1400 min^{-1} のベルト伝動装置で，幅 110 mm，厚さ 6 mm，単位長さ当たりの質量 0.15 kg/m，最大許容引張応力 2.5 MPa のベルトが，巻き掛け角 150° でベルト車に掛かっている。摩擦係数を 0.3 として，遠心力を考慮した場合の伝達動力を求めよ。

3. 2.5 kW を伝達する V ベルト伝動装置において，原動車の直径が 80 mm，回転速度 1200 min^{-1} で，従動車を 350 min^{-1} で回転させるとき，規定のベルト長さを 1524 mm として，両車の軸間距離を求めよ。また，ベルトの引張強さを 2.3 kN，安全率を 7 として，必要なベルトの本数を求めよ。

4. ピッチ 12.7 mm，破断負荷 14 kN のローラチェーンを歯数 25 のスプロケットに掛けて，300 min^{-1} で回転するときの伝達動力を求めよ。

5. 段車において，軸間距離が 750 mm，原動軸の回転数が 450 min^{-1} で一定のとき，従動軸の回転数を 150 min^{-1} と 225 min^{-1} の 2 段に変速するときの各段車の直径とベルトの長さを求めよ。ただし，原動車の最小直径は 150 mm で，軸間距離は十分長くないものとする。

6. 直円すいベルト車において，両端の直径を 140 mm，260 mm，幅を 500 mm とし，原動車の回転数を 250 min^{-1} で一定とする。このとき，従動車の回転数が 340 min^{-1} となる左端からの位置を求めよ。

第11章 制動装置

> **この章のポイント**
>
> ブレーキやつめ車などの制動装置は，運動を抑える，または止めるための装置である．自動車や電車などのブレーキに代表されるように，正しく設計または動作されないと，人命を脅かす大事故につながる．本章では，主に摩擦によって運動エネルギーを熱エネルギーに変換するブレーキとつめによって機械的に制動させるつめ車について，その種類や特徴，作動原理や設計法について学習する．
>
> ①ブレーキの種類と特徴
> ②ブレーキの作動原理と設計法
> ③つめとつめ車の特徴
> ④つめとつめ車の作動原理と設計法

11-1 ブレーキ

ブレーキとは，運動する物体に対して，接触による摩擦を介して運動エネルギーを熱エネルギーへと変換し熱放出させ，運動を制動させる機械要素である．一般的に使用されるブレーキには，ディスク，バンド，ブロック，ドラム形式のものがある．摩擦係数が小さくなり制動力が小さくなるため，制動面に注油は禁忌である．また，自動車や自転車の部品としてのブレーキに関するものについては，JIS D 4413：2005，D 9414：2016，D 4411：1993 などにて規定されている．

11-1-1 ディスクブレーキ

ディスクブレーキとは，図11-1のように回転するディスクにディスクパッドを両側から押し付け摩擦力によって制動させるブレーキである．自動二輪車や鉄道車両などのブレーキに用いられる．熱放散性（冷却性）が良い，構造が簡単であるためメンテナンスが容易などの特長をもつ．その一方，ディスクパッドの押付け力では制動する力が小さいため倍力装置が必要となる．油圧シリンダ（第14章参照）を用いて押付け力を発生させることが多い．サイズをコンパクトにしたい場合にはディスクを多板にすることもある．

図11-1においてディスクパッドの押付け力を $F[N]$，回転中心からディスクパッドの内径までを $r_1[mm]$，外径までを $r_2[mm]$，摩擦係数を μ とすると，押付け力の作用点までの有効半径 $r[mm]$ は次のようになる．

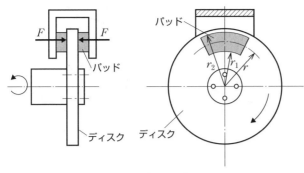

図 11-1 ディスクブレーキ

$$r = r_1 + \frac{r_2 - r_1}{2} = \frac{r_1 + r_2}{2} \text{ [mm]} \qquad (11\text{-}1)$$

図のようにディスクを両側から押さえつける場合には押付け力は $2F$ [N] となり，制動トルク T [N·mm] は次のように求められる。

■ 制動トルク
$$T = 2\mu F r \text{ [N·mm]} \qquad (11\text{-}2)$$

この制動トルク T [N·mm] が，ディスクの動作トルクより小さいと静止させることができない。ここで，ディスクパッドの接触面積を A [mm²] とすると，押付け圧力 p [MPa] は次の関係となる。

■ 押付け圧力
$$p = \frac{F}{A} \text{ [MPa]} \qquad (11\text{-}3)$$

この押付け圧力 p [MPa] が許容押付け圧力 p_a [MPa] 以下となればよい。

11-1-2 バンド（帯）ブレーキ

バンドブレーキとは，図 11-2 のようにブレーキドラムにブレーキバンドを巻き付け，レバーなどを用いてバンドに張力を発生させてバンドをドラムに押しつけることによって制動させるブレーキである。自転車の後輪ブレーキ，巻き上げ機などに用いられる。レバーの長さを調整することによって，容易に大きな制動力を得ることができる。バンドの素材が鋼材の場合には，摩擦係数を大きくするためバンドに石綿織物（アスベスト織物），皮，セラミックなどを裏張りする。

図 11-2 (a) においてブレーキドラムが右回転するとし，摩擦係数 μ，接触角 θ [rad]，バンドの両端におけるそれぞれの引張力を T_1 [N]（引張側），T_2 [N]（緩み側）とすると，ベルトとベルト車（第 10 章参照）の考え方と同様に式 10-19 より，次の関係が成り立つ [1] [2]。

[1] 自然対数の底
e は自然対数の底で 2.71828 である。

[2] 単位長さ当たりの質量
バンドは運動をしないため，ベルトとは異なり単位長さ当たりの質量 m [kg/m] は 0 として考える。

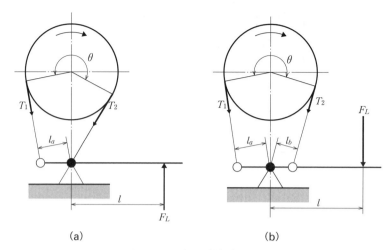

図11-2 バンド(帯)ブレーキ

$$\frac{T_1}{T_2} = e^{\mu\theta} \tag{11-4}$$

また，制動力 $F[\mathrm{N}]$ は次のようになる。

■ 制動力
$$F = T_1 - T_2 \,[\mathrm{N}] \tag{11-5}$$

この制動力 $F[\mathrm{N}]$ がブレーキドラムの回転力以上でなければ静止させることができない。式11-4と式11-5より，引張力 $T_1[\mathrm{N}]$ と $T_2[\mathrm{N}]$ は次のようになる。

$$T_1 = \frac{Fe^{\mu\theta}}{e^{\mu\theta}-1} \,[\mathrm{N}], \quad T_2 = \frac{F}{e^{\mu\theta}-1} \,[\mathrm{N}] \tag{11-6}$$

ここで，ブレーキレバーの操作力を $F_L[\mathrm{N}]$，支点から操作点までの長さを $l[\mathrm{mm}]$，支点から先端までの長さを $l_a[\mathrm{mm}]$ とすると，支点まわりのモーメントのつりあいは次のようになる。

$$F_L l = T_1 l_a \,[\mathrm{N\cdot mm}] \tag{11-7}$$

また，制動に必要な操作力 $F_L[\mathrm{N}]$ は次のようになる。

■ 操作力（右回転の場合）
$$F_L = \frac{T_1 l_a}{l} = \frac{Fe^{\mu\theta} l_a}{(e^{\mu\theta}-1)l} \,[\mathrm{N}] \tag{11-8}$$

ブレーキドラムが左回転の場合には，引張側と緩み側が入れ替わり，次のようになる。

■ 操作力（左回転の場合）
$$F_L = \frac{T_2 l_a}{l} = \frac{F l_a}{(e^{\mu\theta}-1)l} \,[\mathrm{N}] \tag{11-9}$$

また，図11-2(b)のようなバンドとレバーの取付け位置のバンドブレーキでは，支点まわりのモーメントのつりあいが次のように表される。

$$F_L l = T_1 l_a - T_2 l_b \, [\text{N·mm}] \qquad (11\text{-}10)$$

式 11-6 を用いて操作力 F_L [N] は，次のようになる。

■ 操作力（図 11-2（b））

$$F_L = \frac{T_1 l_a - T_2 l_b}{l} = \frac{(e^{\mu\theta} l_a - l_b)F}{(e^{\mu\theta} - 1)l} \, [\text{N}] \qquad (11\text{-}11)$$

例題 11-1

図 11-2（a）のバンドブレーキにおいて，ブレーキドラムの直径 $D = 250$ mm，ブレーキレバーの長さ $l = 500$ mm，レバーへの操作力 $F_L = 100$ N，支点から先端までの長さ $l_a = 40$ mm，レバー支点からドラム中心までの距離 200 mm としたとき，何 N·mm のトルクまで制動させることができるか求めよ。ただし，ドラムは右回転，バンドとドラムの間の摩擦係数は 0.2 とする。

● 略解　　解答例

ドラムとバンドの接点（T_2 側），ドラム中心，ブレーキレバーの支点からなる三角形に着目すると，ドラム中心になす角度は 0.90 rad となる。同様にドラムとバンドの接点（T_1 側）では，ドラム中心とレバー先端との距離は 204 mm となり，ドラム中心のなす角度は 1.11 rad となる。そのため，接触角 θ は 4.28 rad となる。式 11-8 より引張力 T_1 [N] は次のようになる。

$$T_1 = \frac{F_L l}{l_a} = \frac{100 \times 500}{40} = 1250 \text{ N}$$

また，式 11-4 より引張力 T_2 [N] は次のようになる。

$$T_2 = \frac{T_1}{e^{\mu\theta}} = \frac{1250}{e^{0.2 \times 4.28}} \cong 531 \text{ N}$$

式 11-5 より制動力 F は 719 N となる。そのため，ドラムの直径から制動できるトルクは $719 \times \frac{250}{2} = 89.8 \times 10^3$ N·mm となる。

11-1-3　ブロックブレーキ

ブロックブレーキとは，図 11-3 や図 11-4 のように回転するブレーキドラムにブロックを押し付けて制動させるブレーキである。ブロックが 1 つのものを単ブロックブレーキ，2 つのものを複ブロックブレーキと呼ぶ。単ブロックブレーキは支点の位置によって 3 種類に分類される。また，単ブロックブレーキはブロックをドラムに押し付けると，ブレーキドラムの取付け軸に曲げモーメントが生じるため，大きな力で押し付けることができない。そのため，大きな制動力を必要とするものには適

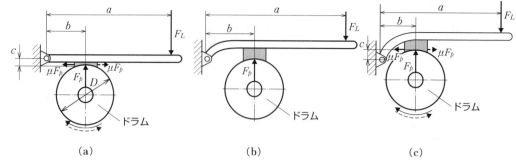

図 11-3 単ブロックブレーキ

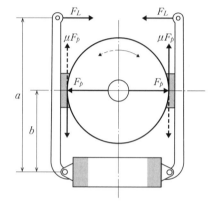

図 11-4 複ブロックブレーキ

さない。複ブロックブレーキは 2 個のブロックを対にして使用し，取付け軸に曲げモーメントが生じないため大きな制動力が期待できる。ブロックブレーキはエレベータや鉄道車両などに用いられる。

単ブロックブレーキの制動力　図 11-3 の単ブロックブレーキにおいて，ブロックがブレーキドラムを押し付ける力を F_p[N]，摩擦係数を μ とすると制動力 F[N] は次のようになる。

$$F = \mu F_p \text{ [N]} \tag{11-12}$$

この制動力がブレーキドラムの回転力以上でなければ，静止させることができない。このときのドラム径を D[mm] とすると，制動できるトルク T[N·mm] は次のようになる。

■ 制動できるトルク

$$T = \frac{FD}{2} = \frac{\mu F_p D}{2} \text{ [N·mm]} \tag{11-13}$$

また，ブレーキレバーの操作力を F_L[N]，支点からレバーの作用点とドラム回転軸までの長さをそれぞれ a[mm]，b[mm]，ブロックとドラムの距離を c[mm] とすると，レバーの支点がドラムの回転軸に対してブロックとドラムの接触面より外側にある図 11-3(a) について，支点まわりのモーメントより，次のようになる。

　　右回転時　$F_L a - F_p b - \mu F_p c = 0$ [N·mm]

　　左回転時　$F_L a - F_p b + \mu F_p c = 0$ [N·mm]　　(11-14)

ブレーキの動作トルク T_d[N·mm] を $T_d = T$[N·mm] とすると，静止させるためにレバーに対して必要なそれぞれの操作力 F_L[N] は次のようになる。

■ 操作力（図 11-3（a））

右回転時 $F_L \geqq \dfrac{F_p(b+\mu c)}{a} = \dfrac{F(b+\mu c)}{\mu a} = \dfrac{2T_d(b+\mu c)}{\mu a D}$ [N]

左回転時 $F_L \geqq \dfrac{F_p(b-\mu c)}{a} = \dfrac{F(b-\mu c)}{\mu a} = \dfrac{2T_d(b-\mu c)}{\mu a D}$ [N]

(11-15)

次に，図 11-3（b）のようにレバーの支点がブロックとドラムの接触面と同じ高さの位置にある場合の支点まわりのモーメントは，回転方向に関係なく，次のようになる。

$$F_L a - F_p b = 0 \ [\text{N·mm}] \quad (11\text{-}16)$$

ブレーキを静止させるためにレバーに対して必要な操作力 F_L [N] は次のようになる。

■ 操作力（図 11-3（b））

$$F_L \geqq \dfrac{F_p b}{a} = \dfrac{Fb}{\mu a} = \dfrac{2T_d b}{\mu a D} \ [\text{N}] \quad (11\text{-}17)$$

図 11-3（c）のようにレバーの支点がドラムの回転軸に対してブロックの接触面より内側にある場合では，支点まわりのモーメントは次のようになる。

右回転時　$F_L a - F_p b + \mu F_p c = 0 \ [\text{N·mm}]$
左回転時　$F_L a - F_p b - \mu F_p c = 0 \ [\text{N·mm}]$

(11-18)

ブレーキを静止させるためにレバーに対して必要なそれぞれの操作力 F_L [N] は次のようになる。

■ 操作力（図 11-3（c））

右回転時 $F_L \geqq \dfrac{F_p(b-\mu c)}{a} = \dfrac{F(b-\mu c)}{\mu a} = \dfrac{2T_d(b-\mu c)}{\mu a D}$ [N]

左回転時 $F_L \geqq \dfrac{F_p(b+\mu c)}{a} = \dfrac{F(b+\mu c)}{\mu a} = \dfrac{2T_d(b+\mu c)}{\mu a D}$ [N]

(11-19)

(a) の左回転と (c) の右回転時の場合に $(b-\mu c) \leqq 0$ となると，$F \leqq 0$ となりブレーキレバーに操作力を加えなくても自動的にブレーキがかかってしまう。(a) の右回転と (c) の左回転時の場合に $(b+\mu c) \leqq 0$ となることは b，c，μ が正の値となるため，無理である。

また，ブロックの接触面積を A [mm^2] とすると，押し付け圧力 p [MPa] は次のようになる。

■ 押し付け圧力

$$p = \dfrac{F_p}{A} \ [\text{MPa}] \quad (11\text{-}20)$$

複ブロックブレーキの制動力

図 11-4 の複ブロックブレーキにおいて，ブロックがブレーキドラムを押し付ける力を F_p [N]，摩擦係数を μ とすると制動力 F [N] は次のようになる。

■ 制動力
$$F = 2\mu F_p \text{ [N]} \tag{11-21}$$

この制動力がブレーキドラムの回転力以上でなければ，静止させることができない。このときのドラム径を D [mm] とすると，制動できるトルク T [N·mm] は次のようになる。

■ 制動トルク
$$T = \frac{FD}{2} = \mu F_p D \text{ [N·mm]} \tag{11-22}$$

ブレーキレバーの支点まわりのモーメントのつりあいは，次のようになる。
$$F_L a = F_p b \text{ [N·mm]} \tag{11-23}$$

ブレーキを静止させるためにレバーへの必要なそれぞれの操作力 F_L [N] は次のようになる。

■ 操作力
$$F_L \geqq \frac{F_p b}{a} = \frac{T_d b}{\mu a D} \text{ [N]} \tag{11-24}$$

例題 11-2

図 11-3(b) の単ブロックブレーキにおいて，支点からレバーの作用点とドラム回転軸までの長さをそれぞれ 1000 mm，300 mm とする。制動のため，押し付け圧力 1 MPa を生じさせるためには，ブレーキレバー作用点には何 N の力を加えればよいか求めよ。ただし，ブロックの接触面積を 150 mm² とする。

● 略解──解答例

式 11-20 より押し付ける力 F_p [N] は
$$F_p = pA = 1 \times 150 = 150 \text{ N}$$

式 11-17 より操作力 F_L [N] は次のようになる。
$$F_L = \frac{F_p b}{a} = \frac{150 \times 300}{1000} = 45 \text{ N}$$

11-1-4 ドラムブレーキ

ドラムブレーキとは，図 11-5 のようにブロックブレーキをドラムの内側に組み込んだ構造で，ブレーキシューをドラムの内側に押し付けることによって制動させる。自動車などに用いられ，内部拡張式ブレーキとも呼ばれる。摩擦面が内側にあるため，ごみや泥などが摩擦面に付き

にくく，ドラム表面から摩擦熱が放散しやすい特長をもつ。ブレーキシューを押し開くために，カムや油圧シリンダなどが用いられる。ブレーキシューの操作力（押し開く力）を $F_1[\text{N}]$，$F_2[\text{N}]$，シューがドラムを押し付ける力を $F_{p_1}[\text{N}]$，$F_{p_2}[\text{N}]$，摩擦係数を μ とすると，それぞれの支点 1，2 まわりのモーメントのつりあいは次のようになる。

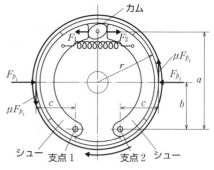

図 11-5　ドラムブレーキ

右回転時　$-F_1 a + F_{p_1} b - \mu F_{p_1} c = 0\,[\text{N·mm}]$　よって，$F_{p_1} = \dfrac{F_1 a}{b - \mu c}\,[\text{N}]$

$F_2 a - F_{p_2} b - \mu F_{p_2} c = 0\,[\text{N·mm}]$　よって，$F_{p_2} = \dfrac{F_2 a}{b + \mu c}\,[\text{N}]$

(11-25)

左回転時　$F_1 a - F_{p_1} b - \mu F_{p_1} c = 0\,[\text{N·mm}]$　よって，$F_{p_1} = \dfrac{F_1 a}{b + \mu c}\,[\text{N}]$

$-F_2 a + F_{p_2} b - \mu F_{p_2} c = 0\,[\text{N·mm}]$　よって，$F_{p_2} = \dfrac{F_2 a}{b - \mu c}\,[\text{N}]$

(11-26)

ここで，操作力を $F_1 = F_2 = F[\text{N}]$ とするとブレーキの制動力 $F_b[\text{N}]$ は，右回転と左回転ともに次のようになる。

■ 制動力

$$F_b = \mu F_{p_1} + \mu F_{p_2} = \dfrac{2\mu F a b}{b^2 - \mu^2 c^2}\,[\text{N}] \quad (11\text{-}27)$$

回転中心からシューとドラムの接触面までの長さを $r[\text{mm}]$ とすると，制動トルク $T[\text{N·mm}]$ は次のようになる。

■ 制動トルク

$$T = F_b r = \dfrac{2\mu F a b r}{b^2 - \mu^2 c^2}\,[\text{N·mm}] \quad (11\text{-}28)$$

例題 11-3

図 11-5 のドラムブレーキにおいて，回転中心からシューとドラムの接触面までの距離 $r = 125\,\text{mm}$，距離 $a = 200\,\text{mm}$，$b = 100\,\text{mm}$，$c = 100\,\text{mm}$，操作力 F を $140\,\text{N}$ としたときの制動トルクは何 N·mm か求めよ。ただし，摩擦係数は 0.2 とする。

● **略解**――解答例

式 11-27 よりブレーキの制動力 F_b は次のようになる。

$$F_b = \dfrac{2\mu F a b}{b^2 - \mu^2 c^2} = \dfrac{2 \times 0.2 \times 140 \times 200 \times 100}{100^2 - 0.2^2 \times 100^2} \cong 116\,\text{N}$$

よって，制動トルク $T[\text{N·mm}]$ は式 11-28 より次のようになる。

$$T = F_b r = 116 \times 125 = 14500\,\text{N·mm}$$

11-1-5 ブレーキ容量

ブレーキを動作させたときの発熱について考える。ブレーキドラムの周速を $v\,[\mathrm{m/s}]$，ブレーキ片とドラムの間の摩擦係数を μ，押し付け力を $F_p\,[\mathrm{N}]$，押し付け圧力を $p\,[\mathrm{Pa}]$，接触面積を $A\,[\mathrm{m^2}]$ とすると，摩擦面の単位面積・単位時間当たりの仕事量 $W\,[\mathrm{Pa\cdot m/s}]$ は次のようになる。

■摩擦面の仕事量

$$W = \frac{\mu F_p v}{A} = \mu p v \quad [\mathrm{Pa\cdot m/s}] \tag{11-29}$$

この $\mu p v\,[\mathrm{Pa\cdot m/s}]$ をブレーキ容量と呼ぶ。この仕事が摩擦熱として発生し，外部に熱を放散するために，ブレーキ材料の摩擦係数 μ，周速 $v\,[\mathrm{m/s}]$，押し付け圧力 $p\,[\mathrm{Pa}]$ などを適切に設計する必要がある。

11-2 つめとつめ車

つめ（ポール）とつめ車（ラチェットホイール）とは，図 11-6 や図 11-7 のようにかみあうことによって，逆回転の防止，間欠運動，割出などを目的として使用される。また，ラチェット機構を用いた工具ではラチェットレンチがある。

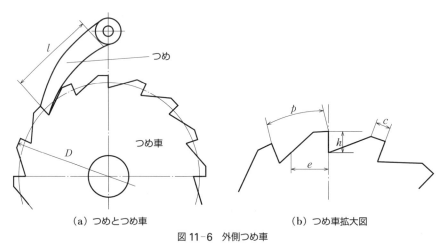

(a) つめとつめ車　　(b) つめ車拡大図

図 11-6　外側つめ車

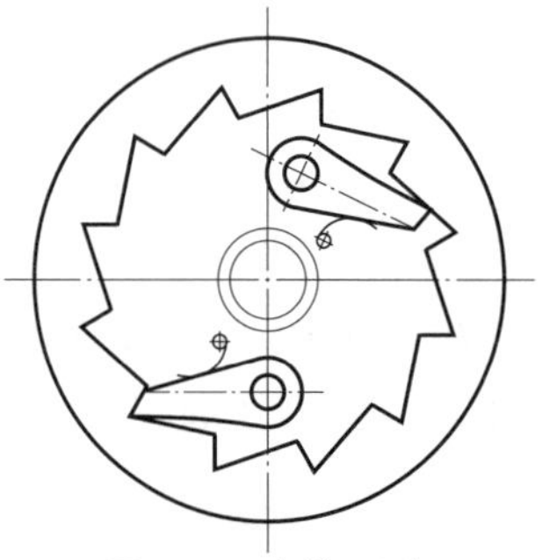

図 11-7　内側つめ車

11-2-1 外側つめ車

図 11-6 の外側つめ車において、歯のかみあいを正確にし、つめ軸にかかる荷重を最小とするため、つめ軸中心はつめ車の基準円の接線上に配置することが望ましい。一般的に、歯数 z は 10 〜 30 枚程度である。図 11-6 において、つめ車の軸にかかるトルクを T[N·mm]、つめ車の歯のピッチを p[mm]、つめ車の外周円の直径を D[mm]、歯の高さを h[mm]、つめ車の幅を b[mm]、歯に生じる圧縮応力を σ[MPa] とすると、つめにかかる力 F[N] は次のようになる。

$$F = \frac{2T}{D} \ [\text{N}] \tag{11-30}$$

圧縮応力 σ[Pa] は次のようになる。

■ 圧縮応力
$$\sigma = \frac{F}{bh} = \frac{2T}{Dbh} \ [\text{MPa}] \tag{11-31}$$

また、歯の危険断面に生じる曲げ応力を σ_b[MPa]、歯の根元の厚さを e[mm] とすると、曲げモーメント M[N·mm] は次のようになる。

■ 曲げモーメント
$$M = Fh = \frac{be^2 \sigma_b}{6} \ [\text{N·mm}] \tag{11-32}$$

一般に目安として、$h = 0.35p$[mm]、$e = 0.5p$[mm]、$c = 0.25p$[mm] とする。歯幅 b[mm] とピッチ p[mm] で表される歯幅係数 $k = b/p$、$\pi D = zp$[mm] の関係、ならびに式 11-30 を式 11-32 へ代入すると、次のようになる。

$$\frac{2\pi T}{zp} \times 0.35p = \frac{kp(0.5p)^2 \sigma_b}{6} \ [\text{N·mm}] \tag{11-33}$$

よって、ピッチ p[mm] は次のようになる。

■ ピッチ
$$p = \sqrt[3]{\frac{2 \times 0.35 \times 6 \times \pi T}{0.5^2 \times kz\sigma_b}} \cong 3.75 \sqrt[3]{\frac{T}{kz\sigma_b}} \ [\text{mm}] \tag{11-34}$$

歯数を少なくすると歯幅などを大きくする必要があることやつめ車の直径が大きいと周速が大きくなり衝撃力が大きくなるなど、様々なことを考慮しながら各寸法を決定する必要がある。また、歯数が少ない場合や使用用途によっては大きな衝撃荷重がかかる場合があるため、安全率（4-6-6 項参照）も考慮する。

> **例題 11-4**
>
> 図 11-6 のつめ車において，歯のピッチ 25 mm，歯数 17 枚，歯幅 20 mm であり，10×10^3 N·mm のトルクがかかるとき，歯の危険断面に生じる曲げ応力を求めよ。
>
> ●略解────解答例
>
> 歯幅係数 $k = \dfrac{b}{p} = \dfrac{20}{25} = 0.8$。式 11-34 より曲げ応力 σ_b は次のようになる。
>
> $$\sigma_b = \frac{T}{kz}\left(\frac{3.75}{p}\right)^3 = \frac{10000}{0.8 \times 17} \times \left(\frac{3.75}{25}\right)^3 \cong 2.48 \text{ MPa}$$

11-2-2 内側つめ車

図 11-7 の内側つめ車は，内側につめを配置するため小型にすることができるが，歯と干渉するためつめ軸中心を基準円上に配置できない。歯の根元の厚さ e [mm] はピッチ p [mm] と等しく ($e = p$) すると，ピッチ p [mm] は次のようになる。

■ ピッチ

$$p \cong 2.36 \sqrt[3]{\frac{T}{kz\sigma_b}} \quad [\text{mm}] \tag{11-35}$$

11-2-3 つめの座屈強さ

つめに荷重がかかるため座屈強さを考慮する必要がある。座屈強さについては，4-6-5 項「座屈」を参照されたい。ここでは，つめがそれほど長くないとしてランキンの実験公式を用いる。ランキン公式の使用範囲は表 4-6，同表中に使用される n の値は表 4-5 を参照する。応力定数を σ_d [MPa] とすると，座屈強さ σ_{cr} [MPa] は次のようになる。

■ 座屈強さ（式 4-60 再掲）

$$\sigma_{cr} = \frac{\sigma_d}{1 + \dfrac{a}{n}\left(\dfrac{l}{k}\right)^2} \quad [\text{MPa}] \tag{11-36}$$

ここで，a は表 4-6 の実験から求められる定数，n は表 4-5 の両端の条件による定数，k [mm] は最小断面二次半径，図 11-6 に示す l [mm] は柱部の長さである。

第 11 章　演習問題

1. 図 11-1 のディスクブレーキにおいて，ディスクには 10×10^3 N·mm のトルクが作用している。押し付け力の作用点までの半径を 100 mm，接触面圧力 0.8 MPa，摩擦係数 0.2 としたとき，パッドの接触面積をいくらにすればよいか求めよ。

2. 図 11-2(b) のようなバンドとレバーの取付け位置のバンドブレーキのドラムが右回転している。ドラムの直径は 250 mm，ドラムには 40×10^3 N·mm のトルクが作用している。ブレーキレバーの作用点までの長さ $l = 500$ mm，$l_a = l_b = 100$ mm，摩擦係数 0.4，接触角 210° としたとき，レバーにはいくらの力を加えればよいか求めよ。

第12章 カム・リンク

この章のポイント ▶

機械ではカム・リンクといった機構を通して回転運動や直線運動などの動きを設計者が意図する別の運動に変換している。この章では機械を機構の側面から捉え，機構の種類と解析方法を学ぶことで機械に望ましい運動をさせる方法を理解することを目的とする。そのため機械の幾何学的な運動の解析方法について特にカム・リンクを取り上げて説明する。

① 機構の基本事項
② カムの種類とカム線図
③ 4節回転連鎖とスライダクランク連鎖
④ リンク機構の設計
⑤ リンク機構の具体例

12-1 機械の運動

機械はいくつかの要素の組み合わせでできており，それらが相対的な運動をするため，それらの運動を正確に捉え，動きをイメージできることが大切である。本節では機械の動きを解析する方法について説明する。

12-1-1 対偶・連鎖

図 12-1 に示すように機械を構成している各部分のことを**機素**という。機素どうしは**対偶素**[1]と呼ばれる部分で接触し，互いに固有の相対運動をするように結合される。そして，対偶素で結合された機素の組のことを**対偶**という。対偶には図 12-2 のような種類がある。限定対偶である回り対偶・すべり対偶・ねじ対偶の例を図 12-3 に示す。

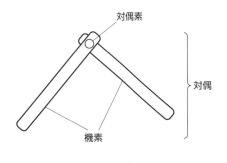

図 12-1 対偶

【1】対偶素
たとえば軸と軸受で回転運動をするときは，軸の側面と軸受けの穴内側部分が対偶素になる。

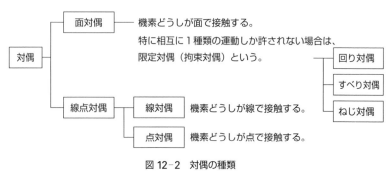

図 12-2 対偶の種類

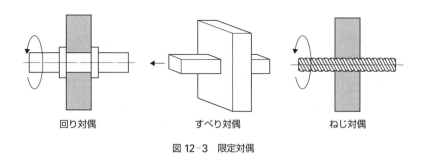

図 12-3 限定対偶

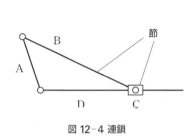

図 12-4 連鎖

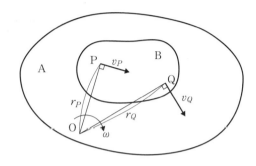

図 12-5 瞬間中心

対偶により機素をつなげていき全体をひとつの閉じた形にしたものが**連鎖**である。連鎖の例を図 12-4 に示す。そして，連鎖を構成している各部分を**節**という。節は機素を連鎖の一部として捉え，具体的な形状を考えないときの見方である。節は次の 4 つに分類される。

1) 運動あるいは力を入力する**原動節**（入力節）
2) 運動や力が出力として取り出される**従動節**（出力節）
3) 原動節と従動節の間に配置される**中間節**
4) それらを支持する**静止節**（固定節）

連鎖の中のひとつの節を固定したものを**機構**という。たとえば，4 つの節をすべて回り対偶のみで結合した連鎖を 4 節回転連鎖というが，固定する節を変えることで，てこクランク機構，両クランク機構，両てこ機構といったように異なる機構を作り出せる（**12-3** 節参照）。

機械の具体的な形状を考えず，節相互の運動のみを取り出して考えることにより機械の運動の本質を捉えることができる。

12-1-**2** 瞬間中心

図 12-5 に示すように節 A と節 B が相対運動[2] をしているとする。このとき節 A を固定して考えてみると節 B 上の点 P，Q はある瞬間，点 O を中心に回転運動をしていると見なすことができる。このとき点 O を**瞬間中心**[3] という。点 O から点 P，Q までの距離をそれぞれ，r_P，r_Q[m] とすると節 A に対する点 P，Q の相対速度 v_P，v_Q[m/s] は

【2】相対運動

機構の運動を解析するとき，静止節から見た運動（絶対運動）のみでなく任意の節から見た他の節の運動（相対運動）を解析することがある。

【3】瞬間中心

回り対偶で結合されている節どうしの瞬間中心はその回転中心であり，すべり対偶で結合されている節どうしの瞬間中心はすべり方向と直角方向の無限遠点にある。

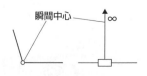

それぞれ

■節の速度
$$v_P = r_P \omega, \quad v_Q = r_Q \omega \, [\text{m/s}] \tag{12-1}$$

となる。$\omega\,[\text{rad/s}]$ は回転角速度であるが、点P，Qで同じ[4]である。また、速度 v_P，v_Q の向きはそれぞれOP，OQと直角方向になる。さらに、点O上では瞬間中心からの距離が0となることから節Aと節Bの相対速度は0となる。逆に言えば相対速度が0となる点が瞬間中心である。

【4】点P，Qで同じ
　角速度が同じでないとすると剛体である節上の点P，Qは離れたり近づいたりすることになる。

例題 12-1　床面上を転がる車輪

図12-6に示すように床面（固定される節A）の上を直径20 cmの車輪（節B）が右に向かって速さ5 m/sで転がっているとする。このとき点P，Q，Rの速度を求めなさい。

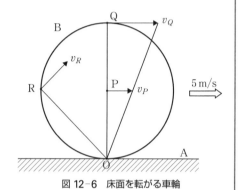

図12-6　床面を転がる車輪

●略解────解答例

床面と車輪は点Oで接触しており、すべりがないとすると点Oで床面と車輪の相対速度は0となっている。そのため点Oが瞬間中心である。車輪の回転中心である点Pの速度は右向きに $v_p = 5$ m/s，瞬間中心Oとの距離は車輪の半径と等しいことから $\overline{\text{OP}} = 0.1$ m である。式12-1から角速度を求めると，

$$\omega = \frac{v_p}{\overline{\text{OP}}} = 5/0.1 = 50 \text{ rad/s}$$

となる。また，$\overline{\text{OQ}} = 0.2$ m，$\overline{\text{OR}} = 0.1 \times \sqrt{2}$ m であることから，

$$v_Q = \overline{\text{OQ}}\,\omega = 0.2 \times 50 = 10 \text{ m/s}$$
$$v_R = \overline{\text{OR}}\,\omega = 0.1 \times \sqrt{2} \times 50 = 7.07 \text{ m/s}$$

である。

3　瞬間中心の定理

3つの節A，B，Cを考え，節A・B，A・C，B・Cの瞬間中心をそれぞれ O_{AB}，O_{AC}，O_{BC} とする。このとき3つの瞬間中心の間には次の関係がある。

■ 3 瞬間中心の定理

3つの瞬間中心 O_{AB}, O_{AC}, O_{BC} は一直線上にある。

例題 12-2 3瞬間中心の定理を用いた瞬間中心の求め方

図 12-7 に示す 4 つの節 A, B, C, D が回り対偶で連結された連鎖を考える。瞬間中心 O_{AB}, O_{AC}, O_{AD}, O_{BC}, O_{BD}, O_{CD} を求めなさい。

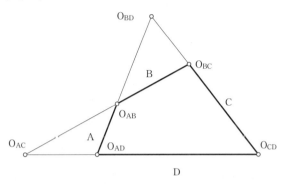

図 12-7 瞬間中心

● 略解 ——— 解答例

節 A・B,節 B・C,節 C・D,節 A・D の瞬間中心はそれぞれを結合している回転軸 O_{AB}, O_{BC}, O_{CD}, O_{AD} である。また,3瞬間中心の定理から O_{BD}, O_{AB}, O_{AD} および O_{BD}, O_{BC}, O_{CD} は一直線上にあり,O_{BD} はそれら 2 直線の交点にある。O_{AC} も O_{BD} と同様である。

12-2 カム機構

カム機構は**カム**とそれと接触しながら動く**従動節**からなる。カムは側面あるいは端面に輪郭を付けた節である。この輪郭に沿って従動節が動くことで複雑な動きを作ることができる。

12-2-1 カムの種類

カムは図 12-8 のように大きく平面カムと立体カムに分けられる。

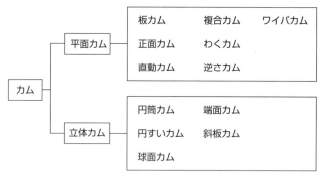

図 12-8 カムの種類

また，従動節は動き方とカムとの接触面形状によって図12-9のように分けられる。

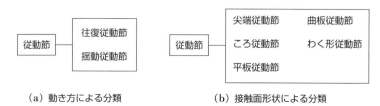

（a）動き方による分類　　　　（b）接触面形状による分類

図 12-9 従動節の種類

12-2-2 カム線図

　従動節の動きを図 12-10 のようにグラフに示したものを**カム線図**という。カム線図は横軸に回転角度または後述するピッチ円に沿った長さをとる。そして，縦軸に従動節の変位をとった**変位線図**，速度をとった**速度線図**，加速度をとった**加速度線図**からなる。変位線図上の傾斜角度が最大となる点 P を通り横軸と平行な線を**ピッチ線**という。カムでピッチ線に対応する円を**ピッチ円**，横軸に対応する円を**基礎円**という。そして，変位線図に対応するカムの曲線のことを**ピッチ曲線**という。すなわち，ピッチ曲線の最小半径 r_g [m] と同じ半径の円が基礎円となる。また，従動節の全変位量を**リフト**という。従動節の接触部分が刃状になっている尖端従動節ではピッチ曲線がそのままカムの輪郭曲線となるが，ローラが付いたころ従動節や平面状になっている平板従動節ではローラや平板の包絡線[5] としてカムの輪郭曲線が与えられる。

　カムのピッチ曲線上の法線と従動節が動く方向とがなす角を**圧力角**というが，この圧力角と変位線図上の傾斜角は必ずしも一致しないことに注意されたい。変位量を y [m]，基礎円からピッチ円までの半径方向の距離を h_0 [m] とすると，圧力角 α [rad] と傾斜角 ϕ [rad] との間には次の関係がある。

■ 圧力角と傾斜角の関係

$$\tan\alpha = \frac{r_g + h_0}{r_g + y}\tan\phi \tag{12-2}$$

【5】包絡線

　たとえばころ従動節の場合，ローラに接するような曲線がカムの輪郭曲線となる。

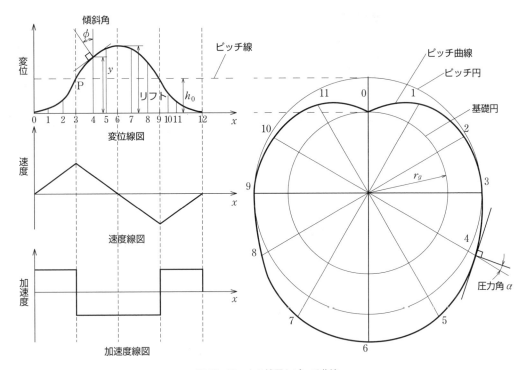

図 12-10 カム線図とピッチ曲線

　式 12-2 から圧力角と傾斜角は $y = h_0$ となるピッチ円上以外の点では一致しないことがわかる。ピッチ円より内側である $y < h_0$ となる場所では圧力角が傾斜角より大きくなる。したがって，最大傾斜角のところで最大圧力角とならないことがある。圧力角が大きいとカムの力を従動節に伝えるのに不利であるからあまり圧力角が大きくならないようにする必要がある。一般的に低速では 45° 以下，高速では 30° 以下にする。

　カムの輪郭曲線は工作のしやすさから円や直線が用いられることがある。ただし，従動節に急激な加速度を生じさせないように緩和曲線[6]といわれる曲線で速度曲線が急激に変わるところをつなぎ，滑らかに速度を変化させる場合もある。

[6] 緩和曲線

　緩和曲線として円弧や 2 次曲線，正弦曲線などが使われる。

12-2-3 板カム

　板カムの例として，製作が簡単な円板カムを取り上げ板カムの解析方法について説明する。

回転運動から直線運動へ　図 12-11 に示すように円板が中心 O から e [m] だけ偏心した軸 P を中心に回転しているとする。そして，回転軸を通る直線上で従動節が直線運動する。このとき，従動節の最大変位量は $2e$ となる。また，円板が一定角速度 $d\theta/dt = \omega$ [rad/s] で回転しているときの従動節の変位 y [m] と速度 v [m/s]，加速度 a [m/s^2] は次のようになる。

■ 円板カムにおける従動節の変位と速度，加速度

$$y = e(1-\cos\theta) \ [\text{m}] \tag{12-3}$$

$$v = \frac{dy}{dt} = \frac{dy}{d\theta}\frac{d\theta}{dt} = e\omega\sin\theta \ [\text{m/s}] \tag{12-4}$$

$$\alpha = \frac{dv}{dt} = \frac{dv}{d\theta}\frac{d\theta}{dt} = e\omega^2\cos\theta \ [\text{m/s}^2] \tag{12-5}$$

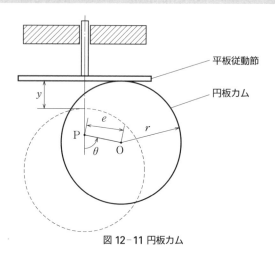

図 12-11 円板カム

12-3 リンク装置

リンク装置とは棒状になっている節を回り対偶やすべり対偶で次々と連結した機構のことである。リンク装置により回転運動から直線運動や揺動運動を作り出す，あるいは逆のこともできるため様々なところで利用されている。

12-3-1 リンクの種類

【7】固定中心
　固定節上にある位置の変わらない瞬間中心

図 12-12 にリンク装置の例を示す。固定中心[7]のまわりに完全に 1 回転することができる節を**クランク**という。また，固定中心のまわりに揺動運動をする節を**てこ**という。**スライダ**はすべり対偶によって直線または曲線に沿ってすべり運動をする節である。

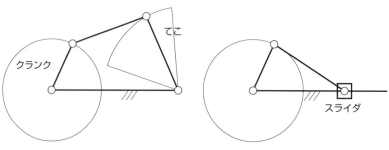

図 12-12　リンク装置

各節がそれぞれ 2 個ずつの限定対偶をもつ拘束連鎖[8] は 4 節の場合のみであるため、ここでは 4 節連鎖を考える。対偶として回り対偶とすべり対偶の 2 種類の組み合わせをみると図 12-13 に示すように 4 つのパターンに分類される。

(a) 4 節回転連鎖：4 つの対偶がすべて回り対偶である。

(b) スライダクランク連鎖：3 つの回り対偶と 1 つのすべり対偶。

(c) 両スライダクランク連鎖：2 つの回り対偶，2 つのすべり対偶が隣り合う。

(d) スライダてこ連鎖：回り対偶とすべり対偶が交互に配置される。

それぞれの連鎖はどの節を固定するかによって異なる機構となる。

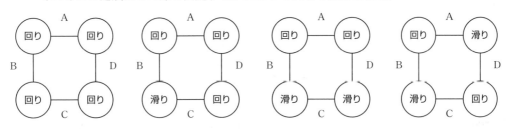

(a) 4 節回転連鎖　(b) スライダクランク連鎖　(c) 両スライダクランク連鎖　(d) スライダてこ連鎖

図 12-13　4 節連鎖

てこクランク機構

4 節回転連鎖のうち最短節に隣り合う節を固定節とした機構が**てこクランク機構**である。てこクランク機構を図 12-14 に示す。クランク A を原動節，てこ C を従動節とするとクランクが 1 回転する間にてこは γ [rad] だけ揺動する。節 A, B, C, D の長さをそれぞれ a, b, c, d [m] とすると，揺動角 γ [rad] は次のように計算される。

■ てこクランク機構の揺動角

$$\gamma = \beta_1 - \beta_2 \ [\text{rad}] \tag{12-6}$$

$$\beta_1 = \cos^{-1} \frac{c^2 + d^2 - (a+b)^2}{2cd} \ [\text{rad}]$$

$$\beta_2 = \cos^{-1} \frac{c^2 + d^2 - (b-a)^2}{2cd} \ [\text{rad}] \tag{12-7}$$

図 12-14 でクランク A が角度 θ_1 [rad] の範囲で反時計回りに回転するとき，てこ B は右から左へ移動する。その後クランク A が θ_2 ($= 2\pi - \theta_1$) [rad] の範囲で回転するとき，てこは左から右へ移動する。クランクの回転数が一定であるなら，$\theta_1 > \theta_2$ であるから，てこは右へ戻る方が左に行くよりも早く動く。これを早戻り機構と呼び，その比が早戻り比 $\dfrac{\theta_1}{\theta_2}$ である。

【8】拘束連鎖

図 12-12 でクランクがある角度をとったとき，てこの角度も 1 つに決まる。このように，各節の相対運動が一通りに決まる場合を拘束連鎖（限定連鎖）という。一方，3 つの節を回り対偶でつなげて三角形を作ると相対運動ができない。このような場合を固定連鎖という。また，5 つの節を回り対偶でつなげて五角形を作った場合は，ある 2 つの節の間の角度を固定しても，他の節は動いてしまう。各節の相対運動が一通りに決まらない場合を無拘束連鎖（不限定連鎖）という。

■ 早戻り比

$$\frac{\theta_1}{\theta_2} = \frac{\pi + \phi}{\pi - \phi} \qquad (12\text{-}8)$$

$$\phi = \phi_1 - \phi_2 \ [\text{rad}] \qquad (12\text{-}9)$$

$$\phi_1 = \cos^{-1}\frac{(b-a)^2 + d^2 - c^2}{2(b-a)d} \ [\text{rad}]$$

$$\phi_2 = \cos^{-1}\frac{(a+b)^2 + d^2 - c^2}{2(a+b)d} \ [\text{rad}] \qquad (12\text{-}10)$$

【9】両クランク機構

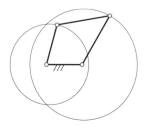

【10】両てこ機構

最短節 A を固定節とした場合は両クランク機構[9]，最短節 A に向かい合う節 C を固定節とした場合は両てこ機構[10] となる。

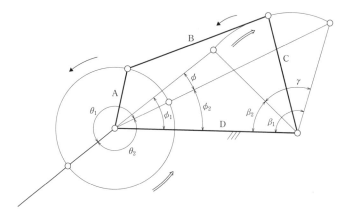

図 12-14 てこクランク機構

往復スライダクランク機構　スライダクランク連鎖のうち図 12-15 に示すように節 D を固定節とした機構を**往復スライダクランク機構**という。スライダクランク機構はエンジンのシリンダ・ピストンや井戸の手押し式ポンプなどに使われている。クランク A が完全回転[11] するための条件はクランク A の長さを $a\,[\text{m}]$，節 B (連接棒，ロッド) の長さを $b\,[\text{m}]$ とすると $a \leqq b$ である。

【11】完全回転

回り対偶で結合されている節が結合されている軸まわりに完全に一回転できる場合を完全回転できるという。

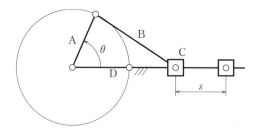

図 12-15 往復スライダクランク機構

クランク A が一定角速度 $\omega\,[\text{rad/s}]$ で回転するとき，スライダ C の位置，速度，加速度は次式で表せる。

■ 往復スライダクランク機構の位置・速度・加速度

$$s = a\left\{1 - \cos\theta + \frac{1}{\lambda}\left(1 - \sqrt{1 - \lambda^2 \sin^2\theta}\right)\right\} \text{ [m]} \quad (12\text{-}11)$$

$$v = a\omega\left(\sin\theta + \frac{\lambda \sin 2\theta}{2\sqrt{1 - \lambda^2 \sin^2\theta}}\right) \text{ [m/s]} \quad (12\text{-}12)$$

$$\alpha = a\omega^2\left(\cos\theta + \frac{\lambda \cos 2\theta + \lambda^3 \sin^4\theta}{(1 - \lambda^2 \sin^2\theta)\sqrt{1 - \lambda^2 \sin^2\theta}}\right) \text{ [m/s}^2\text{]} \quad (12\text{-}13)$$

ただし，$\lambda = \dfrac{a}{b} \leq 1$ である。

λ の値が小さいとき式 12-11～12-13 の近似式は次のようになる。

$$s = a\left(1 - \cos\theta + \frac{1}{2}\lambda \sin^2\theta\right) \text{ [m]} \quad (12\text{-}14)$$

$$v = a\omega\left(\sin\theta + \frac{1}{2}\lambda \sin 2\theta\right) \text{ [m/s]} \quad (12\text{-}15)$$

$$\alpha = a\omega^2(\cos\theta + \lambda \cos 2\theta) \text{ [m/s}^2\text{]} \quad (12\text{-}16)$$

エンジンのシリンダ内に圧力が発生しピストンが押されることでクランクに回転モーメントが発生する場合のように，スライダに力 F [N] が作用するときクランクに作用する回転モーメント M [N·m] は次のようになる。

■ 往復スライダクランク機構の回転モーメント

$$M = a\sin\theta\left(1 + \frac{\lambda \cos\theta}{\sqrt{1 - \lambda^2 \sin^2\theta}}\right)F \text{ [N·m]} \quad (12\text{-}17)$$

式 12-17 から $\theta = 0, \pi$ rad のとき回転モーメントは 0 となる。つまり，スライダから力を加えてもクランクは回転しない。このような姿勢のことを**死点**[12] という。ピストンを使った動力機関などでは死点が発生しないように 2 つ以上のスライダクランクを組み合わせ，クランクの角度をずらす[13] 工夫をしている。また，このことによって，クランクを回す力が平均化される利点もある。

スライダが質量 m [kg] をもつときその慣性力は $-m\alpha$ となるから，クランクが一定角速度 ω [rad/s] で回転するときの慣性力による回転モーメント M [N·m] は

$$M = -a\sin\theta\left(1 + \frac{\lambda \cos\theta}{\sqrt{1 - \lambda^2 \sin^2\theta}}\right)m\alpha \text{ [N·m]} \quad (12\text{-}18)$$

となる。

【12】死点

$\theta = 0, \pi$ rad である姿勢ではスライダにかける力の向きはクランクの回転軸に向かっているためクランクを回転させることができない。なお，機構の運動が不確定となる姿勢のことを思案点という。下図の姿勢ではスライダを動かしたときにクランクが時計回り，反時計回りのどちらに動くのか不確定である。下図では思案点は死点でもある。

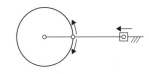

【13】クランクの角度をずらす

蒸気機関車では左右 2 つあるクランク（蒸気機関車では車輪の位置にある）の取り付け角度をずらしている。

揺動スライダクランク機構　スライダクランク連鎖のなかでスライダと回り対偶をなしている節Bを固定節とした機構を**揺動スライダクランク機構**という。揺動スライダクランク機構を図12-16(a)に示す。このとき節Aを回転させると節Cがスライドしながら節Dは揺動運動をする。これに対し，図12-16(b)のようにスライダが回転するようにしても節Dは揺動運動するため分類上は同じ機構である。

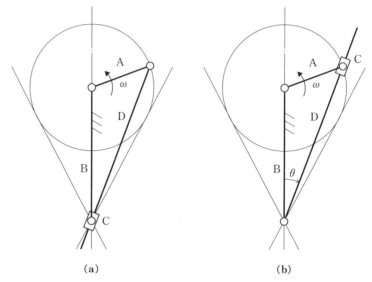

図12-16　揺動スライダクランク機構

図12-16(b)で節Aが一定角速度 ω [rad/s] で回転するとき，節Dの角度 θ [rad] と角速度 $\dfrac{d\theta}{dt}$ [rad/s] は次のようになる。

■ 揺動スライダクランク機構の揺動角度・角速度

$$\theta = \tan^{-1}\left(\frac{\lambda \sin \omega t}{1 - \lambda \cos \omega t}\right) \text{ [rad]} \tag{12-19}$$

$$\frac{d\theta}{dt} = \frac{\lambda(\cos \omega t - \lambda)}{1 + \lambda^2 - 2\lambda \cos \omega t}\omega \text{ [rad/s]} \tag{12-20}$$

ただし，$\lambda = \dfrac{a}{b} \leqq 1$ である。

回りスライダクランク機構　図12-17において節Aを固定して節Bを回転させると節Cは節D上をスライドしながら回転する。この機構を**回りスライダクランク機構**という。

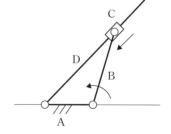

図12-17　回りスライダクランク機構

両スライダクランク連鎖

図12-18(a)に示すように節Dと節A，節Dと節Cとをすべり対偶，節Aと節B，節Bと節Cとは回り対偶とし，2つのスライダA，CとクランクBをもつ連鎖を**両スライダクランク連鎖**という。この機構で図12-18(b)のように節Aまたは節Cを固定節とした場合を往復両スライダクランク機構という。節A，Cが互いに直角方向に動くよう配置し，節Bを一定角速度で回転すると節Dは単弦運動[14]をする。これをスコッチヨークという。

節Dを固定節とした図12-18(c)の場合を固定両スライダ機構という。このとき，節B上の点PはD節に対しだ円を描くため，だ円コンパスとして使われている。

クランクである節Bを固定した図12-18(d)の場合を回り両スライダ機構という。節D上を節A，Cが滑ることで，節A，Cは異なる軸上で回転運動をする。このため偏心した軸どうしをつないで回転を伝えるオルダム継手[15]として利用されている。

【14】単弦運動

等速円運動をしている物体を横から見たとき，一直線上を動く物体がその動きと同じ動きをすればその物体は単弦運動をしているという。図の場合
$x = a \sin \theta = a \sin \omega t$
$v = a \omega \cos \theta$
の関係がある。

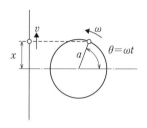

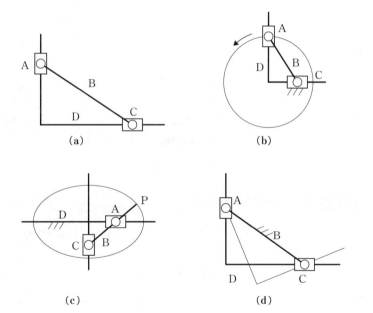

図12-18 両スライダクランク連鎖

【15】オルダム継手

回転中心がずれている2つの平行な軸を正確に角速度を同じにしてつなぐことができる。図7-21参照。

平行クランク機構

4つの節を回り対偶で結び向かい合う節の長さを同じにした図12-19の機構を**平行クランク機構**という。この機構は平行四辺形となるため向かい合った節が常に平行になるという特徴をもつ。この特徴を利用して，製図器具のドラフター，レージトング，はかりなどに使われている。

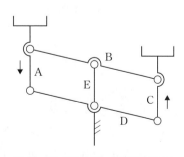

図12-19 平行クランク機構（はかり）

直線運動機構 　直線運動するスライダなどの案内に頼らないで節の組み合わせにより機構上のある一点が直線運動する図 12-20 の機構を**直線運動機構**という。直線運動機構には幾何学的に厳密に直線運動をする真正直線運動機構と近似的に直線運動をする近似直線運動機構がある。

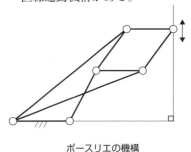

ポースリエの機構

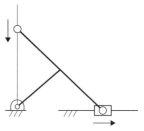

スコットラッセルの機構

真正直線運動機構

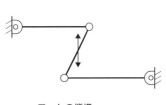

ワットの機構

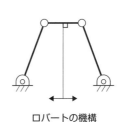

ロバートの機構

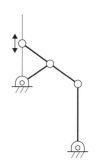

グラスホッパーの機構

近似直線運動機構

図 12-20　直線運動機構

12-3-2 リンク機構の設計

図 12-21 に示す 4 節回転連鎖において節 A,B,C,D の長さをそれぞれ a, b, c, d とするとき，最短節 A が完全回転してクランクとなるためには次の条件を満たす必要がある。

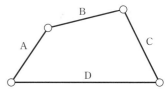

図 12-21 グラスホフの定理

■ グラスホフの定理

$$a + b \leqq c + d \quad (12\text{-}21)$$
$$a + c \leqq d + b \quad (12\text{-}22)$$
$$a + d \leqq b + c \quad (12\text{-}23)$$

例題 12-3 グラスホフの定理

図 12-21 に示す連鎖の各節の長さが次のようであるとき，最短節 A が完全回転するかどうか調べなさい。

1) $a = 3, b = 4, c = 5, d = 7$
2) $a = 3, b = 5, c = 7, d = 8$

● 略解————解答例

1) $a+d=3+7=10, b+c=4+5=9$ であるから
   $a+d>b+c$ となり，完全回転しない。
2) $a+b=3+5=8, c+d=7+8=15$
   $a+c=3+7=10, d+b=8+5=13$
   $a+d=3+8=11, b+c=5+7=12$
   であるから式 12-21 〜 12-23 の 3 つの条件をすべて満たすので完全回転する。

カプラの軌道

例えば 4 節回転連鎖ではクランク上の点は回転運動，てこ上の点は揺動運動する。しかし，クランクとてこをつなぐ中間節[16]上の点は動きが複雑である。このような点の動きを表した曲線をカプラカーブという。図 12-20 に示したロバートの機構についてカプラカーブの例を図 12-22 に示す。円盤状の節 B が節 A，C とそれぞれ点 O_2，O_3 で回り対偶で接続されている。節 A，C が揺動運動すると節 B 上にある各点は様々な軌跡を描く。ロバートの機構はカプラカーブがほぼ直線的になっている点 P を利用している。

カプラカーブは節上の点を指定すれば幾何学的にあるいは計算で求めることができる。逆に希望するカプラカーブを描く節上の点を見つけることは試行錯誤によらなければならず難しい。カプラカーブは簡単な機構を使って近似直線運動や歩行運動などを作るのに利用されている。

【16】中間節
中間節のことをカプラともいう。

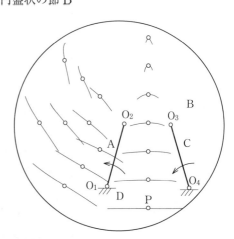

図 12-22 ロバートの機構のカプラカーブ

例題 12-4 てこクランク機構の角度，位置計算

図 12-23 に示すてこクランク機構において角度 $\theta_a [\mathrm{rad}]$ が与えられたとき，節 B 上の点 P の座標 (x, y) を求めなさい。ただし，節 A,B,C,D の長さをそれぞれ a, b, c, d，原点を O_1 とする。

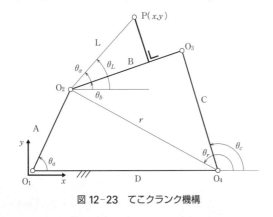

図 12-23 てこクランク機構

[17] atan2(y, x)

$\theta = \text{atan2}(y, x)$ は x 座標軸と点 $P(x, y)$ がなす角度である。$\theta = \tan^{-1}\left(\dfrac{y}{x}\right)$ とすると座標 (x, y) と座標 $(-x, -y)$ が同じ角度 $\theta = \tan^{-1}\left(\dfrac{y}{x}\right) = \tan^{-1}\left(\dfrac{-y}{-x}\right)$ として計算されてしまうため atan2(y, x) を使う。この関数は C や Java などのプログラミング言語で数学関数として用意されている。

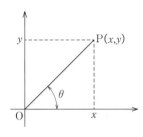

●略解―――解答例

点 O_2 と点 O_4 との距離を r [m]，節 D とのなす角を θ_r [rad] とすると次式が成り立つ。
$$r\cos\theta_r = a\cos\theta_a - d, \quad r\sin\theta_r = a\sin\theta_a$$
この式から θ_r, r について解くと次式を得る [17]。
$$\theta_r = \text{atan2}(a\sin\theta_a, a\cos\theta_a - d)$$
$$r = \sqrt{a^2 + d^2 - 2ad\cos\theta_a}$$
次に三角形 $O_2O_3O_4$ について次式が成り立つ。
$$c\cos(\theta_r - \theta_c) - r = b\cos(\theta_r - \theta_b)$$
$$c\sin(\theta_r - \theta_c) = b\sin(\theta_r - \theta_b)$$
上式をそれぞれ 2 乗して足すことで次式を得る。
$$\cos(\theta_r - \theta_c) = \frac{c^2 + r^2 - b^2}{2cr} = R$$
$$\sin(\theta_r - \theta_c) = \pm\sqrt{1 - R^2}$$
よって
$$\theta_c = \theta_r - \text{atan2}(\pm\sqrt{1 - R^2}, R),$$
$$\theta_b = \theta_r - \text{atan2}(c\sin(\theta_r - \theta_c), c\cos(\theta_r - \theta_c) - r)$$
また，
$$\theta_L = \theta_b + \theta_a$$
である。$\theta_p = \angle O_4 O_1 P$ とすると，三角形 $O_1 O_2 P$ について次式が成り立つ。
$$\overline{O_1 P}\cos\theta_p = L\cos\theta_L + a\cos\theta_a$$
$$\overline{O_1 P}\sin\theta_p = L\sin\theta_L + a\sin\theta_a$$
上式をそれぞれ 2 乗して足すことで次式を得る。
$$\theta_p = \text{atan2}(L\sin\theta_L + a\sin\theta_a, L\cos\theta_L + a\cos\theta_a)$$
$$\overline{O_1 P} = \sqrt{a^2 + L^2 + 2aL\cos(\theta_a - \theta_L)}$$
以上の式から
$$x = \overline{O_1 P}\cos\theta_p, \quad y = \overline{O_1 P}\sin\theta_p$$

12-3-3 リンク機構の例

本項ではリンク機構の具体例をいくつか紹介する。

扇風機の首振り運動

図 12-24 に扇風機の首振り運動機構を示す。扇風機の羽根を回すモータ軸に付けられたウォームが回転することでウォーム歯車に取り付けられた節 A が回転する。節 C は土台本体に固定され，固定節となる。そのため，両てこ機構により節 B と節 D が揺動する。節 A の長さを変えることで首振り角度を調整できるようになっている扇風機もある。

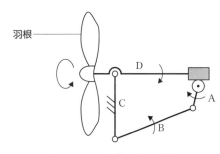

図 12-24 扇風機の首振り運動

車のかじ取り機構

車が旋回するときハンドルによって前輪の向きを変える。このかじ取り機構の1つを図 12-25 に示す。節 A が車体に固定されている。節 B には左車輪，節 D には右車輪が取り付けられている。節 B，D は長さが同じであるが，節 C (タイロッド) は節 A より短くなっている。前輪を右に向けたとき，節 B は角度 θ_1 [rad]，節 D は角度 θ_2 [rad] だけ傾いたとする。このとき $\theta_1 < \theta_2$ の関係が成り立ち，θ_1 と θ_2 は異なる角度傾くことになる。

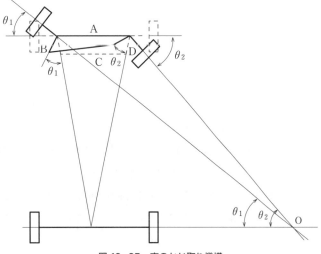

図 12-25 車のかじ取り機構

2つの前輪軸は点 O で交差し，点 O は後輪軸上にあるため4つのタイヤすべてが同じ旋回半径中心 O で旋回することになる。このため無理なく車体を右に向けることができる。左旋回のときも同様であるが，このときは $\theta_1 > \theta_2$ となる。この機構をアッカーマン・ジャント機構という。

かくはん装置

てこクランク機構のカプラカーブを利用したかくはん装置を図 12-26 に示す。クランク A を回転させると中間節 B から伸びている腕の先端 P が軌道 S を描く。軌道 S は平行な部分と先端を持ち上げて降ろす部分からなり，かくはん動作に都合の良い軌道となっている。

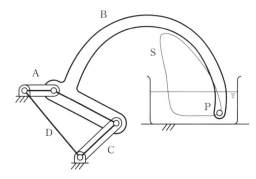

図 12-26 かくはん装置

第12章　演習問題

1. 図 12-15 に示す往復スライダクランク機構において $\lambda = \dfrac{1}{4}$ のとき，スライダの速度 v が最も大きくなるクランク角度 θ_{max} を求めなさい。

2. 図 12-27 に示す揺動スライダクランク機構の揺動角 β と早戻り比を求めなさい。ただし，節 A，B の長さはそれぞれ $a = 15$ cm，$b = 40$ cm である。

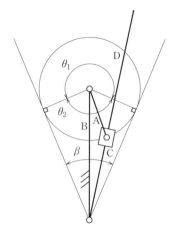

図 12-27　揺動スライダクランク機構

3. 図 12-28 に手押しポンプの模式図を示す。手押しポンプはオフセット（偏り）量 e [m] があるスライダクランク機構となる。ここで節 A は手で押すハンドル，節 C は水をくみ上げるピストンに相当する。回転角 θ [rad] から変位量 x [m] を求める式を導出しなさい。ただし，リンク A，B の長さをそれぞれ a，b [m] とする。

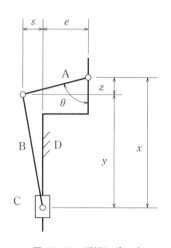

図 12-28　手押しポンプ

第13章 ばね

> **この章のポイント** ▶
>
> ばねは，材料の弾性変形を利用した機械要素で，衝撃エネルギーの吸収や力の測定，ばね座金のような力の保持などの目的に用いる。本章では，機械要素で用いるばねについて，次の事項について学ぶ。
>
> ①ばねの用途とばね材料
>
> ②ばねの種類とその設計

13-1 ばねの用途とばね材料

ばねは，外力により比較的大きく変形し，除荷したときに元に戻る性質（弾性）を利用している。静的な用途としては，変形による力を利用し，力の測定（ばねばかり），押し付けまたは引張力を発生させて接触状態の確保（ばね座金，安全弁）などが挙げられる。また，動的には，運動エネルギーの吸収・放出を繰り返すことで，衝撃の吸収・緩和（車両の緩衝用ばね），貯えたエネルギーによる仕事（ぜんまい）などに用いられる。

ばねには，高い弾性限度と疲れ強さを有する材料が用いられる。表13-1は，ばね材料の種類，物性値および特徴を示す。

表 13-1 ばね材料 （JIS B 2704-1：2009）

	線材の種類	表示記号	E [MPa]	G [MPa]	特徴
鋼	硬鋼線	SW	206×10^3	78×10^3	C含有量0.24～0.86％の炭素鋼。繰り返し数が少なく，衝撃荷重のかからないときに最も用いられる。
	ピアノ線	SWP	206×10^3	78×10^3	C含有量0.6～0.95％の炭素鋼。疲れ強さ大。
	オイルテンパ線	SWO	206×10^3	78×10^3	常温で伸線した後，油焼入れ・焼戻しをしたもの。耐熱性，耐疲れ性良好。
	ステンレス鋼線	SUS302 SUS304 SUS316	186×10^3	69×10^3	耐熱性，耐腐食性良好。
		SUS631 J1	196×10^3	74×10^3	
銅合金	黄銅線	C2600 W	98×10^3	39×10^3	導電性，耐食性良好，非磁性。
	洋白線	C7521 W	108×10^3	39×10^3	銅，ニッケルおよび亜鉛の合金。耐疲れ性，耐食性，展延性良好。
	りん青銅線	C5071 W	98×10^3	42×10^3	銅，錫および微量のりんを含む合金。洋白線の機械的性質に加え引張強さ大。
	ベリリウム青銅線	C1720 W	127×10^3	44×10^3	ニッケル，コバルト，ベリリウムの合金。引張強さ大。耐食性，導電性良好

13-2 ばねの種類と設計

13-2-1 コイルばね

コイル状に巻いたばねで,最も広く使用されている。図13-1にコイルばねを示す。引張コイルばね・圧縮コイルばねには,引張・圧縮荷重が加わるが,素線の線材はねじられる。ねじりコイルばねには,ねじりモーメントが加わるが,線材は曲げられる。

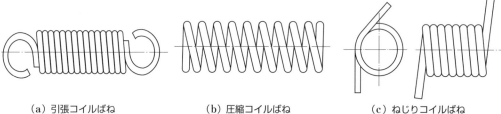

(a) 引張コイルばね　　(b) 圧縮コイルばね　　(c) ねじりコイルばね

図13-1　コイルばね

引張・圧縮コイルばねの設計

直径 d の線材をコイル状(コイル平均径:D)に巻いたばねを引っ張った場合,ひずみエネルギー $U[\text{J}]$ を次の2通りに表現できる。ばねが伸ばされると考えて,図13-2(a)に示すように荷重 $F[\text{N}]$ が作用し,ばねの変形量が $\delta[\text{mm}]$ となったとすると,ばねに蓄えられるエネルギー $U[\text{mJ}]$ は次のように表される。

【1】ひずみエネルギー

弾性体に外力が仕事をしたときに,弾性体に蓄えられるエネルギーをいう。第3章では位置エネルギーとして説明した。

■ ひずみエネルギー[1]

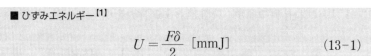

$$U = \frac{F\delta}{2} \quad [\text{mmJ}] \tag{13-1}$$

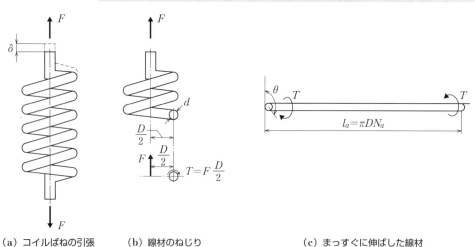

(a) コイルばねの引張　　(b) 線材のねじり　　(c) まっすぐに伸ばした線材

図13-2　引張・圧縮コイルばねの変形

次に,図13-2(b)に示すように線材がねじられることに着目してみる。線材に生じるねじりモーメント $T[\text{N·mm}]$ は,次のようになる。

■ ねじりモーメント

$$T = \frac{FD}{2} \quad [\text{N·mm}] \tag{13-2}$$

線材に蓄えられるひずみエネルギー U [mJ] は，長さ $l_a = \pi D N_a$ [mm] の棒にねじりモーメント T [N·mm] が作用し，ねじり角が θ [rad] となったことと等価で，次のように表される。

$$U = \frac{T\theta}{2} = \frac{T}{2}\left(\frac{T l_a}{G I_p}\right) = \frac{4 N_a D^3 F^2}{G d^4} \quad [\text{mJ}] \tag{13-3}$$

ここで，N_a は有効巻数（$N_a \geq 3$ が推奨されている）$I_p (= (\pi d^4/32))$ [mm^4] は線材の断面二次極モーメント，G [MPa] は横弾性係数である。

式 13-1 と式 13-3 とで表されたひずみエネルギーは同じ値なので，コイルばねの変形量 δ [mm] は，次のようになる。

■ コイルばねの変形量

$$\delta = \frac{2U}{F} = \frac{8 N_a D^3 F}{G d^4} \quad [\text{mm}] \tag{13-4}$$

また，ばね定数 k は次のようになる。

■ ばね定数

$$k = \frac{F}{\delta} = \frac{G d^4}{8 N_a D^3} \quad [\text{N/mm}] \tag{13-5}$$

線材に生じるねじり応力 τ_o [MPa] は，次のようになる。

■ ねじり応力

$$\tau_o = \frac{T}{I_p}\frac{d}{2} = \frac{8DF}{\pi d^3} \quad [\text{MPa}] \tag{13-6}$$

線材はまっすぐでなく曲がっているので，線材の断面に生じるねじり応力はコイルの内側で最大になる。このような線材の曲率を考慮して，ねじり修正応力 τ [MPa] として評価し，次式のように修正する。

$$\tau = \kappa_t \tau_o \quad [\text{MPa}] \tag{13-7}$$

ここで，応力修正係数 κ_t は，コイルと線材との直径の比となるばね指数 $c(=D/d)$ （$4 \leq c \leq 22$ が推奨されている）を用いて，次のように表される。

$$\kappa_t = \frac{4c-1}{4c-4} + \frac{0.615}{c} \tag{13-8}$$

ばねの固有振動数と動荷重の振動数とが一致すると，**サージング**と呼ばれるばね特有の共振現象が発生する。図 13-3 に示すように，ばねのピッチ変化が波となってばね内を往復伝播する。サージングを防ぐには，ばねの固有振動数を動荷重の振動数の 3 倍以上にするか，ばねの両端に減衰用ダンパを取り付ける。

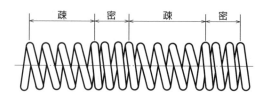

図 13-3 ばねのサージング

例題 13-1

圧縮コイルばねに荷重 500 N をかけたときのたわみが 30 mm になるように、コイルの有効巻数を求めなさい。また、線材に生じる最大ねじり応力を求めなさい。ただし、線材の直径 5 mm、コイル平均径 40 mm、材料はピアノ線とする。

●略解——解答例

表 13-1 より、ピアノ線のせん断弾性係数 G は 78×10^3 MPa。有効巻数 N_a は、式 13-4 より、

$$N_a = \frac{\delta G d^4}{8 D^3 P} = \frac{30 \times 78 \times 10^3 \times 5^4}{8 \times 40^3 \times 500} = 5.71 \text{ 巻}$$

となる。ばね指数は $c = 40/5 = 8$ なので、応力修正係数 κ_t は次式で得られる。

$$\kappa_t = \frac{4c-1}{4c-4} + \frac{0.615}{c} = \frac{4 \times 8 - 1}{4 \times 8 - 4} + \frac{0.615}{8} = 1.184$$

したがって、最大ねじり応力は次式で得られる。

$$\tau = \kappa_t \frac{8DP}{\pi d^3} = 1.184 \times \frac{8 \times 40 \times 500}{\pi \times 5^3} = 482 \text{ MPa}$$

ねじりコイルばねの設計

ねじりコイルばねは、回転方向のばねとして加工が簡単で、小型部品などによく用いられている。図 13-4(b) に示すように、このばねの線材を引き伸ばし、まっすぐな棒として考えてみる。

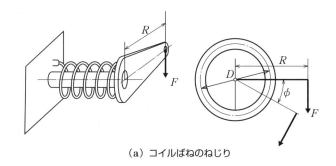

(a) コイルばねのねじり

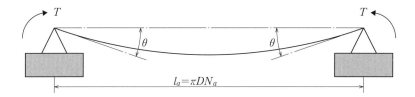

(b) まっすぐに伸ばした線材

図 13-4 ねじりコイルばねの変形

長さ l_a [mm] の線材の両端に曲げモーメント T [N·mm] が加わると，たわみ角 θ [rad] は次式のように表される。

■ たわみ角
$$\theta = \frac{Tl_a}{2EI} \text{ [rad]} \qquad (13\text{-}9)$$

ここで，E [MPa] は縦弾性係数，I [mm^4] は断面二次モーメントである。また，N_a はコイルの有効巻数，D はコイル平均径 [mm] とすると，$l_a = \pi D N_a$ [mm] となり，ねじりモーメント $T = FR$ [N·mm] とすると，ばねのねじり角 ϕ [rad] は次式のように表される。

■ ねじれ角
$$\phi = 2\theta = \frac{Tl_a}{EI} = \frac{64DN_a}{Ed^4} FR \text{ [rad]} \qquad (13\text{-}10)$$

線材に生じる曲げ応力 σ_o [MPa] は，線材の直径を d [mm] とすると，断面係数 $Z = \dfrac{\pi d^3}{32}$ [mm^3] より，

■ 曲げ応力
$$\sigma_o = \frac{32T}{\pi d^3} = \frac{32}{\pi d^3} FR \text{ [MPa]} \qquad (13\text{-}11)$$

となる。圧縮コイルばねの設計と同様に，線材の曲率を考慮して最大曲げ応力を $\sigma = \kappa_b \sigma_o$ [MPa] と修正する。このときの曲げ応力修正係数 κ_b は，ばね指数 c を用いて次式のように表される。

$$\kappa_b = \frac{4c^2 - c - 1}{4c(c-1)} \qquad (13\text{-}12)$$

13-2-2 うず巻きばね

図 13-5 のように，帯鋼板をうず巻き状に巻いたばねで，動力用のうず巻きばねを特に**ぜんまいばね**[2] という。幅 b [mm]，厚さ t [mm]，長さ l_a [mm]，有効巻数 N_a，半径 R [mm] の帯鋼板の両端にねじりモーメント T [N·mm] が作用したときのねじれ角 ϕ [rad] は次式で表される。

$$\phi = \frac{Tl_a}{EI} = \frac{12\pi DN_a}{Ebt^3}FR \quad [\text{rad}] \tag{13-13}$$

ここで，断面二次モーメント：$I = \dfrac{bt^3}{12}$ [mm^4]，$l_a = \pi DN_a$，$T = FR$ [N·mm] と表される。

[2] 発条

「ばね」や「ぜんまい」の漢字に発条が当てられる。ばねメーカーの中には，この発条（はつじょう）を社名に入れられているところが多くある。「跳ね（はね）」が「ばね」の語源といわれている。「発」は「跳ねること」を，「条」は「細長いもの」を意味している。英語の「spring」も「跳ねること」を意味するので，同じ発想から生まれた言葉になる。

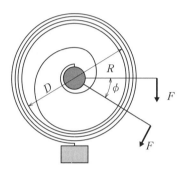

図 13-5　うず巻きばね

13-2-3 重ね板ばね

図 13-6 のように，板ばねを重ね束ねたもので，構造部材としての役割も担うことができるため，大型自動車の懸架装置として多く用いられている。重ね板ばねの設計には，第 4 章で示した例題 4-8 を応用する。

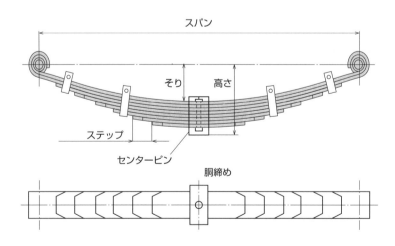

図 13-6　重ね板ばね

重ね板ばねの半分の領域を中央で支えられ，先端に荷重 F が作用する片持ちはりと考えると曲げモーメント $M(x)$ [N·mm] は次式のように

x の 1 次式で表される．
$$M(x) = -Fx \,[\text{N·mm}] \tag{13-14}$$
はりの曲げ応力が一定値になるように，板幅 $b(x)\,[\text{mm}]$ を次式のように x の 1 次式に仮定する．
$$b(x) = \frac{b_0}{l}x \,[\text{mm}] \tag{13-15}$$
ここで，$b_0\,[\text{mm}]$ は支持部での幅，$l\,[\text{mm}]$ ははりの長さを表す．図 13-7 の三角形状のはりの断面係数 $Z(x)\,[\text{mm}^3]$ も x の 1 次式になり，曲げ応力 $\sigma(x)\,[\text{MPa}]$ は次式のように一定値になる．

$$|\sigma(x)| = \frac{|M(x)|}{Z(x)} = \frac{6Fx}{\dfrac{b_0}{l}xt^2} = \frac{6Fl}{b_0 t^2} \,(\text{一定値})\,[\text{MPa}] \tag{13-16}$$

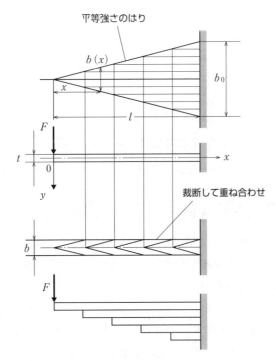

図 13-7　重ね板ばねの考え方

ここで，板厚を $t\,[\text{mm}]$，材料の縦弾性係数を $E\,[\text{MPa}]$ とすると，片持ちはりの先端でのたわみ $\delta\,[\text{mm}]$ は次式で表される[3]．

$$\delta = \frac{6F}{Eb_o}\left(\frac{l}{t}\right)^3 \,[\text{mm}] \tag{13-17}$$

図 13-7 の三角形状のはりを幅 b になるように裁断して重ね合わせたものが重ね板ばねになる．重ね板ばねに最大荷重が作用したときに，たわみで板が水平になるように，式 13-17 で得られるたわみの値を，重ね板ばねのそりとして逆向きに与えておく．

[3] 式の算出
演習問題 13-3 の解答を参照．

> **例題 13-2**
>
> スパンの長さ 1100 mm, 板の厚さ 10 mm, 幅 80 mm の重ね板ばねを製作するとき, 必要となる板の枚数を求めよ. ただし, 中央の胴締めの幅 100 mm, 中央部でのそり 60 mm, 最大荷重 18 kN とする. また, 板ばねの材料の縦弾性係数を 210×10^3 MPa とする.
>
> ● **略解** ――― 解答例
>
> 片持ちはりの長さは $l = \dfrac{1100 - 100}{2} = 500$ mm と考えられる.
>
> 片持ちはりに作用する荷重は $F = \dfrac{18}{2} = 9$ kN, 式 13-17 より, 平等はりの支持部での幅 b_o は次式で得られる.
>
> $$b_o = \frac{6F}{\delta E}\left(\frac{l}{t}\right)^3 = \frac{6 \times 9 \times 10^3}{60 \times 210 \times 10^3}\left(\frac{500}{10}\right)^3$$
>
> $$= 536 \text{ mm}$$
>
> 板ばねの枚数 n は
>
> $$n = \frac{b_o}{b} = \frac{536}{80} = 6.7 \text{ 枚}$$
>
> となる. したがって, 7 枚の板ばねが必要になる.

13-2-4 トーションバー

トーションバーは, 図 13-8 に示すようにねじりを利用する棒状のばねで, 中実または中空丸棒の両端にセレーションやスプラインを加工して用いられる. ばね部の体積を小さくすることができるため, 小型自動車の懸架装置などに使われている. 横弾性係数 G [MPa], 長さ l [mm], 直径 d [mm] の中実のトーションバーに, トルク $T = FR$ [N·mm] が作用したときのねじれ角 ϕ [rad] は次式で表される.

$$\phi = \frac{Tl}{GI_p} = \frac{32FRl}{\pi d^4 G} \quad [\text{rad}] \tag{13-18}$$

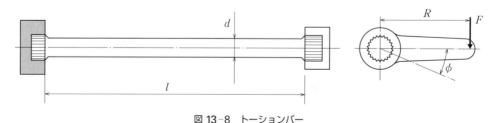

図 13-8 トーションバー

13-2-5 さらばね

図13-9(a)のように，底のない円錐状の皿形をしていて，高さと板厚の比を変えることで種々のばね特性が得られる。このさらばねを図13-9(b)のように並列に組み合わせると，ばね定数が大きく，図13-9(c)のように直列に組み合わせるとばね定数は小さくなる。

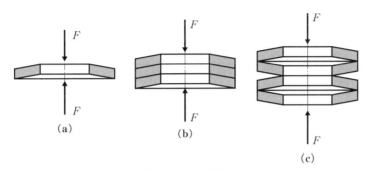

図13-9 さらばね

13-2-6 その他のばね

図13-10のように，長方形断面の板を円錐状に巻いたばねを**竹の子ばね**といい，容積が小さいわりに大きなエネルギーを吸収できる特徴がある。また，図13-11のように，接触面が傾斜した内輪と外輪とを組み合わせたばねを**輪ばね**という。接触面の摩擦により変形を熱エネルギーとして消費するので，小形でも減衰効果が大きくなる[4]。

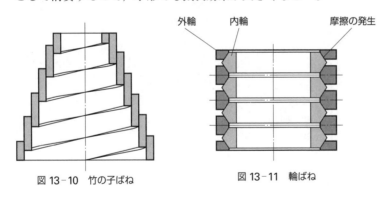

図13-10 竹の子ばね 図13-11 輪ばね

【4】クリップ
材料の弾性を利用した身近にある製品にクリップがある。何の変哲もない形状をしているが，多くの特許が絡んでいる。設計では，強度や精度を計算して決定される形状と，使いやすさや機能を改良工夫して決定される形状とがある。

第13章　演習問題

1. 線材の直径 $d = 4$ mm，コイルの平均径 $D = 40$ mm，ばねの有効巻数 $N_a = 8$ の引張コイルばねのばね定数を求めなさい。また，このばねに $F = 40$ N の荷重がかかったときのたわみとこの状態での最大ねじり応力を求めなさい。ただし，材料の横弾性係数 $G = 80 \times 10^3$ MPa とする。

2. 図 13-4 のようなねじりコイルばね（線材の直径 $d = 5$ mm，コイルの平均径 $D = 30$ mm）に，$R = 50$ mm，荷重 $= 80$ N でねじりモーメントを作用させたとき，ねじれ角を 30° にしたい。コイルの有効巻数とこの状態での最大曲げ応力を求めなさい。線材はステンレス鋼 SUS302 とする。

3. 式 13-17 を導きなさい。

第14章 アクチュエータ

この章のポイント ▶

アクチュエータとは，電気や流体，熱などがもつエネルギーから力学的エネルギーを取り出す装置のことである。機械は，アクチュエータから与えられる力学的エネルギーを利用して様々な仕事を行う。そこで本章では代表的なアクチュエータである電動機，油圧アクチュエータ，空気圧アクチュエータについて説明する。

①電動機
②油圧アクチュエータ
③空気圧アクチュエータ
④各アクチュエータの比較
⑤アクチュエータの力とトルク

14-1 電動機

電動機とは電気エネルギーを機械エネルギーに変換する装置である。本節では電動機の種類とその特徴について説明する。

14-1-1 電動機の種類

電動機は図14-1に示すように一般的に電源の種類，動作原理，構造などで分類される[1]。

【1】電動機
ここでは磁界と電流の相互作用を回転運動に変換して取り出す電動機について分類する。そのほかに直線運動をするリニアモータ，超音波振動を用いる超音波モータもある。

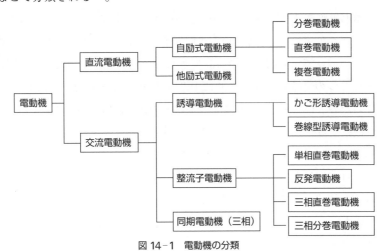

図14-1 電動機の分類

表14-1に各種電動機の種類と特徴，用途を示す。**誘導電動機，直流電動機**については次項で説明する。

【2】30 分定格

起動トルクを大きくするため通常より多くの電流を流すことから，電動機の温度上昇を考慮して定格負荷での連続運転時間を 30 分とする。

表 14-1 電動機の種類と特徴

種類	特徴	用途
整流子電動機	直流電動機と同じように整流子をもつ交流電動機。高速回転が可能で始動トルクが大きい。単相直巻電動機では直流・交流どちらでも運転できるユニバーサルモータがある。	電動工具，ミキサー，掃除機
レバーシブルモータ	瞬時に正逆転・停止を切り替える用途に用いられる。30 分定格[2]。	往復移動するコンベア，ドア開閉
同期電動機	連続定格運転に適する。電源周波数に同期して回転するため速度性に優れる。界磁磁束を発生するのに永久磁石を使用することもできる。	電気自動車やクーラーなど小型高効率電動機
ステッピングモータ	正転・逆転，始動・停止の応答が良い。保持トルクが高い。パルスで動作するためデジタル制御がしやすい。	小型精密機器
サーボモータ	頻繁に始動，停止，逆転，微速運転する場合に適する。高精度で位置・速度を制御できる。	工作機械の送り軸，産業用ロボット
ブレーキ付きモータ	断続的に始動，停止する場合に適する。また，緊急停止，負荷の保持が必要な場合にも使われる。	工作機械，昇降・傾斜搬送用
クラッチ／ブレーキ付きモータ	始動・停止の頻度が非常に高い場合や緊急制動が必要な場合に使われる。	印刷機械，電動カート，電動シャッター

14-1-2 誘導電動機

　誘導電動機は産業用として最も一般的に用いられている交流電動機であり，コンベアなど一方向に連続定格運転するのに適している。そして，構造が簡単で安価であり，取り扱いも容易なことから小出力から大出力まで幅広く使われている。産業動力用としては三相誘導電動機が，家庭電気製品動力用としては単相誘導電動機が多く使用されている。また，交流の電圧・周波数を制御することで可変速にできる。

　誘導電動機は固定子・回転子およびそれらを支持する軸受・ハウジング・ブラケットからなっている。回転子の構造によりかご形誘導電動機と巻線型誘導電動機の 2 つに分類される。三相誘導電動機では，固定子に 3 つのコイル対が電気的に 120° の位相をもって配置されている。このため三相交流の電流による合成起磁力は交流電流の周波数と同期して回転する磁界を発生する。この一定速度で回転する磁界の速度を同期速度 $N_s [\text{min}^{-1}]$ という。磁界が回転すると回転子は磁界の回転に引きずられて回転数 $N [\text{min}^{-1}]$ で回転する。しかし，誘導電動機が回転する原理[3]上，電動機の回転数は同期速度と同じ速度で回転することができない。この 2 つの速度差 $N_s - N [\text{min}^{-1}]$ と同期速度 N_s との比を**すべり**という。

【3】誘導電動機が回転する原理

固定子による回転磁界が回転子のコイルを横切ることでコイルに電流が流れる。この電流による磁界と固定子の磁界が作用してトルクが生じる。そのため，回転磁界と回転子との間には相対的な速度差が必要である。

■ すべり

$$s = \frac{N_s - N}{N_s} \quad (14\text{-}1)$$

14-1-3 直流電動機

　直流電動機は誘導電動機と比べ構造が複雑であるが，速度制御がしやすい電動機として自動制御用電動機や精密運転の用途に用いられている。

　図14-2に直流電動機の動作原理を示す。固定子には界磁巻線が巻かれており電磁石としてこれが磁束を作る界磁[4]となる。界磁巻線に直流電流を流すとそれぞれの磁極をN極，S極とすることができる。小形の電動機では電磁石の代わりに永久磁石が使われることが多くなっている。回転子には電機子巻線が巻かれ，整流子を介して直流が印加される。直流電動機の回転速度を制御する方式として界磁電流を制御して磁束を変える方法と電機子にかかる電圧を制御する方法がある。

　直流電動機は界磁の励磁方式の違いにより図14-3のように分類される。

【4】界磁

　電磁相互作用において磁界を作るところを界磁，電流が流れるところを電機子という。図14-1の直動電動機では固定子が界磁，回転子が電機子となっている。

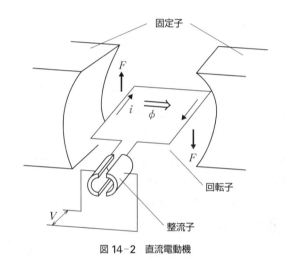

図14-2　直流電動機

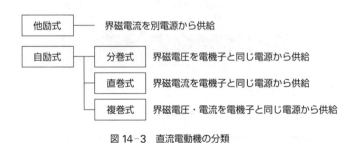

図14-3　直流電動機の分類

14-2 油圧アクチュエータ

油圧アクチュエータには直線運動をする油圧シリンダ，回転運動をする油圧モータ，1回転未満の回転運動をする揺動アクチュエータ（あるいは揺動モータ）がある。

油圧アクチュエータは電動アクチュエータに比べて出力密度（出力／質量）が1桁以上大きく，小形でありながら大きな出力が出せることが最大の特長である。出力密度の高さは作動圧力の高さに起因しており，建設機械用の油圧システムではポンプ吐出圧力は 35～40 MPa が普通である。

油圧アクチュエータは大出力を高速で制御することに優れており，小型軽量が強く要求される航空宇宙用アクチュエータをはじめ，建設機械，農業機械，製鉄機械，自動車など幅広い分野で使用されている。

供給する作動油の流量を変えることで，アクチュエータ速度が連続的に両方向（正転・逆転あるいは前進・後進）に制御でき，また，1つの油圧源から配管により複数のアクチュエータに圧油を供給できる点も油圧の利点である。一方，電源と接続するだけでよい電動アクチュエータに比べ，油圧アクチュエータには油タンク，油圧ポンプと原動機，各種制御弁，配管，補機（フィルタ，オイルクーラなど）が必要となる。

図 14-4 は油圧シリンダの構造例であり，もっともよく用いられる複動形片ロッドシリンダと呼ばれる形式である。複動形とは，油圧ピストンが往復動作し，両方向に力を出せることを意味する。

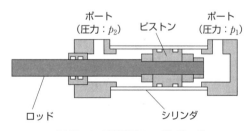

図 14-4　複動形片ロッドシリンダ

内部の摩擦がないとすると油圧シリンダの理論推力 F_{th} [N] は

$$F_{th} = p_1 A_1 - p_2 A_2 \ [\text{N}] \tag{14-2}$$

と表される。p_1 [Pa]，p_2 [Pa] は各シリンダ室の圧力，A_1 [m^2]，A_2 [m^2] は各圧力の作用する面積で，片ロッド形では，A_1 [m^2] はピストン断面積，A_2 [m^2] は A_1 [m^2] からロッド断面積を差し引いた面積である。実際には摩擦のため推力は数パーセント以上低下する。

図 14-5 は油圧モータの例であり，歯車モータ（外接形，内接形），ベーンモータ，ピストンモータ（アキシアル形，ラジアル形）が代表的で

ある。油圧モータが1回転するときに出入りする作動油の体積を押しのけ容積といい，それを V_{th}[m³/rev] と表すと理論トルク T_{th}[N·m] は

$$T_{th} = \frac{V_{th}}{2\pi}(p_1 - p_2) \;[\text{N·m}] \tag{14-3}$$

と表される[5]。油圧モータの最高効率はピストン形で90％前後，歯車形やベーン形では70〜85％程度である。

図14-6は油圧アクチュエータ駆動回路の一例を示している。油圧アクチュエータの速度は出入りする作動油の体積流量に比例するため，流量制御弁の開度の増減により速度が制御できる。図14-6はアクチュエータから流出する流量 Q_2[m³/s] を制御する方式でメータアウト回路[6]と呼ばれる。この場合は，ポンプから吐出される高圧の作動油はチェック弁（逆止弁）を通り圧力 p_1[Pa] のポートから油圧アクチュエータに流入する。方向切換弁を左側の枠に切り換えると，高圧の作動油は圧力 p_2[Pa] のポートから油圧アクチュエータに流入するため，アクチュエータの動作方向が変わる。

図14-6においてチェック弁の向きを上下逆にすると流入流量が制御されることになり，そのような回路をメータイン回路と呼ぶ。この場合は，油圧アクチュエータの出口側はほぼタンク圧力（通常は大気圧）になる。このほかにはブリードオフ回路と呼ばれる回路構成があり，それぞれに長所・短所があるため，用途や仕様に応じて回路構成方式を選定する必要がある。

なお，作動流体に水を用いる水圧アクチュエータもあり，14 MPa以下の中圧・低圧領域で使用される。水のクリーンさを活かして食品加工機や一般家庭用での介護・福祉機器などに用いられている。

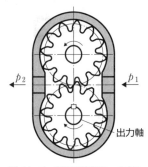

図14-5 外接形歯車モータ（高圧油 p_1 の供給によりトルクが発生し，矢印方向に回転する）

【5】アクチュエータに作用する圧力
アクチュエータに作用する圧力は負荷の大きさに応じて決まり，負荷の増加に伴い圧力差 $p_1 - p_2$ の絶対値は大きくなる。

【6】メータインとメータアウト
英語では meter-in, meter-out と記し，アクチュエータの入口（イン）側あるいは出口（アウト）側で（流量を）計る（meter）という意味である。管路での圧損を無視すると，メータアウト回路ではアクチュエータ入口側は常にポンプ吐出圧力に等しく，メータイン回路では出口側はタンク圧力になる。

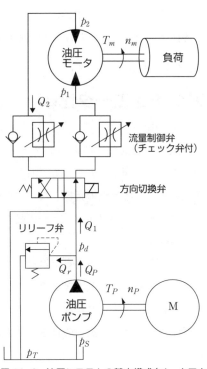

図14-6 油圧システムの基本構成（メータアウト回路の場合。チェック弁の向きを上下反転するとメータイン回路になる）

14-3 空気圧アクチュエータ

　空気圧アクチュエータには，油圧アクチュエータと同様に各種のシリンダ，モータ，揺動アクチュエータがある。シリンダには空気圧特有のロッドレス形シリンダと呼ばれるものもある。モータの中では歯車形はあまり用いられず，ピストン形とベーン形が主である。

　空気圧源（コンプレッサ）から圧縮空気を配管により自由に導くことができ，空気を環境に排出しても問題がないなどの手軽さ，価格の低さなどを特長として，工場の自動製造ラインをはじめ幅広い分野で用いられている。近年では，空気の柔軟性を利用して福祉・介護機器や筋力補助装具などへも利用されている。

　しかしながら，空気の圧縮性のため効率は低く，また，高精度な制御は一般に困難である。空気圧アクチュエータ駆動用回路としては，メータアウト回路が通常用いられる。圧力はコンプレッサ出口で約 0.7 MPa，その下流でレギュレータ（減圧弁）により 0.5 MPa 程度に圧力を落として各種アクチュエータに圧縮空気が供給される。

14-4 アクチュエータ比較

　上記の代表的な 3 種類のアクチュエータについて作動領域の比較を示した一例が図 14-7 である。油圧／空気圧アクチュエータは出力トルクが大きく，応答性の指標となるパワーレートが高い。電動アクチュエータはトルクとパワーレートが広範囲にわたって製品化されている。

　図 14-8 はリニアアクチュエータのみを対象として，推力と質量の関係を示したものである。単位質量当たりの推力は油圧，空気圧，電動の順となり，油圧／空気圧アクチュエータは直線作動性に優れている。

　電動アクチュエータは油圧アクチュエータほどの大出力は出せないが，制御性の高さと取り扱いの良さを最大の特長として最も広く利用されている。

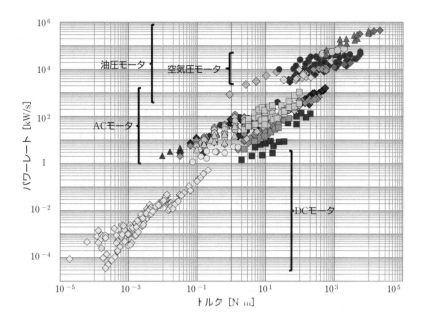

図14-7 各種アクチュエータのパワーレートとトルクの比較[7]

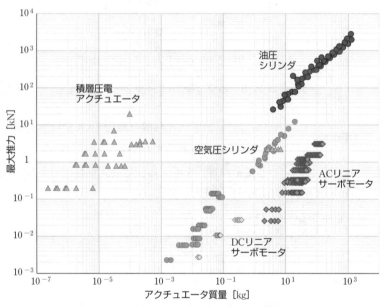

図14-8 各種リニアアクチュエータの推力比較[8]

【7】

田中豊：フルードパワーアクチュエータの動向と将来像, 日本機械学会2012年度年次大会講演論文集, (2012), K11500.

【8】

坂間清子・田中豊：リニアアクチュエータの特性比較と評価, 日本機械学会2015年度年次大会講演論文集, (2015), S1140104.

14-5 力とトルク

14-5-1 速度-トルク特性

誘導電動機

図 14-9 に誘導電動機の速度-トルク特性を示す。すべりが 1 のとき，すなわち式 14-1 において $N=0\,\mathrm{min^{-1}}$ のとき電動機は静止した状態であり，このときの始動トルクよりも負荷トルクが小さい場合，速度を増していく。そして，ある回転数（すべり）でトルクが最大（停動トルク）となったあと，トルクは減少し負荷トルクとつりあうトルクで回転数は一定となる。回転中に負荷トルクが大きくなると，すべりを大きくして電動機が発生するトルクを大きくするが，負荷トルクが停動トルクを超えるとトルクが減少し急速に回転数が停止の方に向かう。

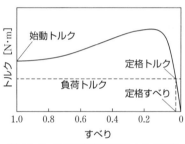

図 14-9 交流電動機の速度-トルク特性

直流電動機

ここでは他励式電動機の速度-トルク特性を示す。一般に他励式電動機では界磁磁束 $\phi\,[\mathrm{Wb}]$ と端子電圧 $V\,[\mathrm{V}]$ は一定としてその特性を考える。他励式電動機のトルク T $[\mathrm{N\cdot m}]$ と回転数 $N\,[\mathrm{min^{-1}}]$ は次のように表せる。

■ 他励式電動機のトルクと回転数

$$T = k_1 I_a \phi \ [\mathrm{N\cdot m}] \tag{14-4}$$

$$N = \frac{V - R_a I_a}{k_2 \phi} \ [\mathrm{min^{-1}}] \tag{14-5}$$

ここで，$I_a\,[\mathrm{A}]$ は電機子電流，$R_a\,[\Omega]$ は電機子抵抗，k_1, k_2 はモータ特性から決まる定数である。式 14-4，14-5 から電機子電流を消去すると次式のように回転数とトルクの関係が得られる。

■ トルク特性

$$T = \frac{k_1 \phi}{R_a}(V - k_2 \phi N) \ [\mathrm{N\cdot m}] \tag{14-6}$$

式 14-6 からトルクと回転数の関係は図 14-10 のようになる。電機子に負荷がつながれていないときは端子電圧と逆起電力[9] がつりあい，電機子電流が 0 となるまで回転数は上昇する。このときの回転数を無

[9] 逆起電力
電動機を回すことで発電機として作用し，電圧が発生する。

負荷回転数 N_0 という。次に負荷トルクをかけた場合は，回転数が低下するがその分，逆起電力も小さくなるため電機子電流が増加し，負荷トルクと電動機が発生するトルクとがつりあうことになる。電機子電流が定格値となるような負荷トルク（定格トルク）を与えたときの回転数を定格回転数という。界磁磁束が一定の場合，他励式直流電動機はトルクが 0 から負荷トルクまで変化しても回転数の変動がほとんどないという特徴がある。これを定速度特性[10]という。また，同じ負荷トルクの場合，端子電圧が大きいほど回転数が大きくなる。

【10】定速度特性
回転数が変動する割合として速度変動率が次のように定義される。
$$\delta = \frac{N_0 - N_r}{N_r}$$
N_r は負荷時の回転数である。速度変動率が小さいほど負荷に対して速度変動が小さい電動機となる。

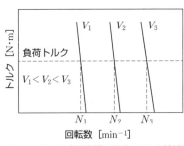

図 14-10　直流電動機の速度-トルク特性

14-5-2 電動機の使用例

図 14-11 に示すような，電動機で駆動される巻上装置を例に電動機の選定方法について説明する。質量 m [kg] の吊り荷が直径 d [m] の巻胴によって巻き上げられるとする。巻胴は減速比 N，機械効率 η[11] の減速装置によって電動機につながれ回転する。電動機は図 14-12 に示すような回転数[12]で運転される。すなわち停止状態から時間 t_1 [s] で回転数が n_M [min^{-1}] となる。その後 t_2 [s] 間一定回転数で回転し，t_3 [s] かかって停止する。ただし，ここでは簡単のため巻胴・減速装置の慣性モーメント，軸受の摩擦トルク，ワイヤーロープの質量については無視する。

【11】機械効率
3-4-3 項参照。

【12】図 14-12 に示すような回転数
3-2-1 項参照。

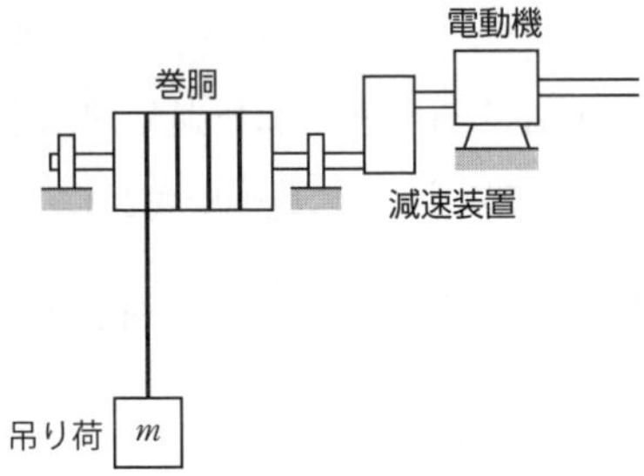

図 14-11　巻上装置 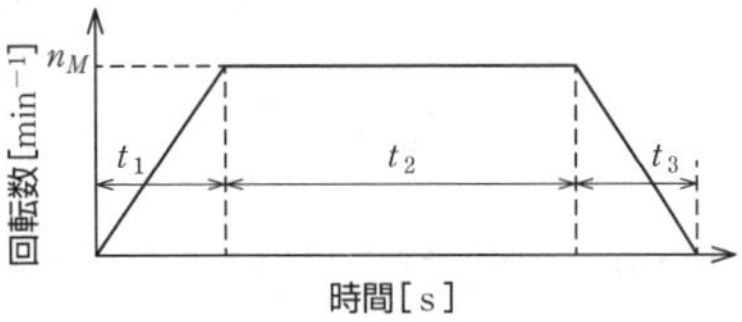　　図 14-12　速度遷移

定速運転期間　　はじめに電動機が一定回転数 n_M [min^{-1}] で回転している時間区間を考える。このとき巻胴が吊り荷を巻き上げるのに必要なトルク T_F [N·m] は

$$T_F = gm\left(\frac{d}{2}\right) \text{ [N·m]} \tag{14-7}$$

である。ここで $g\,[\mathrm{m/s^2}]$ は重力加速度である。減速装置の減速比は N, 伝動効率 η であるから電動機が発生すべきトルク $T_M[\mathrm{N \cdot m}]$ は次のようになる。

$$T_M = \frac{T_F}{\eta N} = \frac{gmd}{2\eta N} \quad [\mathrm{N \cdot m}] \tag{14-8}$$

このときの電動機の出力 $P[\mathrm{W}]$ はモータの回転角速度 $\omega_M[\mathrm{rad/s}]$ とモータトルク T_M との積であるから

$$P = T_M \omega_M = \frac{gmd}{2\eta N} \cdot \frac{2\pi n_M}{60} \quad [\mathrm{W}] \tag{14-9}$$

となる[13]。

[13] 式14-9 例題3-15参照。

加速運転期間 加速運転期間では吊り荷の巻上げトルクに加え, 吊り荷の加速に要するトルクも必要となる。吊り荷質量 m による巻胴回りの慣性モーメント $I_W[\mathrm{kg \cdot m^2}]$ は次のようになる。

$$I_W{'} = m\left(\frac{d}{2}\right)^2 \quad [\mathrm{kg \cdot m^2}] \tag{14-10}$$

これを電動機軸まわりの慣性モーメント $I_W{'}[\mathrm{kg \cdot m^2}]$ に換算すると

$$I_W{'} = \frac{I_W}{N^2} = \frac{m}{N^2}\left(\frac{d}{2}\right)^2 \quad [\mathrm{kg \cdot m^2}] \tag{14-11}$$

である。加速に必要なトルクは慣性モーメントと電動機の角加速度の積となる。時間 t_1 の間に回転数が 0 から n_M に変化するので角加速度は $2\pi n_M/(60t_1)$ である。よって, 加速に必要なトルク $T_A[\mathrm{N \cdot m}]$ は

$$T_A = \left(I_M + \frac{I_W{'}}{\eta}\right)\frac{2\pi n_M}{60t_1} \quad [\mathrm{N \cdot m}] \tag{14-12}$$

となる。$I_M[\mathrm{kg \cdot m^2}]$ は電動機の慣性モーメントである。以上から加速運転区間に必要なトルク $T_N[\mathrm{N \cdot m}]$ が

$$T_N = T_M + T_A \quad [\mathrm{N \cdot m}] \tag{14-13}$$

と求められる。

減速運転期間 時間 t_3 かかって減速するとき, 加速運転期間と同様に考え, 減速に必要なトルク $T_C[\mathrm{N \cdot m}]$ は

$$T_C = \left(I_M + \frac{I_W{'}}{\eta}\right)\frac{2\pi n_M}{60t_3} \quad [\mathrm{N \cdot m}] \tag{14-14}$$

となり, 減速運転区間に必要なトルク $T_Q[\mathrm{N \cdot m}]$ は

$$T_Q = T_M - T_C \quad [\mathrm{N \cdot m}] \tag{14-15}$$

である。

以上をまとめると巻上装置のトルク遷移は図14-13のようになる。

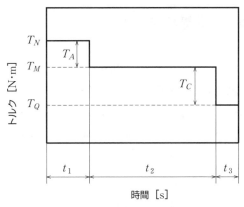

図 14-13 巻上装置のトルク遷移

定格と容量

電動機にはそれを長時間連続して運転しても支障がでないという**定格**[14]が製造者によって定められている。また，電動機が出力できる仕事率は容量とも呼ばれる。使用する電動機を選定する際には，電動機が発生すべきトルクや仕事率（動力）を計算し，定格トルクや定格容量をもとに電動機を選ぶ必要がある。定格は製造業者，形式などとともに定格銘板[15]に記載し，電動機に取り付けることが定められている。

【14】定格

熱的に平衡な状態で連続的に動かす条件を前提とした連続定格と短時間のみ運転することを前提とした短時間定格に分かれる。通常は連続定格が用いられる。

【15】定格銘板

JIS C 4034-1 回転電気機械-第1部：定格及び特性

第14章　演習問題

1. シリンダ径(＝ピストン径)$D = 50$ mm，ロッド径 $d = 28$ mm の油圧シリンダにおいて，$p_1 = 25$ MPa，$p_2 = 5.0$ MPa のとき，理論推力 F_{th} [N] を計算せよ．

2. 押しのけ容積 $V_{th} = 30 \times 10^{-6}$ m³/rev の油圧モータを $N = 20$ s^{-1} ($= 1.2 \times 10^3$ min^{-1}) で駆動するとき，供給すべき流量 Q_m [m³/s] を求めよ．油圧モータの容積効率を $\eta_v = 95\%$ とする．

3. 問2の油圧モータに作用する圧力が，$p_1 = 15$ MPa，$p_2 = 0.050$ MPa のとき，油圧モータの出力トルク T_m [N·m] を求めよ．油圧モータのトルク効率を $\eta_T = 93\%$ とする．

4. 図14-11に示す巻上げ装置において質量 50 kg の吊り荷を停止状態から一定加速度 0.4 m/s² で5秒間巻き上げる．巻胴の直径を 1 m，減速装置の減速比を 10，伝導効率を 0.77 としたとき，
(1) 電動機の回転数 n_M
(2) 電動機の発生しているトルク T_M
(3) 電動機が必要な最大動力 P
を求めよ．

第15章 デジタルエンジニアリングツール

この章のポイント ▶

この章では，形状設計におけるエンジニアリングツールについて扱う。特に，3次元形状のイメージ力[1]を向上させるために，工作機械の形状創成プロセスを用いた空間形状表現法について，また，機械設計のツールとなるデジタルエンジニアリングツール[2]の中で，**CAD/CAE** についての概略について学習する。

① 設計の流れ
② 空間形状表現法
③ 3次元モデリング
④ CAE解析の基礎知識

15-1 設計の進め方

15-1-1 ものづくりの流れ

コンピュータの高機能化，低価格化に伴い，製品設計・製造分野において，デジタルツールを用いた環境が整備されてきている。ものづくりの流れは，図15-1に示すように，ある製品の思考からはじまり，その発想イメージ[3]を具現化するための設計工程があり，その形状が図面，あるいはCADモデルなどの情報の形で製造工程へと渡され，製品実体となる。設計工程では，設計要求に対して，構想設計，詳細設計が行われ，その設計モデルに対して試作・計測・評価を経て，その繰り返し作業の後，最終設計モデルが作成される。このような情報の流れでものづくりは行われる。

【1】 形状イメージ

機械設計の中では要求機能を満たすように，具体的な構造や寸法を決定することが要求される。3次元形状を的確にイメージし，矛盾のない形状設計能力が必要である。

【2】 デジタルエンジニアリングツール

機械設計を支援するデジタルエンジニアリングツールとして，設計支援するCAD，解析を行うCAE，計測から形状を再構築するリバースエンジニアリング（Reverse Engineering：RE），仮想現実（Virtual Reality：VR）および画像処理ソフトウェアなどがある。

図 15-1 ものづくりの流れ

【3】設計・製造の経験

人間の発想は，設計や製造の知識・経験をもつことにより，より豊かになる。それゆえ，機械技術者にとって，設計，製造の経験は創造力を豊かにする上で重要な位置づけである。これは実務経験ばかりではなく，例えば，授業の中での実験・実習などでの実体を扱う経験，設計製図における要求製品を自分で考え設計する経験などもそれにあたる。

【4】機能・構造構想

機能・構造構想では，CADを使用せず自由に構成部品の簡単なスケッチ（ラフスケッチ：概念図・構想図）を描いて，機能的形状の概略，概算コストの見積もり，組み立て手順，加工技術などを構想するのが一般的である。

15-1-2 設計の流れ

設計作業は，製品の機能および形状を決定する工程である。ここでは，設計の中でも重要な形状を決定するプロセスについて取り扱う。

前述のとおり，設計工程では，設計要求に対して，構想設計，詳細設計が行われる。その設計モデルに対して試作・計測・評価を経て，その繰り返し作業の後，最終設計モデルが作成される。

構想設計 　設計者は思考空間（頭の中）でぼんやりとイメージするものを，どのような構成で，どのような部品形状を具現化するのかを紙に描いて表現する[4]。例えば，全体レイアウトの構想，重要機能部分の構想，品質（Q）・概算コスト（C）・納期（D）の見通しなどを検討する。このとき行う作業は，簡単なスケッチ図（ラフスケッチ）を描き，紙の上での創造による機能・構造構想である。これは，機械設計を行う上で非常に重要な工程であり，ラフスケッチを描くことによりイメージを膨らませ，アイディアの選択を行うことができる。この構想設計を行う際，特に製品形状を検討する際には，形状イメージをスケッチ図に描くために，3次元空間形状を認識する能力が重要である。

詳細設計 　構想段階ではラフな検討でよかった1つ1つの部品に対して，機能，加工方法および厳密なコストを考慮して形状を決める必要がある。この工程を詳細設計と呼んでいる。現在の設計では，この段階でCADを用いて設計することが多い。

設計をする上でのツールとしてはCADの利用が進んできており，その中でも2次元CAD，3次元CADが，その特性を活かして利用されている状況である。3次元CADの利点は，立体的な視覚効果とデータの2次利用にあるといわれている。その使用目的は，図面作成ばかりではなく，体積や重心の計算，応力解析，加工や組立時の干渉チェックやカッターパスの生成，**CG**を使用したリアルなシェーディング図の表示，および**ラピッドプロトタイピング**を利用した実体モデルの高速造形など様々である。

解析 　詳細設計の際，その構成部品の構造・機能に関して，強度的・機能的などの検証をすることが解析である。詳細設計の中で行われ，解析結果の検討により詳細設計の完了となる。近年，この解析には，設計対象の構造・機能を計算機シミュレーションによって検討するCAEが利用されること多くなった。このCAEでは，3次元CADデータを利用して，様々な現象に対して，有限要素法などを用いてコンピュータで計算し，その結果により問題解決につなげることができる。コンピュータ上でシミュレーションすること

により，現物を作る前に机上で強度・機能検証を行うことができるため，試作回数を削減することが可能となっている。この解析による結果を適正に判断する能力が技術者にとって必要となってきている。

試作 詳細設計が完了したものに対して試作を行い，デザイン形状，機能に関して確認する工程である。従来は形状の確認だけでも複雑な形状であれば，その金型製作などに多くの時間を必要としていた。しかしながら，3次元CADのデータを利用することで，RP装置による高速な造形が可能となっている。

計測・評価 試作された形状に対して，それが設計どおりの形状となっているか，また，イメージと一致した形状であるか，さらに，その機能性などに関する評価を行う。

このような設計工程において，3次元CADはその工程時間を大きく短縮する重要なツールとなっている。しかしながら，サイズ公差や幾何公差の情報を伝達するためには，現状では，ほとんどが2次元図面で表現している（サイズ，公差，注記，材料などの情報を3次元モデルに定義するためのガイドラインが定められてきている）。したがって，試作の完了した製品に対して，それを製作するための情報（基準，サイズ公差，幾何公差，表面性状，材料を明確にした）を含んだ図面を作成するためのツール（手書きあるいは2次元CAD）が必要な状況である。

15-2 空間形状表現法

製品の設計製造工程において形状を何らかの形で伝達する必要がある。その製品形状情報を伝達する手段としては，図を描くこと，CADモデルによることが一般的である。また，そのほかにも，形状を数式表現すること，工作機械のNCプログラムによること，あるいは，粘土細工のような実体を作ることなどにより伝達可能である。前節で述べたように，特に構想設計の際，空間形状を認識する能力は機械技術者にとって非常に重要であり，設計者がその形状を的確に認識しなければ，当然それを伝達することもできない。

本節では，幾何形状を自在に表現するために，3次元形状を取り扱う上で非常に重要な数学的操作を基にした，形状表現法について学ぶ。これは，物体形状が工作機械の運動（X, Y, Z方向の並進運動，X, Y, Z軸まわりの回転運動）により作られることを利用するものである。そして，この工作機械に取り付けられた刃物を点と考え，その運動により形状が創成されていく様を数学的に記述するものである。この運動を座標変換行列で表現し，点にその運動の定義域を与え，1つの媒介変数（パラメータ）により線を表し，その線に運動の定義域を与え，2つのパラメータにより面を表現することができる。この物体形状，あるいは，物体の運動を記述する方法について次に記す。

15-2-1 座標変換行列

座標変換は**並進運動**[5]と**回転運動**[6]を統一的に表現するため同次座標変換表現[7]を用いる。この同次座標表現による座標変換のメリットは，次元を増やすことにより，並進運動の表現ができること，および原点以外を回転中心とする任意の座標変換行列を得ることができることである。

この同次座標変換行列を3次元に適用し，4×4の行列を用いて，並進運動と回転運動とを表す。この運動はX, Y, Z軸方向それぞれ3つの並進運動，X, Y, Z軸まわりそれぞれ3つの回転運動である。表15-1に示すように，$A^1()$，$A^2()$，$A^3()$をそれぞれX, Y, Z軸方向の並進運動，$A^4()$，$A^5()$，$A^6()$をそれぞれX, Y, Z軸まわりの回転運動を表す行列と定義する。

---

[5] 並進運動

剛体の運動を考える場合に，剛体中の任意の2点が互いの相対位置関係を変えることなく運動するとき，この運動を並進運動と呼ぶ。

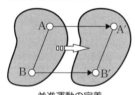

並進運動の定義

[6] 回転運動の正負

並進運動の正方向は，右手座標系（XYZ直交座標系）の正方向とする。回転運動は，その座標軸の正方向（矢印の方向）から見て，反時計まわりの回転を正（＋），時計まわりを負（−）とする。そのため，よく見かけるX-Y平面での回転の表現は，Z軸正方向から見た図である。

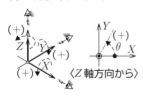

回転運動の方向

表 15-1 座標変換行列

軸	X	Y	Z
	Code 1	Code 2	Code 3
並進 変換行列	$A^1(x) = \begin{bmatrix} 1 & 0 & 0 & x \\ 0 & 1 & 0 & 0 \\ 0 & 0 & 1 & 0 \\ 0 & 0 & 0 & 1 \end{bmatrix}$	$A^2(y) = \begin{bmatrix} 1 & 0 & 0 & 0 \\ 0 & 1 & 0 & y \\ 0 & 0 & 1 & 0 \\ 0 & 0 & 0 & 1 \end{bmatrix}$	$A^3(z) = \begin{bmatrix} 1 & 0 & 0 & 0 \\ 0 & 1 & 0 & 0 \\ 0 & 0 & 1 & z \\ 0 & 0 & 0 & 1 \end{bmatrix}$
	Code 4	Code 5	Code 6
回転 変換行列	$A^4(\phi) = \begin{bmatrix} 1 & 0 & 0 & 0 \\ 0 & \cos\phi & -\sin\phi & 0 \\ 0 & \sin\phi & \cos\phi & 0 \\ 0 & 0 & 0 & 1 \end{bmatrix}$	$A^5(\psi) = \begin{bmatrix} \cos\psi & 0 & \sin\psi & 0 \\ 0 & 1 & 0 & 0 \\ -\sin\psi & 0 & \cos\psi & 0 \\ 0 & 0 & 0 & 1 \end{bmatrix}$	$A^6(\theta) = \begin{bmatrix} \cos\theta & -\sin\theta & 0 & 0 \\ \sin\theta & \cos\theta & 0 & 0 \\ 0 & 0 & 1 & 0 \\ 0 & 0 & 0 & 1 \end{bmatrix}$

15-2-2 座標変換行列を用いた形状表現法

工作機械で物体を加工してものを作る過程では,工具の刃先の運動軌跡が物体に転写され形状が創られていく。この工具運動軌跡は,工作機械がもっている運動,すなわち並進運動・回転運動により表現され,それにより加工形状が生成される。この運動に座標変換を適用して数学的に表現したものを**形状創成関数**と呼ぶ。

この関数の工具刃先を点と考え,点に対して並進運動・回転運動を与えることにより形状を表現することができる。この点から線,線から面を形成するプロセスは感覚的に認識しやすく,空間形状をイメージするための支援となる。また,CADにおける3次元形状を作成するプロセスも全く同じものとなる。この形状創成関数から形状を得る過程を,円,円筒,円錐,円環体,らせん形状について,それぞれIDEF-0表記法[8]を用いてそのプロセスを示す。

直径 D(半径 $R = D/2$)の円(曲線)の表現方法

形状創成関数による半径 R[mm] の円の表現方法は,原点にある点 e を半径 R[mm] だけ x 方向へ移動し,その移動した点を原点まわり(Z軸まわり)に1周(2π[rad])回転させることにより,その軌跡が円となる(ちょうどコンパスで円を描くように)。この変換の手順を図15-2に示す。これはIDEF-0表記法により表現されており,図の中で,点の移動パラメータによりその軌跡が,曲線を形成することを示している。

$$\mathbf{r} = A^6(\theta) A^1(R) \mathbf{e} \qquad 0 \leq \theta \leq 2\pi \qquad (15\text{-}1)$$

ここで,R[mm] は円の半径を表す定数,θ[rad] は Z 軸まわりの回転移動のパラメータである。

【7】 同次座標変換表現

原点ではない点を回転中心とする変換は基本的に線形変換ではないが,次元を増やして線形変換と同じように扱えるようにするという意味がある。同次座標表現を使わないで2次元座標変換行列を 2×2 で用いた場合,並進運動を表現することができないが,同次座標表現を行っている場合は平行移動も含めて全ての座標変換操作を座標変換行列の形で表現することができる。これにより,多数の並進,回転変換を行列の積の形で表現することが可能となる。

点 $P(x, y)$ を (t_x, t_y) 平行移動した点 $P'(x', y')$ への変換は次式で表される。

$$\begin{bmatrix} x' \\ y' \end{bmatrix} = \begin{bmatrix} x \\ y \end{bmatrix} + \begin{bmatrix} t_x \\ t_y \end{bmatrix} = \begin{bmatrix} x + t_x \\ y + t_y \end{bmatrix}$$

$\begin{bmatrix} x' \\ y' \end{bmatrix} = f \begin{bmatrix} x \\ y \end{bmatrix}$ のような,行列の積の形で表現することは 2×2 行列ではできない。

そこで,次元を1つ増やして,

$$\begin{bmatrix} x' \\ y' \\ 1 \end{bmatrix} = f \begin{bmatrix} x \\ y \\ 1 \end{bmatrix} = \begin{bmatrix} 1 & 0 & t_x \\ 0 & 1 & t_y \\ 0 & 0 & 1 \end{bmatrix} \begin{bmatrix} x \\ y \\ 1 \end{bmatrix}$$

とすることにより,3×3 の行列により回転変換行列と同じような形で表現し扱うことができる。

[8] IDEF-0 表記法

IDEF 手法は，1970 年代に米国空軍によって開発され，企業，組織の業務を機能（アクティビティ）という観点から，モデリングする手法である。この機能モデルにより機能，あるいはプロセスを構造化して表現することができ，階層化して表記するため，複雑なプロセスでも体系的に表すことができる。四角枠内に**機能，操作**を記入し左側から**入力**，上からその**制御**および**参照**，下からその**機構，操作**の**基準**，右側へその**出力**を表している。この場合，機構は X,Y,Z 直交右手座標系である。これにより物を作る工程など，いろいろな活動を表現するために有効な表記法である。

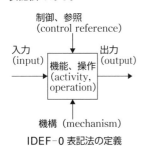

IDEF-0 表記法の定義

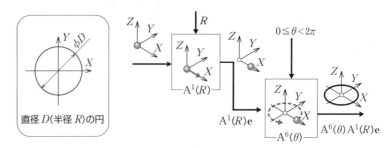

図 15-2 半径 R の円の作成手順

直径 D（半径 R）高さ H の円筒面形状の表現方法

円筒面は，式 15-2 で表現される。原点を X 方向に $R[\mathrm{mm}]$ の並進移動，次に，その点を Z 軸まわりに回転を与えることにより，その軌跡が前述のように XY 平面上に円形を表す。さらに，この円を Z 軸方向に並進移動させることにより，その軌跡が円筒面を表す。

$$\mathbf{r} = \mathbf{A}^3(t)\mathbf{A}^6(\theta)\mathbf{A}^1(R)\mathbf{e} \qquad 0 \leq \theta \leq 2\pi,\ 0 \leq t \leq H \qquad (15\text{-}2)$$

ここで，$R[\mathrm{mm}]$ は円筒面の半径を表す定数，$\theta[\mathrm{rad}]$ は Z 軸まわりの回転移動，$t[\mathrm{mm}]$ は Z 方向並進移動のパラメータである。

この変換の手順を図 15-3 に示す。図の中で，点および曲線の移動パラメータによりその軌跡が，点から曲線を，曲線から曲面を形成することを示している。

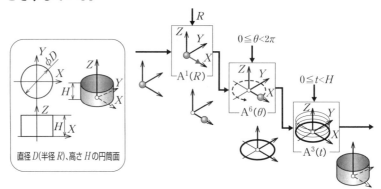

図 15-3 円筒面の作成手順

母線の長さ L，中心線のなす角度 a の円錐面形状の表現方法

円錐面は，式 15-3 で表現される。原点を Z 軸方向にパラメータ t を 0〜$L[\mathrm{mm}]$ で並進移動させることで Z 軸に沿う長さ $L[\mathrm{mm}]$ の直線となり，次に，その直線を X 軸まわりに角度 $a[\mathrm{rad}]$ だけ回転を与えることにより，角度 $a[\mathrm{rad}]$ だけ傾斜した直線が得られる。その直線を Z 軸まわりに 1 周（$2\pi[\mathrm{rad}]$）回転させることにより，その軌跡が円錐面を形成する。

$$\mathbf{r} = \mathbf{A}^6(\theta)\mathbf{A}^4(a)\mathbf{A}^3(t)\mathbf{e} \qquad 0 \leq t \leq L,\ 0 \leq \theta < 2\pi \qquad (15\text{-}3)$$

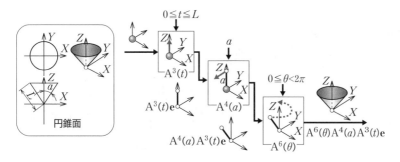

図 15-4 円錐面の作成手順

半径 R の半球面形状の表現方法

半球面は，式 15-4 で表現される。原点を X 軸方向に R [mm] だけ移動させ，その点を Z 軸まわりに半周 (π [rad]) 回転させる。その軌跡が XY 平面上の半円となる。その半円を X 軸まわりに半周 (π [rad]) 回転させる。その円弧の軌跡が半径 R [mm] の半球面となる。

$$\mathbf{r} = \mathbf{A}^4(\phi)\,\mathbf{A}^6(\theta)\,\mathbf{A}^1(R)\,\mathbf{e} \qquad 0 \leqq \phi \leqq \pi,\ 0 \leqq \theta \leqq \pi \qquad (15\text{-}4)$$

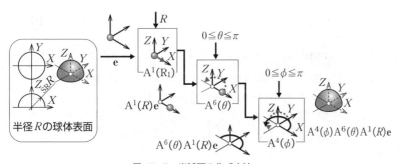

図 15-5 半球面の作成方法

小円直径 D_1 (半径 R_1)，大円直径 D_2 (半径 R_2) のトーラス (円環面) の表現方法

小円半径 R_1 [mm]，大円半径 R_2 [mm] のトーラスは，式 15-5 で表現される。原点を X 軸方向に R_1 [mm] だけ移動させ，その点を Y 軸まわりに 1 周 (2π [rad]) 回転させることによりその軌跡が，X-Z 平面内で半径 R_1 [mm] の小円を形成する。その小円を X 軸方向に R_2 [mm] 移動し，Z 軸まわりに 2π [rad] 回転させることにより，その軌跡が大円半径 R_2 [mm] のトーラス面を形成する。

$$\mathbf{r} = \mathbf{A}^6(\theta)\,\mathbf{A}^1(R_2)\,\mathbf{A}^5(\psi)\,\mathbf{A}^1(R_1)\,\mathbf{e} \quad 0 \leqq \psi \leqq 2\pi,\ 0 \leqq \theta \leqq 2\pi \quad (15\text{-}5)$$

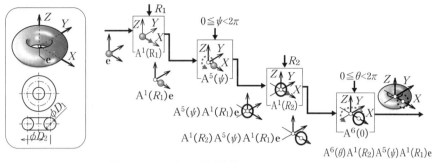

図 15-6 トーラスの作成方法

らせん形状の表現方法

円筒面は,式 15-2 の形状創成関数により表現される。この式は,円筒面を表現しているので,2 つのパラメータ(円筒軸方向パラメータ t[mm],円周パラメータ θ[rad])が存在する。この形状創成関数において,t[mm] と θ[rad] との間に式 15-6 に示す拘束条件を与えることにより,独立なパラメータを 1 つにすることによって,らせん形状を表現することができる。

$$\theta = 2\pi \frac{t}{P} \ [\text{rad}] \tag{15-6}$$

ここで,P[mm] は,図 15-7 に示すように,らせんのピッチを意味しており,1 ピッチ Z 軸方向に増加するごとに,1 回転する関係を表している。これを式 15-2 に代入することにより,式 15-7 が得られる。

$$\mathbf{r} = \begin{bmatrix} R\cos\theta \\ R\sin\theta \\ t \\ 1 \end{bmatrix} = \begin{bmatrix} R\cos\dfrac{2\pi t}{P} \\ R\sin\dfrac{2\pi t}{P} \\ t \\ 1 \end{bmatrix} \tag{15-7}$$

式 15-7 は,独立なパラメータが 1 つとなり,曲面上の線(らせん形状)を表現する。

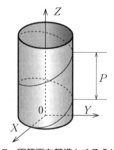

図 15-7 円筒面を基準とするらせん形状

基礎円 R のインボリュート曲線の表現方法

実用歯形曲線として通常使用されるインボリュート曲線について,その曲線形状を形状創成関数により容易に表現することができる。図 15-8 に示すような基礎円半径 R[mm] のインボリュート曲線について記す。

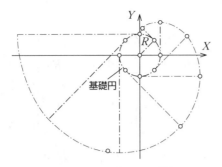

図 15-8 インボリュート曲線

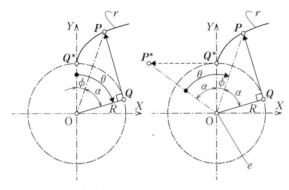

（a）曲線の形状特徴　　（b）曲線の表現方法

図 15-9 インボリュート曲線の特性

　インボリュート曲線の形状表現のためには，図 15-9 における θ をパラメータとして，表現することができる．図 15-9(b) に示すように，まず，座標軸の原点を表す e を Y 軸方向へ $R\,[\mathrm{mm}]$ だけ並進移動し，点 Q^* とする．点 Q^* から $-X$ 方向へ，$R\theta\,[\mathrm{mm}]$ だけ並進移動し，P^* とする．この P^* を Z 軸まわりに $-\theta\,[\mathrm{rad}]$ 回転移動することにより，曲線を表現することができる．これを表したものが式 15-8 である．

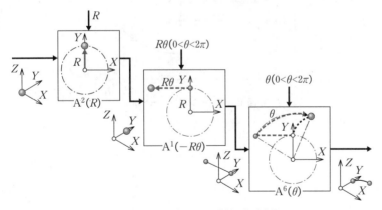

図 15-10 インボリュート曲線の作成方法

$$
\begin{aligned}
\mathbf{r} &= \mathbf{A}^6(-\theta)\mathbf{A}^1(-R\theta)\mathbf{A}^2(R)\mathbf{e} \\
&= \begin{bmatrix} \cos\theta & \sin\theta & 0 & 0 \\ -\sin\theta & \cos\theta & 0 & 0 \\ 0 & 0 & 1 & 0 \\ 0 & 0 & 0 & 1 \end{bmatrix}\begin{bmatrix} 1 & 0 & 0 & -R\theta \\ 0 & 1 & 0 & 0 \\ 0 & 0 & 1 & 0 \\ 0 & 0 & 0 & 1 \end{bmatrix}\begin{bmatrix} 1 & 0 & 0 & 0 \\ 0 & 1 & 0 & R \\ 0 & 0 & 1 & 0 \\ 0 & 0 & 0 & 1 \end{bmatrix}\begin{bmatrix} 0 \\ 0 \\ 0 \\ 1 \end{bmatrix} \\
&= \begin{bmatrix} \cos\theta & \sin\theta & 0 & 0 \\ -\sin\theta & \cos\theta & 0 & 0 \\ 0 & 0 & 1 & 0 \\ 0 & 0 & 0 & 1 \end{bmatrix}\begin{bmatrix} -R\theta \\ R \\ 0 \\ 1 \end{bmatrix} = \begin{bmatrix} -R\theta\cos\theta + R\sin\theta \\ R\theta\sin\theta + R\cos\theta \\ 0 \\ 1 \end{bmatrix} \quad (15\text{-}8)
\end{aligned}
$$

歯車の圧力角とインボリュート曲線上のかみあい点との関係を表したものが，インボリュート関数 $\phi = \mathrm{inv}\,\alpha = \tan\alpha - \alpha\,[\mathrm{rad}]$，として知られている．式 15-8 で表されるインボリュート曲線は，1 つのパラメータ θ だけの関数として表現されるため，空間における曲線を表現することになる．このパラメータ $\theta\,[\mathrm{rad}]$ は $\phi + \alpha\,[\mathrm{rad}]$ を意味する．式 15-8 を基に表計算ソフトウェアなどを使用し，容易に形状を確認することができる．図 15-11 がその例で，基礎円半径 10 mm で描いたインボリュート曲線である．この得られた点群を CAD データとして使用し，歯車の立体形状を得ることも可能である（後節の 3 次元モデリングで紹介）．

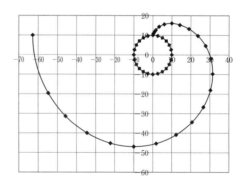

図 15-11　インボリュート曲線

15-3 3次元モデリング

　これまで示してきた形状創成関数による基本的な空間形状を作成する手順は，基本座標系における点あるいは線に対して並進・回転座標変換を施す手順より成り立っている。一方，3次元CADのモデリングにおける空間形状を作成する手順も，形状要素に対して並進・回転掃引などの操作により形状が作成される。このように，形状創成関数による形状表現方法と3次元CADによる形状モデリング方法とは同じ手順から構成されており，形状創成プロセスに基づいてモデリング操作をすることにより，3次元形状モデルが作成される。
　本節では，CADによる3次元形状モデリングについて学習する。

15-3-1 3次元CAD

　3次元CADは，立体的にモデルを表現でき，物体としてモデルを認識することができるソフトウェアである。一般的にそのソフトの特性により「ハイエンド」「ミッドレンジ」「ローエンド」というクラスに分類される。3次元CADの基本構成は，部品モデリング機能（パーツ作成機能），組立機能（アセンブリ機能），図面化機能の少なくともこの3つの機能を有している。そして，この3次元CADの大きな特徴は，1) 立体的な視覚効果と 2) モデリングデータの2次利用ができることである。

- 様々な角度から形状を確認することができる。
- 他者への効果的なプレゼンテーションができる。
- モデリングデータからCAMを通してNC工作機械用の加工データを作成することができる。
- モデリングデータからCAEでの解析評価を行うことができる。

15-3-2 3次元モデリング

　3次元モデルの表現法には，「ワイヤーフレーム」「サーフェース」「ソリッド」の3つがある。これらの違いは立体をコンピュータで表現するための方法の違いである。立体の内部や面がなく，境界線のみで表現したものをワイヤーフレーム，内部が空洞で，面の集合からなるものをサーフェース，そして，内部が詰まっているものをソリッドと呼ぶ。自由な形状を表現するためには，サーフェースモデルに利点があり，内部情報ももち厳密な形状を表現するためにはソリッドモデルに利点がある。コンピュータの性能の向上に伴って，現在販売されている3次元CADのほとんどは，ソリッドモデルとサーフェースモデルの両方を扱うことができる。

実際のモデリング方法は使用するCADによって異なるものの，立体形状の基本的な作成方法は，次の3つがある。

・平面に2次元形状（スケッチ）を描き，そのスケッチを平面と直角方向に突き出して作成する方法（突出し，あるいは，押し出しと呼ばれる）
・スケッチをある軸を中心に回転させて立体を作成する方法（回転突出し）
・突き出す方向をスケッチに垂直ではなく，ある経路に沿って突き出す方法（スイープ）

また，これらの基本作成方法に加えて，立体から立体形状を除去（切り抜きなどと呼ばれる）したり，境界線に丸み付（R処理），面取りを行ったりすることにより形状を作成する。

ある形状に処理を加えてできたこれらの形状を**フィーチャー**と呼び，このフィーチャーの積み上げで3次元形状を作成する方法がほとんどである。ここでは，図15-12に示す穴付円筒形状を作成する操作として，突出しと回転突出しについて記す。

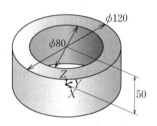

図 15-12　穴付円筒形状

突出しによるモデリング方法では，XY平面に直径120 mmの円（スケッチ）を描きそれを突き出して直径120 mm，高さ50 mmの円筒形状を作成する。さらに直径80 mmの円（スケッチ）を描き，それを突き出して，元の円筒から切り抜く。一方，回転突出しによる方法では，$X-Z$平面に20 mm × 50 mmの長方形スケッチを作成し，それを回転軸（この場合Z軸）まわりに1周（2π[rad]）回転することにより，形状ができる。両者とも同様の形状ができる。

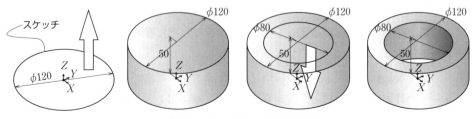

図 15-13　突出しによる穴付円筒

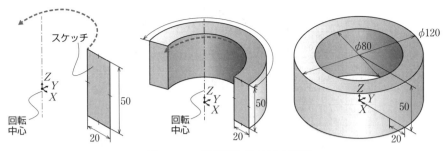

図 15-14 回転突出しによる穴付円筒

ソリッドモデルを作成する方法には,「パラメトリックモデリング(履歴をもつ方法)」と呼ばれる方法と「ダイレクトモデリング(履歴をもたない方法)」と呼ばれる方法の大きく2通りの種類[9]がある。パラメトリックモデリングは,寸法の値や幾何条件などの拘束条件を積み重ねて履歴として記録することによりモデルを形成する方法である。一方,ダイレクトモデリングは,形状を作成・変更する際に直接辺や面を指定して作成・変形することができる方法である。どちらの方法も一長一短あり,現在,多くの3次元 CAD はパラメトリックモデリングを採用している。しかしその中で,両方の方法により効果的にモデリング可能な機能を有している3次元 CAD も存在する。

両者の違いは,例えば形状の編集の違いについて,図 15-14 に示すような回転突出しによって作成した形状において,その円筒の直径値を変更する場合,履歴による方法であれば,そのもとのスケッチに戻って編集しなければ,変更はできない。しかし,ダイレクトモデリングを扱う CAD であれば,図 15-15 に示すように,直接その穴の直径値を編集することにより形状の変更ができる。このようにモデルの品質が均一であり,履歴を知らなくても直接モデルを編集できる。

【9】2つのモデリング方法の特徴

パラメトリックモデリングの長所は,設計意図をモデルに組み込め,自動設計に強いことである。短所は,設計者によりモデル品質が異なり,モデルの流用,他者作成のモデルの編集が困難なことがあげられる。

ダイレクトモデリングの長所は,直感的で操作が簡単なこと,設計データが作成者に依存しないため,品質が均一であり,流用設計,外部データの編集に強いこと,データが軽いことがあげられる。短所は,自動設計に弱いこと,やり直しできないケースがあることなどがある。

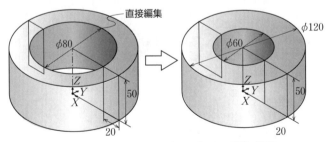

図 15-15 ダイレクトモデリングによる形状の編集

15-3-3 インボリュート曲線を利用した歯形のモデリング

図 15-16(a)のようなインボリュート曲線の点群 x, y, z 値を配置したデータファイルを CAD にインポートし,そのインポートされた曲線を基に,図 15-16(b)に示すように歯形を創成することができる。

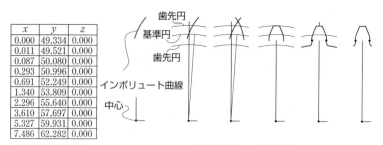

x	y	z
0.000	49.334	0.000
0.011	49.521	0.000
0.087	50.080	0.000
0.293	50.996	0.000
0.691	52.249	0.000
1.340	53.809	0.000
2.296	55.640	0.000
3.610	57.697	0.000
5.327	59.931	0.000
7.486	62.282	0.000

（a）曲線データ　　　　　　　　（b）CADでの操作例

図 15-16　歯形の創成方法

図15-17に示すように，1枚の歯形を回転配置し，スケッチを完成させ，それを突出し処理することにより，歯車モデルを作成できる。

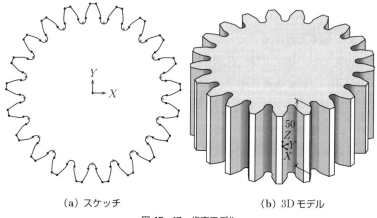

（a）スケッチ　　　　　　　　（b）3Dモデル

図 15-17　歯車モデル

15-4　CAEの基礎

　CAE解析とは，コンピュータ上に疑似的に再現した製品の荷重（力）や振動による製品の「強度問題」，物体中の熱移動を扱う「熱問題」および「運動問題」などを評価（シミュレーション）する技術である。このCAE技術は，機械設計を行う上で非常に重要な技術となってきている。

　CAE解析の中には，応力，振動，固有値，周波数応答，衝突，熱伝導，流体，電磁場，機構，音響，樹脂流動，鍛造，鋳造，運動などの解析が存在する。この中でも応力解析，熱伝導解析，運動解析は，機械設計を実施する上で需要度が高い解析のため，理解しておく必要がある。

　従来，CAE解析といえば，CAEの専門家が行うものであった。しかし，現在はソフトウェアやパソコンの機能向上に伴い，設計者が利用できる環境が整ってきている。CAE解析を行う目的としては，設計過程における形状検討，形状の改善，形状の最適化があげられる。その他の利用場面は，設計完了後の性能の確認，あるいは製品化後に発生する問題の原因追究にも用いられる。

15-4-1　CAE解析に必要な知識

　機械設計は製品の形状や寸法を決めていく作業であり，従来，その設計の根拠となるのは，過去の設計の実績や机上計算（材料力学等）によってなされてきた。しかし，机上計算では複雑な問題を解くには限界があり，CADによる様々な設計パターンに対して，CAEを用いて解析しながら設計を行うようになった。

　多くの製品は連続につながった物体を，はっきりと定義された「有限個の成分」に分けて，適当なモデルを作ることができる。このような操作を「離散化」と呼ぶ。一般的に解析を行うために，この離散化した近似モデルを用いることになる。有限要素法とは，モデルを要素に分割して数値解析を行うことであり，英語で，Finite Element Methodといわれるため，短縮してFEM解析と呼ばれる。FEMでは，複数の4面体，6面体などのメッシュと呼ばれる小さな「要素」に分割して，コンピュータで計算を行う。前述のように形状はメッシュの集合体で表現されるが，メッシュの良し悪しで解析の結果に影響を及ぼすことになる。

　CAE解析ソフトは，一般的に，プリプロセッサ（前処理），ソルバー（解析），ポストプロセッサ（後処理）の3つで構成される。解析の流れの概略を図15-18に示す。

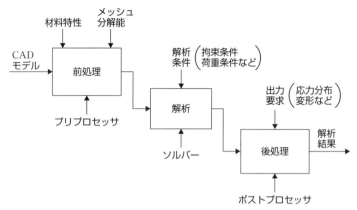

図 15-18　解析の流れ概略

15-4-2　応力解析 CAE の使用法

前処理　前述した CAE の前処理工程において，応力解析の場合，ヤング率，ポアソン比などの材料の特性を入力する必要がある。多くの CAE システムでは，材料のデータを準備してあり，準備された材料を選択することによって，材料特性を特定できる。データベースにない特殊な材料を使用する場合には，自分で入力する必要がある。

次に，メッシュの分割方法，分解能を形状の特性に合わせて決める必要がある。図 15-19 に歯車の歯形形状の評価に用いる CAD モデルを，メッシュ分割した結果を示す。メッシュ分割方法は 4 面体分割，分解能を粗いものから細かいものの 3 種類を示している。

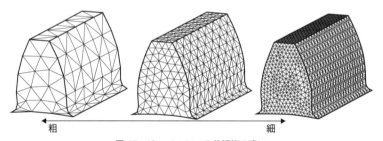

図 15-19　メッシュの分解能の違い

解析処理　解析の実行にあたっては，拘束条件と荷重条件を決めなければならない。拘束条件は，どこが固定されているかを指定する。通常，面，辺などを選択することができる。荷重条件は，荷重を力として，応力として，あるいは変位として与えるか，また，その大きさと方向とを決める必要がある。図 15-20 は，モジュール 5 の歯車を想定し，拘束条件は，固定箇所となっている面（歯の下面）を選択，荷重は刃先に圧力角 20° で 1 kN の力が作用するように設定したものである。

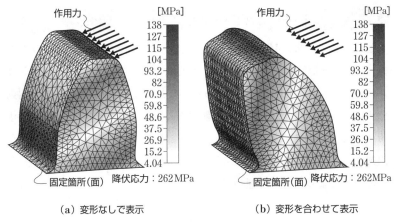

(a) 変形なしで表示　　　　　　（b）変形を合わせて表示

図 15-20　解析結果（SolidEdge ST8 による）

後処理　必要な出力結果が得られるよう，出力要求を指定する。これにより，得られる出力結果が異なる。図 15-20（a）では，変形なしに応力分布だけを出力，（b）では，変形も合わせて出力するよう指定している。

15-4-3　CAE 実行結果の評価

製品が使用状況下で永久変形を生じないように設計するのが一般的なので，CAE で計算された応力が降伏点より十分小さな値（実際は安全率を考慮した許容応力）になるよう設計する必要がある。

単軸の荷重下の場合であれば計算した発生応力を降伏点と照合して弾性範囲内であるか容易に判別できるが，荷重が複雑な環境下では応力成分が複数になり，このような多軸の荷重下の場合は，通常フォン・ミーゼス応力によって，判断されることが多い。このフォン・ミーゼス応力は，せん断ひずみエネルギー説に基づいた相当応力のことである。このスカラーで表現した相当応力を降伏点応力と比較し弾性範囲内かどうかを判別することができる。

CAE を使用する上での注意点は，実際の形状は R のない形状はほぼ存在しないということである。しかし，CAD モデルにおいては R のない凹凸部を容易に作成することができる。そのような部分に対して CAE を適用すると，応力集中が異常に大きくなるという問題が発生する。この問題は，メッシュの分解能を大きく（メッシュを小さく）すると応力が異常に大きくなることから判断は可能である。このような点は特異点と呼ばれており，解析の際には注意が必要である。

15-4-4 運動シミュレーション

運動の例として，**12-3**節で記述しているリンク装置のてこクランク機構（図12-14）について，形状創成関数を用いた動作シミュレーションについて記す．図12-14をあらためて，図15-21に示す．この運動は，節Dが固定，節Aが回転運動することにより，節Cが揺動運動するものである．これは，節A（長さa）と節C（長さc）の端点Q，Pが円運動し，Q-P間の長さが節Bの長さbに等しいという拘束が加えられることにより決定する運動である．

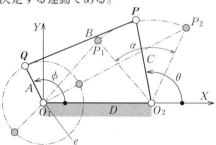

図 15-21　てこクランク機構

この点Q，Pの運動軌跡を形状創成関数で表すと次のようになる．

$$Q = \mathbf{A}^6(\phi)\mathbf{A}^1(a)\mathbf{e}$$

$$= \begin{bmatrix} \cos\phi & -\sin\phi & 0 & 0 \\ \sin\phi & \cos\phi & 0 & 0 \\ 0 & 0 & 1 & 0 \\ 0 & 0 & 0 & 1 \end{bmatrix} \begin{bmatrix} 1 & 0 & 0 & a \\ 0 & 1 & 0 & 0 \\ 0 & 0 & 1 & 0 \\ 0 & 0 & 0 & 1 \end{bmatrix} \begin{bmatrix} 0 \\ 0 \\ 0 \\ 1 \end{bmatrix} = \begin{bmatrix} a\cos\phi \\ a\sin\phi \\ 0 \\ 1 \end{bmatrix} \quad (15\text{-}9)$$

$$P = \mathbf{A}^1(d)\mathbf{A}^6(\theta)\mathbf{A}^1(c)\mathbf{e}$$

$$= \begin{bmatrix} 1 & 0 & 0 & d \\ 0 & 1 & 0 & 0 \\ 0 & 0 & 1 & 0 \\ 0 & 0 & 0 & 1 \end{bmatrix} \begin{bmatrix} \cos\theta & -\sin\theta & 0 & 0 \\ \sin\theta & \cos\theta & 0 & 0 \\ 0 & 0 & 1 & 0 \\ 0 & 0 & 0 & 1 \end{bmatrix} \begin{bmatrix} 1 & 0 & 0 & c \\ 0 & 1 & 0 & 0 \\ 0 & 0 & 1 & 0 \\ 0 & 0 & 0 & 1 \end{bmatrix} \begin{bmatrix} 0 \\ 0 \\ 0 \\ 1 \end{bmatrix}$$

$$= \begin{bmatrix} c\cos\theta + d \\ c\sin\theta \\ 0 \\ 1 \end{bmatrix} \quad (15\text{-}10)$$

QとPとの拘束条件は，式15-11で表すことができる．

$$|\boldsymbol{P} - \boldsymbol{Q}| = b \quad \Rightarrow \quad (P_x - Q_x)^2 + (P_y - Q_y)^2 = b^2 \quad (15\text{-}11)$$

式15-11のP_x，P_y，Q_x，Q_yへ式15-9，15-10のそれを代入することにより，式15-12が得られる．

$$(2cd - 2ac\cos\phi)\cos\theta - 2ac\sin\phi\sin\theta$$
$$= b^2 - a^2 - c^2 - d^2 + 2ad\cos\phi \quad (15\text{-}12)$$

ここで，
$2cd - 2ac\cos\phi = E$, $-2ac\sin\phi = F$, $b^2 - a^2 - c^2 - d^2 + 2ad\cos\phi = G$ とおくことにより，式 15-12 は式 15-13 となる。

$$E\cos\theta + F\sin\theta = G \tag{15-13}$$

式 15-13 より，角度 θ は式 15-14 のように，角度 ϕ の関数 $\theta(\phi)$ として表される[10]。これにより，角度 ϕ をパラメータとして，θ が決定され，図 15-22 のように運動をシミュレートすることができる。

$$\theta = \cos^{-1}\left(\frac{G}{\sqrt{E^2+F^2}}\right) + \tan^{-1}\frac{F}{E} \tag{15-14}$$

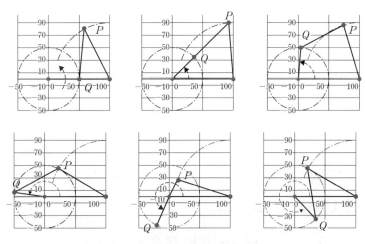

図 15-22 てこクランク機構運動シミュレーション

【10】 角度の導出方法

式 15-13 のような三角関数式 $E\cos\theta + F\sin\theta = G$ からの θ 導出方法は，G がゼロであれば簡単に解けるが，この場合，下図のように考えると容易に解くことができる。

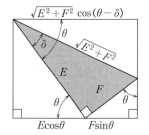

今，長さ E，F は既知であるので，$\delta = \tan^{-1}\frac{F}{E}$ で求めることができる。したがって，
$G = E\cos\theta + F\sin\theta$
$\quad = \sqrt{E^2+F^2}\cos(\theta-\delta)$
よって
$$\theta = \cos^{-1}\left(\frac{G}{\sqrt{E^2+F^2}}\right) + \delta$$

第15章　演習問題

1. X, Y, Z 軸方向の並進運動を表す 4×4 の座標変換行列を，それぞれ，$A^1(\ )$，$A^2(\ )$，$A^3(\ )$，X, Y, Z 軸まわりの回転運動を表す 4×4 の座標変換行列を，それぞれ，$A^4(\ )$，$A^5(\ )$，$A^6(\ )$ とする（表15-1）。それらの座標変換行列を用いた形状表現において，次の形状創成関数はどのような形状を表すか。ただし，$\mathbf{e} = [0, 0, 0, 1]^T$ である。

(1) $\mathbf{r} = A^5(\psi) A^1(8) A^6(\theta) A^2(5) \mathbf{e}$　　$0 \leq \theta \leq 2\pi,\ 0 \leq \psi \leq 2\pi$

(2) $\mathbf{r} = A^6(\theta) A^2(8) A^4 \dfrac{\pi}{6} A^3(t) \mathbf{e}$　　$0 \leq t \leq 10,\ 0 \leq \theta < 2\pi$

(3) $\mathbf{r} = A^5(\phi) A^1(-8) A^6(\theta) A^2(-5) \mathbf{e}$　　$0 \leq \theta \leq \pi,\ 0 \leq \phi \leq \pi$

(4) $\mathbf{r} = A^6(\theta) A^1(5) A^5 \dfrac{-\pi}{6} A^3(t) \mathbf{e}$　　$0 \leq t \leq 10,\ 0 \leq \theta < 2\pi$

(5) $\mathbf{r} = A^6(\theta) A^2(8) A^4(\phi) A^3(5) \mathbf{e}$　　$0 \leq \phi \leq \pi,\ 0 \leq \theta < 2\pi$

(6) $\mathbf{r} = A^1(u) A^2(10) A^6(-\theta) A^2(-10) \mathbf{e}$　　$0 \leq \theta < 2\pi,\ u = 10\theta$

(7) $\mathbf{r} = A^6(\theta) A^1(10) A^4 \dfrac{\pi}{4} A^3(t) \mathbf{e}$　　$-50 \leq t \leq 50,\ 0 \leq \theta < 2\pi$

(8) $\mathbf{r} = A^6(\theta) A^3(z) A^2(5) A^2(y) \mathbf{e}$　　$0 \leq y \leq 5,\ 0 \leq z \leq 10,\ \theta = \dfrac{z}{10} 2\pi$

(9) $\mathbf{r} = A^6(\theta) A^3(t) A^1(20) A^5(\psi) A^1(10) \mathbf{e}$　　$0 \leq \psi \leq \pi,\ 0 \leq t \leq 20,\ \theta = \dfrac{t}{20} 2\pi$

(10) $\mathbf{r} = A^6(\theta) A^3(t) A^1(100) A^1(u) \mathbf{e}$　　$0 \leq u \leq (100-t),\ 0 \leq t \leq 100,\ \theta = \dfrac{\pi t}{50}$

2. 次に示す形状を表現する形状創成関数を求めよ。

(1)

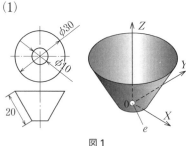

図1

(2)

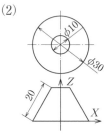

図2

(3)

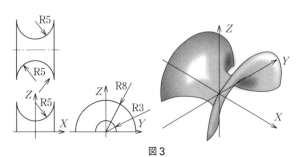

図3

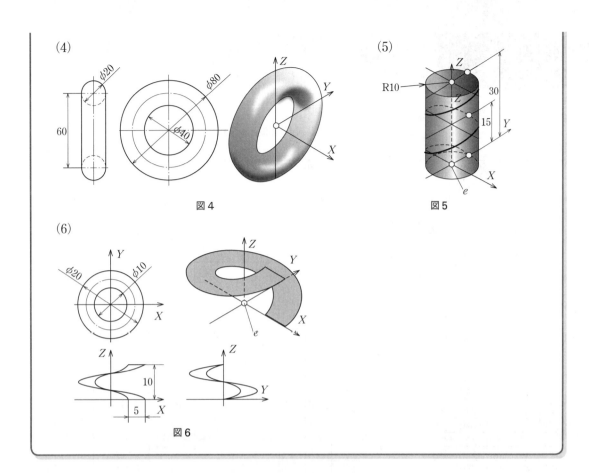

図4　図5　図6

付録

付表 1-1 穴の A ～ M に対する基礎となる許容差の数値

基礎となる許容差の数値の単位 [μm]

図示サイズ [mm]		基礎となる許容差の数値															
		下の許容差, EI										上の許容差, ES					
		全ての基本サイズ公差等級										IT6	IT7	IT8	IT8以下	IT8超	IT8以下	IT8超
超	以下	A[a]	B[a]	C	CD	D	E	EF	F	FG	G	H	JS	J		K		M	
−	3	+270	+140	+60	+34	+20	+14	+10	+6	+4	+2	0		+2	+4	+6	0	0	−2	−2
3	6	+270	+140	+70	+46	+30	+20	+14	+10	+6	+4	0		+5	+6	+10	−1+Δ		−4+Δ	−4
6	10	+280	+150	+80	+56	+40	+25	+18	+13	+8	+5	0		+5	+8	+12	−1+Δ		−6+Δ	−6
10	14	+290	+150	+95	+70	+50	+32	+23	+16	+10	+6	0		+6	+10	+15	−2+Δ		−7+Δ	−7
14	18																		
18	24	+300	+160	+110	+85	+65	+40	+28	+20	+12	+7	0		+8	+12	+20	−2+Δ		−8+Δ	−8
24	30																		
30	40	+310	+170	+120	+100	+80	+50	+35	+25	+15	+9	0		+10	+14	+24	−2+Δ		−9+Δ	−9
40	50	+320	+180	+130															
50	65	+340	+190	+140		+100	+60		+30		+10	0		+13	+18	+28	−2+Δ		−11+Δ	−11
65	80	+360	+200	+150															
80	100	+380	+220	+170		+120	+72		+36		+12	0		+16	+22	+34	−3+Δ		−13+Δ	−13
100	120	+410	+240	+180															
120	140	+460	+260	+200		+145	+85		+43		+14	0		+18	+26	+41	−3+Δ		−15+Δ	−15
140	160	+520	+280	+210															
160	180	+580	+310	+230															
180	200	+660	+340	+240		+170	+100		+50		+15	0		+22	+30	+47	−4+Δ		−17+Δ	−17
200	225	+740	+380	+260															
225	250	+820	+420	+280															
250	280	+920	+480	+300		+190	+110		+56		+17	0		+25	+36	+55	−4+Δ		−20+Δ	−20
280	315	+1050	+540	+330															
315	355	+1200	+600	+360		+210	+125		+62		+18	0		+29	+39	+60	−4+Δ		−21+Δ	−21
355	400	+1350	+680	+400															
400	450	+1500	+760	+440		+230	+135		+68		+20	0		+33	+43	+66	−5+Δ		−23+Δ	−23
450	500	+1650	+840	+480															
500	560					+260	+145		+76		+22	0					0		−26	
560	630																		
630	710					+290	+160		+80		+24	0					0		−30	
710	800																		
800	900					+320	+170		+86		+26	0					0		−34	
900	1000																		
1000	1120					+350	+195		+98		+28	0					0		−40	
1120	1250																		
1250	1400					+390	+220		+110		+30	0					0		−48	
1400	1600																		
1600	1800					+430	+240		+120		+32	0					0		−58	
1800	2000																		
2000	2240					+480	+260		+130		+34	0					0		−68	
2240	2500																		
2500	2800					+520	+290		+145		+38	0					0		−76	
2800	3150																		

サイズ差 = ±ITn/2, n は基本サイズ公差等級番号

注 a) 基礎となる許容差 A および B は，1 mm 以下の図示サイズに使用してはならない。
 b) 特殊な場合：250 mm を超え 315 mm 以下の範囲で公差クラスが M6 の場合，ES は（計算によって得られる −11 μm ではなく）−9 μm となる。

付表 1-2 穴の N〜ZC に対する基礎となる許容差の数値

基礎となる許容差の数値および Δ 値の単位 [μm]

図示サイズ [mm]		基礎となる許容差の数値 上の許容差, ES													Δ値 基本サイズ公差等級					
超	以下	IT8 以下	IT8 超	IT7 以下	IT7 を超える基本サイズ公差等級										IT3	IT4	IT5	IT6	IT7	IT8
		N	N	P〜ZC	P	R	S	T	U	V	X	Y	Z	ZA	ZB	ZC						
—	3	−4	−4		−6	−10	−14		−18		−20		−26	−32	−40	−60	0	0	0	0	0	0
3	6	−8+Δ	0		−12	−15	−19		−23		−28		−35	−42	−50	−80	1	1.5	1	3	4	6
6	10	−10+Δ	0		−15	−19	−23		−28		−34		−42	−52	−67	−97	1	1.5	2	3	6	7
10	14	−12+Δ	0		−18	−23	−28		−33		−40		−50	−64	−90	−130	1	2	3	3	7	9
14	18									−39	−45		−60	−77	−108	−150						
18	24	−15+Δ	0		−22	−28	−35		−41	−47	−54	−63	−73	−98	−136	−188	1.5	2	3	4	8	12
24	30							−41	−48	−55	−64	−75	−88	−118	−160	−218						
30	40	−17+Δ	0		−26	−34	−43	−48	−60	−68	−80	−94	−112	−148	−200	−274	1.5	3	4	5	9	14
40	50							−54	−70	−81	−97	−114	−136	−180	−242	−325						
50	65	−20+Δ	0		−32	−41	−53	−66	−87	−102	−122	−144	−172	−226	−300	−405	2	3	5	6	11	16
65	80					−43	−59	−75	−102	−120	−146	−174	−210	−274	−360	−480						
80	100	−23+Δ	0		−37	−51	−71	−91	−124	−146	−178	−214	−258	−335	−445	−585	2	4	5	7	13	19
100	120					−54	−79	−104	−144	−172	−210	−254	−310	−400	−525	−690						
120	140	−27+Δ	0		−43	−63	−92	−122	−170	−202	−248	−300	−365	−470	−620	−800	3	4	6	7	15	23
140	160					−65	−100	−134	−190	−228	−280	−340	−415	−535	−700	−900						
160	180					−68	−108	−146	−210	−252	−310	−380	−465	−600	−780	−1000						
180	200	−31+Δ	0		−50	−77	−122	−166	−236	−284	−350	−425	−520	−670	−880	−1150	3	4	6	9	17	26
200	225					−80	−130	−180	−258	−310	−385	−470	−575	−740	−960	−1250						
225	250					−84	−140	−196	−284	−340	−425	−520	−640	−820	−1050	−1350						
250	280	−34+Δ	0		−56	−94	−158	−218	−315	−385	−475	−580	−710	−920	−1200	−1550	4	4	7	9	20	29
280	315					−98	−170	−240	−350	−425	−525	−650	−790	−1000	−1300	−1700						
315	355	−37+Δ	0		−62	−108	−190	−268	−390	−475	−590	−730	−900	−1150	−1500	−1900	4	5	7	11	21	32
355	400					−114	−208	−294	−435	−530	−660	−820	−1000	−1300	−1650	−2100						
400	450	−40+Δ	0		−68	−126	−232	−330	−490	−595	−740	−920	−1100	−1450	−1850	−2400	5	5	7	13	23	34
450	500					−132	−252	−360	−540	−660	−820	−1000	−1250	−1600	−2100	−2600						
500	560	−44			−78	−150	−280	−400	−600													
560	630					−155	−310	−450	−660													
630	710	−50			−88	−175	−340	−500	−740													
710	800					−185	−380	−560	−840													
800	900	−56			−100	−210	−430	−620	−940													
900	1000					−220	−470	−680	−1050													
1000	1120	−66			−120	−250	−520	−780	−1150													
1120	1250					−260	−580	−840	−1300													
1250	1400	−78			−140	−300	−640	−960	−1450													
1400	1600					−330	−720	−1050	−1600													
1600	1800	−92			−170	−370	−820	−1200	−1850													
1800	2000					−400	−920	−1350	−2000													
2000	2240	−110			−195	−440	−1000	−1500	−2300													
2240	2500					−460	−1100	−1650	−2500													
2500	2800	−135			−240	−550	−1250	−1900	−2900													
2800	3150					−580	−1400	−2100	−3200													

注) IT8 を超える基本サイズ公差等級に対する基礎となる許容差 N は，1 mm 以下の図示サイズに使用してはならない。

付表 1-3　軸の a～j に対する基礎となる許容差の数値

基礎となる許容差の数値の単位　[μm]

図示サイズ [mm]		基礎となる許容差の数値											下の許容差, ei		
		上の許容差, es													
		全ての基本サイズ公差等級											IT5 及び IT6	IT7	IT8
超	以下	a[a]	b[a]	c	cd	d	e	ef	f	fg	g	h	js	j		
−	3	−270	−140	−60	−34	−20	−14	−10	−6	−4	−2	0		−2	−4	−6
3	6	−270	−140	−70	−46	−30	−20	−14	−10	−6	−4	0		−2	−4	
6	10	−280	−150	−80	−56	−40	−25	−18	−13	−8	−5	0		−2	−5	
10	14	−290	−150	−95	−70	−50	−32	−23	−16	−10	−6	0		−3	−6	
14	18															
18	24	−300	−160	−110	−85	−65	−40	−28	−20	−12	−7	0		−4	−8	
24	30															
30	40	−310	−170	−120	−100	−80	−50	−35	−25	−15	−9	0		−5	−10	
40	50	−320	−180	−130												
50	65	−340	−190	−140		−100	−60		−30		−10	0		−7	−12	
65	80	−360	−200	−150												
80	100	−380	−220	−170		−120	*−72		−36		−12	0	サイズ差＝±ITn/2, n は基本サイズ公差等級番号	−9	−15	
100	120	−410	−240	−180												
120	140	−460	−260	−200		−145	−85		−43		−14	0		−11	−18	
140	160	−520	−280	−210												
160	180	−580	−310	−230												
180	200	−660	−340	−240		−170	−100		−50		−15	0		−13	−21	
200	225	−740	−380	−260												
225	250	−820	−420	−280												
250	280	−920	−480	−300		−190	−110		−56		−17	0		−16	−26	
280	315	−1050	−540	−330												
315	355	−1200	−600	−360		−210	−125		−62		−18	0		−18	−28	
355	400	−1350	−680	−400												
400	450	−1500	−760	−440		−230	−135		−68		−20	0		−20	−32	
450	500	−1650	−840	−480												
500	560					−260	−145		−76		−22	0				
560	630															
630	710					−290	−160		−80		−24	0				
710	800															
800	900					−320	−170		−86		−26	0				
900	1000															
1000	1120					−350	−195		−98		−28	0				
1120	1250															
1250	1400					−390	−220		−110		−30	0				
1400	1600															
1600	1800					−430	−240		−120		−32	0				
1800	2000															
2000	2240					−480	−260		−130		−34	0				
2240	2500															
2500	2800					−520	−290		−145		−38	0				
2800	3150															

注 [a]　基礎となる許容差 a および b は, 1 mm 以下の図示サイズに使用してはならない。

付表 1-4 軸の k～zc に対する基礎となる許容差の数値

基礎となる許容差の数値の単位 [μm]

図示サイズ [mm]		IT4～IT7	IT3以下及びIT7超	基礎となる許容差の数値 下の許容差, ei 全ての基本サイズ公差等級											
超	以下	k		m	n	p	r	s	t	u	v	x	y	z	za	zb	zc
―	3	0	0	+2	+4	+6	+10	+14		+18		+20		+26	+32	+40	+60
3	6	+1	0	+4	+8	+12	+15	+19		+23		+28		+35	+42	+50	+80
6	10	+1	0	+6	+10	+15	+19	+23		+28		+34		+42	+52	+67	+97
10	14	+1	0	+7	+12	+18	+23	+28		+33		+40		+50	+64	+90	+130
14	18	+1	0	+7	+12	+18	+23	+28		+33	+39	+45		+60	+77	+108	+150
18	24	+2	0	+8	+15	+22	+28	+35		+41	+47	+54	+63	+73	+98	+136	+188
24	30	+2	0	+8	+15	+22	+28	+35	+41	+48	+55	+64	+75	+88	+118	+160	+218
30	40	+2	0	+9	+17	+26	+34	+43	+48	+60	+68	+80	+94	+112	+148	+200	+274
40	50	+2	0	+9	+17	+26	+34	+43	+54	+70	+81	+97	+114	+136	+180	+242	+325
50	65	+2	0	+11	+20	+32	+41	+53	+66	+87	+102	+122	+144	+172	+226	+300	+405
65	80	+2	0	+11	+20	+32	+43	+59	+75	+102	+120	+146	+174	+210	+274	+360	+480
80	100	+3	0	+13	+23	+37	+51	+71	+91	+124	+146	+178	+214	+258	+335	+445	+585
100	120	+3	0	+13	+23	+37	+54	+79	+104	+144	+172	+210	+254	+310	+400	+525	+690
120	140	+3	0	+15	+27	+43	+63	+92	+122	+170	+202	+248	+300	+365	+470	+620	+800
140	160	+3	0	+15	+27	+43	+65	+100	+134	+190	+228	+280	+340	+415	+535	+700	+900
160	180	+3	0	+15	+27	+43	+68	+108	+146	+210	+252	+310	+380	+465	+600	+780	+1000
180	200	+4	0	+17	+31	+50	+77	+122	+166	+236	+284	+350	+425	+520	+670	+880	+1150
200	225	+4	0	+17	+31	+50	+80	+130	+180	+258	+310	+385	+470	+575	+740	+960	+1250
225	250	+4	0	+17	+31	+50	+84	+140	+196	+284	+340	+425	+520	+640	+820	+1050	+1350
250	280	+4	0	+20	+34	+56	+94	+158	+218	+315	+385	+475	+580	+710	+920	+1200	+1550
280	315	+4	0	+20	+34	+56	+98	+170	+240	+350	+425	+525	+650	+790	+1000	+1300	+1700
315	355	+4	0	+21	+37	+62	+108	+190	+268	+390	+475	+590	+730	+900	+1150	+1500	+1900
355	400	+4	0	+21	+37	+62	+114	+208	+294	+435	+530	+660	+820	+1000	+1300	+1650	+2100
400	450	+5	0	+23	+40	+68	+126	+232	+330	+490	+595	+740	+920	+1100	+1450	+1850	+2400
450	500	+5	0	+23	+40	+68	+132	+252	+360	+540	+660	+820	+1000	+1250	+1600	+2100	+2600
500	560	0	0	+26	+44	+78	+150	+280	+400	+600							
560	630	0	0	+26	+44	+78	+155	+310	+450	+660							
630	710	0	0	+30	+50	+88	+175	+340	+500	+740							
710	800	0	0	+30	+50	+88	+185	+380	+560	+840							
800	900	0	0	+34	+56	+100	+210	+430	+620	+940							
900	1000	0	0	+34	+56	+100	+220	+470	+680	+1050							
1000	1120	0	0	+40	+66	+120	+250	+520	+780	+1150							
1120	1250	0	0	+40	+66	+120	+260	+580	+840	+1300							
1250	1400	0	0	+48	+78	+140	+300	+640	+960	+1450							
1400	1600	0	0	+48	+78	+140	+330	+720	+1050	+1600							
1600	1800	0	0	+58	+92	+170	+370	+820	+1200	+1850							
1800	2000	0	0	+58	+92	+170	+400	+920	+1350	+2000							
2000	2240	0	0	+68	+110	+195	+440	+1000	+1500	+2300							
2240	2500	0	0	+68	+110	+195	+460	+1100	+1650	+2500							
2500	2800	0	0	+76	+135	+240	+550	+1250	+1900	+2900							
2800	3150	0	0	+76	+135	+240	+580	+1400	+2100	+3200							

付表 1-5　幾何公差の付加記号

説明	記号	説明	記号
公差付き形体指示		最大実体公差方式	Ⓜ
		最小実体公差方式	Ⓛ
データム指示	A / A	突出公差域	Ⓟ
		自由状態（非剛性部品）	Ⓕ
データムターゲット	φ2/A1	全周（輪郭度）	○
理論的に正確な寸法	50	包絡の条件	Ⓔ
		共通公差域	CZ

付表 2-1　一般構造用圧延鋼材の機械的性質

種類の記号	降伏点又は耐力 [MPa] 鋼材の厚さ※1 [mm]				引張強さ [MPa]
	16 以下	16 を超え 40 以下	40 を超え 100 以下	100 を超えるもの	
SS330	205 以上	195 以上	175 以上	165 以上	330～430
SS400	245 以上	235 以上	215 以上	205 以上	400～510
SS490	285 以上	275 以上	255 以上	245 以上	490～610
SS540	400 以上	390 以上	―	―	540 以上

(JIS G 3101：2015 抜粋)

※1　棒鋼の場合，丸鋼は径，角鋼は辺および六角鋼は対辺距離の寸法とする。

付表 2-2　熱間圧延棒鋼の丸鋼の標準径　　　[mm]

5.5	6	7	8	9	10	11	12	13
(14)	16	(18)	19	20	22	24	25	(27)
28	30	32	(33)	36	38	(39)	42	(45)
46	48	50	(52)	55	56	60	64	65
(68)	70	75	80	85	90	95	100	110
120	130	140	150	160	180	200		

括弧以外の標準径の適用が望ましい。　　　　　　(JIS G 3191：2012 抜粋)

付表2-3　ねずみ鋳鉄品の機械的性質

別鋳込み供試材の機械的性質

種類の記号	引張強さ [MPa]	硬さ HB
FC200	200 以上	223 以下
FC250	250 以上	241 以下
FC300	300 以上	262 以下

本体付き供試材の機械的性質

種類の記号	鋳鉄品の肉厚 [mm]	引張強さ [MPa]
FC200	20 以上 40 未満	170 以上
	40 以上 80 未満	150 以上
	80 以上 150 未満	140 以上
	150 以上 300 未満	130 以上
FC250	20 以上 40 未満	210 以上
	40 以上 80 未満	190 以上
	80 以上 150 未満	170 以上
	150 以上 300 未満	160 以上
FC300	20 以上 40 未満	250 以上
	40 以上 80 未満	220 以上
	80 以上 150 未満	210 以上
	150 以上 300 未満	190 以上

実体強度用供試材の機械的性質

種類の記号	鋳鉄品の肉厚 [mm]	引張強さ [MPa]
FC200	2.5 以上 10 未満	205 以上
	10 以上 20 未満	180 以上
	20 以上 40 未満	155 以上
	40 以上 80 未満	130 以上
	80 以上 150 未満	115 以上
FC250	2.5 以上 10 未満	250 以上
	10 以上 20 未満	225 以上
	20 以上 40 未満	195 以上
	40 以上 80 未満	170 以上
	80 以上 150 未満	155 以上
FC300	20 以上 40 未満	270 以上
	40 以上 80 未満	240 以上
	80 以上 150 未満	210 以上
	150 以上 300 未満	195 以上

（JIS G 5501：1995 抜粋）

付表2-4　機械構造用炭素鋼延鋼材の化学成分（溶鋼分析値）

種類の記号	C [%]	Si [%]	Mn [%]	P [%]	S [%]
S10C	0.08～0.13	0.15～0.35	0.30～0.60	0.030 以下	0.035 以下
S12C	0.10～0.15	0.15～0.35	0.30～0.60	0.030 以下	0.035 以下
S15C	0.13～0.18	0.15～0.35	0.30～0.60	0.030 以下	0.035 以下
S17C	0.15～0.20	0.15～0.35	0.30～0.60	0.030 以下	0.035 以下
S20C	0.18～0.23	0.15～0.35	0.30～0.60	0.030 以下	0.035 以下
S22C	0.20～0.25	0.15～0.35	0.30～0.60	0.030 以下	0.035 以下
S25C	0.22～0.28	0.15～0.35	0.30～0.60	0.030 以下	0.035 以下
S28C	0.25～0.31	0.15～0.35	0.30～0.90	0.030 以下	0.035 以下
S30C	0.27～0.33	0.15～0.35	0.30～0.90	0.030 以下	0.035 以下
S33C	0.30～0.36	0.15～0.35	0.30～0.90	0.030 以下	0.035 以下
S35C	0.32～0.38	0.15～0.35	0.30～0.90	0.030 以下	0.035 以下
S38C	0.35～0.41	0.15～0.35	0.30～0.90	0.030 以下	0.035 以下
S40C	0.37～0.43	0.15～0.35	0.30～0.90	0.030 以下	0.035 以下
S43C	0.40～0.46	0.15～0.35	0.30～0.90	0.030 以下	0.035 以下
S45C	0.42～0.48	0.15～0.35	0.30～0.90	0.030 以下	0.035 以下
S48C	0.45～0.51	0.15～0.35	0.30～0.90	0.030 以下	0.035 以下
S50C	0.47～0.53	0.15～0.35	0.30～0.90	0.030 以下	0.035 以下
S53C	0.50～0.56	0.15～0.35	0.30～0.90	0.030 以下	0.035 以下
S55C	0.52～0.58	0.15～0.35	0.30～0.90	0.030 以下	0.035 以下
S58C	0.55～0.61	0.15～0.35	0.30～0.90	0.030 以下	0.035 以下

（JIS G 4051：2016 抜粋）

付表 2-5　熱間圧延鋼板および鋼帯の標準厚さ　　[mm]

1.2	1.4	1.6	1.8	2.0	2.3	2.5	(2.6)	2.8	(2.9)	3.2
3.6	4.0	4.5	5.0	5.6	6.0	6.3	7.0	8.0	9.0	10.0
11.0	12.0	12.7	13.0	14.0	15.0	16.0	(17.0)	18.0	19.0	20.0
22.0	25.0	25.4	28.0	(30.0)	32.0	36.0	38.0	40.0	45.0	50.0

括弧以外の標準厚さの適用が望ましい。　　　　　　　　　　　　　　　　　　(JIS G 3193：2008 抜粋)

付表 2-6　熱間圧延軟鋼板および鋼帯の化学成分および機械的性質

化学成分（溶鋼分析値）

種類の記号	C [%]	Mn [%]	P [%]	S [%]
SPHC	0.12 以下	0.60 以下	0.045 以下	0.035 以下
SPHD	0.10 以下	0.45 以下	0.035 以下	0.035 以下
SPHE	0.08 以下	0.40 以下	0.030 以下	0.030 以下
SPHF	0.08 以下	0.35 以下	0.025 以下	0.025 以下

機械的性質

種類の記号	引張強さ[※1] [MPa]	伸び [%]					
		鋼材の厚さ [mm]					
		1.2 以上 1.6 未満	1.6 以上 2.0 未満	2.0 以上 2.5 未満	2.5 以上 3.2 未満	3.2 以上 4.0 未満	4.0 以上
SPHC	270 以上	27 以上	29 以上	29 以上	29 以上	31 以上	31 以上
SPHD	270 以上	30 以上	32 以上	33 以上	35 以上	37 以上	39 以上
SPHE	270 以上	32 以上	34 以上	35 以上	37 以上	39 以上	41 以上
SPHF	270 以上	37 以上	38 以上	39 以上	39 以上	40 以上	42 以上

(JIS G 3131：2011 抜粋)

※1　受渡当事者間の協定によって，引張強さの上限値として次の値を適用しても良い。
　　　SPHC：440 MPa，SPHD：420 MPa，SPHE：400 MPa，SPHF：380 MPa

付表 2-7　一般構造用軽量形鋼 SSC400 の軽山形鋼の寸法

呼び名	標準断面寸法 [mm]		断面積 [cm²]	単位質量 [kg/m]
	辺 A × 辺 B	厚さ t		
3155	60 × 60	3.2	3.672	2.88
3115	50 × 50	3.2	3.032	2.38
3113	50 × 50	3.2	2.213	1.74
3075	40 × 40	3.2	2.392	1.88
3035	30 × 30	3.2	1.752	1.38
3725	75 × 30	3.2	3.192	2.51

(JIS G 3350：2009 抜粋)

付表 4-1　常温における鉄鋼の許容応力　　　　　　　　　　[N/mm²]

荷 重		許容応力	軟 鋼	中硬鋼	鋳 鋼	鋳 鉄
引張り	A B C	σ_{al}	88～147 59～98 29～49	117～176 78～117 39～59	59～117 39～78 19～39	29 19 10
圧 縮	A B	σ_{al}	88～147 59～98	117～176 78～117	88～147 59～98	88 59
曲 げ	A B C	σ_{al}	88～147 59～98 29～49	117～176 78～117 39～59	73～117 49～78 24～39	― ― ―
せん断	A B C	τ_{al}	70～117 47～80 23～39	94～141 62～94 31～47	47～88 31～62 16～31	29 19 10
ねじり	A B C	τ_{al}	59～117 39～78 19～39	88～141 59～94 29～47	47～88 31～62 16～31	― ― ―

1 N/mm² ＝ 1 MPa　　　　A：静荷重　B：動荷重　C：繰返し荷重
注）　動荷重とは片振り繰返し荷重，繰返し荷重とは両振り繰返し荷重に相当
　　（日本規格協会 JIS に基づく機械システム設計便覧より引用）

付表 5-1 一般用メートルねじ

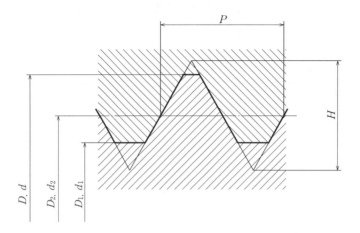

次の公式によって計算をした D_2, d_2, D_1 及び d_1 の値を，小数点以下 3 けたに丸めて，表に示す．

$$D_2 = D - 2 \times \frac{3}{8}H = D - 0.6495P \qquad d_2 = d - 2 \times \frac{3}{8}H = d - 0.6495P$$

$$D_1 = D - 2 \times \frac{5}{8}H = D - 1.0825P \qquad d_1 = d - 2 \times \frac{2}{8}H = d - 1.0825P$$

基準寸法 [mm]

呼び径 ＝ おねじ外径 d	ピッチ P	有効径 D_2, d_2	めねじ内径 D_1	呼び径 ＝ おねじ外径 d	ピッチ P	有効径 D_2, d_2	めねじ内径 D_1
1	0.25	0.838	0.729	3	0.5	2.675	2.459
	0.2	0.870	0.783		0.35	2.773	2.621
1.1※	0.25	0.938	0.829	3.5※	0.6	3.110	2.850
	0.2	0.970	0.883		0.35	3.273	3.121
1.2	0.25	1.038	0.929	4	0.7	3.545	3.242
	0.2	1.070	0.983		0.5	3.675	3.459
1.4※	0.3	1.205	1.075	4.5※	0.75	4.013	3.688
	0.2	1.270	1.183		0.5	4.175	3.959
1.6	0.35	1.373	1.221	5	0.8	4.480	4.134
	0.2	1.470	1.383		0.5	4.675	4.459
1.8※	0.35	1.573	1.421	5.5※※	0.5	5.175	4.959
	0.2	1.670	1.583	6	1	5.350	4.917
2	0.4	1.740	1.567		0.75	5.513	5.188
	0.25	1.838	1.729	7※	1	6.350	5.917
2.2※	0.45	1.908	1.713		0.75	6.513	6.188
	0.25	2.038	1.923	8	1.25	7.188	6.647
2.5	0.45	2.208	2.013		1	7.350	6.917
	0.35	2.273	2.121		0.75	7.513	7.188
				9※※	1.25	8.188	7.647
					1	8.350	7.917
					0.75	8.513	8.188

参考　おねじ外径の基準寸法 d は，めねじ谷の径の基準寸法 D に等しい．
　　　めねじ内径の基準寸法 D_1 は，おねじ谷の径の基準寸法 d_1 に等しい．
　　※は第 2 選択，※※は第 3 選択とする

(JIS B 0205-4 : 2001)

基準寸法（続き） [mm]

呼び径 = おねじ外径 d	ピッチ P	有効径 D_2, d_2	めねじ内径 D_1	呼び径 = おねじ外径 d	ピッチ P	有効径 D_2, d_2	めねじ内径 D_1
10	1.5	9.026	8.376	28**	2	26.701	25.835
	1.25	9.188	8.647		1.5	27.026	26.376
	1	9.350	8.917		1	27.350	26.917
	0.75	9.513	9.188	30	3.5	27.727	26.211
11**	1.5	10.026	9.376		3	28.051	26.752
	1	10.350	9.917		2	28.701	27.835
	0.75	10.513	10.188		1.5	29.026	28.376
12	1.75	10.863	10.106		1	29.350	28.917
	1.5	11.026	10.376	32**	2	30.701	29.835
	1.25	11.188	10.647		1.5	31.026	30.376
	1	11.350	10.917	33*	3.5	30.727	29.211
14*	2	12.701	11.835		3	31.051	29.752
	1.5	13.026	12.376		2	13.701	30.835
	1.25	13.188	12.647		1.5	32.026	33.376
	1	13.350	12.917	35**	1.5	34.026	33.376
15**	1.5	14.026	13.376	36	4	33.402	31.670
	1	14.350	13.917		3	34.051	32.752
16	2	14.701	13.835		2	34.701	33.835
	1.5	15.026	14.376		1.5	35.026	34.376
	1	15.350	14.917	38**	1.5	37.026	36.376
17**	1.5	16.026	15.376	39*	4	36.402	34.670
	1	16.350	15.917		3	37.051	35.752
18*	2.5	16.376	15.294		2	37.701	36.835
	2	16.701	15.835		1.5	38.026	37.376
	1.5	17.026	16.376	40**	3	38.051	36.752
	1	17.350	16.917		2	38.701	37.835
20	2.5	18.376	17.294		1.5	39.026	38.376
	2	18.701	17.835	42	4.5	39.077	37.129
	1.5	19.026	18.376		4	39.402	37.670
	1	19.350	18.917		3	40.051	38.752
22*	2.5	20.376	19.294		2	40.701	39.835
	2	20.701	19.835		1.5	41.026	40.376
	1.5	21.026	20.376	45*	4.5	42.077	40.129
	1	21.350	20.917		4	42.402	40.670
24	3	22.051	20.752		3	43.051	41.752
	2	22.701	21.835		2	43.701	45.835
	1.5	23.026	22.376		1.5	44.026	46.376
	1	23.350	22.917	48	5	44.752	42.587
25**	2	23.701	22.835		4	45.402	43.670
	1.5	24.026	23.376		3	46.051	44.752
	1	24.350	23.917		2	46.701	45.835
26**	1.5	25.026	24.376		1.5	14.026	46.376
27*	3	25.051	23.752	50**	3	48.051	46.752
	2	25.701	24.835		2	48.701	47.835
	1.5	26.026	25.376		1.5	49.026	48.376
	1	26.350	25.917				

付表 5-2-1 管用テーパねじ

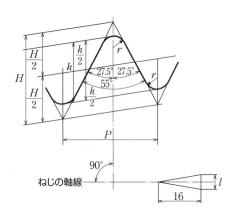

テーパおねじおよびテーパめねじに対して適用する基準山形

太い実線は，基準山形を示す。

$$P = \frac{25.4}{n}$$
$$H = 0.960\,237\,P$$
$$h = 0.640\,327\,P$$
$$r = 0.137\,278\,P$$

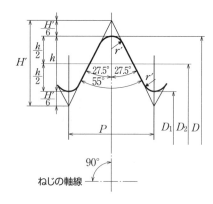

平行めねじに対して適用する基準山形

太い実線は，基準山形を示す。

$$P = \frac{25.4}{n}$$
$$H' = 0.960\,491\,P$$
$$h = 0.640\,327\,P$$
$$r' = 0.137\,329\,P$$

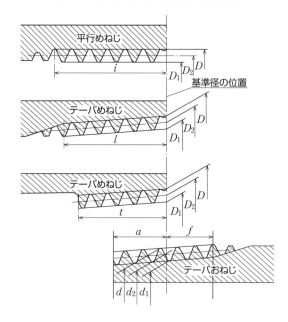

テーパおねじとテーパめねじまたは平行めねじとのはめ合い

(JIS B 0203 : 1999)

付表 5-2-2 基準山形，基準寸法および寸法許容差 [mm]

(1)ねじの呼び	ねじ山 ねじ山数(25.4mmにつき) n	ピッチ P (参考)	山の高さ h	丸み r または r'	基準径 おねじ 外径 d / めねじ 谷の径 D	有効径 d_2 / D_2	谷の径 d_1 / 内径 D_1	基準径の位置 おねじ 管端から 基準の長さ a	軸線方向の許容差 b	めねじ 管端部 軸線方向の許容差 c	平行めねじの D, D_2, および D_1 の許容差	有効ねじ部の長さ(最小) おねじ 基準径の位置から大径側に向かって f	めねじ 不完全ねじ部がある場合 テーパめねじ 基準径の位置から小径側に向かって l	平行めねじ 管または管継手端から l'	不完全ねじ部がない場合 テーパめねじ，平行めねじ (2) t	配管用炭素鋼鋼管の寸法(参考) 外径	厚さ
R$\frac{1}{16}$	28	0.907 1	0.581	0.12	7.723	7.142	6.561	3.97	±0.91	±1.13	±0.071	2.5	6.2	7.4	4.4	—	—
R$\frac{1}{8}$	28	0.907 1	0.581	0.12	9.728	9.147	8.566	3.97	±0.91	±1.13	±0.071	2.5	6.2	7.4	4.4	10.5	2.0
R$\frac{1}{4}$	19	1.336 8	0.856	0.18	13.157	12.301	11.445	6.01	±1.34	±1.67	±0.104	3.7	9.4	11.0	6.7	13.8	2.3
R$\frac{3}{8}$	19	1.336 8	0.856	0.18	16.662	15.806	14.950	6.35	±1.34	±1.67	±0.104	3.7	9.7	11.4	7.0	17.3	2.3
R$\frac{1}{2}$	14	1.814 3	1.162	0.25	20.955	19.793	18.631	8.16	±1.81	±2.27	±0.142	5.0	12.7	15.0	9.1	21.7	2.8
R$\frac{3}{4}$	14	1.814 3	1.162	0.25	26.441	25.279	24.117	9.53	±1.81	±2.27	±0.142	5.0	14.1	16.3	10.2	27.2	2.8
R1	11	2.309 1	1.479	0.32	33.249	31.770	30.291	10.39	±2.31	±2.89	±0.181	6.4	16.2	19.1	11.6	34	3.2
R1$\frac{1}{4}$	11	2.309 1	1.479	0.32	41.910	40.431	38.952	12.70	±2.31	±2.89	±0.181	6.4	18.5	21.4	13.4	42.7	3.5
R1$\frac{1}{2}$	11	2.309 1	1.479	0.32	47.803	46.324	44.845	12.70	±2.31	±2.89	±0.181	6.4	18.5	21.4	13.4	48.6	3.5
R2	11	2.309 1	1.479	0.32	59.614	58.135	56.656	15.88	±2.31	±2.89	±0.181	7.5	22.8	25.7	16.9	60.5	3.8
R2$\frac{1}{2}$	11	2.309 1	1.479	0.32	75.184	73.705	72.226	17.46	±3.46	±3.46	±0.216	9.2	26.7	30.1	18.6	76.3	4.2
R3	11	2.309 1	1.479	0.32	87.884	86.405	84.926	20.64	±3.46	±3.46	±0.216	9.2	29.8	33.3	21.1	89.1	4.2
R4	11	2.309 1	1.479	0.32	113.030	111.551	110.072	25.40	±3.46	±3.46	±0.216	10.4	35.8	39.3	25.9	114.3	4.5
R5	11	2.309 1	1.479	0.32	138.430	136.951	135.472	28.58	±3.46	±3.46	±0.216	11.5	40.1	43.5	29.3	139.8	4.5
R6	11	2.309 1	1.479	0.32	163.830	162.351	160.872	28.58	±3.46	±3.46	±0.216	11.5	40.1	43.5	29.3	165.2	5.0

注(1) この呼びは，テーパおねじに対するもので，テーパめねじおよび平行めねじの場合は，R の記号を R_c または R_p とする．
(2) テーパのねじは基準径の位置から小径側に向かっての長さ，平行めねじは管または管継手端からの長さ．

備考 1. ねじ山は中心軸線に直角とし，ピッチは中心軸線に沿って測る．
2. 有効ねじ部の長さとは，完全なねじ山の切られたねじ部の長さで，最後の数山だけは，その頂に管または管継手の面が残っていてもよい．また，管または管継手の末端に面取りがしてあっても，この部分を有効ねじ部の長さに含める．
3. a, f または t がこの表の数値によりがたい場合は，別に定める部品の規格による．

付表 5-3　管用平行ねじ

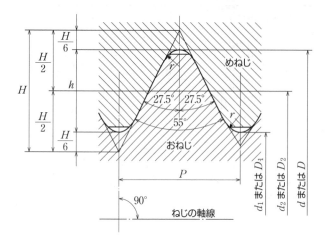

太い実線は，基準山形を示す。

$$P = \frac{25.4}{n}$$
$$H = 0.960\,491\,P$$
$$h = 0.640\,327\,P$$
$$r = 0.137\,329\,P$$
$$d_2 = d - h \quad D_2 = d_2$$
$$d_1 = d - 2h \quad D_1 = d_1$$

[mm]

ねじの呼び	ねじ山数 (25.4 mm につき) n	ピッチ P (参考)	ねじ山の高さ h	山の頂 および 谷の丸み r	おねじ 外径 d / めねじ 谷の径 D	おねじ 有効径 d_2 / めねじ 有効径 D_2	おねじ 谷の径 d_1 / めねじ 内径 D_1
G 1/16	28	0.907 1	0.581	0.12	7.723	7.142	6.561
G 1/8	28	0.907 1	0.581	0.12	9.728	9.147	8.566
G 1/4	19	1.336 8	0.856	0.18	13.157	12.301	11.445
G 3/8	19	1.336 8	0.856	0.18	16.662	15.806	14.950
G 1/2	14	1.814 3	1.162	0.25	20.955	19.793	18.631
G 5/8	14	1.814 3	1.162	0.25	22.911	21.749	20.587
G 3/4	14	1.814 3	1.162	0.25	26.441	25.279	24.117
G 7/8	14	1.814 3	1.162	0.25	30.201	29.039	27.877
G1	11	2.309 1	1.479	0.32	33.249	31.770	30.291
G1 1/8	11	2.309 1	1.479	0.32	37.897	36.418	34.939
G1 1/4	11	2.309 1	1.479	0.32	41.910	40.431	38.952
G1 1/2	11	2.309 1	1.479	0.32	47.803	46.324	44.845
G1 3/4	11	2.309 1	1.479	0.32	53.746	52.267	50.788
G2	11	2.309 1	1.479	0.32	59.614	58.135	56.656
G2 1/4	11	2.309 1	1.479	0.32	65.710	64.231	62.752
G2 1/2	11	2.309 1	1.479	0.32	75.184	73.705	72.226
G2 3/4	11	2.309 1	1.479	0.32	81.534	80.055	78.576
G3	11	2.309 1	1.479	0.32	87.884	86.405	84.926
G3 1/2	11	2.309 1	1.479	0.32	100.330	98.851	97.372
G4	11	2.309 1	1.479	0.32	113.030	111.551	110.072
G4 1/2	11	2.309 1	1.479	0.32	125.730	124.251	122.772
G5	11	2.309 1	1.479	0.32	138.430	136.951	135.472
G5 1/2	11	2.309 1	1.479	0.32	151.130	149.651	148.172
G6	11	2.309 1	1.479	0.32	163.830	162.351	160.872

(JIS B 0202：1999)

付表5-4 メートル台形ねじ

・計算式
この規格の値は,次の計算式による。

$H_1 = 0.5\,P$
$H_4 = H_1 + a_c = 0.5P + a_c$
$h_3 = H_1 + a_c = 0.5P + a_c$
$z = 0.25P = H_1/2$
$D_1 = d - 2H_1 = d - P$
$D_4 = d + 2a_c$
$d_3 = d - 2h_3$
$d_2 = D_2 = d - 2z = d - 0.5P$

R_1 最大 $= 0.5\,a_c$
R_2 最大 $= a_c$

ここに, a_c: めねじまたはおねじの谷底の隙間
D_4: めねじの谷の径
D_2: めねじの有効径
D_1: めねじの内径
d: おねじの外径(おねじの呼び径)
d_2: おねじの有効径
d_3: おねじの谷の径
H_1: (基準の)ひっかかりの高さ
H_4: めねじのねじ山高さ
h_3: おねじのねじ山高さ
P: ピッチ

設計山形
設計山形は,JIS B 0216-1に規定する基準山形に対して,めねじまたはおねじの谷底の隙間を考慮して規定したものである。設計山形,設計山形の寸法を示す。さらに,設計山形の基準寸法を示す。

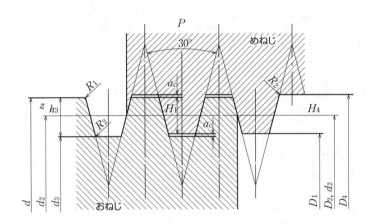

付表 5-4-1 設計山形の寸法

[mm]

P	a_c	$H_4 = h_3$	H_1	R_1 最大	R_2 最大
1.5	0.15	0.9	0.75	0.08	0.15
2	0.25	1.25	1	0.13	0.25
3	0.25	1.75	1.5	0.13	0.25
4	0.25	2.25	2	0.13	0.25
5	0.25	2.75	2.5	0.13	0.25
6	0.5	3.5	3	0.25	0.5
7	0.5	4	3.5	0.25	0.5
8	0.5	4.5	4	0.25	0.5
9	0.5	5	4.5	0.25	0.5
10	0.5	5.5	5	0.25	0.5
12	0.5	6.5	6	0.25	0.5
14	1	8	7	0.5	1
16	1	9	8	0.5	1
18	1	10	9	0.5	1
20	1	11	10	0.5	1
22	1	12	11	0.5	1
24	1	13	12	0.5	1
28	1	15	14	0.5	1
32	1	17	16	0.5	1
36	1	19	18	0.5	1
40	1	21	20	0.5	1
44	1	23	22	0.5	1

付表 5-4-2 設計山形の基準寸法

[mm]

呼び径 D, d		ピッチ P	有効径 $d_2 = D_2$	めねじの谷の径 D_4	おねじの谷の径 d_3	めねじの内径 D_1
1欄	2欄					
8		1.5	7.250	8.300	6.200	6.500
	9	1.5	8.250	9.300	7.200	7.500
		2	8.000	9.500	6.500	7.000
10		1.5	9.250	10.300	8.200	8.500
		2	9.000	10.500	7.500	8.000
	11	2	10.000	11.500	8.500	9.000
		3	9.500	11.500	7.500	8.000
12		2	11.000	12.500	9.500	10.000
		3	10.500	12.500	8.500	9.000
	14	2	13.000	14.500	11.500	12.000
		3	12.500	14.500	10.500	11.000
16		2	15.000	16.500	13.500	14.000
		4	14.000	16.500	11.500	12.000
	18	2	17.000	18.500	15.500	16.000
		4	16.000	18.500	13.500	14.000
20		2	19.000	20.500	17.500	18.000
		4	18.000	20.500	15.500	16.000

付表 5-4-2　設計山形の基準寸法（つづき）　[mm]

呼び径 D, d		ピッチ P	有効径 $d_2 = D_2$	めねじの谷の径 D_4	おねじの谷の径 d_3	めねじの内径 D_1
1欄	2欄					
	22	3	20.500	22.500	18.500	19.000
		5	19.500	22.500	16.500	17.000
		8	18.000	23.000	13.000	14.000
24		3	22.500	24.500	20.500	21.000
		5	21.500	24.500	18.500	19.000
		8	20.000	25.000	15.000	16.000
	26	3	24.500	26.500	22.500	23.000
		5	23.500	26.500	20.500	21.000
		8	22.000	27.000	17.000	18.000
28		3	26.500	28.500	24.500	25.000
		5	25.500	28.500	22.500	23.000
		8	24.000	29.000	19.000	20.000
	30	3	28.500	30.500	26.500	27.000
		6	27.000	31.000	23.000	24.000
		10	25.000	31.000	19.000	20.000
32		3	30.500	32.500	28.500	29.000
		6	29.000	33.000	25.000	26.000
		10	27.000	33.000	21.000	22.000
	34	3	32.500	34.500	30.500	31.000
		6	31.000	35.000	27.000	28.000
		10	29.000	35.000	23.000	24.000
36		3	34.500	36.500	32.500	33.000
		6	33.000	37.000	29.000	30.000
		10	31.000	37.000	25.000	26.000
	38	3	36.500	38.500	34.500	35.000
		7	34.500	39.000	30.000	31.000
		10	33.000	39.000	27.000	28.000
40		3	38.500	40.500	36.500	37.000
		7	36.500	41.000	32.000	33.000
		10	35.000	41.000	29.000	30.000
	42	3	40.500	42.500	38.500	39.000
		7	38.500	43.000	34.000	35.000
		10	37.000	43.000	31.000	32.000
44		3	42.500	44.500	40.500	41.000
		7	40.500	45.000	36.000	37.000
		12	38.000	45.000	31.000	32.000
	46	3	44.500	46.500	42.500	43.000
		8	42.000	47.000	37.000	38.000
		12	40.000	47.000	33.000	34.000
48		3	46.500	48.500	44.500	45.000
		8	44.000	49.000	39.000	40.000
		12	42.000	49.000	35.000	36.000
	50	3	48.500	50.500	46.500	47.000
		8	46.000	51.000	41.000	42.000
		12	44.000	51.000	37.000	38.000

注記　めねじの内径 D_1 は，基準山形におけるおねじの谷の径 d_1 に等しい。

付表 5-5 呼び径と呼びリードとの組合せ [mm]

呼び径 d_0	呼びリード P_{h0}										
6	1	2	2.5								
8	1	2	2.5	3							
10	1	2	2.5	3	4	5	6				
12		2	2.5	3	4	5	6	8	10	12	
16		2	2.5	3	4	5	6	8	10	12	16
20				3	4	5	6	8	10	12	16	20
25					4	5	6	8	10	12	16	20	25
32					4	5	6	8	10	12	16	20	25	32
40						5	6	8	10	12	16	20	25	32	40
50						5	6	8	10	12	16	20	25	32	40
63						5	6	8	10	12	16	20	25	32	40
80							6	8	10	12	16	20	25	32	40
100								10	12	16	20	25	32	40
125								10	12	16	20	25	32	40
160									12	16	20	25	32	40
200									12	16	20	25	32	40

(JIS B 1192 : 2013)

付表 5-6 位置決め用ボールねじに対する累積代表リード誤差および変動(許容値) [μm]

等級		C0		C1		C3		C5		Cp0		Cp1		Cp3		Cp5	
項目 ねじ部有効長さ l_u (mm)		代表移動量誤差	変動	代表移動量誤差	変動	代表移動量誤差	変動	代表移動量誤差	変動	代表移動量誤差	変動	代表移動量誤差	変動	代表移動量誤差	変動	代表移動量誤差	変動
を超え	以下	e_p	v_u	e_p	v_u	e_p	v_u	e_p	v_u	e_p	v_u	e_p	v_u	e_p	v_u	e_p	v_u
—	315	4	3.5	6	5	12	8	23	18	4	3.5	6	6	12	12	23	23
315	400	5	3.5	7	5	13	10	25	20	5	3.5	7	6	13	12	25	25
400	500	6	4	8	5	15	10	27	20	6	4	8	7	15	13	27	26
500	630	6	4	9	6	16	12	30	23	6	4	9	7	16	14	32	29
630	800	7	5	10	7	18	13	35	25	7	5	10	8	18	16	36	31
800	1000	8	6	11	8	21	15	40	27	8	6	11	9	21	17	40	34
1000	1250	9	6	13	9	24	16	46	30	9	6	13	10	24	19	47	39
1250	1600	11	7	15	10	29	18	54	35	11	7	15	11	29	22	55	44
1600	2000	—	—	18	11	35	21	65	40	—	—	18	13	35	25	65	51
2000	2500	—	—	22	13	41	24	77	46	—	—	22	15	41	29	78	59
2500	3150	—	—	26	15	50	29	93	54	—	—	26	17	50	34	96	69
3150	4000	—	—	32	18	62	35	115	65	—	—	32	21	62	41	115	82
4000	5000	—	—	—	—	76	41	140	77	—	—	—	—	76	49	140	99
5000	6300	—	—	—	—	—	—	170	93	—	—	—	—	—	—	170	119
6300	8000	—	—	—	—	—	—	213	115	—	—	—	—	—	—	—	—
8000	1000	—	—	—	—	—	—	265	140	—	—	—	—	—	—	—	—

(JIS B 1192 : 2013)

付表6-1 各ボルト JIS 規格目次一覧

ボルト JIS 規格一覧

名称		JIS 規格	備考
ヘクサロビュラ穴付きボルト		1136：2014	（追補1）1136：2015
T溝ボルト		1166：2009	（追補1）1166：2015
アイボルト		1168：1994	
角根丸頭ボルト		1171：2005	（追補1）1171：2015
植込みボルト		1173：2010	（追補1）1173：2015
六角穴付きボタンボルト		1174：2006	
六角穴付きショルダボルト		1175：1988	
六角穴付きボルト		1176：2014	（追補1）1176：2015
基礎ボルト	B	1178：2009	（追補1）1178：2015
皿ボルト		1179：2009	（追補1）1179：2015
六角ボルト		1180：2014	
四角ボルト		1182：2009	（追補1）1182：2015
ちょうボルト		1184：2010	
座金組込み六角ボルト		1187：1995	（追補1）1187：2006
フランジ付き六角ボルト		1189：2014	（追補1）1189：2015
六角穴付き皿ボルト		1194：2006	
溶接ボルト		1195：2009	（追補1）1195：2015

付表 6−2　ナット

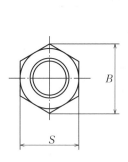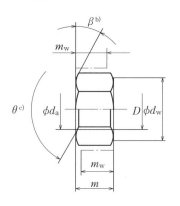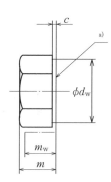

注 a)　特別な指定がない限り，ナットは，座付きとしない。
　 b)　$\beta = 15 \sim 30°$
　 c)　$\theta = 90 \sim 120°$

図 6−2−1　六角ナット−スタイル 1−並目ねじの寸法（JIS B 1181：2014）

表 6−2−1　六角ナット−スタイル 1−並目ねじ（第 1 選択）の寸法

[mm]

ねじの呼び D		M1.6	M2	M2.5	M3	M4	M5	M6	M8	M10	M12
P a)		0.35	0.4	0.45	0.5	0.7	0.8	1	1.25	1.5	1.75
c	最大	0.20	0.20	0.30	0.40	0.40	0.50	0.50	0.60	0.60	0.60
	最小	0.10	0.10	0.10	0.15	0.15	0.15	0.15	0.15	0.15	0.15
d_a	最大	1.84	2.30	2.90	3.45	4.60	5.75	6.75	8.75	10.80	13.00
	最小	1.60	2.00	2.50	3.00	4.00	5.00	6.00	8.00	10.00	12.00
d_w	最小	2.40	3.10	4.10	4.60	5.90	6.90	8.90	11.60	14.60	16.60
e	最小	3.41	4.32	5.45	6.01	7.66	8.79	11.05	14.38	17.77	20.03
m	最大	1.30	1.60	2.00	2.40	3.20	4.70	5.20	6.80	8.40	10.80
	最小	1.05	1.35	1.75	2.15	2.90	4.40	4.90	6.44	8.04	10.37
m_w	最小	0.80	1.10	1.40	1.70	2.30	3.50	3.90	5.20	6.40	8.30
s	基準寸法＝最大	3.20	4.00	5.00	5.50	7.00	8.00	10.00	13.00	16.00	18.00
	最小	3.02	3.82	4.82	5.32	6.78	7.78	9.78	12.73	15.73	17.73

ねじの呼び D		M16	M20	M24	M30	M36	M42	M48	M56	M64
P a)		2	2.5	3	3.5	4	4.5	5	5.5	6
c	最大	0.80	0.80	0.80	0.80	0.80	1.00	1.00	1.00	1.00
	最小	0.20	0.20	0.20	0.20	0.20	0.30	0.30	0.30	0.30
d_a	最大	17.30	21.60	25.90	32.40	38.90	45.40	51.80	60.50	69.10
	最小	16.00	20.00	24.00	30.00	36.00	42.00	48.00	56.00	64.00
d_w	最小	22.50	27.70	33.30	42.80	51.10	60.00	69.50	78.70	88.20
e	最小	26.75	32.95	39.55	50.85	60.79	71.30	82.60	93.56	104.86
m	最大	14.80	18.00	21.50	25.60	31.00	34.00	38.00	45.00	51.00
	最小	14.10	16.90	20.20	24.30	29.40	32.40	36.40	43.40	49.10
m_w	最小	11.30	13.50	16.20	19.40	23.50	25.90	29.10	34.70	39.30
s	基準寸法＝最大	24.00	30.00	36.00	46.00	55.00	65.00	75.00	85.00	95.00
	最小	23.67	29.16	35.00	45.00	53.80	63.10	73.10	82.80	92.80

注 a)　P は，ねじのピッチ。

付表 6-3 平座金の寸法表

寸法単位 [mm]
表面粗さ単位 [μm]

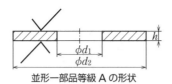

並形一部品等級 A の形状

$$\sqrt{} = \begin{cases} h \leqq 3 & : \sqrt{Ra\ 1.6} \\ 3 < h \leqq 6 & : \sqrt{Ra\ 3.2} \\ h > 6 & : \sqrt{Ra\ 6.3} \end{cases}$$

並形一部品等級 A（第 1 選択）の寸法 [mm]

平座金の呼び径 (ねじの呼び径 d)	内径 d_1 基準寸法 (最小)	最大	外径 d_2 基準寸法 (最大)	最小	厚さ h 基準寸法	最大	最小
1.6	1.70	1.84	4.0	3.7	0.3	0.35	0.25
2	2.20	2.34	5.0	4.7	0.3	0.35	0.25
2.5	2.70	2.84	6.0	5.7	0.5	0.55	0.45
3	3.20	3.38	7.00	6.64	0.5	0.55	0.45
4	4.30	4.48	9.00	8.64	0.8	0.9	0.7
5	5.30	5.48	10.00	9.64	1	1.1	0.9
6	6.40	6.62	12.00	11.57	1.6	1.8	1.4
8	8.40	8.62	16.00	15.57	1.6	1.8	1.4
10	10.50	10.77	20.00	19.48	2	2.2	1.8
12	13.00	13.27	24.00	23.48	2.5	2.7	2.3
16	17.00	17.27	30.00	29.48	3	3.3	2.7
20	21.00	21.33	37.00	36.38	3	3.3	2.7
24	25.00	25.33	44.00	43.38	4	4.3	3.7
30	31.00	31.39	56.00	55.26	4	4.3	3.7
36	37.00	37.62	66.0	64.8	5	5.6	4.4
42	45.00	45.62	78.0	76.8	8	9	7
48	52.00	52.74	92.0	90.6	8	9	7
56	62.00	62.74	105.0	103.6	10	11	9
64	70.00	70.74	115.0	113.6	10	11	9

並形一部品等級 A（第 2 選択）の寸法 [mm]

平座金の呼び径 (ねじの呼び径 d)	内径 d_1 基準寸法 (最小)	最大	外径 d_2 基準寸法 (最大)	最小	厚さ h 基準寸法	最大	最小
3.5	3.70	3.88	8.00	7.64	0.5	0.55	0.45
14	15.00	15.27	28.00	27.48	2.5	2.7	2.3
18	19.00	19.33	34.00	33.38	3	3.3	2.7
22	23.00	23.33	39.00	38.38	3	3.3	2.7
27	28.00	28.33	50.00	49.38	4	4.3	3.7
33	34.00	34.62	60.0	58.8	5	5.6	4.4
39	42.00	42.62	72.0	70.8	6	6.6	5.4
45	48.00	48.62	85.0	83.6	8	9	7
52	56.00	56.74	98.0	96.6	8	9	7
60	66.00	66.74	110.0	108.6	10	11	9

(JIS B 1256 : 2008)

付表 6-4 ねじの有効断面積

一般用メートルねじの有効断面積

[mm²]

並目ねじ			細目ねじ	
ねじの呼び	ピッチ [mm]	有効断面積 $A_{s,nom}$	ねじの呼び	有効断面積 $A_{s,nom}$
M1	0.25	0.460	M8 × 1	39.2
M1.2	0.25	0.732	M10 × 1.25	61.2
M1.4	0.30	0.983	M10 × 1	64.5
M1.6	0.35	1.27	M12 × 1.5	88.1
M1.8	0.35	1.70	M12 × 1.25	92.1
M2	0.4	2.07	M14 × 1.5	125
M2.5	0.45	3.39	M16 × 1.5	167
M3	0.5	5.03	M18 × 2	204
M3.5	0.6	6.78	M18 × 1.5	216
M4	0.7	8.78	M20 × 2	258
M5	0.8	14.2	M20 × 1.5	272
M6	1	20.1	M22 × 2	318
M7	1	28.9	M22 × 1.5	333
M8	1.25	36.6	M24 × 2	384
M10	1.5	58.0	M27 × 2	496
M12	1.75	84.3	M30 × 2	621
M14	2	115	M33 × 2	761
M16	2	157	M36 × 3	865
M18	2.5	192	M39 × 3	1030
M20	2.5	245	M42 × 3	1210
M22	2.5	303	M45 × 3	1400
M24	3	353	M48 × 3	1600
M27	3	459	M52 × 4	1830
M30	3.5	561	M56 × 4	2140
M33	3.5	694	M60 × 4	2480
M36	4	817	M64 × 4	2850
M39	4	976	—	—
M42	4.5	1120	—	—
M45	4.5	1310	—	—

(JIS B 1082 : 2009)

付表6-5　ねじ下穴径

下穴径（メートル並目ねじ） [mm]

ねじ			下穴径								最小許容寸法	めねじ内径[a]（参考）		
			系列									最大許容寸法		
ねじの呼び径 d	ピッチ P	基準のひっかかりの高さ H_1	100	95	90	85	80	75	70	65		4H(M1.4以下) 5H(M1.6以上)	5H(M1.4以下) 6H(M1.6以上)	7H
1	0.25	0.135	0.73	0.74	0.76	0.77	0.78	0.80	0.81	0.82	0.729	0.774	0.785	—
1.1	0.25	0.135	0.83	0.84	0.86	0.87	0.88	0.90	0.91	0.92	0.829	0.874	0.885	—
1.2	0.25	0.135	0.93	0.94	0.96	0.97	0.98	1.00	1.01	1.02	0.929	0.974	0.985	—
1.4	0.3	0.162	1.08	1.09	1.11	1.12	1.14	1.16	1.17	1.19	1.075	1.128	1.142	—
1.6	0.35	0.189	1.22	1.24	1.26	1.28	1.30	1.32	1.33	1.35	1.221	1.301	1.321	—
1.8	0.35	0.189	1.42	1.44	1.46	1.48	1.50	1.52	1.53	1.55	1.421	1.501	1.521	—
2	0.4	0.217	1.57	1.59	1.61	1.63	1.65	1.68	1.70	1.72	1.567	1.657	1.679	—
2.2	0.45	0.244	1.71	1.74	1.76	1.79	1.81	1.83	1.86	1.88	1.713	1.813	1.838	—
2.5	0.45	0.244	2.01	2.04	2.06	2.09	2.11	2.13	2.16	2.18	2.013	2.113	2.138	—
3	0.5	0.271	2.46	2.49	2.51	2.54	2.57	2.59	2.62	2.65	2.459	2.571	2.599	2.639
3.5	0.6	0.325	2.85	2.88	2.92	2.95	2.98	3.01	3.05	3.08	2.850	2.975	3.010	3.050
4	0.7	0.379	3.24	3.28	3.32	3.36	3.39	3.43	3.47	3.51	3.242	3.382	3.422	3.466
4.5	0.75	0.406	3.69	3.73	3.77	3.81	3.85	3.89	3.93	3.97	3.688	3.838	3.878	3.924
5	0.8	0.433	4.13	4.18	4.22	4.26	4.31	4.35	4.39	4.44	4.134	4.294	4.334	4.384
6	1	0.541	4.92	4.97	5.03	5.08	5.13	5.19	5.24	5.30	4.917	5.107	5.153	5.217
7	1	0.541	5.92	5.97	6.03	6.08	6.13	6.19	6.24	6.30	5.917	6.107	6.153	6.217
8	1.25	0.677	6.65	6.71	6.78	6.85	6.92	6.99	7.05	7.12	6.647	6.859	6.912	6.982
9	1.25	0.677	7.65	7.71	7.78	7.85	7.92	7.99	8.05	8.12	7.647	7.859	7.912	7.982
10	1.5	0.812	8.38	8.46	8.54	8.62	8.70	8.78	8.86	8.94	8.376	8.612	8.676	8.751
11	1.5	0.812	9.38	9.46	9.54	9.62	9.70	9.78	9.86	9.94	9.376	9.612	9.676	9.751
12	1.75	0.947	10.1	10.2	10.3	10.4	10.5	10.6	10.7	10.8	10.106	10.371	10.441	10.531
14	2	1.083	11.8	11.9	12.1	12.2	12.3	12.4	12.5	12.6	11.835	12.135	12.210	12.310
16	2	1.083	13.8	13.9	14.1	14.2	14.3	14.4	14.5	14.6	13.835	14.135	14.210	14.310
18	2.5	1.353	15.3	15.4	15.6	15.7	15.8	16.0	16.1	16.2	15.294	15.649	15.744	15.854
20	2.5	1.353	17.3	17.4	17.6	17.7	17.8	18.0	18.1	18.2	17.294	17.649	17.744	17.854
22	2.5	1.353	19.3	19.4	19.6	19.7	19.8	20.0	20.1	20.2	19.294	19.649	19.744	19.854
24	3	1.624	20.8	20.9	21.1	21.2	21.4	21.6	21.7	21.9	20.752	21.152	21.252	21.382
27	3	1.624	23.8	23.9	24.1	24.2	24.4	24.6	24.7	24.9	23.752	24.152	24.252	24.382
30	3.5	1.894	26.2	26.4	26.6	26.8	27.0	27.2	27.3	27.5	26.211	26.661	26.771	26.921
33	3.5	1.894	29.2	29.4	29.6	29.8	30.0	30.2	30.3	30.5	29.211	29.661	29.771	29.921
36	4	2.165	31.7	31.9	32.1	32.3	32.5	32.8	33.0	33.2	31.670	32.145	32.270	32.420
39	4	2.165	34.7	34.9	35.1	35.3	35.5	35.8	36.0	36.2	34.670	35.145	35.270	35.420
42	4.5	2.436	37.1	37.4	37.6	37.9	38.1	38.3	38.6	38.8	37.129	37.659	37.799	37.979
45	4.5	2.436	40.1	40.4	40.6	40.9	41.1	41.3	41.6	41.8	40.129	40.659	40.799	40.979
48	5	2.706	42.6	42.9	43.1	43.4	43.7	43.9	44.2	44.5	42.587	43.147	43.297	43.487
52	5	2.706	46.6	46.9	47.1	47.4	47.7	47.9	48.2	48.5	46.587	47.147	47.297	47.487
56	5.5	2.977	50.0	50.3	50.6	50.9	51.2	51.5	51.8	52.1	50.046	50.646	50.796	50.996
60	5.5	2.977	54.0	54.3	54.6	54.9	55.2	55.5	55.8	56.1	54.046	54.646	54.796	54.996
64	6	3.248	57.5	57.8	58.2	58.5	58.8	59.1	59.5	59.8	57.505	58.135	58.305	58.505
68	6	3.248	61.5	61.8	62.2	62.5	62.8	63.1	63.5	63.8	61.505	62.135	62.305	62.505

(JIS B 1004 : 2009)

注記　—·— 線から左側の太字体のものは，JIS B 0209-3 に規定する 4H(M1.4以下) または 5H(M1.6以上) のめねじ内径の許容限界寸法内にあることを示す。同様に，- - - - 線から左側の太字体のものは，5H(M1.4以下) または 6H(M1.6以上) のめねじ内径の許容限界寸法内にあることを示す。また，——— 線から左側の太字体のものは，7H のめねじ内径の許容限界寸法内にあることを示す。

注[a]　めねじ内径の許容限界寸法は，JIS B 0209-3 の規定による。

付表6-6 ボルト穴径およびざぐり径の寸法

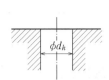 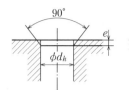 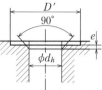

[mm]

ねじの呼び径	ボルト穴径 d_h				面取り e	ざぐり径 D'	ねじの呼び径	ボルト穴径 d_h				面取り e	ざぐり径 D'
	1級	2級	3級	4級[1]				1級	2級	3級	4級[1]		
1	1.1	1.2	1.3	—	0.2	3	30	31	33	35	36	1.7	62
1.2	1.3	1.4	1.5	—	0.2	4	33	34	36	38	40	1.7	66
1.4	1.5	1.6	1.8	—	0.2	4	36	37	39	42	43	1.7	72
1.6	1.7	1.8	2	—	0.2	5	39	40	42	45	46	1.7	76
※1.7	1.8	2	2.1	—	0.2	5	42	43	45	48	—	1.8	82
1.8	2.0	2.1	2.2	—	0.2	5	45	46	48	52	—	1.8	87
2	2.2	2.4	2.6	—	0.3	7	48	50	52	56	—	2.3	93
2.2	2.4	2.6	2.8	—	0.3	8	52	54	56	62	—	2.3	100
※2.3	2.5	2.7	2.9	—	0.3	8	56	58	62	66	—	3.5	110
2.5	2.7	2.9	3.1	—	0.3	8	60	62	66	70	—	3.5	115
※2.6	2.8	3	3.2	—	0.3	8	64	66	70	74	—	3.5	122
3	3.2	3.4	3.6	—	0.3	9	68	70	74	78	—	3.5	127
3.5	3.7	3.9	4.2	—	0.3	10	72	74	78	82	—	3.5	133
4	4.3	4.5	4.8	5.5	0.4	11	76	78	82	86	—	3.5	143
4.5	4.8	5	5.3	6	0.4	13	80	82	86	91	—	3.5	148
5	5.3	5.5	5.8	6.5	0.4	13	85	87	91	96	—	—	—
6	6.4	6.6	7	7.8	0.4	15	90	93	96	101	—	—	—
7	7.4	7.6	8	—	0.4	18	95	98	101	107	—	—	—
8	8.4	9	10	10	0.6	20	100	104	107	112	—	—	—
10	10.5	11	12	13	0.6	24	105	109	112	117	—	—	—
12	13	13.5	14.5	15	1.1	28	110	114	117	122	—	—	—
14	15	15.5	16.5	17	1.1	32	115	119	122	127	—	—	—
16	17	17.5	18.5	20	1.1	35	120	124	127	132	—	—	—
18	19	20	21	22	1.1	39	125	129	132	137	—	—	—
20	21	22	24	25	1.2	43	130	134	137	144	—	—	—
22	23	24	26	27	1.2	46	140	144	147	155	—	—	—
24	25	26	28	29	1.2	50	150	155	158	165	—	—	—
27	28	30	32	33	1.7	55	(参考) d_h の許容差[2]	H12	H13	H14	—	—	—

(JIS B 1001 : 1985)

注 (1) 4級は，主として鋳抜き穴に適用する
　　(2) 参考として示したものであるが，寸法許容差の記号に対する数値は，JIS B 0401（寸法公差及びはめあい）による。
備　考　1. ねじの呼び径に※印を付けたものは，ISO 261 (ISO general purpose metric screw threads − General plan) に規定されていないものである。
　　　　2. 穴の面取りは，必要に応じて行い，その角度は原則として90度とする。
　　　　3. あるねじの呼び径に対して，この表のざぐり径よりも小さいものまたは大きいものを必要とする場合は，なるべくこの表のざぐり径系列から数値を選ぶのがよい。
　　　　4. ざぐり面は，穴の中心線に対して直角となるようにし，ざぐりの深さは，一般に黒皮がとれる程度とする。

付表 6-7 冷間成形リベット

頭部の片寄り　　座面の傾き

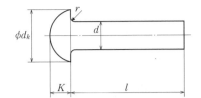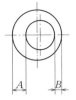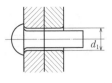

[mm]

呼び径[5]	1欄	3		4		5	6	8	10	12	
	2欄		3.5		4.5						14
	3欄									13	
軸径(d)	基準寸法	3	3.5	4	4.5	5	6	8	10	12	13	14
	許容差	+0.12 −0.03	+0.14 −0.04	+0.16 −0.04	+0.18 −0.05	+0.2 −0.05	+0.24 −0.06	+0.32 −0.08	+0.4 −0.08	+0.48 −0.08	+0.5 −0.08	+0.56 −0.1
頭部直径(d_K)	基準寸法	5.7	6.7	7.2	8.1	9	10	13.3	16	19	21	22
	許容差	± 0.2					± 0.3					
頭部高さ(K)	基準寸法	2.1	2.5	2.8	3.2	3.5	4.2	5.6	7	8	9	10
	許容差	± 0.15					± 0.2		± 0.25			
首下の丸み(r)[6]	最大	0.15	0.18	0.2	0.23	0.25	0.3	0.4	0.5	0.6	0.65	0.7
$A-B$	最大	0.2					0.3	0.4	0.5	0.7		
E	最大	2※										
穴の径(d_1)	(参考)	3.2	3.7	4.2	4.7	5.3	6.3	8.4	10.6	12.8	13.8	15
長さ(l)	基準寸法	3										
		4	4	4								
		5	5	5	5	5						
		6	6	6	6	6	6					
		7	7	7	7	7	7					
		8	8	8	8	8	8	8				
		9	9	9	9	9	9	9				
		10	10	10	10	10	10	10	10			
		11	11	11	11	11	11	11	11			
		12	12	12	12	12	12	12	12	12		
		13	13	13	13	13	13	13	13	13		
		14	14	14	14	14	14	14	14	14	14	14
		15	15	15	15	15	15	15	15	15	15	15
		16	16	16	16	16	16	16	16	16	16	16
		18	18	18	18	18	18	18	18	18	18	18
		20	20	20	20	20	20	20	20	20	20	20
			22	22	22	22	22	22	22	22	22	22
				24	24	24	24	24	24	24	24	24
					26	26	26	26	26	26	26	26
						28	28	28	28	28	28	28
						30	30	30	30	30	30	30
							32	32	32	32	32	32
							34	34	34	34	34	34
							36	36	36	36	36	36
								38	38	38	38	38
								40	40	40	40	40
									42	42	42	42
									45	45	45	45
									48	48	48	48
									50	50	50	50
										52	52	52
										55	55	55
										58	58	58
											60	60
											62	62
											65	65
												70
lの区分 許容差	4 以下	+0.4 0					—					
	4 を超え 10 以下	+0.5 0					+0.7 0					
	10 を超え 20 以下	+0.6 0					+0.8 0					
	20 を超え 40 以下	+0.8 0					+1.0 0					
	40 を超え るもの	+1.0 0					+1.0 0					

(つづき)

[mm]

呼び径[5]		1欄	16			20	
		2欄		18			22
		3欄			19		
軸径 (d)		基準寸法	16	18	19	20	22
		許容差	+0.06 / −0.15	+0.08 / −0.2			
頭部直径 (d_K)		基準寸法	26	29	30	32	35
		許容差	± 0.4				
頭部高さ (K)		基準寸法	11	12.5	13.5	14	15.5
		許容差	± 0.3				
首下の丸み (r)[6]		最大	0.8	0.9	0.95	1.0	1.1
$A-B$		最大	0.8	0.9	0.9	1.0	1.1
E		最大	2※				
穴の径 (d_1)		(参考)	17	19.5	20.5	21.5	23.5
長さ (l)		基準寸法	18				
			20	20			
			22	22	22		
			24	24	24	24	
			26	26	26	26	
			28	28	28	28	28
			30	30	30	30	30
			32	32	32	32	32
			34	34	34	34	34
			36	36	36	36	36
			38	38	38	38	38
			40	40	40	40	40
			42	42	42	42	42
			45	45	45	45	45
			48	48	48	48	48
			50	50	50	50	50
			52	52	52	52	52
			55	55	55	55	55
			58	58	58	58	58
			60	60	60	60	60
			62	62	62	62	62
			65	65	65	65	65
			68	68	68	68	68
			70	70	70	70	70
			72	72	72	72	72
			75	75	75	75	75
			80	80	80	80	80
				85	85	85	85
				90	90	90	90
					95	95	95
					100	100	100
						105	105
						110	110
							115
							120
	l の区分	20 以下	許容差	+0.8 / 0		−	
		20 を超え 40 以下		+1.0 / 0			
		40 を超えるもの		+1.0 / 0			

注 (5) 1欄を優先的に，必要に応じて2欄，3欄の順に選ぶ．
　　(6) r の数値は，首下丸みの最大であって，首下には必ず丸みを付ける．
備　考　1．頭部の形状は，球の一部からなっている．
　　　　2．長さ (l) は，特に必要がある場合には，指定によって上表以外のものを使用することができる．
　　　　3．呼び径 6 mm 以上のリベットには，指定によって，次の図のような先付けを施すことができる．

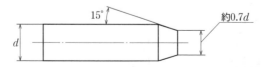

付表 7-1　軸の直径　[mm]

軸径	標準数 R5	標準数 R10	標準数 R20	円筒軸端	転がり軸受
4	○	○	○		○
4.5			○		
5		○	○		○
5.6		○			
6		○		○	○
6.3	○	○			
7			○	○	○
7.1		○			
8		○	○	○	○
9		○	○		○
10	○	○	○	○	○
11			○		
11.2		○			
12			○	○	○
12.5	○	○			
14		○			○
15			○		○
16	○	○	○	○	○
17				○	○
18		○		○	○
19				○	
20			○	○	○
22		○		○	○
22.4		○		○	
24				○	
25	○	○	○	○	○
28			○	○	○
30				○	○
31.5		○	○		
32				○	○
35				○	○
35.5			○		
38					○
40	○	○	○	○	○
42			○		○
45		○	○	○	○
48			○		○
50	○	○		○	○
55					○
56			○		○
60		○	○	○	○
63	○	○	○	○	○
65				○	○
70		○		○	○
71			○	○	
75				○	○
80	○	○	○	○	○
85				○	○
90			○	○	○
95		○		○	○
100	○	○	○	○	○
105					○
110			○	○	○
112		○			
120			○	○	○
125	○	○			○
130				○	○
140			○	○	○
150				○	○
160	○	○	○	○	○
170				○	○
180			○	○	○
190				○	
200		○		○	○
220			○	○	○
224		○		○	
240				○	○
250	○	○	○	○	○
260				○	○
280			○	○	○
300				○	○
315		○	○		
320				○	○
340				○	○
355			○		
360				○	○
380				○	○
400	○	○	○	○	○
420			○	○	○
440				○	○
450		○		○	○
460				○	○
480				○	○
500	○	○	○	○	○
530				○	○
560			○	○	○
600				○	○
630	○	○	○	○	○

(JIS B0901)

注 (1)　JIS Z 8601 (標準数) による
　 (2)　JIS B 0903 (円筒軸端) の軸端の直径による。
　 (3)　JIS B 1512 (転がり軸受けの主要寸法) の軸受け内径による。
参考　表中の○印は, 軸径数値のより所を示す。
　　　例えば, 軸径 4.5 は, 標準数 R20 によることを示す。

付表 7-2　平行キーの寸法

[mm]

キーの呼び寸法 $b×h$	キー本体 b 基準寸法	キー本体 b 許容差(h9)	キー本体 h 基準寸法	キー本体 h 許容差		$c^{(2)}$	$l^{(1)}$
2×2	2	0	2	0	h9	0.16〜0.25	6〜20
3×3	3	−0.025	3	−0.025			6〜36
4×4	4	0	4	0			8〜45
5×5	5	−0.03	5	−0.030		0.25〜0.40	10〜56
6×6	6		6				14〜70
(7×7)	7	0 −0.036	7	0 −0.036			16〜80
8×7	8		7	0 −0.090	h11		18〜90
10×8	10		8			0.40〜0.60	22〜110
12×8	12	0 −0.043	8				28〜140
14×9	14		9				36〜160
(15×10)	15		10				40〜180
16×10	16		10				45〜180
18×11	18		11	0 −0.110			50〜200
20×12	20	0 −0.052	12			0.60〜0.80	56〜220
22×14	22		14				63〜250
(24×16)	24		16				70〜280
25×14	25		14				70〜280
28×16	28		16				80〜320
32×18	32	0 −0.062	18				90〜360
(35×22)	35		22	0 −0.130		1.00〜1.20	100〜400
36×20	36	0 −0.062	20	0 −0.130	h11	1.00〜1.20	—
(38×24)	38		24				—
40×22	40		22				—
(42×26)	42		26				—
45×25	45		25				—
50×28	50		28				—
56×32	56	0 −0.074	32	0 −0.160		1.60〜2.00	—
63×32	63		32				—
70×36	70		36				—
80×40	80		40			2.30〜3.00	—
90×45	90	0 −0.087	45				—
100×50	100		50				—

注(1) l は,表の範囲内で,次の中から選ぶのがよい。
なお, l の寸法許容差は h12 とする。
6, 8, 10, 12, 14, 16, 18, 20, 22, 25, 28, 32, 36, 40, 45, 50, 56, 63, 70, 80, 90, 100, 110, 125, 140, 160, 180, 200, 220, 250, 280, 320, 360, 400

(2) 45°面取り(c)の代わりに丸み(r)でもよい。

備考　括弧を付けた呼び寸法のものは,対応国際規格には規定されていないので,新設計には使用しない。

参考　付表に規定するキーの許容差よりも公差の小さいキーが必要な場合には,キーの幅 b に対する許容差を h7 とする。この場合の高さ h の許容差は,キーの呼び寸法 7×7 以下は h7,キーの呼び寸法 8×7 以上は h11 とする。

(JIS B1301(一部抜粋))

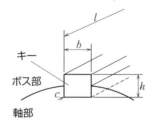

付表 7-3 平行用のキー溝の寸法

[mm]

キーの呼び寸法 $b \times h$	b_1 および b_2 の基準寸法	滑動形 b_1 許容差 (H9)	滑動形 b_2 許容差 (D10)	普通形 b_1 許容差 (N9)	普通形 b_2 許容差 (Js9)	締込み型 b_1 および b_2 許容差 (P9)	r_1 および r_2	t_1 の基準寸法	t_2 の基準寸法	t_1 および t_2 の許容差	参考 適応する軸径[3] d
2×2	2	+0.025	+0.060	−0.004	±0.0125	−0.006	0.08〜0.16	1.2	1.0	+0.1	6〜8
3×3	3	0	+0.020	−0.029		−0.031		1.8	1.4	0	8〜10
4×4	4	+0.030	+0.078	0	±0.0150	−0.012		2.5	1.8		10〜12
5×5	5	0	+0.030	−0.030		−0.042	0.16〜0.25	3.0	2.3		12〜17
6×6	6							3.5	2.8		17〜22
(7×7)	7	+0.036	+0.098	0	±0.0180	−0.015		4.0	3.3	+0.2	20〜25
8×7	8	0	+0.040	−0.036		−0.051		4.0	3.3	0	22〜30
10×8	10						0.25〜0.40	5.0	3.3		30〜38
12×8	12	+0.043	+0.120	0	±0.0215	−0.018		5.0	3.3		38〜44
14×9	14	0	+0.050	−0.043		−0.061		5.5	3.8		44〜50
(15×10)	15							5.0	5.3		50〜55
16×10	16							6.0	4.3		50〜58
18×11	18							7.0	4.4		58〜65
20×12	20	+0.052	+0.149	0	±0.0260	−0.022	0.40〜0.60	7.5	4.9		65〜75
22×14	22	0	+0.065	−0.052		−0.074		9.0	5.4		75〜85
(24×16)	24							8.0	8.4		80〜90
25×14	25							9.0	5.4		85〜95
28×16	28							10.0	6.4		95〜110
32×18	32	+0.062	+0.180	0	±0.0310	−0.026		11.0	7.4		110〜130
(35×22)	35	0	+0.080	−0.062		−0.088	0.70〜1.00	11.0	11.4	+0.3	125〜140
36×20	36							12.0	8.4	0	130〜150
(38×24)	38							12.0	12.4		140〜160
40×22	40							13.0	9.4		150〜170
(42×26)	42							13.0	13.4		160〜180
45×25	45							15.0	10.4		170〜200
50×28	50							17.0	11.4		200〜230

(3) 適応する軸径は，キーの強さに対応するトルクから求められるものであって，一般用途の目安として示す。（一部抜粋）

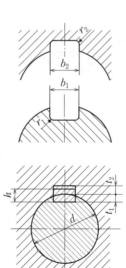

付録

付表7-4　フランジ形固定軸継手

[mm]

継手外径 A	D 直径 最大軸穴	D 直径 最小軸穴(参考)	L	C	B	F	n (個)	a	参考 はめ込み部 E	参考 はめ込み部 S_2	参考 はめ込み部 S_1	R_C (約)	R_A (約)	c (約)	ボルト抜きしろ
112	28	16	40	50	75	16	4	10	40	2	3	2	1	1	70
125	32	18	45	56	85	18	4	14	45	2	3	2	1	1	81
140	38	20	50	71	100	18	6	14	56	2	3	2	1	1	81
160	45	25	56	80	115	18	8	14	71	2	3	3	1	1	81
180	50	28	63	90	132	18	8	14	80	2	3	3	1	1	81
200	56	32	71	100	145	22.4	8	16	90	3	4	3	2	1	103
224	63	35	80	112	170	22.4	8	16	100	3	4	3	2	1	103
250	71	40	90	125	180	28	8	20	112	3	4	4	2	1	126
280	80	50	100	140	200	28	8	20	125	3	4	4	2	1	126
315	90	63	112	160	236	28	10	20	140	3	4	4	2	1	126
355	100	71	125	180	260	35.5	8	25	160	3	4	5	2	1	157

備考1. ボルト抜きしろは，軸端からの寸法を示す。
　　2. 継手を軸から抜きやすくするためのねじ穴は，適宜設けて差し支えない。

(JIS B 1451)

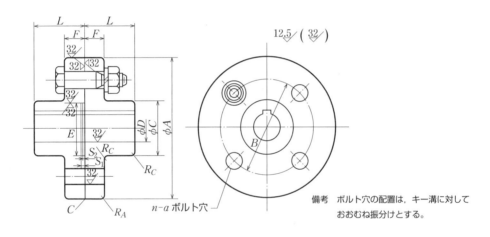

付表8-1　単式平面座スラスト玉軸受けの呼び番号および主要寸法

呼び番号	d	D	T	$d_{1s\,max}$	$D_{1s\,min}$	$r_{s\,min}$	寸法系列
51100	10	24	9	24	11	0.3	11
51200	10	26	11	26	12	0.6	12
51101	12	26	9	26	13	0.3	11
51201	12	28	11	28	14	0.6	12
51102	15	28	9	28	16	0.3	11
51202	15	32	12	32	17	0.6	12
51103	17	30	9	30	18	0.3	11
51203	17	35	12	35	19	0.6	12
51104	20	35	10	35	21	0.3	11
51204	20	40	14	40	22	0.6	12
51304	20	47	18	47	22	1	13

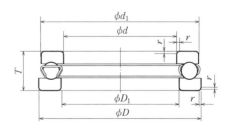

※表内，$d_{1s\,max}$，$D_{1s\,min}$，$r_{s\,min}$ はそれぞれ以下の通りである。
$d_{1s\,max}$：軸軌道盤の実測外径の最大値
$D_{1s\,min}$：ハウジング軌道盤の実測内径の最小値
$r_{s\,min}$：軸軌道盤背面及びハウジング軌道盤背面の最小実測面取寸法

(JIS B 1532 : 2012 抜粋)

付表 8-2　E 形止め輪の寸法

[mm]

呼び	適用軸 d_1		止め輪寸法									適用する軸（参考）				
	を超え	以下	内径 d		外径 D		H		板厚 t		b（約）	溝径 d_2		溝巾 m		n（最小）
0.8	1	1.4	0.8	0 −0.08	2	±0.1	0.7	0 −0.25	0.2	±0.02	0.3	0.8	+0.05	0.3	+0.05	0.4
1.2	1.4	2	1.2	0 −0.09	3		1		0.3	±0.025	0.4	1.2	+0.06 0	0.4		0.6
1.5	2	2.5	1.5		4	±0.2	1.3		0.4	±0.03	0.6	1.5		0.5		0.8
2	2.5	3.2	2		5		1.7		0.4		0.7	2		0.5		1
2.5	3.2	4	2.5		6		2.1		0.4		0.8	2.5		0.5		1
3	4	5	3		7		2.6		0.6	±0.04	0.9	3		0.7	+0.1 0	1
4	5	7	4	0 −0.12	9		3.5	0 −0.3	0.6		1.1	4	+0.075 0	0.7		1.2
5	6	8	5		11		4.3		0.6		1.2	5		0.7		1.2
6	7	9	6		12		5.2		0.8		1.4	6		0.9		1.2
7	8	11	7	0 −0.15	14		6.1		0.8		1.6	7	+0.09 0	0.9		1.5
8	9	12	8		16		6.9	0 −0.35	0.8		1.8	8		0.9		1.8
9	10	14	9		18		7.8		0.8		2.0	9		0.9		2
10	11	15	10		20	±0.3	8.7		1	±0.05	2.2	10		1.15	+0.14 0	2
12	13	18	12	0 −0.18	23		10.4	0 −0.45	1		2.4	12	+0.11 0	1.15		2.5
15	16	24	15		29		13		1.5	±0.06	2.8	15		1.65		3
19	20	31	19	0 −0.21	37		16.5		1.5		4.0	19	+0.13 0	1.65		3.5
24	25	38	24		44		20.8	0 −0.5	2	±0.07	5.0	24		2.2		4

（JIS B 2804 : 2010 抜粋）

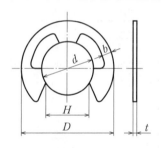

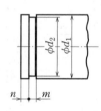

付表 9-1　鋳鉄，鋳鋼およびステンレス鋼歯車の許容応力

材料（範囲は参考）		硬さ HB	降伏点 [MPa]	引張強さ [MPa]	許容曲げ応力 σ_{Flim} [MPa]	許容面圧力 σ_{Hlim} [MPa]
ねずみ鋳鉄	FC200			196 ～ 245	41.2	330
	FC250			245 ～ 294	51.4	345
	FC300			294 ～ 343	61.8	365
球状黒鉛鋳鉄	FCD400	121 ～ 201		392 以上	85.0	405
	FCD500	170 ～ 241		490 以上	113	465
	FCD600	192 ～ 269		588 以上	121	490
鋳鋼	SC410		206 以上	412 以上	82.4	345
	SC480		245 以上	481 以上	97.5	365
	SCC3B	183 以上	373 以上	618 以上	122	435
	SCMn3B	197 以上	490 以上	683 以上	137	450
ステンレス鋼 SUS304		187 以下	206 以上（耐力）	520 以上	103	405

（JGMA 6101 - 02 : 2007，JGMA 6102 - 02 : 2009 から抜粋）

付表 9-2 表面硬化しない歯車の許容応力

材料分類	材料（範囲は参考）	HB	HV [注]	引張強さ下限(参考)[注] [MPa]	許容曲げ応力 σ_{Flim} [MPa]	許容面圧力 σ_{Hlim} [MPa]
機械構造用炭素鋼（焼ならし）	S25C, S35C, S43C, S48C, S53C, S58C	120	126	382	135	405
		130	136	412	145	415
		140	147	441	155	430
		150	157	471	165	440
		160	167	500	173	455
		170	178	539	180	465
		180	189	569	186	480
		190	200	598	191	490
		200	210	628	196	505
		210	221	667	201	515
		220	230	696	206	530
		230	242	726	211	540
		240	252	755	216	555
		250	263	794	221	565
機械構造用炭素鋼（焼入焼戻し）	S35C, S43C, S48C, S53C, S58C	160	167	500	178	500
		170	178	539	190	515
		180	189	569	198	530
		190	200	598	206	545
		200	210	628	216	560
		210	221	667	226	575
		220	230	696	230	590
		230	242	726	235	600
		240	252	755	240	615
		250	263	794	245	630
		260	273	824	250	640
		270	284	853	255	655
		280	295	883	255	670
		290	305	912	260	685
機械構造用合金鋼（焼入焼戻し）	SMn443, SNC836, SCM435, SCM440, SNCM439	230	242	726	255	700
		240	252	755	264	715
		250	263	794	274	730
		260	273	824	283	745
		270	284	853	293	760
		280	295	883	302	775
		290	305	912	312	795
		300	316	951	321	810
		310	327	981	331	825
		320	337	1010	340	840
		330	347	1040	350	855
		340	358	1079	359	870
		350	369	1108	369	885

（JGMA 6101-02：2007, JGMA 6102-02：2009 から抜粋）

注）JGMA 6101-02：2007 と JGMA 6102-02：2009 では，同材料に対して異なる硬さ HV，および引張強さ下限（参考）が記載されているが，本書では最小値で統一して示した．

付表 9-3 高周波焼入れ歯車の許容応力

高周波焼入れ前の熱処理条件	曲げ強さ					歯面強さ		
	材料（範囲は参考）		心部硬さ		許容曲げ応力[注]	材料	歯面硬さ	許容応力
			HB	HV	σ_{Flim} [MPa]		HV（焼き入れ後）	σ_{Hlim} [MPa]
焼ならし	機械構造用炭素鋼 S48C / S43C		160	167	206	S43C S48C	420	750
			180	189	206		440	785
			220	231	211		460	805
			240	252	216		480	835
							500	855
							520	885
							540	900
							560	915
							580	930
							600 以上	940
焼入焼戻し	機械構造用炭素鋼 S48C / S43C		200	210	226		500	940
			210	221	230		520	970
			220	231	235		540	990
			230	242	240		560	1010
			240	252	245		580	1030
			250	263	245		600	1045
							620	1055
							640	1065
							660	1070
							680 以上	1075
	機械構造用合金鋼 SMn443H / SCM440H / SCM435H / SNC836 / SNCM439		240	252	275	SMn443H SCM435H SCM440H SNCM439 SNC836	500	1070
			250	263	284		520	1100
			260	273	294		540	1130
			270	285	304		560	1150
			280	295	314		580	1170
			290	306	324		600	1190
			300	316	333		624	1210
			310	327	343		640	1220
			320	337	358		660	1230
							680 以上	1240

（JGMA 6101-02：2007，JGMA 6102-02：2009 から抜粋）

注）歯底非硬化の場合は表中の値の 75% とする。また，JGMA 6101-02:2007 では歯面硬さを HV550 以上として許容曲げ応力が示されており，歯面硬さが低い場合は，付表 9-2 の相当品の値を使用する。

計算問題の解答

※本書の各問題の「解答例」は，下記 URL よりダウンロードすることができます。キーワード検索で「機械設計」を検索してください。

https://www.jikkyo.co.jp/download/

1章 演習問題
1. 略
2. 略
3. アメリカ合衆国
4. ドイツ連邦共和国
5. 欧州連合（EU）
6. 中華人民共和国
7. 略
8. 略

2章 演習問題
1. 略
2. 略
3. 略

3章 演習問題
1. 346.4 kN
2. $F_1 = 513$ N，$F_2 = 464$ N
3. 3.5 Nm
4. 589 N
5. 266 mm
6. 48 m，5.8 s
7. 飛行体の進行方向 34.3 m
8. 略
9. 36.8 kN
10. 91.6 kJ，9.85 m
11. 2.18×10^3 kW

4章 演習問題
1. 255 MPa，0.619 mm
2. 0.128 mm
3. 20 MPa，0.33×10^{-3}
4. 1.87 MPa，18.9 mm
5. 629 N
6. 14.7 MPa
7. 9.78 mm

5章 演習問題
1. 1 mm
2. 約 3.03°
3. 約 4860 N
4. 約 0.40（約 40％）
5. 略

6章 演習問題
1. 約 1340 N
2. 相当引張応力 26.6 MPa となり，許容引張応力以内。
3. 約 2500 N まで耐えうる。
4. 6.25 MPa

7章 演習問題
1. 75 mm
2. 44.2 mm
3. 28 mm
4. 1850 min^{-1}
5. 48 mm
6. 21.8 kN
7. 5.02 kW

8章 演習問題
1. ① pv 値 = 0.035 [MPa·m/s]，$\eta n/p$ 値 = 3.8×10^{-7}　② 78.5 [mm]
2. 摩擦トルク = 0.079 [N·m]，摩擦係数 0.016，潤滑油の粘度を下げるなど
3. 5866 h
4. 例：6000 など
5. ① 6300　② 261 h

9章 演習問題
1. $d = 125$ mm，$d_a = 135$ mm，$d_f = 112.5$ mm，$d_b = 117.46$ mm，$h_a = 5$ mm，$h_f = 6.25$ mm，$p \cong 15.71$ mm，$s \cong 7.85$ mm，
2. $m = 4$ mm
3. $N_2 = 680\ \text{min}^{-1}$，$v \cong 3.20$ m/s
4. $a = 51$ mm，$a' \cong 27.44°$，$d'_{p1} \cong 42.4$ mm，$d'_{p2} \cong 65.6$ mm
5. $x \cong 0.415$，$xm \cong 2.49$ mm
6. $\alpha = 28.9°$，$d_{p1} \cong 64.4$ mm，$d_{a1} \cong 75.4$ mm，$h \cong 12.5$ mm
7. $z_2 = 35$，$z_3 = 37$
8. $m = 6$ mm，$b = 60$ mm

10章 演習問題
1. ベルトの厚さもすべりも考慮しない場合　255 mm，
   ベルトの厚さとすべりを考慮した場合　248 mm
2. 15.9 kW
3. 474 mm，2 本
4. 2.23 kW
5. 1 段目の従動車の直径　450 mm
   2 段目の原動車の直径　203 mm
   2 段目の従動車の直径　406 mm
   ベルトの長さ　2470 mm
6. 377 mm

11章　演習問題
1. 約 $313\,\mathrm{mm}^2$
2. $64\,\mathrm{N}$

12章　演習問題
1. $77.0°$
2. $\beta = 44.0°$，早戻り比 1.65
3. $x = a\cos\theta + \sqrt{b^2 - (a\sin\theta - e)^2}$

13章　演習問題
1. ばね定数：$k = 5 \times 10^3\,\mathrm{N/m}$
　　たわみ：$\delta = 8\,\mathrm{mm}$
　　ばね指数：$c = 10$
　　応力修正係数：$\kappa_t = 1.145$
　　最大ねじり応力：$\tau = 72.9\,\mathrm{MPa}$
2. コイルの有効巻数：$\mathrm{Na} = 7.9\,(巻)$，最大曲げ応力：$\sigma = 372.1\,\mathrm{MPa}$
3. 略

14章　演習問題
1. $42\,\mathrm{kN}$
2. $6.3 \times 10^{-4}\,\mathrm{m^3/s}$
3. $66\,\mathrm{N\cdot m}$

15章　演習問題
1. 略

2. (1) $\mathbf{r} = \mathbf{A}^6(\theta)\mathbf{A}^1(5)\mathbf{A}^5\!\left(\dfrac{\pi}{6}\right)\mathbf{A}^3(t)\mathbf{e}$　　$0 \leqq t \leqq 20,\ \ 0 \leqq \theta < 2\pi$

　　(2) $\mathbf{r} = \mathbf{A}^6(\theta)\mathbf{A}^2(15)\mathbf{A}^4\!\left(\dfrac{\pi}{6}\right)\mathbf{A}^3(t)\mathbf{e}$　　$0 \leqq t \leqq 20,\ \ 0 \leqq \theta < 2\pi$

　　(3) $\mathbf{r} = \mathbf{A}^4(\phi)\mathbf{A}^2(8)\mathbf{A}^6(\theta)\mathbf{A}^1(-5)\mathbf{e}$　　$0 \leqq \theta \leqq \pi,\ \ 0 \leqq \phi \leqq \pi$

　　(4) $\mathbf{r} = \mathbf{A}^4(\phi)\mathbf{A}^2(30)\mathbf{A}^6(\theta)\mathbf{A}^1(10)\mathbf{e}$　　$0 \leqq \phi \leqq 2\pi,\ \ 0 \leqq \theta < 2\pi$

　　(5) $\mathbf{r}_4 = \mathbf{A}^6(\theta)\mathbf{A}^3(t)\mathbf{A}^2(5)\mathbf{A}^2(y)\mathbf{e}$　　$0 \leqq y \leqq 5,\ \ 0 \leqq t \leqq 10\ \ \ \theta = \dfrac{t}{10}2\pi$

索引 INDEX

■ 記号・数字・A－Z

- 3Dプリンタ ･････････････････ 35
- CAD/CAE (computer aided design / computer aided engineering) ･･ 283
- CG (computer graphics) ･･････ 284
- F_a ･････････････････････････ 175
- F_r ･････････････････････････ 175
- M (metric screw) ･･････････････ 109
- Oリング (O‐ring) ･････････････ 180
- rpm (revolution per minute) ････ 57
- $S-N$曲線 ($S-N$ curve) ･･････ 102
- SWG (standard wire gauge) ･････ 11
- Vベルト (V belt) ･･････････････ 219

■ あ

- 相手との関係を指定するもの ･････ 21
- アクチュエータ (actuator) ･･････ 271
- 圧縮応力 (compressive stress) ･･･ 78
- 圧縮ひずみ (compressive strain) ･･ 79
- 圧接 ････････････････････････ 40
- 圧力角 (pressure angle) ･･･ 186, 248
- 穴基準はめあい方式 (hole‐basis fit system) ･･････････････････ 18
- 粗さ曲線 (roughness profile) ････ 25
- 安全率 (safety factor) ･････ 105, 221
- 鋳型 (mold) ･･････････････････ 35
- 位置 ････････････････････････ 21
- 位置エネルギー (potential energy) ･ 68
- 移動量 (距離) ････････････････ 54
- 鋳物 (cast metal) ･･････････････ 35
- インボリュート曲線 (involute curve) ･････････････････････････ 186
- 上降伏点 (upper yield point) ････ 80
- 上の許容差 (upper limit deviation) ･ 15
- 上の許容サイズ (ULS：upper limits of size) ･･･････････････････ 14
- ウォームギヤ (worm gear) ･････ 184
- うず巻きばね (spiral spring) ････ 266
- 腕 (arm) ････････････････････ 50
- 運動エネルギー (kinetic energy) ･･ 68
- 運動の法則 (ニュートンの第二法則) ･ 58
- 永久継手 ････････････････････ 154
- エネルギー保存の法則 (law of the conservation of energy) ･･････ 68
- 円周方向バックラッシ (circumferential backlash) ･･･････････････ 193
- 遠心力 (centrifugal force) ･･･････ 58
- 延性材料 (ductile material) ･････ 80
- 円筒歯車 (cylindrical gear) ･････ 184

- 円ピッチ (circular pitch) ･･･････ 222
- オイラーの式 (Euler's formula) ･･ 103
- オイルシール (oil seal) ････････ 180
- 往復スライダクランク機構 (reciprocating block slider crank mechanism) ･･････････ 252
- 応力 (stress) ･･････････････････ 78
- 応力集中 (stress concentration) ･･ 101
- 応力集中係数 (factor of stress concentration) ･･････････････ 101
- 応力振幅 (stress amplitude) ･････ 102
- 応力‐ひずみ線図 (stress‐strain diagram) ･･････････････････ 79
- 大きさ (magnitude) ･････････････ 46
- おねじ (external thread) ･･･････ 107
- おねじの外径 (major diameter of external thread) ････････････ 107

■ か

- 回転運動 (rotational motion) ･･ 56, 286
- 外力 (external force) ････････････ 76
- 角加速度 (angular acceleration) ･･ 57
- 確実伝動 (positive driving) ･････ 212
- 角速度 (angular velocity) ･･･････ 56
- 角ねじ (square thread) ････････ 107
- 重ね板ばね (laminated spring) ･･ 266
- かさ歯車 (bevel gear) ･････････ 184
- 荷重 (load) ･･････････････････ 76
- 加速度 (acceleration) ･･･････････ 54
- 加速度線図 (acceleration diagram) 248
- 型鍛造 ･･････････････････････ 38
- 片持ちはり (cantilever) ･････････ 83
- 滑車 (pulley) ･････････････ 64, 67
- 金型 ････････････････････････ 36
- かみあい伝動 (mesh transmission) 212
- かみあい長さ (length of path of contact) ････････････････ 190
- カム (cam) ･･････････････････ 247
- カム線図 (cam chart) ･･････････ 248
- 可融性 ･･････････････････････ 35
- ガラス繊維強化樹脂 (GFRP：glass fiber reinforced plastic) ･･････ 28
- 慣性の法則 (ニュートンの第一法則) 58
- 慣性モーメント (moment of inertia) 59
- 関連形体 (related feature) ･･････ 21
- 機械 (machine) ････････････････ 8
- 機械エネルギー (mechanical energy) ･････････････････････････ 68
- 機械加工 (machining) ･･････ 35, 40

- 機械効率 (mechanical efficiency) ･ 73
- 機械設計 (machine design) ･･････ 8
- 機械の定義 (definition of machine) 8
- 機械要素 (machine element) ･････ 8
- 幾何公差 (geometrical tolerance) ･ 19
- 木型 ････････････････････････ 36
- 幾何偏差 (geometric deviations) ･･ 19
- 機構 (mechanism) ･････････････ 245
- 基準 (mechanism) ･････････････ 288
- 基準・規格 (standard) ･････････ 11
- 基準歯すじ (tooth trace) ･･･････ 183
- 基準面 (reference surface) ･････ 183
- 規制 (regulation) ･･････････････ 11
- 機素 (element) ･･･････････････ 244
- 基礎円 (base circle) ･･･････ 186, 248
- 切欠き (notch) ･･･････････････ 101
- 機能設計 (functional design) ････ 10
- 機能，操作 (activityoperation) ･･･ 288
- 基本サイズ公差 (IT：standard tolerance) ･････････････････ 16
- 基本サイズ公差等級 (standard tolerance grade) ･･････････ 16
- 基本静定格荷重 (basic static load rating) ･････････････････ 174
- 基本定格寿命 L_{10} (basic rating life) ･････････････････････ 174, 177
- 基本定格寿命 ････････････････
- 基本動定格荷重 (basic dynamic load rating) ･････････････････ 174
- 共振 (resonance) ･････････････ 144
- 極限強さ (ultimate strength) ････ 80
- 極断面係数 (polar modulus of section) ･････････････････････････ 98
- 許容応力 (allowable stress) ･････ 104
- 許容限界サイズ (limits of size) ･･･ 14
- 切下げ (undercut) ･････････････ 194
- 食い違い軸歯車対 (crossed gears) 184
- 偶力 (couple) ････････････････ 51
- 管用ねじ (pipe thread) ････････ 109
- 駆動歯車 (driving gear) ････････ 187
- くびれ (necking) ･･････････････ 80
- クラッチ (clutch) ･････････････ 154
- クランク (crank) ･････････････ 250
- 繰返し数 (number of cycles) ････ 102
- クリープ (creep) ･････････････ 102
- クリープひずみ (creep strain) ･･･ 102
- 形状 ････････････････････････ 21
- 形状創成関数 (form shaping function)

・・・・・・・・・・・・・・・・・・・・・・・・・・ 287
研削加工 (grinding) ・・・・・・・・・・・・・・ 43
減速歯車装置 (reduction gears) ・・ 197
原動車 (driving pulley) ・・・・・・・・・ 214
原動節 (driver) ・・・・・・・・・・・・・・・・ 245
コイルばね (coil spring) ・・・・・・・・ 262
工作機械 (machine tool) ・・・・・・・・ 41
交差軸歯車対 (intersected gears)・ 184
向心加速度 (centripetal acceleration)
・・・・・・・・・・・・・・・・・・・・・・・・・・・ 57
向心力 (centripetal force) ・・・・ 57, 58
合成・・・・・・・・・・・・・・・・・・・・・・・・・・ 47
合成した力 (composition of force)・ 47
構成要素 (element) ・・・・・・・・・・・・・ 8
剛体 (rigid body) ・・・・・・・・・・・・・・ 46
降伏応力 (yield stress) ・・・・・・・・・ 80
国際標準化機構 (ISO) ・・・・・・・・・・ 13
固定はり (fixed beam) ・・・・・・・・・・ 83
固有角振動数 (natural angular
　frequency) ・・・・・・・・・・・・・・・・・ 63
転がり軸受 (rolling bearing) ・・・・ 163
転がり摩擦 (rolling friction) ・・・・・ 72
転がり摩擦係数 (coefficient of rolling
　friction) ・・・・・・・・・・・・・・・・・・・ 72

さ

再結晶温度 (recrystallizaton
　temperature) ・・・・・・・・・・・・・・ 38
最小実体状態 (LMC：least material
　condition) ・・・・・・・・・・・・・・・・・ 23
最小実体寸法 (LMS：least material
　size) ・・・・・・・・・・・・・・・・・・・・・ 23
サイズ許容区間 (tolerance interval) 17
サイズ公差 (tolerance) ・・・・・・・・・・ 15
最大実体公差方式 (MMP：maximum
　material principle) ・・・・・・・・・・ 23
最大実体状態 (MMC：maximum
　material condition) ・・・・・・・・・・ 23
最大実体寸法 (MMS：maximum
　material size) ・・・・・・・・・・・・・・ 23
最大静摩擦力 (maximum static
　frictional force) ・・・・・・・・・・・・ 71
最大高さ粗さ (R_z) ・・・・・・・・・・・・ 25
細長比 (slenderness ratio) ・・・・・・ 104
サイレントチェーン (silent chain) 223
座金 (washer) ・・・・・・・・・・・・・・・ 117
座屈応力 (buckling stress) ・・・・・・ 103
座屈応力の実験式 (empirical formula
　of column) ・・・・・・・・・・・・・・・ 104
座屈荷重 (buckling load) ・・・・・・・ 103
サージング (surging) ・・・・・・・・・・ 263

差動歯車装置 (differential gear) ・・ 201
座面 (bearing surface) ・・・・・・・・・ 117
作用する点・・・・・・・・・・・・・・・・・・・・ 46
作用線・・・・・・・・・・・・・・・・・・・ 47, 190
作用点 (load) ・・・・・・・・・・・・・・・・ 64
作用反作用の法則 (ニュートンの第三法
　則) ・・・・・・・・・・・・・・・・・・・・・・ 59
さらばね (coned disk spring) ・・・・ 269
三角ねじ (triangular screw thread)
・・・・・・・・・・・・・・・・・・・・・・・・・ 107
算術平均粗さ (R_a) ・・・・・・・・・・・・ 25
参照 (reference) ・・・・・・・・・・・・・ 288
シェルモールド法 (shell mold process)
・・・・・・・・・・・・・・・・・・・・・・・・・・ 36
軸受 (bearing) ・・・・・・・・・・・・・・ 163
軸荷重 (axial load) ・・・・・・・・・・・・ 76
軸間距離 (center distance) ・・・・・・ 214
軸基準はめあい方式 (shaft-basis fit
　system) ・・・・・・・・・・・・・・・・・・ 18
姿勢・・・・・・・・・・・・・・・・・・・・・・・・・・ 21
下降伏点 (lower yield point) ・・・・・ 80
下の許容差 (lower limit deviation) ・ 15
下の許容サイズ (LLS：lower limits of
　size) ・・・・・・・・・・・・・・・・・・・・・ 14
実効状態 (VC：virtual condition)・ 24
実効寸法 (VS：virtual size) ・・・・・ 24
質点 (mass point) ・・・・・・・・・・・・・ 51
支点 (fulcrum) ・・・・・・・・・・・・ 64, 83
しまりばめ (interference fit) ・・・・・ 16
しめしろ (interference) ・・・・・・・・・ 15
ジャーナル軸受 (journal bearing)・ 164
十字掛け (cross belting) ・・・・・・・・ 213
重心 (center of gravity) ・・・・・・・・ 51
周速度 (circumferential velocity) ・ 56
自由鍛造・・・・・・・・・・・・・・・・・・・・・・ 38
集中応力 (concentrated stress) ・・・ 101
集中荷重 (concentrated load) ・・・・・ 84
従動車 (driven pulley) ・・・・・・・・・ 214
従動節 (follower) ・・・・・・・・・ 245, 247
主断面二次モーメント (principal
　moment of inertia) ・・・・・・・・・ 103
出力 (output) ・・・・・・・・・・・・・・・ 288
瞬間中心 (instantaneous center)・ 245
仕様 (specification) ・・・・・・・・・・・・・ 8
正面かみあい率 (transverse contact
　ratio) ・・・・・・・・・・・・・・・・・・・ 191
正面歯形 (transverse profile) ・・・・ 183
初期張力 (initial tension) ・・・・・・・ 212
じん性・・・・・・・・・・・・・・・・・・・・・・・・ 30
振動 (vibration) ・・・・・・・・・・・・・・ 61

垂直応力 (normal stress) ・・・・・・・・ 78
垂直ひずみ (normal strain) ・・・・・・ 79
スカラ (scalar) ・・・・・・・・・・・・・・・ 47
すきま (clearance) ・・・・・・・・・・・・・ 15
すきまばめ (clearance fit) ・・・・・・・ 15
すぐばかさ歯車 (straight bevel gear)
・・・・・・・・・・・・・・・・・・・・・・・・・ 184
図示サイズ (nominal size) ・・・・・・・ 15
砂型鋳造法 (sand mold casting) ・・ 36
スパン (span) ・・・・・・・・・・・・・・・・ 83
スプロケット (sprocket wheel) ・・・ 223
すべり (slip) ・・・・・・・・・・・・・ 212, 272
すべり軸受 (sliding bearing) ・・・・ 163
すべり率 (slip ratio) ・・・・・・・・・・ 193
スライダ (slider) ・・・・・・・・・・・・・ 250
スラスト荷重 (thrust load) ・・・・・・ 173
スラスト軸受 (thrust bearing) 165, 173
静圧軸受 (hydrostatic bearing) ・・・ 165
静荷重 (static load) ・・・・・・・・・・・ 100
制御 (control) ・・・・・・・・・・・・・・・ 288
製作図 (production drawing) ・・・・・ 10
生産設計 (production design) ・・・・・ 10
静止節 (frame) ・・・・・・・・・・・・・・・ 245
ぜい性材料 (brittle material) ・・・・・ 80
静摩擦係数 (coefficient of static
　friction) ・・・・・・・・・・・・・・・・・・ 71
静(止)摩擦力 (static frictional force)
・・・・・・・・・・・・・・・・・・・・・・・・・・ 71
節 (link) ・・・・・・・・・・・・・・・・・・・・ 245
設計品質 (design quality) ・・・・・・・・ 10
切削加工 (cutting) ・・・・・・・・・・・・・ 40
せん断 (shear) ・・・・・・・・・・・・・・・・ 81
せん断応力 (shearing stress) ・・・・・ 82
せん断加工 (shearing) ・・・・・・・・・・ 39
せん断荷重 (shearing load) ・・・・ 77, 81
せん断ひずみ (shearing strain) ・・・・ 82
せん断変形 (shearing deformation) ・ 81
せん断力 (shearing force) ・・・・・・・ 85
せん断力図 (SFD：shearing force
　diagram) ・・・・・・・・・・・・・・・・・ 85
旋盤 (lathe) ・・・・・・・・・・・・・・・・・・ 41
ぜんまいばね (power spring) ・・・・・ 266
相当ねじりモーメント (equivalent
　twisting moment) ・・・・・・・・・・ 141
相当曲げモーメント (equivalent
　bending moment) ・・・・・・・・・・ 141
速度線図 (velocity diagram) ・・・・・ 248
速度伝達比 (transmission ratio) ・・ 189
速度比 (velocity ratio) ・・・・・・・・・ 212
塑性加工 (deformation processing)

索引　**339**

・・・・・・・・・・・・・・・・・・・・・・・・・・ 35, 38
塑性変形（plastic deformation）・38, 80
その形体自体に指定できるもの・・・・・ 21
ゾンマーフェルト数 S（Sommerfeld number）・・・・・・・・・・・・・・・・・・・ 171

■ た

ダイカスト（die casting）・・・・・・・・・ 37
対偶（pair）・・・・・・・・・・・・・・・・・・・ 244
対偶素（element of pair）・・・・・・・・ 244
耐力（proof stress）・・・・・・・・・・・・・ 80
竹の子ばね（volute spring）・・・・・・ 269
縦弾性係数（modulus of longitudinal elasticity）・・・・・・・・・・・・・・・・・・ 80
谷の径（minor diameter of external thread）・・・・・・・・・・・・・・・・・・・ 107
たわみ（deflection）・・・・・・・・・・・・・ 95
たわみ角（angle of deflection）・・・・・ 95
たわみ曲線（deflection curve）・・・・・ 95
ダンカレー（dunkerley）・・・・・・・・・ 146
段車（stepped pulley）・・・・・・・・・・ 227
単純支持はり（simply supported beam）・・・・・・・・・・・・・・・・・・・・ 83
弾性限度（elastic limit）・・・・・・・・・ 80
弾性体（elastic body）・・・・・・・・・・・ 46
弾性変形（elastic deformation）・・・・ 80
鍛造（forging）・・・・・・・・・・・・・・・・ 38
炭素繊維強化樹脂（CFRP：carbon fiber reinforced plastic）・・・・・・・ 28
単独形体（single feature）・・・・・・・・ 21
断面一次モーメント（moment of area）・・・・・・・・・・・・・・・・・・・・・ 91
断面係数（section modulus）・・・・・・ 92
断面二次極モーメント（polar moment of inertia of area）・・・・・・・・・・・ 98
断面二次モーメント（moment of inertia of area）・・・・・・・・・・・・・ 92
チェーン（chain）・・・・・・・・・・・・・ 223
力（force）・・・・・・・・・・・・・・・・・・・ 46
力の大きさ・・・・・・・・・・・・・・・・・・ 46
力のつりあい（equilibrium of force）・47
力のモーメント（moment）・・・・・・・ 50
着力点（point of application）・・・・・ 46
中間節（intermediate connector）・245
中間ばめ（transition fit）・・・・・・・・・ 16
中心距離（center distance）・・・・・・ 187
鋳造（casting）・・・・・・・・・・・・・・・ 35
中立軸（neutral axis）・・・・・・・・・・・ 91
中立面（neutral plane）・・・・・・・・・ 91
張力（tension）・・・・・・・・・・・・・・ 213
直円すい車（cone pulley）・・・・・・・ 229

直線運動機構（straight line motion mechanism）・・・・・・ 256
直流電動機（DC motor）・・・・・・・・ 271
突出しはり（overhanging beam）・・・ 83
つるまき線（helix）・・・・・・・・・ 107, 184
定格（rating）・・・・・・・・・・・・・・・・ 281
定滑車（fixed pulley）・・・・・・・・・・ 67
ディスクブレーキ（disc brake）・・・ 232
データム線（datum line）・・・・・・・ 186
てこ（lever）・・・・・・・・・・・・・ 64, 250
てこクランク機構（lever and crank mechanism）・・・・・・・・・・ 251
てこの比（lever ratio）・・・・・・・・・ 65
デジタルエンジニアリングツール（digital engineering tool）・・・・・ 283
転位係数（rack shift coefficient）・・ 195
転位歯車（profile shifted gear）・・・ 195
電気・電子要素（electric & electronic element）・・・・・・・・・・・・・・・・・・ 8
伝達動力（transmission power）・・ 218
電動機（motor）・・・・・・・・・・・・・・ 271
砥石車（abrasive wheel）・・・・・・・・ 43
動圧軸受（hydrodynamic bearing）165
動荷重（dynamic load）・・・・・・・・ 100
等加速度運動（uniformly‐accelerated motion）・・・・・・・・・・・・・・・・・・ 54
動滑車（movable pulley）・・・・・・・・ 67
等速円運動（uniform circular motion）・・・・・・・・・・・・・・・・・・ 57
等速直線運動（uniform linear motion）・・・・・・・・・・・・・・・・・・ 54
動等価荷重（dynamic equivalent load）・・・・・・・・・・・・・・・・・・・・ 175
等分布荷重（uniform load）・・・・・・ 84
動摩擦係数（coefficient of kinetic friction）・・・・・・・・・・・・・・・・・・ 72
動摩擦力（kinetic frictional force）・72
動力（power）・・・・・・・・・・・・・・・・ 70
トーションバー（torsion bar spring）・・・・・・・・・・・・・・・・・・・ 268
ドラムブレーキ（drum brake）・・・ 238
トルク（torque）・・・・・・・・・・・ 50, 96

■ な

内径（minor diameter of internal thread）・・・・・・・・・・・・・・・・・・ 107
内力（internal force）・・・・・・・・・・ 76
中高（crown）・・・・・・・・・・・・・・・ 213
長柱（long column）・・・・・・・・・・ 103
ナット（nut）・・・・・・・・・・・・・・・ 117
並目ねじ（metric coarse thread）・109

日本工業規格（JIS）・・・・・・・・・・・・ 13
ニュートンの運動法則（Newton's law of motion）・・・・・・・・・・・・・・・・ 58
入力（input）・・・・・・・・・・・・・・・ 288
ねじ（screw）・・・・・・・・・・・・・・・ 107
ねじり応力（torsional stress）・・・・・ 96
ねじり荷重（torsional load）・・・・・・ 77
ねじり剛性（torsional rigidity）・・・・ 99
ねじりモーメント（torsional moment）・・・・・・・・・・・・・・・・・・ 96
ねじれ角（angle of twist）・・・・・・・ 96
熱間加工・・・・・・・・・・・・・・・・・・・ 38
熱・流体要素（thermal & fluid element）・・・・・・・・・・・・・・・・・・ 8

■ は

歯厚（tooth thickness）・・・・・・・・ 186
ハイポイドギヤ（hypoid gear）・・・・ 184
歯切り盤（gear cutting machine）41, 42
歯車（gear）・・・・・・・・・・・・・・・・ 183
歯車形削り盤（gear shaping machine）・・・・・・・・・・・・・・・・・ 42
歯車対（gear pair）・・・・・・・・・・・ 183
歯車列（train of gears）・・・・・・・・ 197
柱（column）・・・・・・・・・・・・・・・ 103
歯すじ（flank line）・・・・・・・・・・・ 183
はすばかさ歯車（helical bevel gear）・・・・・・・・・・・・・・・・・・・・ 184
はすば歯車（helical gear）・・・・・・ 184
歯直角歯形（normal profile）・・・・ 183
歯付きベルト（toothed belt timing belt）・・・・・・・・・・・・・・・・・・・・ 222
ばね（spring）・・・・・・・・・・・・・・ 261
歯末のたけ（addendum）・・・・・・・ 187
はめあい（fit）・・・・・・・・・・・・・・・ 15
はめあい方式（fit system）・・・・・・・ 15
歯面（tooth flank）・・・・・・・・・・・ 183
はり（beam）・・・・・・・・・・・・・・・・ 83
張り側（tension side）・・・・・・・・・ 214
板金プレス加工（press working）・・・ 39
バンドブレーキ（band brake）・・・・ 233
反力（reaction）・・・・・・・・・・・・・・ 84
被削性（machinability）・・・・・・・・ 40
ひずみ（strain）・・・・・・・・・・・・・・ 79
ひっかかり率（percentage of thread engagement）・・・・・・・・・・・・・ 121
ピッチ（pitch）・・・・・・・・ 109, 186, 226
ピッチ円（pitch circle）・・・・・・・・ 248
ピッチ曲線（pitch curve）・・・・・・・ 248
ピッチ線（pitch line）・・・・・・・・・ 248
ピッチ点（pitch point）・・・・・・・・ 186

引張応力 (tensile stress) ……… 78
引張試験 (tensile test) ………… 79
引張強さ (tensile strength) …… 80
引張ひずみ (tensile strain) …… 79
被動歯車 (driven gear) ……… 187
ピニオン (pinion) …………… 184
比ねじれ角 (specific angle of torsion)
……………………………… 99
標準 (standard) ………………… 11
標準化 (standardization) ……… 11
標準基準ラック歯形 (basic rack tooth profile) ……………………… 186
標準数 (preferred number) …… 11
標準部品 (standard parts) …… 11
平歯車 (spur gear) …………… 184
平ベルト (flat belt) ………… 213
比例限度 (proportional limit) … 79
疲労限度 (fatigue limit) …… 102
疲労破壊 (fatigue fracture) … 102
フィーチャー (feature) ……… 294
深絞り加工 (deep drawing) …… 39
深溝玉軸受 (deep groove ball bearing)
…………………………… 172
複合材料 (composite material) … 28
ブシュ (bush) ………………… 226
フックの法則 (Hooke's law) … 79
フライス盤 (milling machine) ‥ 41, 42
フランク角 (flank angle) …… 113
振れ ……………………………… 21
ブレーキ (brake) …………… 232
プレート (plate) ……………… 226
ブロックブレーキ (block brake) ‥ 235
分解 ……………………………… 47
分解した力 (decomposition of a force)
……………………………… 47
分布荷重 (distributed load) …… 84
平均速度 (velocity) …………… 54
平行掛け (open belting) ……… 213
平行クランク機構 (parallel crank mechanism) ………………… 255
平行軸歯車対 (parallel gears) … 184
並進運動 (translational motion) ‥ 286
ベクトル (vector) ……………… 47
ヘルツ (Hertz) ……………… 202
ベルト (belt) ………………… 212
ベルト車 (belt pulley) ……… 212
変位線図 (displacement diagram) ‥ 248
変速機構 (shifting system) … 227
変速歯車装置 (speed change gears) 198

法線方向バックラッシ (normal backlash) ………………… 193
放物運動 (parabolic motion) … 56
ボールねじ (ball screw) …… 107
ボール盤 (drilling machine) … 41
細目ねじ (metric fine pitch thread)
……………………………… 109
ホブ盤 (gear hobbing machine) … 42
ポリテトラフルオロエチレン (PTFE：polytetrafluoroethylene) …… 33
ボルト (bolt) ………………… 117

■ま
まがりばかさ歯車 (spiral bevel gear)
……………………………… 184
巻掛け伝動 (wrapping transmission)
……………………………… 212
曲げ応力 (bending stress) …… 90
曲げ加工 (bending) …………… 39
曲げ荷重 (bending load) ……… 77
曲げ剛性 (flexural rigidity) …… 96
曲げモーメント (bending moment) 85
曲げモーメント図 (BMD：bending moment diagram) ……………… 85
摩擦 (friction) ………………… 70
摩擦角 (angle of friction) …… 71
摩擦係数 (coefficient of friction) ‥ 217
摩擦伝動 (friction transmission) ‥ 212
摩擦力 (friction force) ……… 212
回りスライダクランク機構 (revolving block slider crank mechanism) 254
見かけのすべり (apparent slip) … 220
密封装置 (sealing device) …… 180
ムーアの実験式 (M. F. Moore) … 149
向き (direction) ……………… 46
メカニカルシール (mechanical seal)
……………………………… 180
めねじ (internal thread) …… 107
めねじの谷の径 (major diameter of internal thread) …………… 107
模型 (pattern) ………………… 35
モジュール (module) ………… 187

■や
ヤング率 (Young's modulus) … 80
湯 ……………………………… 35
有効径 (pitch diameter) ……… 109
遊星歯車装置 (planetary gears) ‥ 199
融接 (fusion welding) ………… 40
誘導電動機 (induction motor) 271, 272
緩み側 (slack side) …………… 214
溶接 (welding) ………… 35, 40

溶接性 ………………………… 40
揺動スライダクランク機構 (oscillating block slider crank mechanism) 254
横弾性係数 (modulus of transverse elasticity) …………………… 82
呼び径 (nominal diameter) … 109

■ら
ラジアル荷重 (radial bearing) … 173
ラジアル軸受 (radial bearing)
………………………… 165, 173
ラック (rack) ………………… 184
ラピッドプロトタイピング (rapid prototyping：RP) …………… 284
ランキンの式 (Rankin's formula) ‥ 104
力学的エネルギー ……………… 68
力点 (effort) …………………… 64
リード (lead) ………………… 107
リード角 (lead angle) ……… 107
リフト (lift) ………………… 248
リベット (rivet) ……………… 125
流体潤滑 (hydrodynamic lubrication)
……………………………… 165
両スライダクランク連鎖 (double slider crank chain) ………………… 255
両端支持はり (both ends supported beam) ……………………… 83
リンク数 (link count) ……… 225
ルイス (Lewis) ……………… 202
冷間加工 (cold working) ……… 38
レイノルズ方程式 (Reynolds equation) …………………… 164
連鎖 (chain) ………………… 245
連続はり (continuous beam) … 83
ろう接 (wax pattern) ………… 40
ロープ (rope) ………………… 212
ローラ (roller) ……………… 226
ローラチェーン (roller chain) … 223

■わ
輪軸 (wheel and axle) ………… 64
輪ばね (ring spring) ………… 269

引用・参考文献

- 林洋次他；機械製図, 実教出版
- 大林利一；幾何公差ハンドブック, 日系ＢＰ社
- 技術データ・カタログ, ミスミ
- 大高敏男；図解入門 現場で役立つ 機械設計の基本と仕組み, 秀和システム
- 平田宏一；絵とき機械設計 基礎のきそ, 日刊工業新聞社
- 塚田忠夫他；機械設計入門, 実教出版
- 入江敏博；工業力学, オーム社
- 金田数正；工業力学, 内田老鶴圃
- 伊藤勝悦；工業力学入門, 森北出版
- 中原一郎；材料力学, 養賢堂
- 中原一郎；実践材料力学, 養賢堂
- PEL編集委員会；材料力学, 実教出版
- S.P.Timoshienko 他；Theory of Elasticity, McGRAW-HILL B.C.
- 新版機械工学便覧基礎編 α3, 日本機械学会
- 三田純義他；機械設計法, コロナ社
- 機械設計法, 日本材料学会
- 吉本成香；はじめての機械要素, 森北出版
- 塚田忠夫；機械設計工学の基礎, 数理工学社
- 川北和明；機械要素設計, 朝倉書店
- 高橋徹；機械設計演習, パワー社
- 酒井賢次；ねじ締結概論, 養賢堂
- 吉本成香；機械設計, オーム社
- 吉沢武男；機械要素設計, 裳華房
- 倉西正嗣；機械要素設計, オーム社
- 精密工学会誌 81巻
- 平田宏一；機械製図の総合研究, 技術評論社
- 林則行他；機械設計法改訂 SI 版, 森北出版
- 機械工学便覧 B1, 日本機械学会
- 益子正巳；機械設計, 養賢堂
- トライボロジスト第 61 巻
- 藤本元他；初心者のための機械製図第 4 版, 森北出版
- 兼田楨宏, 山本雄二；基礎機械設計工学, オーム社
- タン=トロン=ロン；東芝レビュー「樹脂系複合材料軸受の水力発電機への適用」
- 氏家隆一；富士時報「最近の水力発電用発電機技術」
- 角田和雄；トコトンやさしい摩擦の本, 日刊工業新聞社
- 機械工業便覧デザイン編 β4, 日本機械学会
- 転がり軸受け総合カタログ, 日本精工
- 転がり軸受け総合カタログ, NTN
- 大西清；JIS にもとづく機械設計製図便覧第 12 版, オーム社
- 畑村洋太郎, 実際の設計研究会；続・実際の設計, 日刊工業新聞社
- 機械設計便覧編集委員会；第 3 版機械設計便覧, 丸善
- 山本雄二他；はじめてのシール技術, 工業調査会
- 小川潔他；機構学 SI 併記, 森北出版

- 歯車技術資料；小原歯車工業（株）
- 機械実用便覧改訂第5版，日本機械学会
- 歯車計算ソフト GCSW，小原歯車工業
- 日本歯車工業会規格 JGMA6101-02:2007 JGMA6102-02:2009
- 塚田忠夫他；機械設計入門，実教出版
- 重松洋一他；機構学，コロナ社
- 森田鈞；機構学，実教出版
- 藤田勝久；機械運動学，森北出版
- 岩本太郎；機構学，森北出版
- 佃勉；機構学，コロナ社
- 山川出雲；機構学，朝倉書店
- 安田仁彦；機構学，コロナ社
- 高行男；気候学入門，東京電機大学出版局
- 塚田忠夫他；機械設計法第3版，森北出版
- 大西清；機械設計入門，オーム社
- ｴネルギー管理士実戦問題 電力応用，オーム社
- 西方正司他；基本からわかる電気機器講義ノート，オーム社
- 伊藤光久；わかりやすいメカトロ機構設計，工業調査会
- 日本油空圧学会；新版油空圧便覧，オーム社
- 田中豊；フルードパワーアクュエータの動向と将来像，日本機械学会
- 坂間清子 田中豊；リニアアクチュエータの特性比較と評価，日本機械学会
- 住野和夫；やさしい機械製図の見方・描き方，オーム社
- 山口富士夫；コンピュータディスプレイによる図形処理工学，日刊工業新聞社
- 遊佐周逸他；工業力学，コロナ社
- D. N. Reshtov, V. T. Portman；Accuracy of Machine Tools, ASME PRESS
- 山田誠；高専教育35「形状創成関数に基づいた工学基礎教育」
- 山田誠；高専教育26「形状創成関数に基づいた三次元形状表現法の活用」
- 山田誠；高専教育23「設計製図への3次元CAD導入の試み」

●本書の関連データがWebサイトからダウンロードできます。

https://www.jikkyo.co.jp/download/ で
「機械設計」を検索してください。

提供データ：問題の解説

■編修執筆

兼重明宏（かねしげあきひろ）　豊田工業高等専門学校機械工学科教授

西村太志（にしむらふとし）　徳山工業高等専門学校機械電気工学科教授

■執筆

川村淳浩（かわむらあつひろ）　釧路工業高等専門学校創造工学科教授

大津健史（おおつたけふみ）　大分大学理工学部助教

鬼頭俊介（きとうしゅんすけ）　豊田工業高等専門学校機械工学科教授

本村真治（ほんむらしんじ）　函館工業高等専門学校生産システム工学科教授

大原雄児（おおはらゆうじ）　豊田工業高等専門学校機械工学科講師

浜　克己（はまかつみ）　函館工業高等専門学校生産システム工学科教授

川原秀夫（かわはらひでお）　大島商船高等専門学校商船学科教授

山田　実（やまだみのる）　岐阜工業高等専門学校機械工学科教授

田中淑晴（たなかとしはる）　豊田工業高等専門学校機械工学科准教授

柳田秀記（やなだひでき）　豊橋技術科学大学機械工学系教授

松塚直樹（まつづかなおき）　明石工業高等専門学校機械工学科准教授

山田　誠（やまだまこと）　函館工業高等専門学校生産システム工学科教授

●表紙カバーデザイン ── ㈱エッジ・デザインオフィス
●本文基本デザイン ── 難波邦夫
●DTP制作 ── ニシ工芸株式会社

専門基礎ライブラリー

機械設計

2017年11月6日　初版第1刷発行
2024年10月31日　第4刷発行

●著作者　柳田秀記，兼重明宏，西村太志
　　　　　　　　　（ほか11名）
●発行者　小田良次
●印刷所　大日本法令印刷株式会社

無断複写・転載を禁ず

●発行所　実教出版株式会社
〒102-8377
東京都千代田区五番町5番地
電話［営　　業］（03）3238-7765
　　［企画開発］（03）3238-7751
　　［総　　務］（03）3238-7700
https://www.jikkyo.co.jp/

© H. Yanada, A. Kaneshige, F. Nishimura, A. Kawamura, S. Kito, Y. Ohara, H. Kawahara,
T. Tanaka, N. Matsuzuka, T. Otsu, S. Honmura, K. Hama, M. Yamada, M. Yamada　2017

ISBN 978-4-407-34063-1　C3053　　　　　　　　　　　　　　　　Printed in Japan